高等职业院校**信息技术**基础系列教材

信息技术

基础模块 | WPS Office | 微课版

罗群 杨敏 何瑞英◎主编

刘振栋◎副主编

人民邮电出版社

北京

图书在版编目（CIP）数据

信息技术. 基础模块. WPS Office : 微课版 / 罗群,
杨敏，何瑞英主编. -- 北京 : 人民邮电出版社，2023.9（2024.7重印）
高等职业院校信息技术基础系列教材
ISBN 978-7-115-62338-6

Ⅰ. ①信… Ⅱ. ①罗… ②杨… ③何… Ⅲ. ①电子计
算机－高等职业教育－教材 Ⅳ. ①TP3

中国国家版本馆CIP数据核字(2023)第135375号

内 容 提 要

本书基于《高等职业教育专科信息技术课程标准（2021 年版）》相关要求，学生专业学习需求和典型工作岗位需求，全面、系统地介绍了信息技术的基础知识及 WPS Office 的各种应用。本书共 6 个模块，分别是 WPS 文字应用、WPS 表格应用、WPS 演示应用、信息检索、新一代信息技术概述，以及信息素养与社会责任等。

本书按照“模块—项目—任务”框架组织学习内容，设计典型项目，包含基础项目和进阶项目，体现内容的通用性和应用性。本书通过“项目描述—项目分析—项目实施—项目总结”的讲解路径帮助学生形成完整的学习思维模式，其中，项目实施又被拆分为若干任务，每个任务由“任务导读—任务准备—任务实施—任务拓展”驱动学习，体现不同场景下的具体应用，“基础拓展”和“进阶拓展”则作为项目任务学习的补充和提升。

本书可以作为高等职业院校信息技术课程的教材，也可作为相关考试或培训的参考书，以及各行各业对信息技术感兴趣的读者自学相关知识的参考用书。

◆ 主　　编　罗　群　杨　敏　何瑞英
副 主 编　刘振栋
责任编辑　郭　雯
责任印制　王　郁　焦志炜

◆ 人民邮电出版社出版发行　　北京市丰台区成寿寺路 11 号
邮编　100164　　电子邮件　315@ptpress.com.cn
网址　https://www.ptpress.com.cn
北京市艺辉印刷有限公司印刷

◆ 开本：787×1092　1/16
印张：14.5　　2023 年 9 月第 1 版
字数：422 千字　　2024 年 7 月北京第 3 次印刷

定价：59.80 元

读者服务热线：(010)81055256　印装质量热线：(010)81055316
反盗版热线：(010)81055315
广告经营许可证：京东市监广登字 20170147 号

前 言

信息技术课程作为高职高专院校各专业学生必修或限定选修的公共基础课程，具有很高的学习价值。本书紧跟当下主流信息技术，依据《高等职业教育专科信息技术课程标准（2021 年版）》，紧密结合学生的生活经验、学习需求、典型工作岗位需求等，按照“模块—项目—任务”框架组织内容，设计教学载体，着力突出“项目引领、任务驱动”的教学模式，激发学生的学习兴趣，提升学习成就感。

其中，每个模块按照能力递进原则设计了基础项目和进阶项目，体现内容难度的阶梯性，项目包含项目描述、项目分析、项目实施、项目总结。同时，本书配套丰富的微课视频，视频讲解力求做到学思融合，提升学生综合素养。

本书主要包含信息技术的六大基础模块，主要项目和任务参见下表。

全书项目和任务设置表

模块	项目	项目任务	拓展任务
模块 1 WPS 文字应用	基础项目 制作求职材料	基础任务 1-1 编辑求职信	基础拓展 1-1 制作宣传海报
		基础任务 1-2 设计封面页	基础拓展 1-2 制作企业简介
		基础任务 1-3 制作简历表	基础拓展 1-3 计算表格数据
	进阶项目 排版操作手册	进阶任务 1-1 梳理手册大纲	进阶拓展 1-1 自动生成投标书目录
		进阶任务 1-2 引用手册内容	进阶拓展 1-2 批注与修订合同协议
		进阶任务 1-3 排版手册章节	进阶拓展 1-3 保护与共享商业策划书
模块 2 WPS 表格应用	基础项目 统计与分析学生成绩	基础任务 2-1 准备学生数据	基础拓展 2-1 制作商品出入库明细表
		基础任务 2-2 计算学生成绩	基础拓展 2-2 制作员工素质测评表
		基础任务 2-3 分析学生成绩	基础拓展 2-3 分析销售数据统计表
	进阶项目 管理员工档案与工资	进阶任务 2-1 制作员工档案表	进阶拓展 2-1 计算商品打折数据
		进阶任务 2-2 计算工资与年终奖	进阶拓展 2-2 管理差旅报销费用
		进阶任务 2-3 分析相关数据	进阶拓展 2-3 分析物流订单利润率
模块 3 WPS 演示应用	基础项目 制作“工匠精神培训”演示文稿	基础任务 3-1 设计整体风格	基础拓展 3-1 美化“公益活动宣传”演示文稿
		基础任务 3-2 丰富文稿内容	基础拓展 3-2 美化“行业分析报告”演示文稿
		基础任务 3-3 添加动画效果	基础拓展 3-3 美化“中纹艺术展示”演示文稿
	进阶项目 设计“科技产品发布”演示文稿	进阶任务 3-1 设计科技感封面	进阶拓展 3-1 设计旅游主题封面
		进阶任务 3-2 设计科技感时间轴	进阶拓展 3-2 设计科技感目录页
		进阶任务 3-3 设计科技感动效	进阶拓展 3-3 设计动态镂空文字

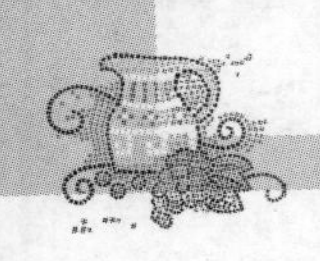

续表

<table>
<tr><th>模块</th><th>项目</th><th>项目任务</th><th>拓展任务</th></tr>
<tr><td rowspan="5">模块 4
信息检索</td><td rowspan="2">基础项目
利用搜索引擎
检索信息</td><td>基础任务 4-1　初探信息检索</td><td>基础拓展 4-1　调研检索工具</td></tr>
<tr><td>基础任务 4-2　使用搜索引擎</td><td>基础拓展 4-2　检索精确信息</td></tr>
<tr><td rowspan="3">进阶项目
利用专用平台
检索信息</td><td>进阶任务 4-1　了解学术信息检索</td><td>进阶拓展 4-1　检索学术信息</td></tr>
<tr><td>进阶任务 4-2　了解专利信息检索</td><td>进阶拓展 4-2　检索专利信息</td></tr>
<tr><td>进阶任务 4-3　了解商标信息检索</td><td>进阶拓展 4-3　检索商标信息</td></tr>
<tr><td rowspan="6">模块 5
新一代信息
技术概述</td><td rowspan="3">基础项目
了解新一代信息
技术</td><td>基础任务 5-1　了解新一代信息技术基本概念</td><td>基础拓展 5-1　绘制信息技术发展历程图</td></tr>
<tr><td>基础任务 5-2　了解新一代信息技术典型代表</td><td>基础拓展 5-2　描述其他代表性技术</td></tr>
<tr><td>基础任务 5-3　了解新一代信息技术典型应用</td><td>基础拓展 5-3　描述其他技术典型应用场景</td></tr>
<tr><td rowspan="3">进阶项目
了解新一代信息
技术产业</td><td>进阶任务 5-1　了解新一代信息技术产业特征</td><td>进阶拓展 5-1　梳理新一代信息技术产业政策</td></tr>
<tr><td>进阶任务 5-2　了解新一代信息技术产业发展现状</td><td>进阶拓展 5-2　搜索新一代信息技术产业发展现状</td></tr>
<tr><td>进阶任务 5-3　了解新一代信息技术产业发展趋势与展望</td><td>进阶拓展 5-3　畅想新一代信息技术产业未来发展</td></tr>
<tr><td rowspan="4">模块 6
信息素养与
社会责任</td><td rowspan="2">基础项目
提升信息素养</td><td>基础任务 6-1　了解信息素养相关概念</td><td>基础拓展 6-1　判断是否具备良好的信息素养</td></tr>
<tr><td>基础任务 6-2　了解信息安全和自主可控技术</td><td>基础拓展 6-2　保护个人信息安全的措施</td></tr>
<tr><td rowspan="2">进阶项目
培养信息社会
责任感</td><td>进阶任务 6-1　了解信息伦理知识</td><td>进阶拓展 6-1　列举与信息伦理有关的典型案例</td></tr>
<tr><td>进阶任务 6-2　了解职业文化</td><td>进阶拓展 6-2　了解不同行业发展的职业道德</td></tr>
</table>

本书由多年从事信息技术课程教学的一线教师编写，由罗群、杨敏、何瑞英担任主编，由刘振栋担任副主编，其中，模块 1、2、3 由罗群编写，模块 4 由何瑞英编写，模块 5 由刘振栋编写，模块 6 由杨敏编写。

由于编者水平有限，书中难免存在不足和疏漏之处，恳请读者批评指正，编者邮箱：373320138@qq.com。

编者

2023 年 3 月

目录

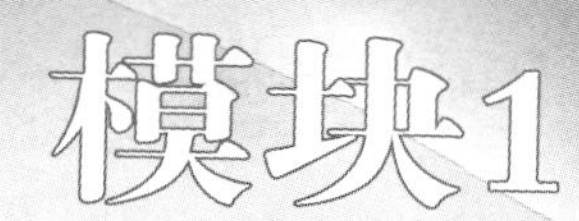

WPS 文字应用

WPS 文字软件是一款开放、高效的办公软件，运用 WPS 文字软件可以轻松、便捷地完成日常文档的处理工作，如文档的输入、编辑、排版、保存、加密保护、共享等。

本模块以“基础项目　制作求职材料”和“进阶项目　排版操作手册”两大项目为学习载体，以任务驱动的方式引领学生循序渐进地掌握 WPS 文字软件的基本功能和综合应用。

基础项目　制作求职材料

【项目描述】

项目简介

“制作求职材料”项目源于学生的学习生活，易于理解，通过学习本项目，学生能够掌握 WPS 文字软件中对图、文、表等的基础排版操作。

教学建议

建议学时：6 学时。

教学方法：项目教学法、任务驱动法。

【项目分析】

该项目可分解为三大任务，包含编辑求职信、设计封面页、制作简历表，每个任务包含的主要操作流程和技能如图 1-1 所示。

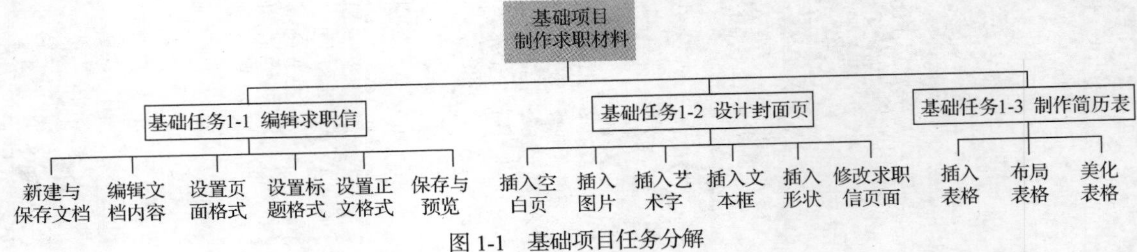

图 1-1 基础项目任务分解

【项目实施】

【基础任务 1-1 编辑求职信】

任务导读

本任务将指导学生完成求职信的编辑与排版，参考效果如图 1-2 所示。

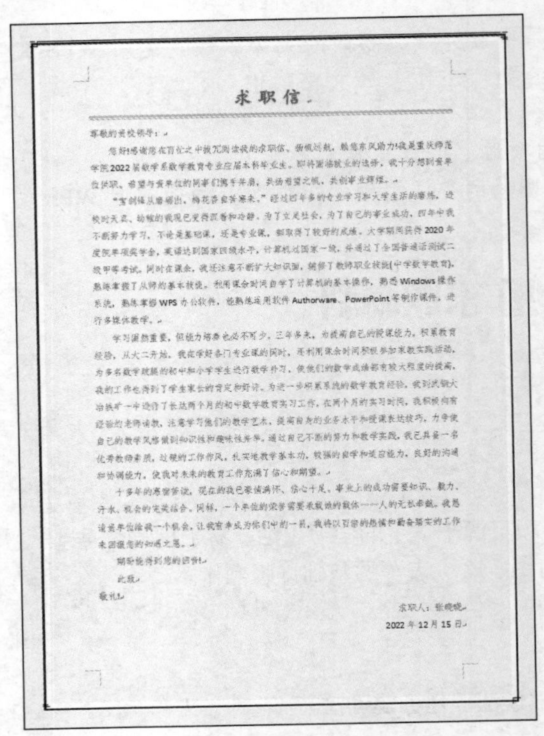

求职信

尊敬的贵校领导：

您好！感谢您在百忙之中拔冗阅读我的求职信。扬帆远航，赖您东风助力！我是重庆师范学院2022届数学系数学教育专业应届本科毕业生。即将面临就业的选择，我十分想到贵单位供职。希望与贵单位的同事们携手并肩，共扬希望之帆，共创事业辉煌。

"宝剑锋从磨砺出，梅花香自苦寒来。"经过四年多的专业学习和大学生活的磨炼，进校时天真、幼稚的我现已变得沉着和冷静。为了立足社会，为了自己的事业成功，四年中我不断努力学习，不论是基础课，还是专业课，都取得了较好的成绩。大学期间获得2020年度院单项奖学金，英语达到国家四级水平，计算机过国家一级，并通过了全国普通话测试二级甲等考试。同时在课余，我还注意不断扩大知识面，辅修了教师职业技能(中学数学教育)，熟练掌握了从师的基本技能。利用课余时间自学了计算机的基本操作，熟悉Windows操作系统，熟练掌握WPS办公软件，能熟练运用软件Authorware、PowerPoint等制作课件，进行多媒体教学。

学习固然重要，但能力培养也必不可少。三年多来，为提高自己的授课能力，积累教育经验，从大二开始，我在学好各门专业课的同时，还利用课余时间积极参加家教实践活动，为多名数学跛腿的初中和小学学生进行数学补习，使他们的数学成绩都有较大程度的提高，我的工作也得到了学生家长的肯定和好评。为进一步积累系统的数学教育经验，我到武钢大冶铁矿一中进行了长达两个月的初中数学教育实习工作，在两个月的实习时间，我积极向有经验的老师请教，注意学习他们的教学艺术，提高自身的业务水平和授课表达技巧，力争使自己的教学风格做到知识性和趣味性并举。通过自己不断的努力和教学实践，我已具备一名优秀教师素质，过硬的工作作风，扎实地教学基本功，较强的自学和适应能力，良好的沟通和协调能力，使我对未来的教育工作充满了信心和期望。

十多年的寒窗苦读，现在的我已豪情满怀、信心十足。事业上的成功需要知识、毅力、汗水、机会的完美结合。同样，一个单位的荣誉需要承载她的载体——人的无私奉献。我恳请贵单位给我一个机会，让我有幸成为你们中的一员，我将以百倍的热情和勤奋踏实的工作来回报您的知遇之恩。

期盼能得到您的回音！

此致

敬礼！

求职人：张晓晓

2022年12月15日

图 1-2 基础任务 1-1 参考效果

通过本任务的学习，学生能够掌握以下知识与技能。

- 文档操作：新建、保存文档（云文档、本地文档）。
- 文本输入：手动输入、复制、选择性粘贴。
- 文本编辑：选择、删除、改写、插入等。
- 页面设置：纸张、边距、页面背景、页面边框。
- 字体格式：中西文字体设置、颜色、字符间距、文字效果应用等。
- 段落格式：对齐方式、行距、首行缩进等。

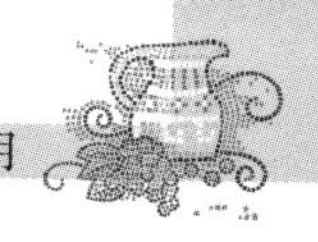

任务准备

1. 工作界面

启动 WPS 文字后，将进入其工作界面，如图 1-3 所示。

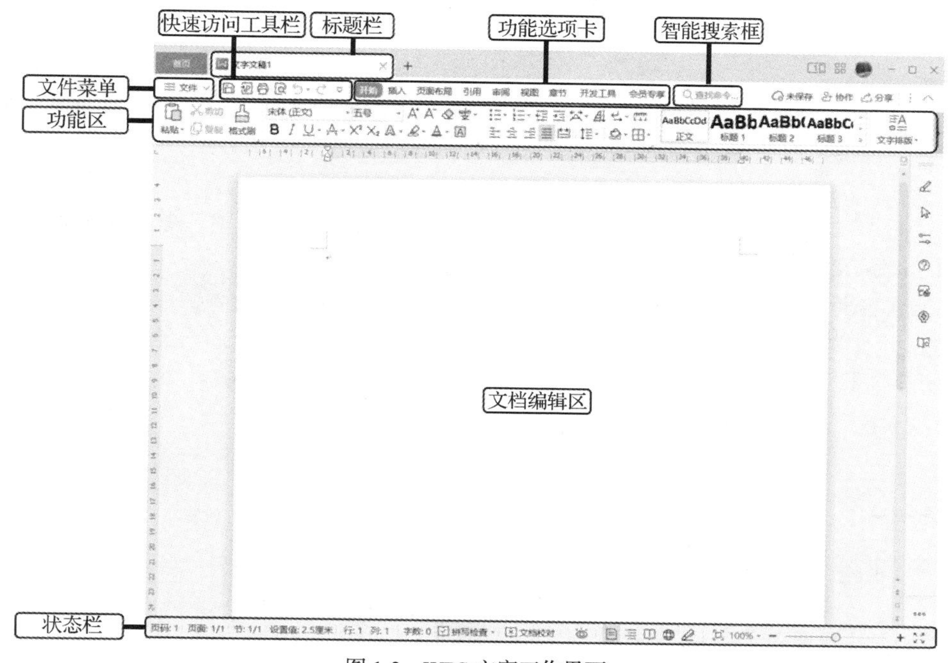

图 1-3　WPS 文字工作界面

标题栏：位于 WPS 文字工作界面的顶端，用于显示文档名称，单击关闭按钮可关闭该文档。

快速访问工具栏：用于显示常用的工具按钮，例如，保存、输出为 PDF、打印、打印预览、撤销、恢复等，用户可单击其右侧的下拉按钮，打开下拉列表以自定义快速访问工具栏。

文件菜单：用于文档的新建、打开、保存、加密、分享等基本操作，选择“选项”命令可打开“选项”对话框，从而对 WPS 文字进行自定义设置。

功能选项卡：包含开始、插入、页面布局、引用、审阅、视图、章节、开发工具等选项卡，每个选项卡分别包含相应的功能集合。

功能区：每个功能选项卡中都包含对应的功能区，用于集中显示对应选项卡的功能集合，功能区包含常用工具按钮或下拉列表；功能区以分组的形式进行功能集合的组织，例如，字体功能区右下角有对应的启动器↘，单击后会打开“字体”格式设置对话框。

智能搜索框：包含查找命令和搜索模板，通过智能搜索框可轻松找到相关操作，例如，搜索“目录”后，将会显示与目录相关的信息。

文档编辑区：用于输入与编辑文本的区域，对文本进行的各种操作和显示相应结果都在该区域中。新建一个空白文档后，文档编辑区左上角将显示一个闪烁的光标，被称为文本插入点。该光标所在位置便是文本的起始输入位置。

状态栏：位于 WPS 文字工作界面的底端，主要用于显示当前文档的工作状态，包括当前页码、页面等，右侧是视图切换按钮和显示比例调节滑块。

2. 文档基本操作

（1）新建文档

启动 WPS 文字后，选择“新建”—“新建文字”—“空白文档”即可新建 WPS 文字文档，也可选择 WPS 文字工作界面中的“文件”—“新建”新建文档。

（2）保存文档

选择“文件”—“保存”，打开“另存文件”对话框，可将文件保存为云文档和本地文档，保存类型可以是 WPS 文字文件(*.wps)、Microsoft Word 文件(*.docx)等类型。

3. 文本输入

（1）手动输入

直接选择输入法，输入文本内容，内容会自动换行，需要换至下一段时，按“Enter”键（回车键）即可产生段落标记，作为段落结束的标志。

（2）插入特殊符号

选择“插入”—“符号”—“其他符号”，在打开的“符号”对话框中选择对应的字体和符号即可，如图 1-4 所示。

（3）插入日期和时间

WPS 文字中的日期可手动输入，若需要日期自动更新，可选择“插入”—“日期”，在打开的“日期和时间”对话框中设置“可用格式”“语言(国家/地区)”“自动更新”等内容，如图 1-5 所示。

图 1-4　插入特殊符号

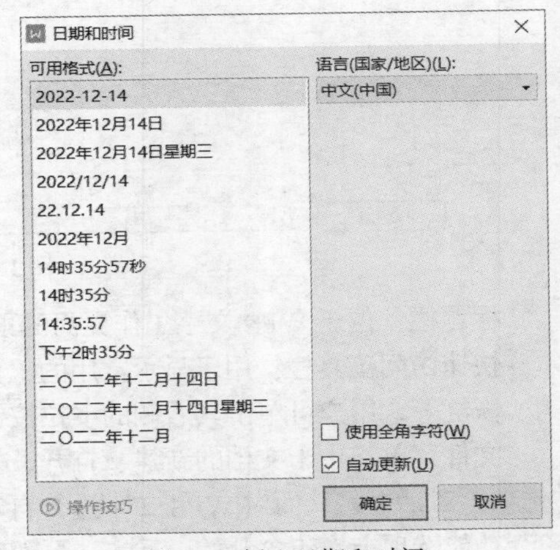

图 1-5　插入日期和时间

4. 文本编辑

（1）选择文本

选择任意文本：拖曳。

选择一行文本：将鼠标指针移到行左边空白处（文本选定区）并单击。

选择一段文本：将鼠标指针移到行左边空白处（文本选定区）并双击。

选择整篇文本：将鼠标指针移到行左边空白处（文本选定区）并三击，或按“Ctrl+A”组合键。

选择不连续文本：按住“Ctrl”键，并拖曳或单击。

（2）删除文本

删除光标前的文本，按“Backspace”键；删除光标后的文本，按“Delete”键；删除选中的内容，按“Backspace”键或“Delete”键均可。

（3）复制或移动文本

复制文本：选中需要复制的文本，单击鼠标右键，在打开的快捷菜单中选择“复制”命令或按

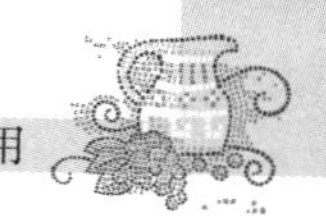

"Ctrl+C"组合键，将光标定位到目标位置，单击鼠标右键，在打开的快捷菜单中选择"粘贴"命令或按"Ctrl+V"组合键即可。

移动文本：选中需要移动的文本，单击鼠标右键，在打开的快捷菜单中选择"剪切"命令或按"Ctrl+X"组合键，将光标定位到目标位置，单击鼠标右键，在打开的快捷菜单中选择"粘贴"命令或按"Ctrl+V"组合键即可。

（4）插入与改写

在编辑文本过程中，默认情况下，将光标定位到目标位置即可插入内容，若要改写光标后的内容，则可按"Insert"键进行插入与改写状态的切换。

（5）撤销与恢复

撤销：在操作过程中，若需返回到上一步或多步，则可单击快速访问工具栏中的"撤销"按钮 或按"Ctrl+Z"组合键。

恢复：如果要恢复已撤销的操作，则可单击快速访问工具栏中的"恢复"按钮 或按"Ctrl+Y"组合键。

（6）查找与替换文本

使用查找与替换功能可以批量处理文本，如内容替换、批量删除、格式设置等。

查找：选择"开始"—"查找替换"—"查找"，即可打开"查找和替换"对话框的"查找"选项卡，输入查找内容，即可查看。

替换：选择"开始"—"查找替换"—"替换"，即可打开"查找和替换"对话框的"替换"选项卡，输入查找内容和替换内容即可，如图 1-6 所示。

5. 页面设置

页面设置对文档的编辑、排版和打印等操作都会产生影响，可以通过调整参数来改变页面的大小和工作区域。选择"页面布局"选项卡，可看到"页边距""纸张方向""纸张大小""分栏""文字方向""分隔符"等工具，也可单击该功能区右下角的启动器，在打开的"页面设置"对话框中进行设置，如图 1-7 所示。

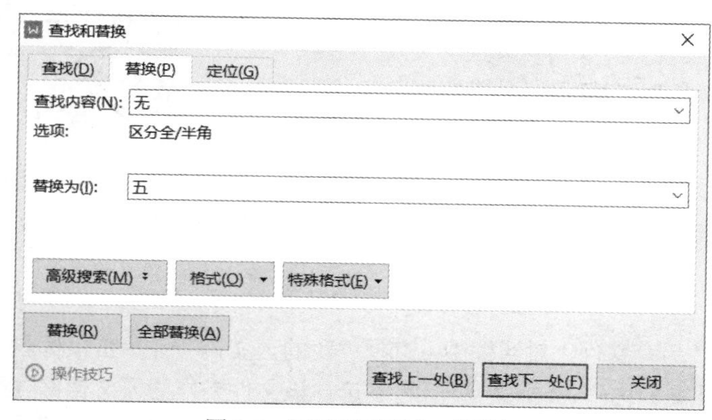

图 1-6　"查找和替换"对话框

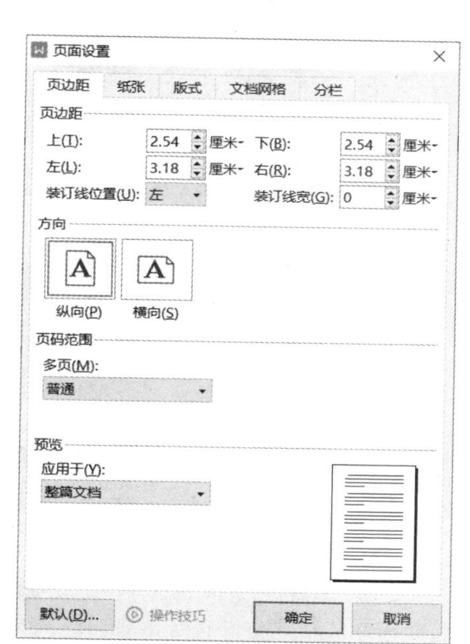

图 1-7　"页面设置"对话框

6. 字体格式

字体格式是指字符的字体、大小、字形、颜色、字符间距、下画线、文字效果等。可直接选中内容后，单击“字体”功能区中的对应工具按钮来设置字体格式，也可单击该功能区右下角的启动器，在打开的“字体”对话框中进行复杂的字体格式设置，如图 1-8 所示。

7. 段落格式

段落格式主要是指段落的对齐方式、缩进方式、行距、段间距等，可直接选中内容后，单击鼠标右键，在打开的快捷菜单中选择“段落”命令，在打开的“段落”对话框中进行设置，如图 1-9 所示。

图 1-8 “字体”对话框

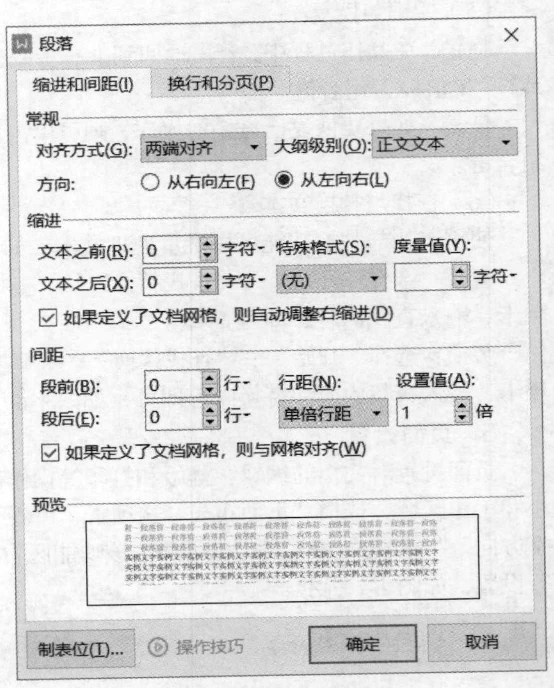

图 1-9 “段落”对话框

任务实施

1. 新建与保存文档

新建与保存文档

操作要求

新建文档，并将其保存为云文档，命名为“基础项目 求职材料.docx”。

操作步骤

（1）新建文档

进入 WPS Office 首页后，选择“新建”—“新建文字”—“空白文档”，即可新建一个空白文档，默认文件名为“文字文稿 1”。

（2）保存文档

选择“文件”—“保存”，在打开的“另存文件”对话框中，选择“我的云文档”并单击鼠标右键，选择“新建文件夹”命令，输入文件夹名称“WPS 文字项目”，选择该文件夹作为云文档保存位置，输入文件名“基础项目 求职材料.docx”，选择文件类型为“Microsoft Word 文件(*.docx)”，单击“保存”按钮，如图 1-10 所示。

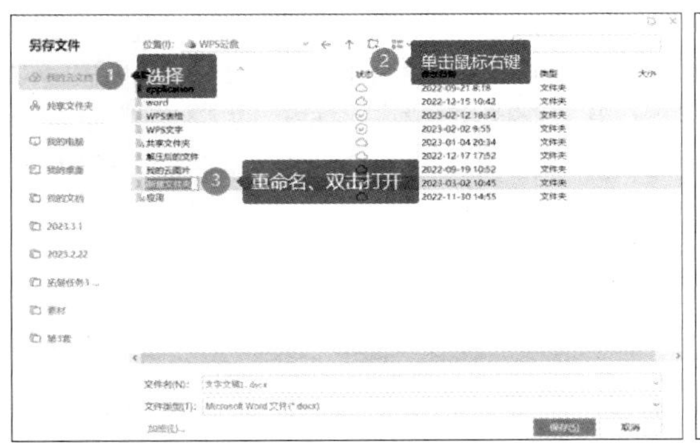

图 1-10　“另存文件”对话框

2. 编辑文档内容

编辑文档内容

操作要求

复制“基础任务 1-1　编辑求职信（素材）.txt”中的所有内容到文档中，删除空段、段首空格和多余空格，添加标题，修改具体内容，插入日期，替换不规范的标点符号等。

操作步骤

（1）准备内容

打开“基础任务 1-1　编辑求职信（素材）.txt”，按“Ctrl+A”组合键选中所有内容，按“Ctrl+C”组合键复制所选内容，将光标定位到本文档中，按“Ctrl+V”组合键粘贴，可以发现文档内容的段后有空段、段前有空格、段中有空格、部分内容需要修改等问题，如图 1-11 所示。

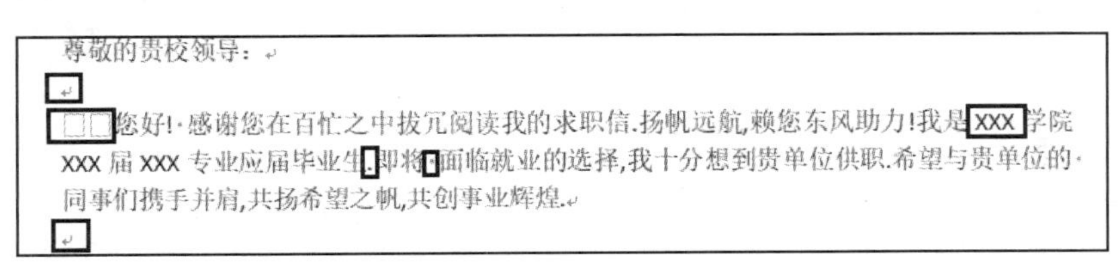

尊敬的贵校领导：

您好!·感谢您在百忙之中拔冗阅读我的求职信.扬帆远航,赖您东风助力!我是 XXX 学院 XXX 届 xxx 专业应届毕业生. 即将 面临就业的选择,我十分想到贵单位供职.希望与贵单位的·同事们携手并肩,共扬希望之帆,共创事业辉煌.

图 1-11　文档内容分析

（2）处理格式

选择“开始”—“文字排版”—“删除”，依次选择“删除空段”“删除段首空格”“删除空格”等命令，如图 1-12 所示。

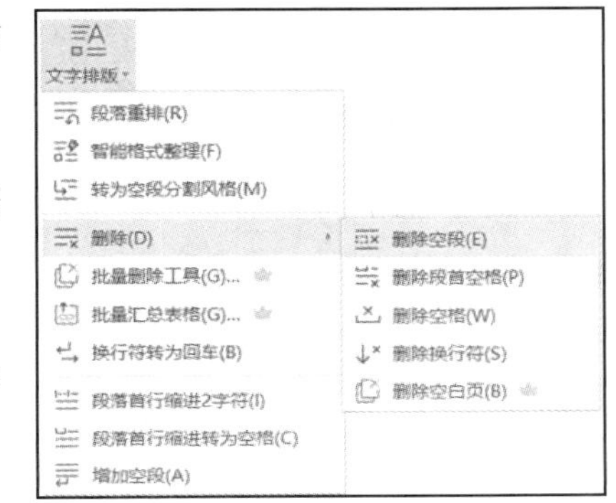

图 1-12　文字排版功能

（3）添加标题

将光标定位到文档开始处，输入标题“求职信”后，按“Enter”键即可产生标题段。

（4）修改内容

根据自己的情况，修改部分内容，注意英文内容的规范性。

（5）插入日期

将光标定位到文档结束处，选中原有日期，按“Delete”键将其删除；选择“插入”—“日期”，在打开的“日期和时间”对话框中，如图 1-13 所示，依次选择“语言(国家/地区)”为“中文(中国)”，“可用格式”为第二种，选中“自动更新”复选框，单击“确定”按钮即可。

（6）替换标点符号

仔细阅读文档内容，发现标点符号使用不规范，如有大量的英文标点符号。选中一个英文标点符号“,”，选择“开始”—“查找替换”—“替换”，打开“查找和替换”对话框的“替换”选项卡，“查找内容”为选中的英文逗号，在“替换为”文本框中输入中文逗号，单击“全部替换”按钮即可完成操作，如图 1-14 所示。以相同的方法替换其他英文标点符号。

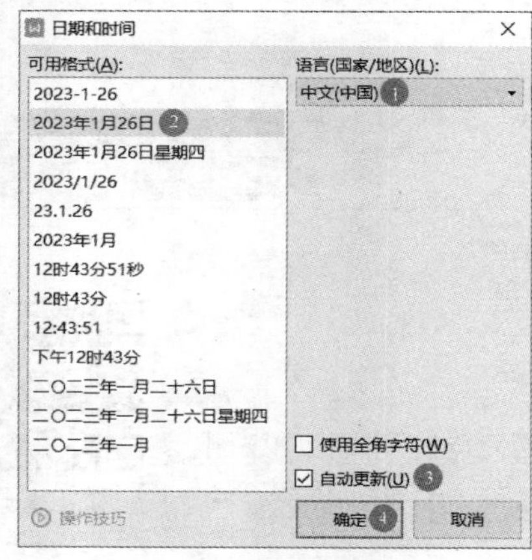

图 1-13 “日期和时间”对话框

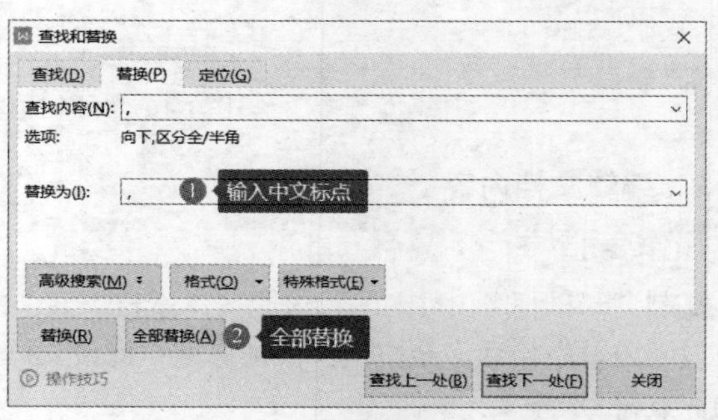

图 1-14 “查找和替换”对话框

3. 设置页面格式

操作要求

页面设置为 A4 纸张，上、下页边距均为 2.5 厘米，左、右页边距均为 3 厘米，页眉和页脚距边界 1.5 厘米，每页显示 40 行，添加合适的背景颜色与页面边框。

设置页面格式

操作步骤

（1）页面设置

文本内容处理完成后，首先需要进行页面设置。单击“页面布局”选项卡中右下角的启动器，打开“页面设置”对话框，自定义“页边距”分别为上、下 2.5 厘米，左、右 3 厘米，选择“纸张”为“A4”，在“版式”选项卡中设置页眉和页脚距边界 1.5 厘米，在“文档网格”选项卡中设置每页显示 40 行，分别如图 1-15、图 1-16、图 1-17 所示。

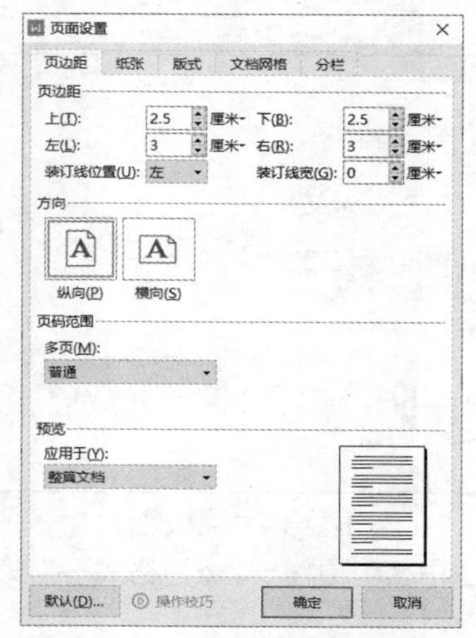

图 1-15 设置页边距

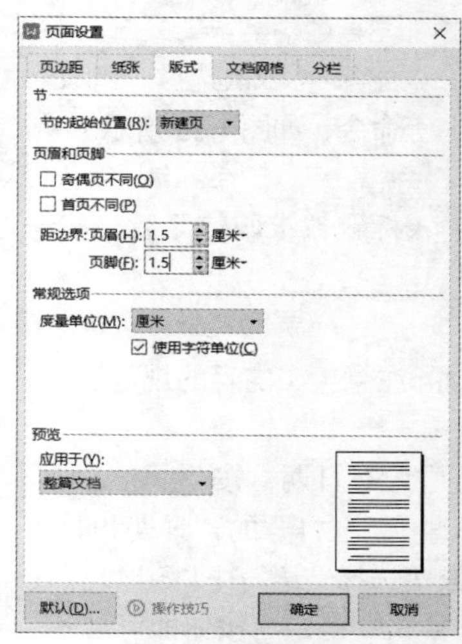

图 1-16 设置版式

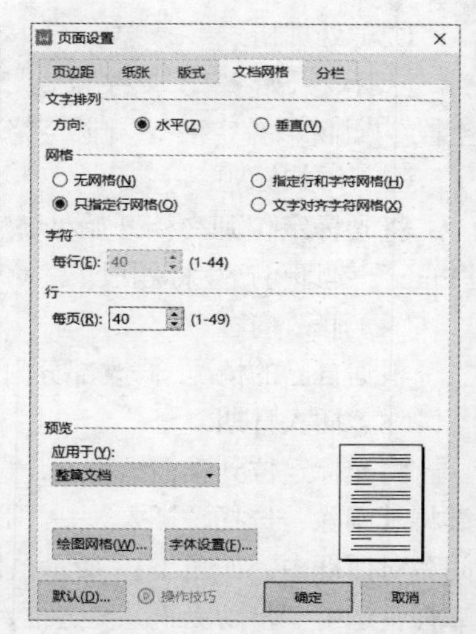

图 1-17 设置文档网格

（2）页面背景

可以为求职信页面添加背景颜色，选择“页面布局”—“背景”，选择主题颜色为“浅绿,着色 6,浅色 80%”，也可选择其他的背景颜色，如图 1-18 所示。

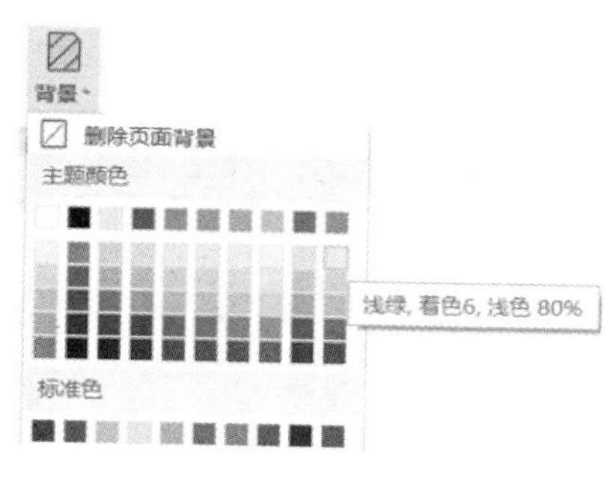

图 1-18　设置背景颜色

（3）页面边框

选择“页面布局”—“页面边框”，在打开的“边框和底纹”对话框中，依次选择“艺术型”边框中合适的样式，设置“宽度”为“10 磅”，注意“应用于”为“整篇文档”（可修改应用范围），如图 1-19 所示。单击“选项”按钮，可打开“边框和底纹选项”对话框，如图 1-20 所示，修改“度量依据”为“页边”，设置“距正文”的上、下、左、右均为 20 磅。

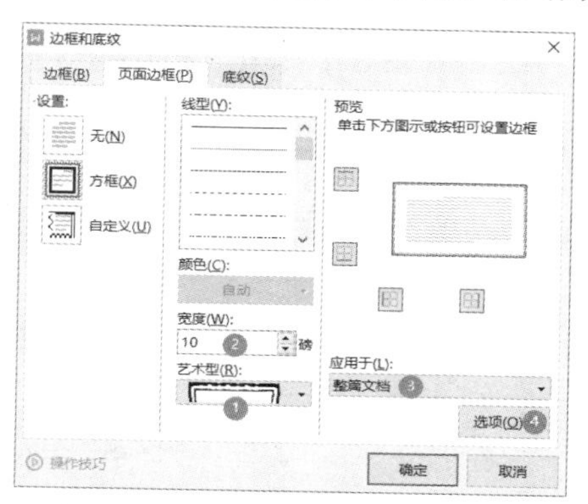

图 1-19　设置页面边框

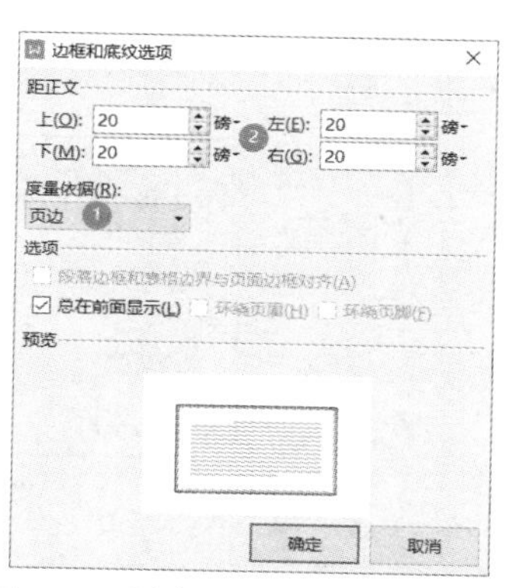

图 1-20　“边框和底纹选项”对话框

4. 设置标题格式

操作要求

设置标题格式

设置标题“求职信”为楷体、二号、加粗、字符间距 3 磅、居中对齐，选择合适的文字效果，为标题段落添加合适的下边框。

操作步骤

（1）设置字体

选中标题“求职信”，单击鼠标右键，在打开的快捷菜单中选择“字体”命令，在打开的“字体”对话框中依次选择中文字体为“楷体”、字形为“加粗”、字号为“二号”，如图 1-21 所示。选择“字符间距”选项卡，依次设置间距为“加宽”、单位为“磅”、值为“3”，如图 1-22 所示，单击“确定”按钮即可。选中标题，在“开始”—“字体”功能组中选择“文字效果”为“艺术字”，“预设样式”为“填充-矢车菊蓝,着色 1,阴影”，如图 1-23 所示。

（2）标题对齐

选中标题，单击“开始”—“段落”功能组中的“居中对齐”按钮 ☰，即可设置段落对齐方式为居中。

（3）添加边框

选中标题，选择“段落”功能组中“边框”下拉列表中的“边框和底纹”选项，如图 1-24 所示。在打开的“边框和底纹”对话框中依次选择线型为“上粗下细”型，颜色为标准颜色“绿色”，宽度为“3 磅”，在预览中取消上边框、左边框、右边框，只保留下边框，应用于段落，如图 1-25 所示，单击“确定”按钮即可。

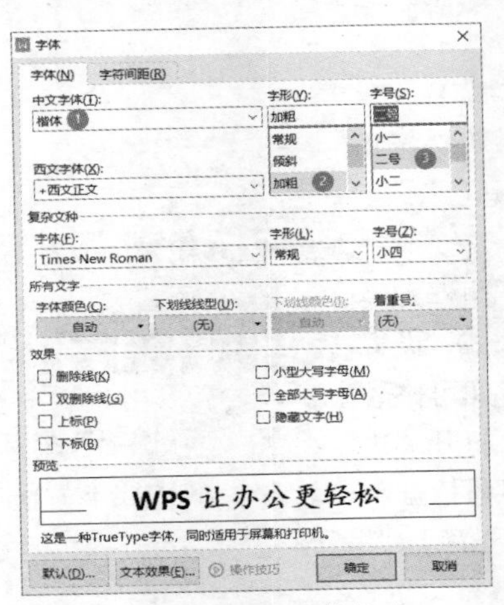

图 1-21　设置字体格式

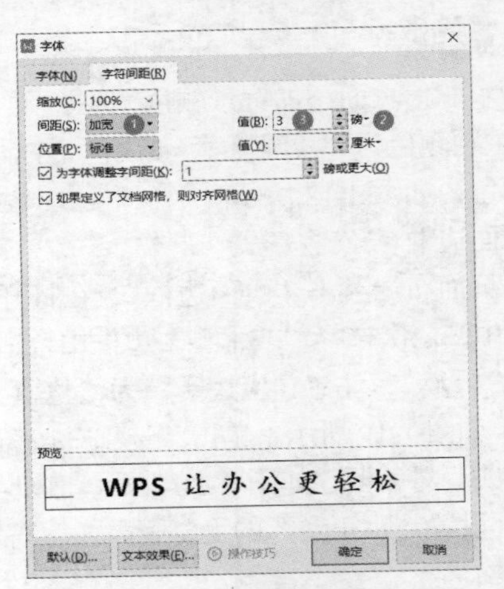

图 1-22　设置字符间距

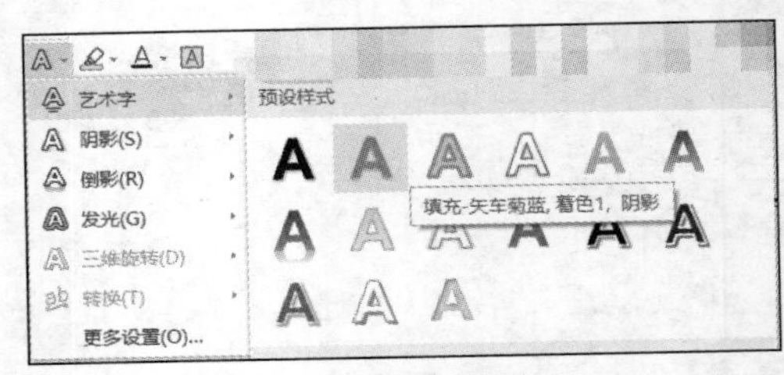

图 1-23　设置文字效果

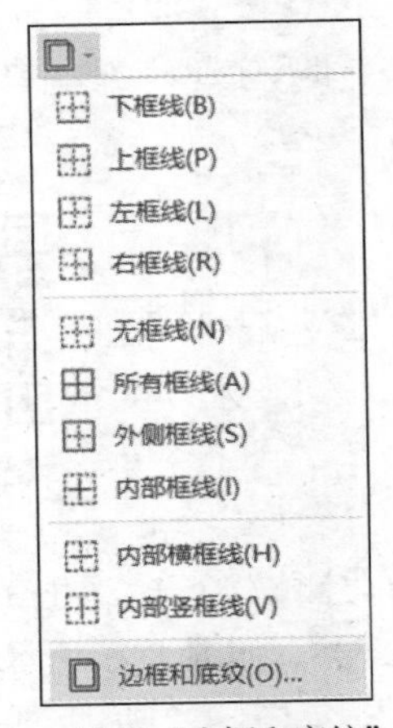

图 1-24　选择“边框和底纹”选项

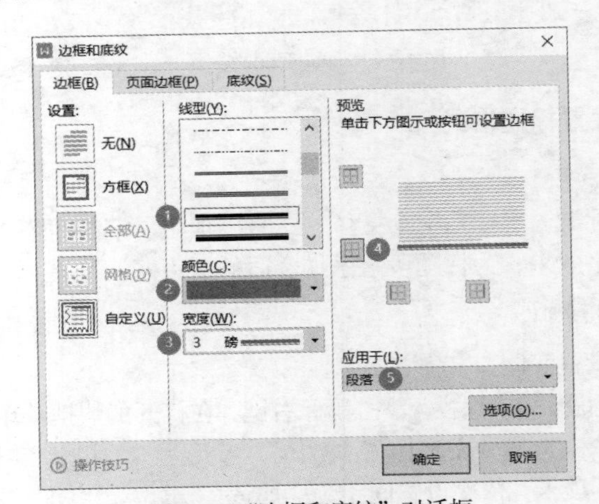

图 1-25　“边框和底纹”对话框

5. 设置正文格式

设置正文格式

操作要求

设置正文文本的中文字体为仿宋、西文字体为 Calibri，字号为五号，字体颜色为黑色，正文行距为 1.3 倍，中间部分内容（“您好……此致”）首行缩进，落款内容右对齐。

操作步骤

（1）设置正文字体格式

选中正文内容，单击鼠标右键，在打开的快捷菜单中选择“字体”命令，在打开的“字体”对

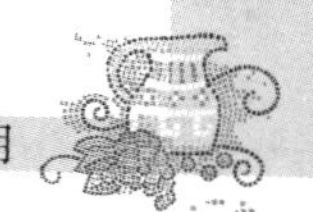

话框中设置中文字体为“仿宋”，西文字体为“Calibri”，字号为“五号”，字形为“常规”，字体颜色为“黑色,文本 1”，如图 1-26 所示。

（2）设置正文段落格式

选中正文内容（“您好……此致”），单击鼠标右键，在打开的快捷菜单中选择“段落”命令，在打开的“段落”对话框中设置首行缩进为“2 字符”、行距为“多倍行距、1.3 倍”，如图 1-27 所示；选中落款内容，单击“开始”—“段落”功能组中的“右对齐”按钮。

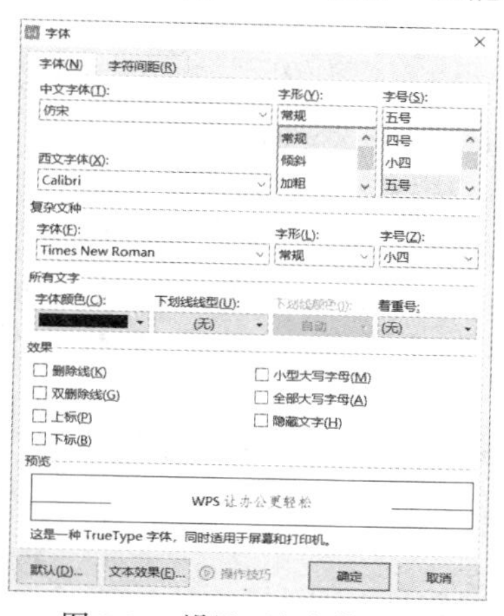

图 1-26　设置正文字体格式

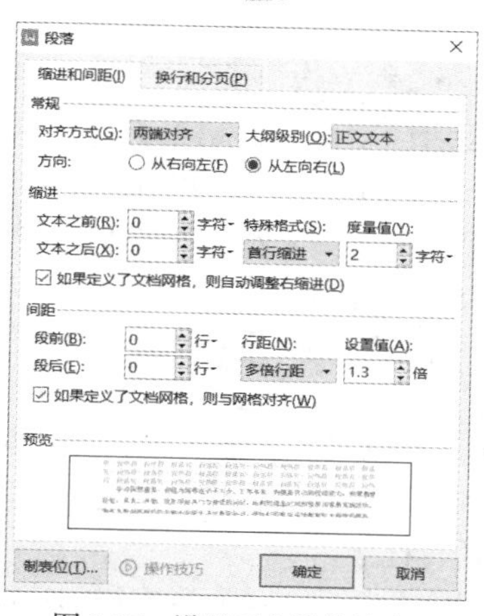

图 1-27　设置正文段落格式

6. 保存与预览

操作要求

保存云文档并进行打印预览，将文档另存到本地个人文件夹，命名为“基础任务 1-1 编辑求职信（效果）.docx”。

操作步骤

按“Ctrl+S”组合键保存文档，单击快速访问工具栏中的“打印预览”按钮，查看排版效果。选择“文件”—“另存为”，将该文档保存到本地文件夹中，并将其命名为“基础任务 1-1 编辑求职信（效果）.docx”。

基础拓展 1-1：制作宣传海报

任务效果

现需要制作一份与“五四青年节”有关的宣传海报，参考效果如图 1-28 所示。

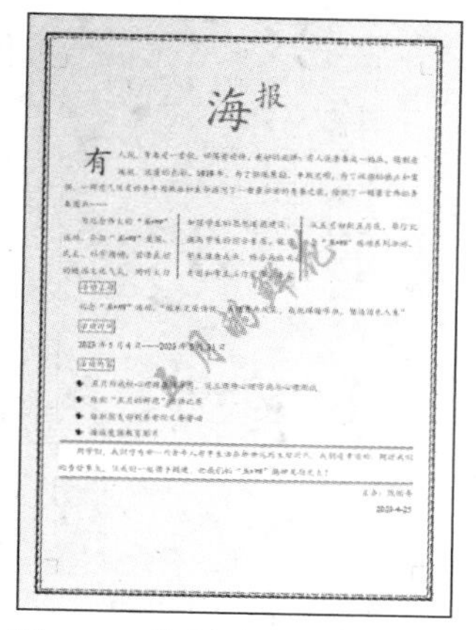

图 1-28　基础拓展 1-1 参考效果

学习目标

- 掌握页面背景填充、添加水印、设置页眉等操作方法。
- 掌握对字体格式、段落格式和相关页面设置的方法。
- 掌握自定义项目符号的添加方法。
- 掌握首字下沉与分栏设置方法。

操作要求

打开“基础拓展 1-1　制作宣传海报（素材）.docx”，将其另存为“基础拓展 1-1　制作宣传海报（效果）.docx”，按照下列要求进行排版

操作。

■ 页面设置。

设置纸张类型为 A4，页边距为“适中”。

页面背景为渐变填充中的双色填充（颜色自定义）；添加文字水印，内容为“五月的鲜花”，字号为 72 磅，颜色自定义。

删除页眉下框线。

■ 设置标题与正文格式。

设置标题“海报”为华文楷体、72 磅、标准颜色紫色、居中对齐，其中“报”为上标效果。

设置正文文本的中文字体为楷体、西文字体为 Times New Roman，字号为小四号，各段落首行缩进 2 字符、行距为 1.5 倍，正文行距为 1.5 倍，落款内容右对齐。

将正文中所有的“五・四”字体加粗，颜色为紫色。

■ 设置边框与底纹。

为“活动主题”“活动时间”“活动内容”文本添加 0.5 磅的紫色实线边框和“培安紫,着色 4,浅色 80%”主题颜色的“浅色上斜线”的图案底纹。

为正文最后一段添加 1.5 磅、紫色、上粗下细的上边框和上细下粗的下边框。

为页面添加艺术型边框，样式自定义。

■ 添加项目符号。

为“活动内容”后面的 4 行内容添加自定义的项目符号。

■ 首字下沉与分栏。

为正文第一段文字添加首字下沉效果，下沉字体为楷体，下沉 2 行，距正文 0.2 厘米。

将正文第二段内容分为等宽的 3 栏，栏间距为 2 字符，添加分隔线。

■ 预览并保存文档。

重点操作提示

1. 设置背景

设置渐变填充背景：选择“页面布局”—“背景”—“其他背景”—“渐变”，在打开的“填充效果”对话框中，选择“渐变”—“颜色”—“双色”，“颜色 1”为“白色,背景 1”，“颜色 2”为“更多颜色”；在打开的“颜色”对话框中，选择“自定义”选项卡，设置红色、绿色、蓝色的值分别为 251、198、244，单击“确定”按钮，返回“填充效果”对话框，设置“底纹样式”为“斜上”，“变形”为第一行第二列样式，单击“确定”按钮即可，操作如图 1-29 所示。

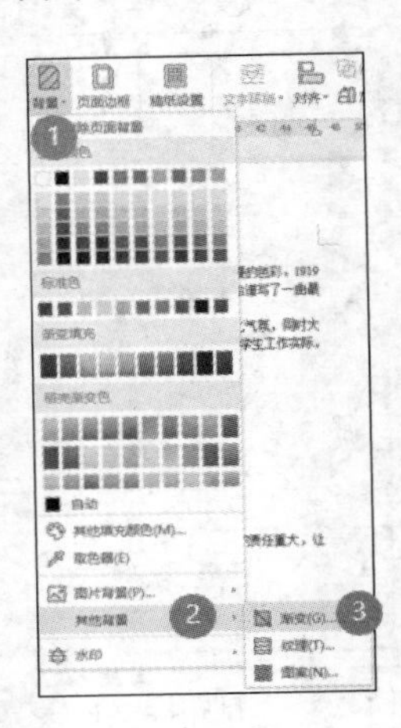

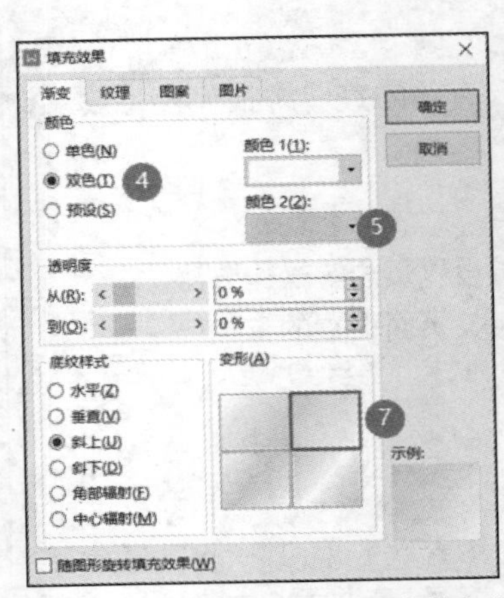

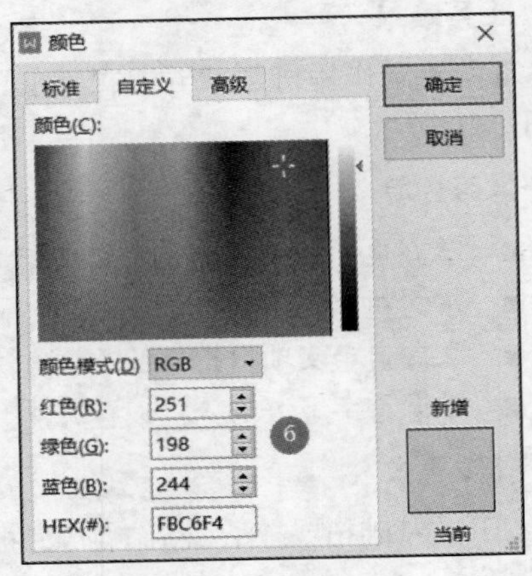

图 1-29　设置渐变填充背景

添加水印：选择“页面布局”—“背景”—“水印”—“自定义水印”—“添加水印”，打开“水印”对话框，选中“文字水印”复选框，在“内容”文本框中输入“五月的鲜花”，设置“字体”为“华文行楷”，“字号”为“72”，“颜色”为标准颜色“紫色”，“版式”为“倾斜”，“透明度”为“60%”，单击“确定”按钮即可，操作如图 1-30 所示。

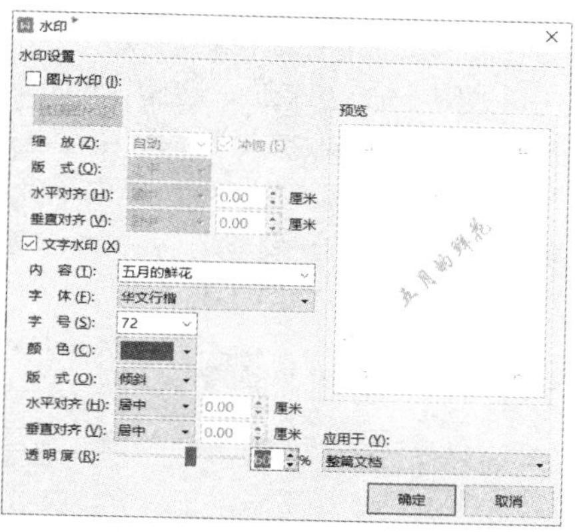

图 1-30　添加水印

删除页眉下框线：添加水印后，会发现文档页眉处有一条边框线，双击页眉处，在上方的“页眉页脚”选项卡中选择“页眉页脚选项”，打开“页眉/页脚设置”对话框，取消选中“显示奇数页页眉横线”复选框，单击“确定”按钮即可，操作如图 1-31 所示。

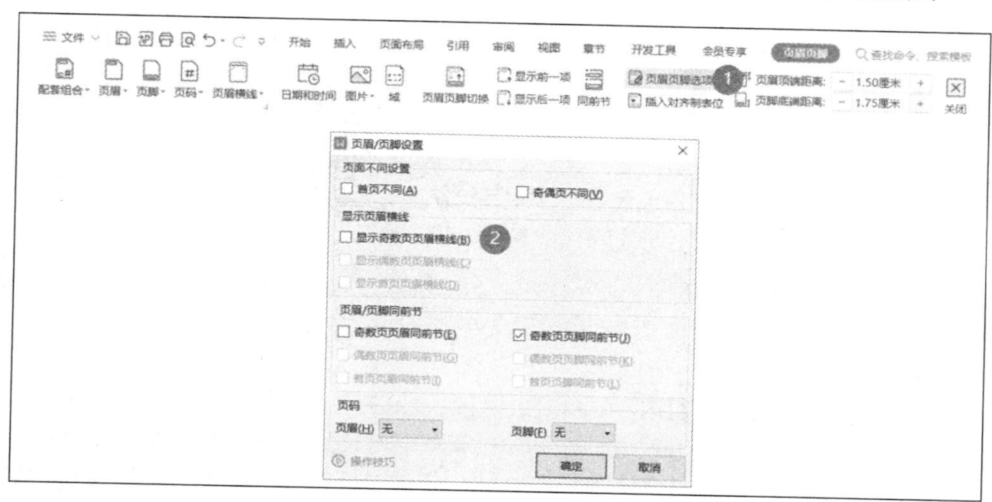

图 1-31　删除页眉下框线

2. 查找与替换

选中正文中的一个“五 • 四”，选择“开始”—“查找替换”—“替换”，打开“查找和替换”对话框的“替换”选项卡，此时“查找内容”为“五 • 四”，将光标定位到“替换为”后面的文本框中，选择“格式”中的“字体”选项，设置字形为“加粗”、字体颜色为“紫色”，单击“全部替换”按钮即可，如图 1-32 所示。

图 1-32　替换设置

3. 设置文字边框与底纹

选中“活动主题”，选择“开始”—“段落”—“边框”下拉列表中的“边框和底纹”选项，在打开的“边框和底纹”对话框中设置边框样式为“方框”，线型为“实线”，颜色为“紫色”，宽度为“0.5 磅”，应用于“文字”，单击“确定”按钮即可为文字添加边框。选择“底纹”选项卡，设置图案样式为“浅色上斜线”，颜色为主题颜色“培安紫,着色 4,浅色 80%”，应用于“文字”，单击“确定”按钮即可，如图 1-33 所示。

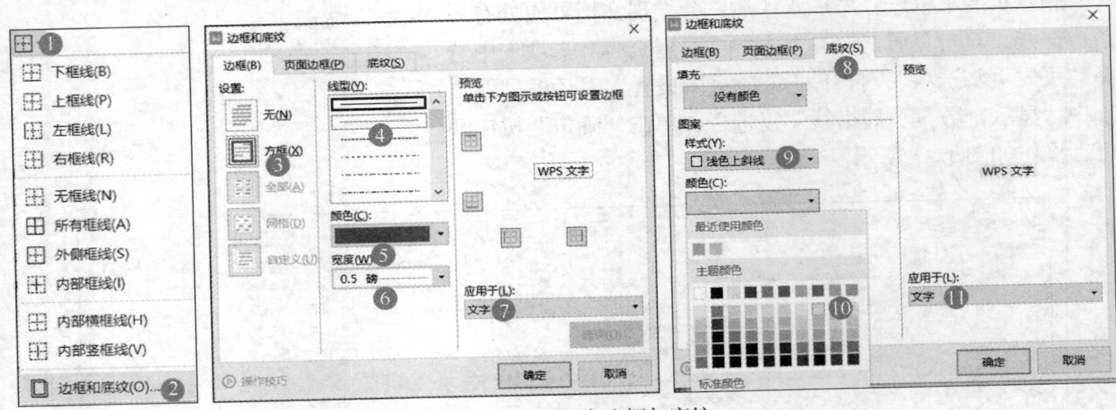

图 1-33　设置文字边框与底纹

选中“活动主题”，双击“开始”选项卡中的“格式刷”，此时鼠标指针将变为格式刷，使用格式刷将格式应用于“活动时间”与“活动内容”文字上，即可进行格式的复制。

4. 自定义项目符号

选中“活动内容”后面的 4 行内容，单击鼠标右键，在打开的快捷菜单中选择“项目符号和编号”命令，在打开的“项目符号和编号”对话框中选择“项目符号”中的某一种样式，单击“自定义”按钮，在打开的“自定义项目符号列表”对话框中选择“字符”，即可打开“符号”对话框，添加新的项目符号，在此选择字体为“Webdings”，字符代码为“151”，单击“插入”按钮，返回“自定义项目符号列表”对话框中，单击“高级”按钮，设置项目符号位置，即缩进位置为“2 字符”，制表位位置为“2 字符”，缩进位置为“0 字符”，如图 1-34 所示。

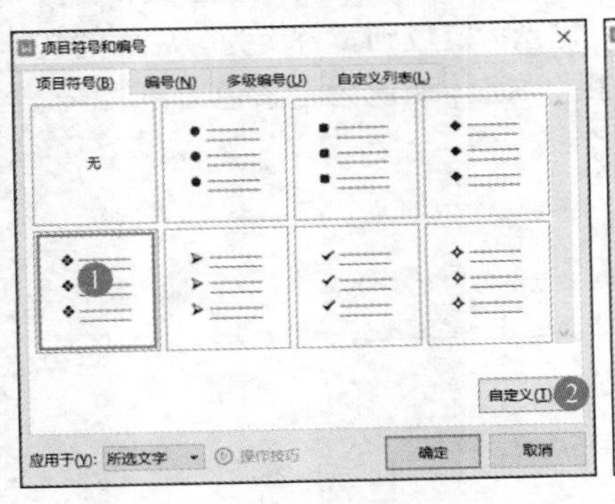

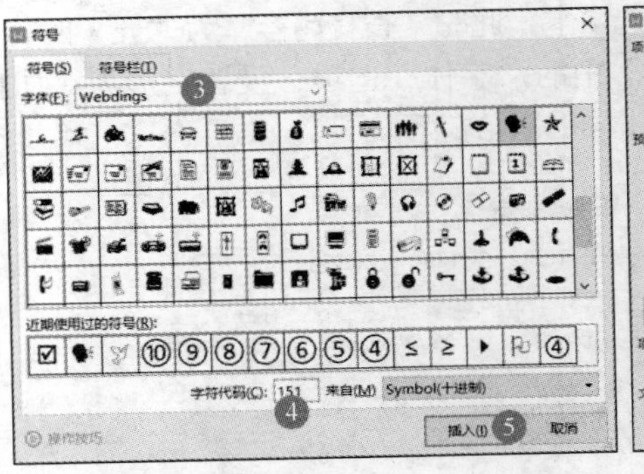

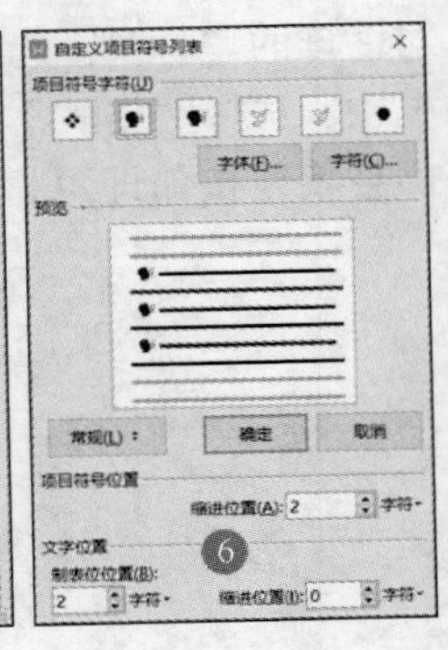

图 1-34　自定义项目符号

5. 设置首字下沉与分栏

将光标定位到正文第一段中，选择“插入”—“首字下沉”，在打开的“首字下沉”对话框中设置位置为“下沉”、字体为“楷体”、下沉行数为“2”、距正文为“0.2 厘米”，如图 1-35 所示，单击“确定”按钮即可。

选中正文第二段，选择“页面布局”—“分栏”—“更多分栏”，在打开的“分栏”对话框中设置预设为“三栏”、间距为“2 字符”，选中“栏宽相等”“分隔线”复选框，如图 1-36 所示，单击“确定”按钮即可。

按“Ctrl+S”组合键保存文档，单击快速访问工具栏中的“打印预览”按钮，可查看文档效果。

图 1-35　首字下沉

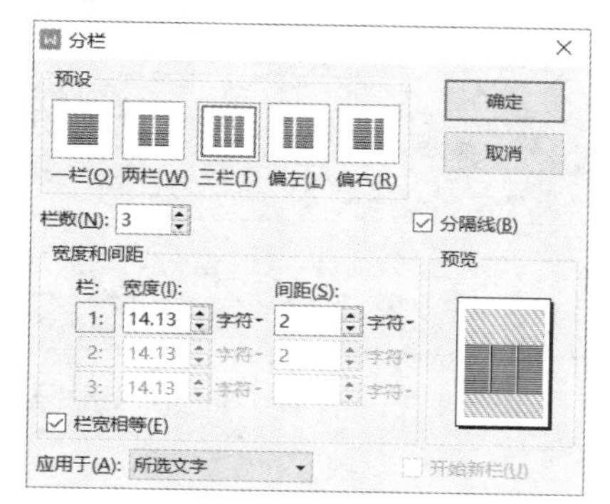

图 1-36　分栏

【基础任务 1-2　设计封面页】

任务导读

本任务将指导学生完成求职材料中封面页的设计与制作、求职信的装饰，参考效果如图 1-37 所示。通过本任务的学习，学生能够掌握以下知识与技能。

- 插入空白页。
- 插入图片：图片的环绕方式设置等。
- 插入艺术字：字体填充设置。
- 插入文本框：文本框格式设置。
- 插入形状：形状编辑（编辑顶点）。
- 插入图标：图标的选择与格式设置。

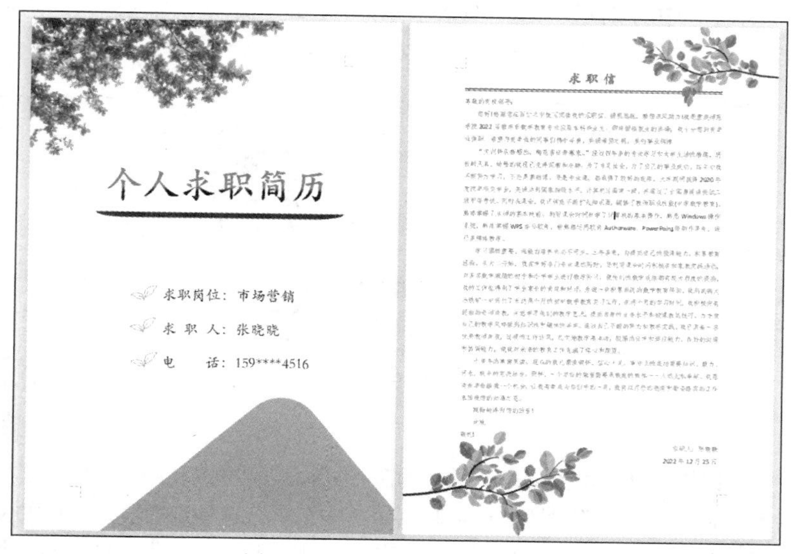

图 1-37　基础任务 1-2 参考效果

任务准备

1. 图片

可以选择“插入”—“图片”，添加本地图片、来自扫描仪的图片、手机图片/拍照、资源夹图片等，利用“图片工具”选项卡可对图片进行裁剪、大小、透明色、环绕、调色等设置，如图 1-38 所示。

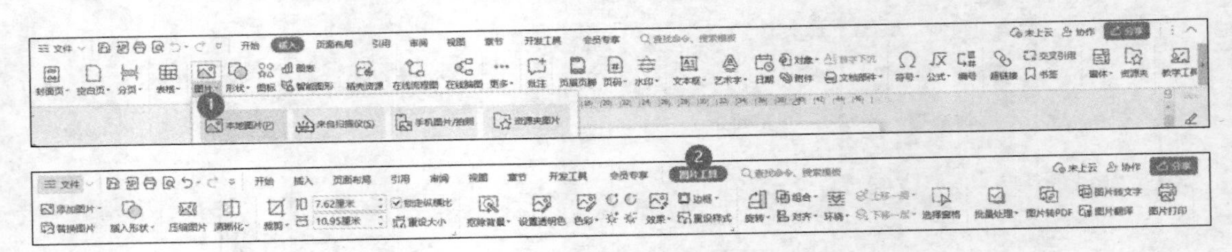

图 1-38　插入图片与“图片工具”选项卡

2. 形状

选择“插入”—“形状”可以添加所需要的各种基本形状，选中添加的形状后，可通过“绘图工具”选项卡对形状进行属性设置，例如，编辑形状、形状样式、对齐、排列、环绕等，如图 1-39 所示。

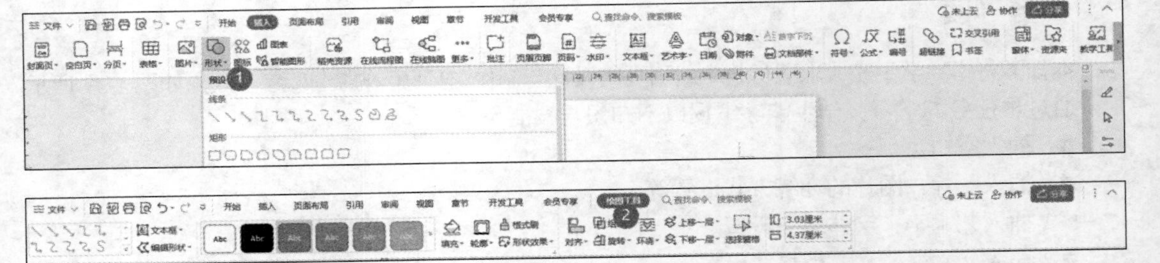

图 1-39　插入形状与“绘图工具”选项卡

3. 艺术字

可以通过“艺术字”中的“预设样式”列表框选择合适的艺术字，对已插入的艺术字可通过“绘图工具”和“文本工具”选项卡进行格式设置，如图 1-40 所示。

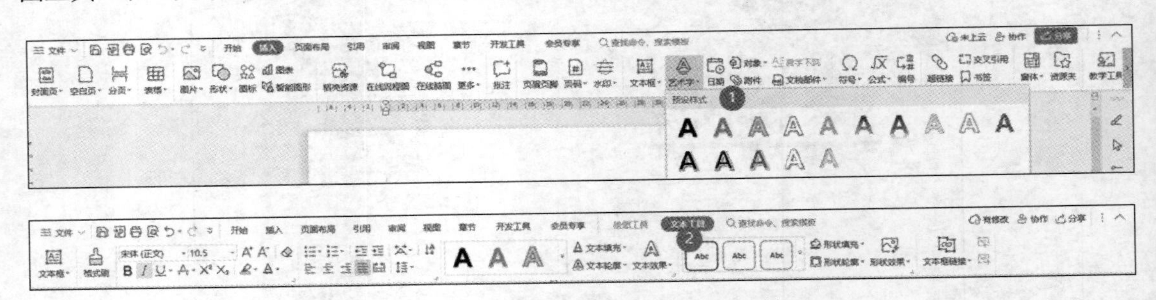

图 1-40　插入艺术字与“文本工具”选项卡

4. 文本框

文本框是一个可以输入文本的矩形框，它以对象形式出现。可以利用“绘图工具”选项卡对文本框进行填充、轮廓、对齐、环绕等设置；也可利用“文本工具”选项卡对文本框中的文本进行字体格式、文本填充、文本效果等设置。文本框插入示意与“文本工具”选项卡如图 1-41 所示。

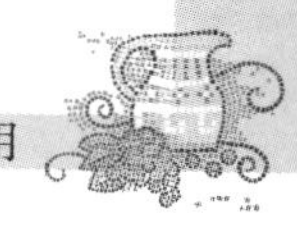

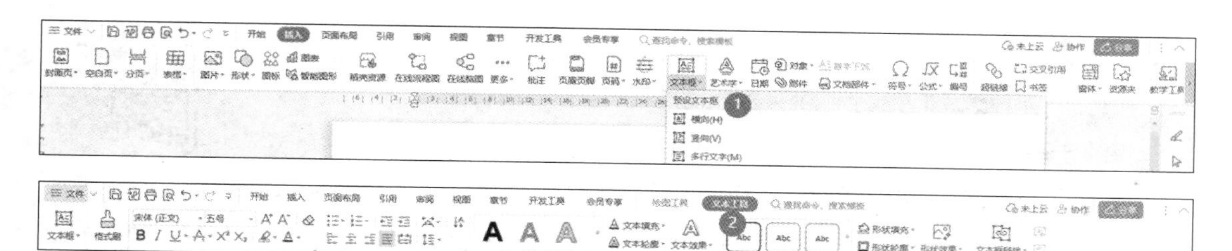

图 1-41　文本框插入示意与“文本工具”选项卡

任务实施

1. 插入空白页

操作要求

在云文档“基础项目 求职材料.docx”的开始处添加一页空白页作为封面页。

插入空白页

操作步骤

打开“基础任务 1-2 设计封面页（素材）.docx”，将其另存为“任务 1-2 设计封面页（效果）.docx”，将光标定位到文档开始处，选择“插入”—“空白页”—“竖向”，即可在求职信页面前添加一页空白页。

2. 插入图片

操作要求

在封面页中插入“图片 1.png”，设置该图片衬于文字下方，调整其到页面左上角。

插入图片

操作步骤

选择“插入”—“图片”—“本地图片”，打开素材中的“图片 1.png”即可，选中图片，选择“图片工具”—“环绕”—“衬于文字下方”，如图 1-42 所示，并选中图片，将其拖曳到页面左上角。

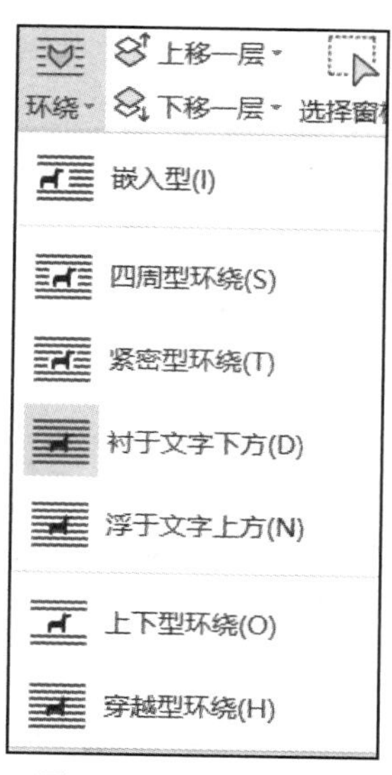

图 1-42　设置环绕方式

3. 插入艺术字

插入艺术字

操作要求

在封面空白处添加艺术字“个人求职简历”，自定义字体格式。

操作步骤

选择“插入”—“艺术字”，选择任意预设样式的艺术字，输入内容“个人求职简历”，选中艺术字，单击鼠标右键，在打开的快捷菜单中选择“字体”命令，在打开的“字体”对话框中设置中文字体为“华文楷体”、字号为“60磅”、字形为“加粗”；选中艺术字，单击鼠标右键，在打开的快捷菜单中选择“设置对象格式”命令，在右侧“属性”窗格中设置“文本选项”—“填充与轮廓”—“文本填充”—“渐变填充”，设置渐变样式为“向下”，设置色标颜色 1 为“绿色”（RGB 值分别为 104、141、70），位置为“54%”，设置色标颜色 2 为“黑色,文本 1”，位置为“62%”，如图 1-43 所示。

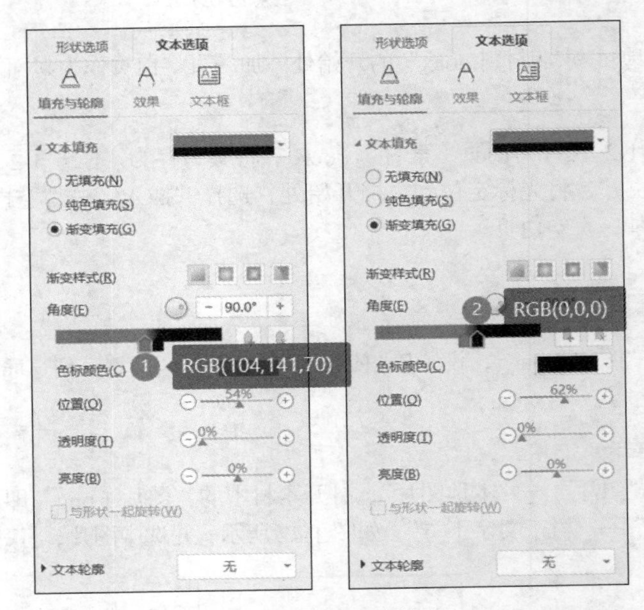

图 1-43　设置文字填充

4. 插入文本框

插入文本框

操作要求

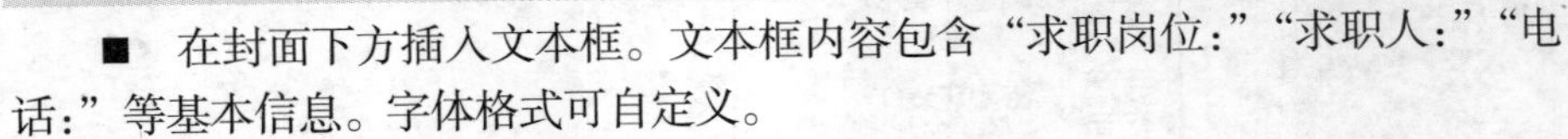

■ 在封面下方插入文本框。文本框内容包含“求职岗位:”“求职人:”“电话:”等基本信息。字体格式可自定义。

■ 为文本框各项内容添加图标，样式可自定义。

操作步骤

选择“插入”—“文本框”—“横向”，输入内容（包含但不限于“求职岗位:”“求职人:”“电话:”等），选中文本框，单击鼠标右键，在打开的快捷菜单中选择“字体”命令，在打开的“字体”对话框中设置中文字体为“华文楷体”、字号为“小一”、字体颜色为“黑色,文本 1”。选中文本框，单击鼠标右键，在打开的快捷菜单中选择“段落”命令，在打开的“段落”对话框中设置行距为固定值“56 磅”。

选中文本框，选择“绘图工具”选项卡，设置“填充”为“无填充颜色”，“轮廓”为“无边框

颜色”，调整位置使文本框在页面中下部即可。

选择“插入”—“图标”，搜索与内容相关的图标，如树叶，插入个人信息前，参考效果如图 1-44 所示。

5. 插入形状

插入形状

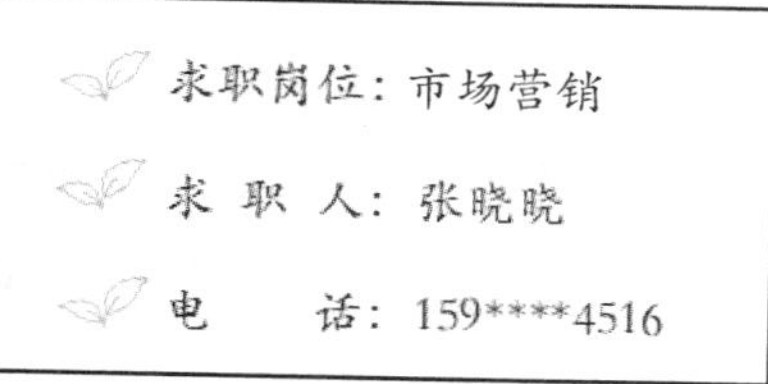

图 1-44　参考效果

操作要求

在封面页下方添加形状，样式可自定义。

操作步骤

选择“插入”—“形状”—“圆角矩形”，添加一个圆角矩形，选择“绘图工具”—“填充”—“取色器”，使用取色器到封面图片中拾取颜色，效果图取色值为 RGB(141,177,130)，设置“轮廓”为“无边框颜色”。调整圆角矩形的尺寸约为“高 13 厘米、宽 24 厘米”，旋转“60 度”，调整完毕后将圆角矩形置于页面底端靠右即可。

选择“插入”—“形状”—“圆角矩形”，调整圆角大小，选择“绘图工具”—“编辑形状”—“编辑顶点”，指向圆角矩形上边框的两个顶点，依次选择右键快捷菜单中的“删除顶点”命令即可，如图 1-45 所示。调整形状的大小和位置，设置“填充”为主题颜色中的“黑色,文本 1,浅色 50%”，“轮廓”为“无边框颜色”。

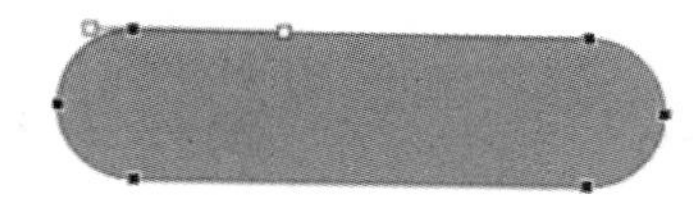

图 1-45　编辑形状顶点

6. 修改求职信页面

修改求职信页面

操作要求

删除原有的页面边框，插入素材中的图片，并参照效果图调整大小和位置。保存云文档，并将其另存到本地文件夹中，文件名为“基础任务 1-2 设计封面页（效果）.docx”。

操作步骤

删除之前的页面边框：选择“页面布局”—“页面边框”，在“边框和底纹”对话框的“页面边框”选项卡中设置为“无”，单击“确定”按钮即可，如图 1-46 所示。

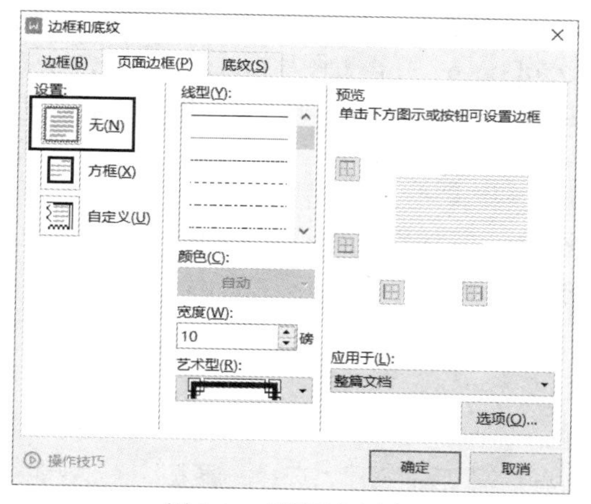

图 1-46　删除页面边框

选择“插入”—“图片”，找到素材中的“图片 2.png”，调整图片大小，将其放到求职信页面右上角，复制一份图片，再调整图片大小，选择“图片工具”—“旋转”—“水平翻转”，将其移到页面左下角。

按“Ctrl+S”组合键，保存云文档，选择“文件”—“另存为”，将该文档保存到本地文件夹中，并将其命名为“基础任务 1-2 设计封面页（效果）.docx”。

基础拓展 1-2：制作企业简介

任务效果

现需要完成一份企业简介文档的编辑与排版，参考效果如图 1-47 所示。

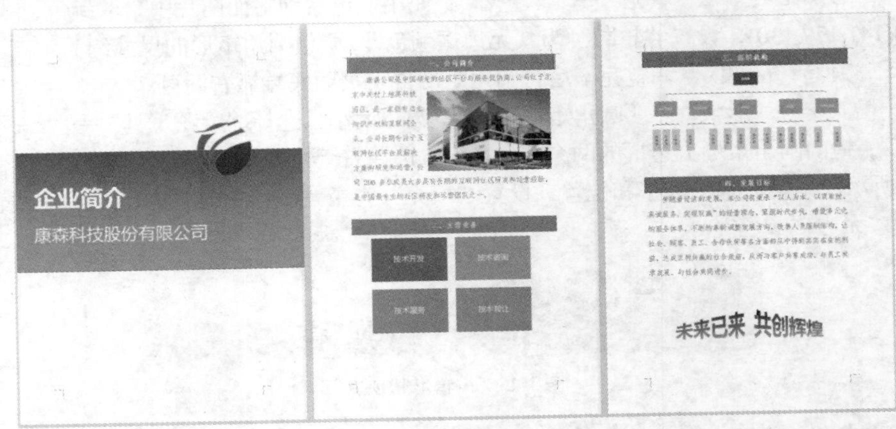

图 1-47　基础拓展 1-2 参考效果

学习目标

- ■ 熟练掌握形状、图片、艺术字的设置方法。
- ■ 掌握智能图形的插入与设置方法。
- ■ 掌握流程图的绘制与编辑方法。

操作要求

打开文档“基础拓展 1-2 制作企业简介（素材）.docx”，将其另存为“基础拓展 1-2 制作企业简介（效果）.docx”，参照效果图与下面的要求进行编辑与排版。

■ 在文档开始处插入空白页作为封面，添加矩形，设置渐变填充效果，添加标题文本并设置字体格式和段落格式，插入公司 Logo，并设置图片格式。

■ 为正文标题设置字体和段落格式，并添加边框与底纹效果，为正文文本设置字体和段落格式，注意添加首行缩进效果。

■ 在第二部分内容中添加智能图形，并设置其效果。

■ 在第三部分内容中添加在线流程图，并设置图形样式、对齐方式与分布方式等。

■ 在文档末尾添加艺术字，并设置其效果。

重点操作提示

1. 添加智能图形

（1）插入智能图形

将光标定位到“二、主营业务”后面一段，选择“插入”—“智能图形”，在打开的对话框中选择“列表”中第一种样式的智能图形，如图 1-48 所示。

（2）编辑图形项目

将光标依次定位到智能图形的各元素中，分别输入“技术开发”“技术咨询”“技术服务”“技术转让”，选中最后一个元素，按“Delete”键删除该元素。

（3）设置图形字体

选中智能图形，设置字体格式为微软雅黑、三号。

更改颜色，选中智能图形，选择“设计”—“更改颜色”—“彩色”中最右侧的样式即可，如图 1-48 所示。

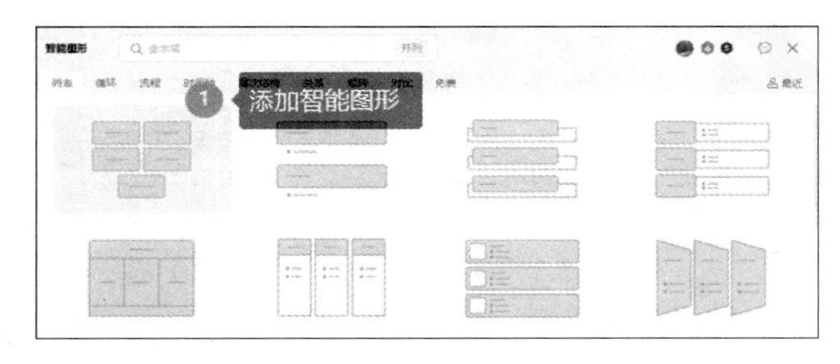

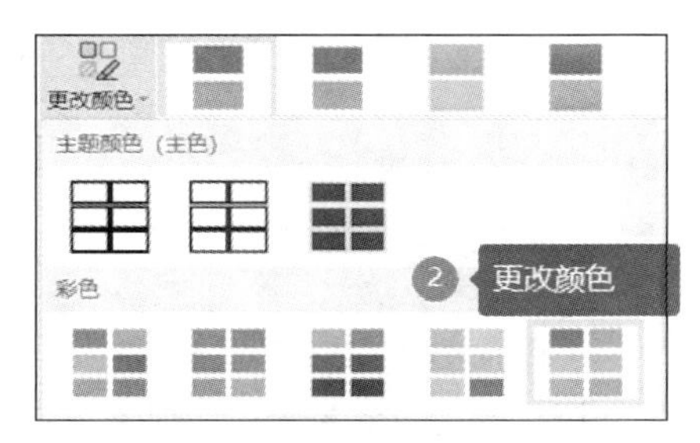

图 1-48　插入智能图形及更改颜色

2. 绘制流程图

WPS 文字提供的流程图可以帮助用户整理和优化组织结构，操作方便，功能实用，用户可选择相应模板进行编辑，也可根据需求自行设计。将光标定位到“三、组织机构”后面一段，选择“插入”—“在线流程图”—“流程图”，选择“新建空白”选项，如图 1-49 所示。

（1）添加一级元素

从左侧“基础图形”中将“矩形”拖曳到工作区顶端居中位置，双击该图形，输入文本“总经理”，在“编辑”选项卡中设置字体为“微软雅黑”、字号为“20px”、字体颜色为“#FFFFFF”，填充颜色为“#1976D2”，线条颜色为“#FFFFFF”，如图 1-50 所示。

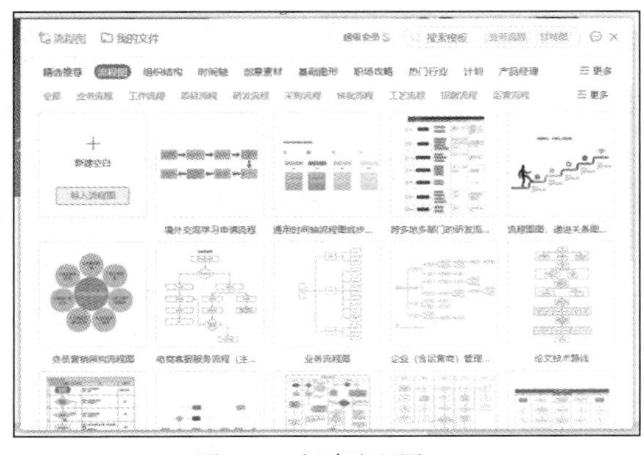

图 1-49　新建流程图

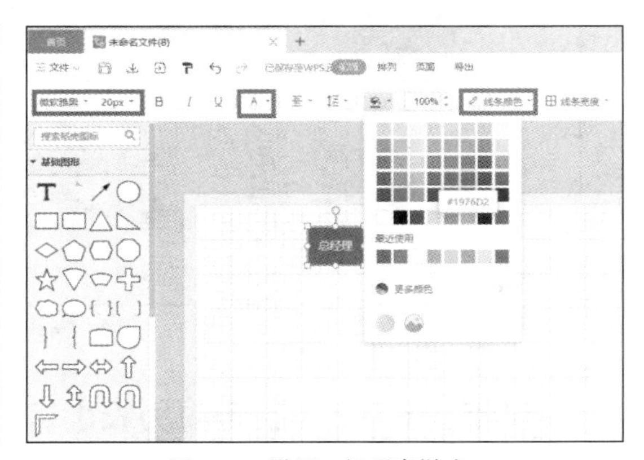

图 1-50　设置一级元素样式

（2）添加二级元素

复制一级元素图形，粘贴 5 次，拖动复制的 5 个图形，进行大致的排列，参照效果图，双击图形修改文本内容，修改填充颜色为“#64B5F6”。

框选复制的 5 个一级元素图形，单击鼠标右键，在打开的快捷菜单中选择“对齐分布”—“垂直居中对齐”，“对齐分布”—“水平平均分布”，即可将二级元素图形平均分布、上下对齐，如图 1-51 所示。

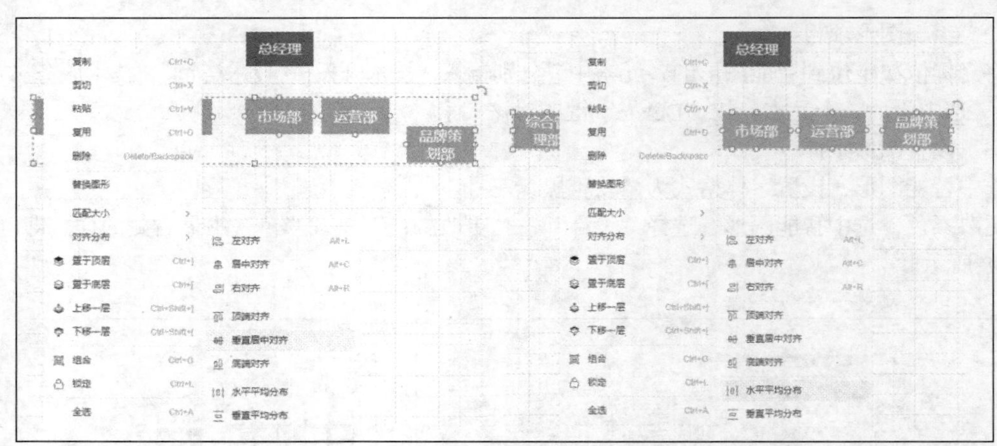

图 1-51　设置元素对齐与分布

（3）添加三级元素

使用相同的方法添加三级元素，参照效果图调整三级元素图形的宽度、高度、填充颜色、图形对齐与对齐分布方式等。

（4）添加备注图形

从基础图形中拖动“备注”图形到一、二级元素之间，选中图形，参照效果图调整旋转角度和宽度即可，使用相同的方法添加“备注”图形到二、三级元素之间，流程图效果如图 1-52 所示。

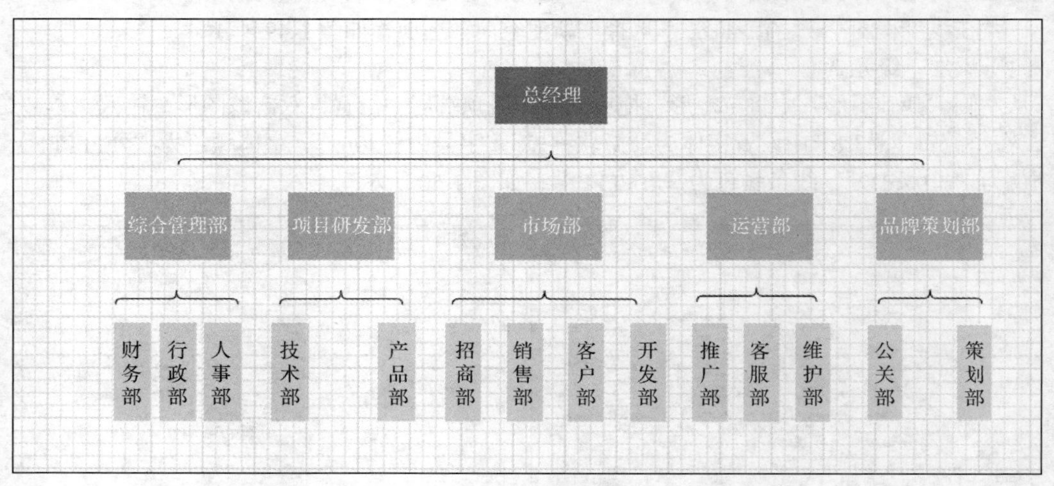

图 1-52　流程图效果

【基础任务 1–3　制作简历表】

任务导读

本任务将指导学生完成求职材料中简历表的制作与美化，参考效果如图 1-53 所示。

通过本任务的学习，学生能够掌握以下知识与技能。

- 创建表格：快速插入、指定行列数的表格。
- 编辑表格：选择表格、插入与删除行与列、合并与拆分单元格。
- 美化表格：设置对齐方式、边框与底纹、套用表格格式。

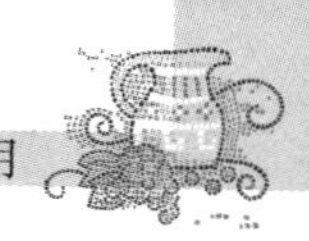

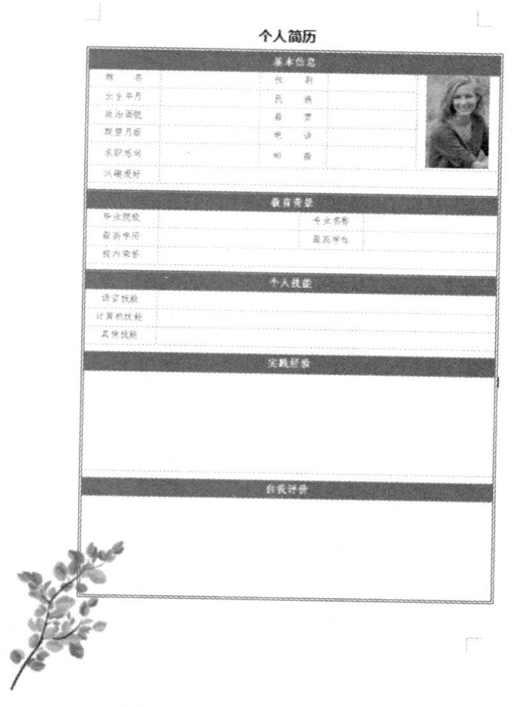

图 1-53　基础任务 1-3 参考效果

任务准备

创建表格

1. 创建表格

（1）快速插入

将光标定位到需要插入表格的位置，选择“插入”—“表格”，选择需要的行数和列数即可，如图 1-54 所示。

（2）指定行列数

将光标定位到需要插入表格的位置，选择“插入”—“表格”—“插入表格”，打开“插入表格”对话框，输入指定的行数和列数即可，如图 1-55 所示。

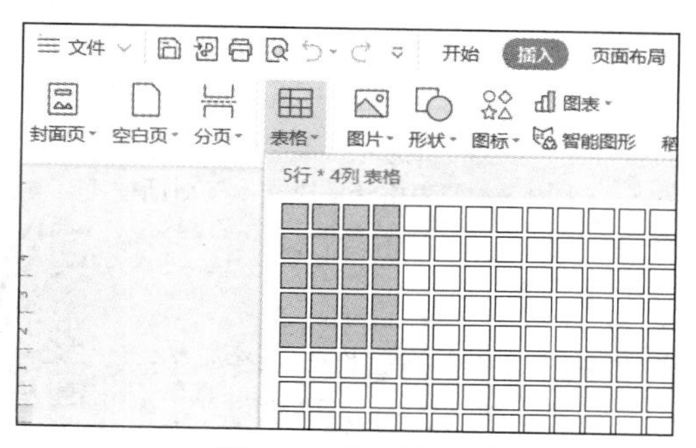

图 1-54　快速插入表格

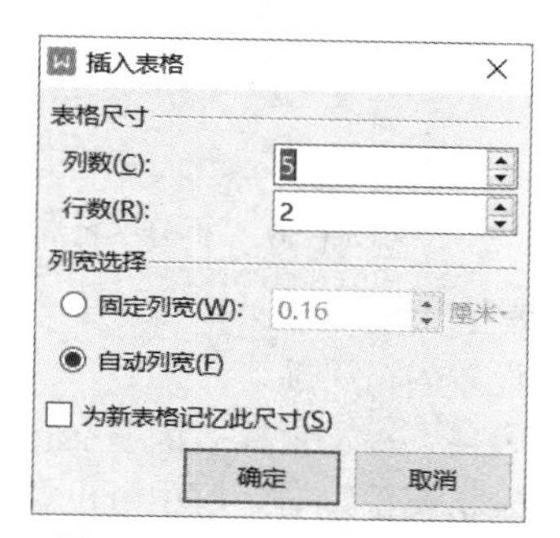

图 1-55　“插入表格”对话框

（3）绘制表格

选择“插入”—“表格”—“绘制表格”，可以实现手动绘制不规则表格操作。

2. 编辑表格

编辑表格

（1）选择

选择单元格：将鼠标指针移到单元格左下角，当鼠标指针变为箭头时，单击可选择该单元格。

选择指定行：将鼠标指针移到表格相应行左侧，当鼠标指针变为箭头时，单击可选择该行。

选择指定列：将鼠标指针移到表格相应列上方，当鼠标指针变为箭头时，单击可选择该列。

选择表格：将鼠标指针移到表格左上角，单击全选按钮，可选择整个表格。

（2）插入与删除

插入：将光标定位到某单元格，单击鼠标右键，在打开的快捷菜单中根据需求选择“插入”子菜单中的对应命令，例如，“在左侧插入列”“在右侧插入列”“在上方插入行”“在下方插入行”“单元格”等。

删除：选中某单元格、行或列，单击鼠标右键，在打开的快捷菜单中根据需求选择“删除单元格”“删除行”“删除列”等命令。

（3）合并与拆分

合并单元格：选中相邻的多个单元格，单击鼠标右键，在打开的快捷菜单中选择“合并单元格”命令。

拆分单元格：选中某单元格，单击鼠标右键，在打开的快捷菜单中选择“拆分单元格”命令，在打开的“拆分单元格”对话框中设置拆分的列数和行数即可，如图 1-56 所示。

按行拆分表格：选中某行，单击鼠标右键，在打开的快捷菜单中选择“拆分表格”—“按行拆分”命令，即可将表格拆分为上、下两个表格。

按列拆分表格：选中某列，单击鼠标右键，在打开的快捷菜单中选择“拆分表格”—“按列拆分”命令，即可将表格拆分为左、右两个表格。

（4）文字与表格相互转换

文字转表格：选中要转换的文字，选择“插入”—“表格”—“文本转换成表格”即可（注意：要求要转换成表格的文字排列是有规律的）。

表格转文字：选中表格，选择“插入”—“表格”—“表格转换成文本”，在打开的“表格转换成文本”对话框中选择对应的文字分隔符即可，如图 1-57 所示。

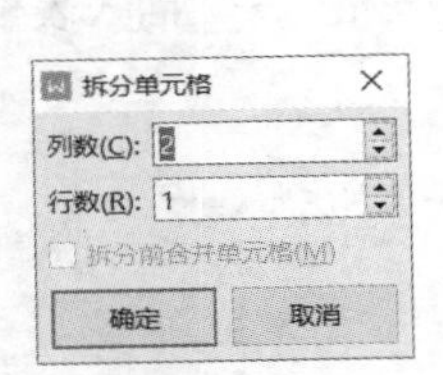

图 1-56 “拆分单元格”对话框

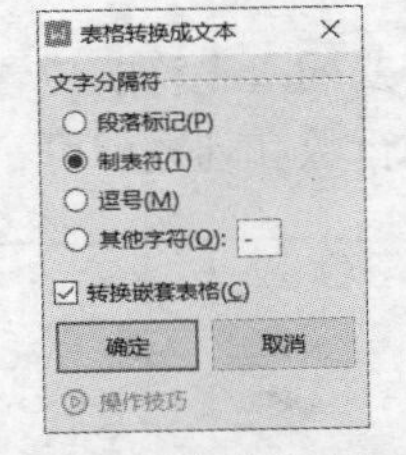

图 1-57 “表格转换成文本”对话框

3. 美化表格

美化表格

（1）设置表格属性

选中表格，单击鼠标右键，在打开的快捷菜单中选择“表格属性”命令，在打开的“表格属性”对话框中可设置表格的宽度、行高、列宽、单元格宽度等，如图 1-58 所示。

（2）设置单元格对齐方式

选中表格，选择“表格工具”—“对齐方式”下拉列表中的对齐方式即可，如图 1-59 所示。也可在右键快捷菜单的“单元格对齐方式”命令中进行选择。

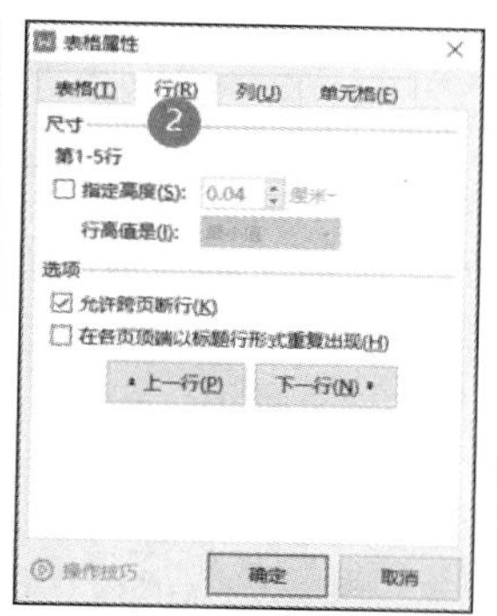

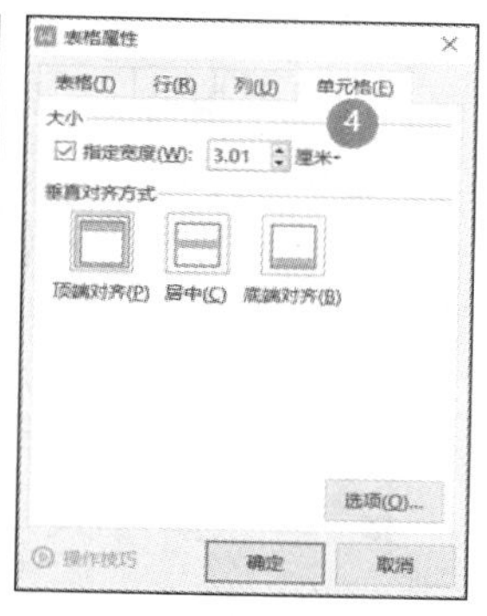

图 1-58　“表格属性”对话框

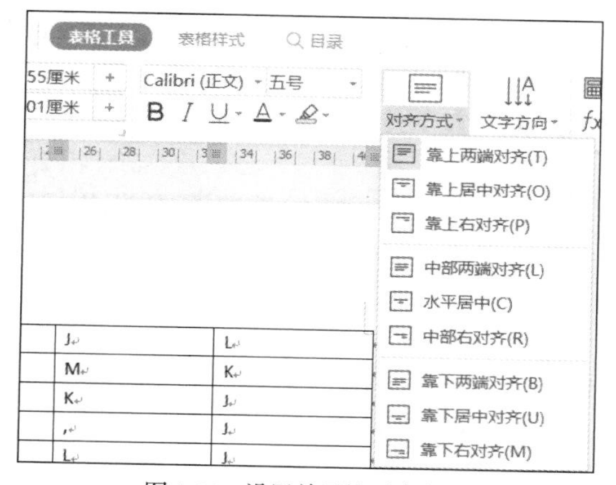

图 1-59　设置单元格对齐方式

（3）设置边框和底纹

设置边框：选中表格或要设置的表格范围，选择“表格样式”选项卡中的边框样式、边框粗细、边框颜色、边框应用的位置等即可，如图 1-60 所示。

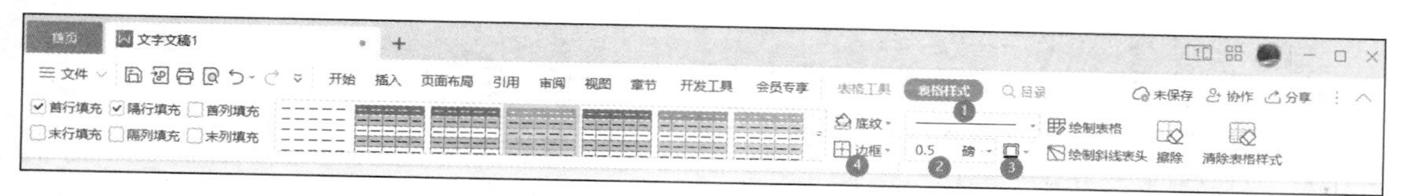

图 1-60　“表格样式”选项卡

设置底纹：选中表格或要设置的表格范围，选择“表格样式”选项卡中的底纹即可。

（4）套用表格样式

选中表格，选择“表格样式”选项卡中的选项（设置表格底纹的填充方式）、预定义的表格样式即可，如图 1-61 所示。

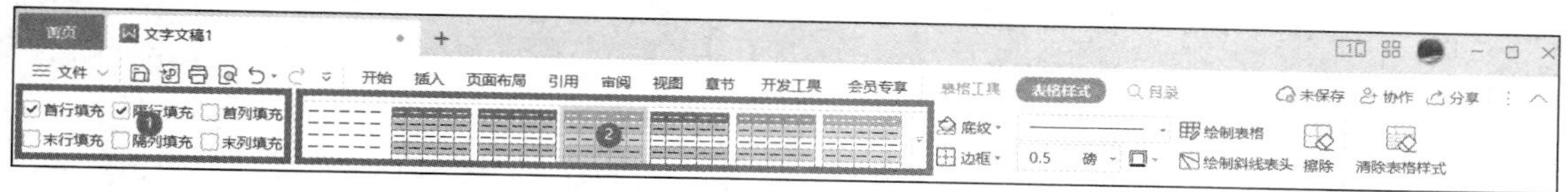

图 1-61　表格样式选择

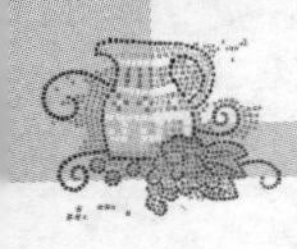

任务实施

1. 插入表格

操作要求

■ 在云文档“基础项目 求职材料.docx”的末尾插入空白页，设置插入点对齐方式为左对齐。

■ 输入文字“个人简历”作为表格标题，字体为微软雅黑、三号、加粗、居中对齐，字体颜色为浅绿、着色 6、深色 50%。

■ 在标题后插入一个 5 列 19 行的表格。

操作步骤

（1）插入空白页

打开云文档“基础项目 求职材料.docx”，按“Ctrl+End”组合键定位到文档末尾，选择“插入”—“分页”—“分页符”，即可在文档后新增一页空白页，单击“开始”—“段落”—“左对齐”按钮，将插入点对齐方式设置为左对齐。

（2）设置标题

输入“个人简历”作为标题，并注意按“Enter”键产生一个空段后，选中标题文字，在“开始”—“字体”功能组中依次选择字体为“微软雅黑”、字号为“三号”、字形为“加粗”、字体颜色为“浅绿,着色 6,深色 50%”，段落格式的对齐方式为“居中对齐”。

（3）插入表格

将光标定位到正文后面的空段，选择“插入”—“表格”—“插入表格”，在打开的“插入表格”对话框中输入列数和行数分别为 5、19，如图 1-62 所示。

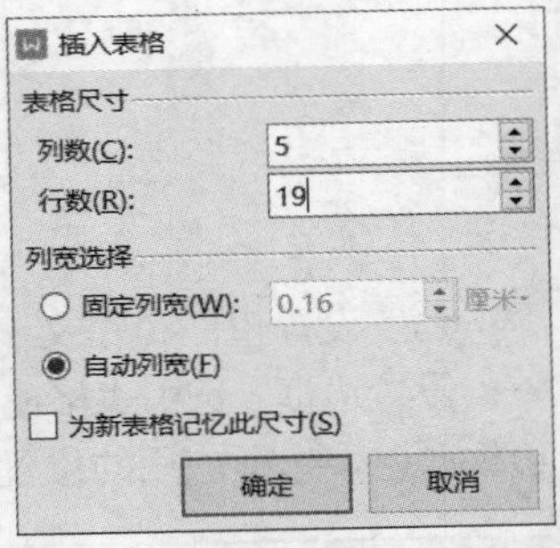

图 1-62 “插入表格”对话框

2. 布局表格

操作要求

■ 设置第一列、第三列宽度为 2.5 厘米，第五列宽度为 3.5 厘米，并设置倒数第一行和倒数第三行的行高为固定值 4 厘米。

■ 参照效果图合并单元格。

■ 在“教育背景”“个人技能”“实践经验”“自我评价”所在行的上方各插入一行，并设置插入行的高度为固定值 0.2 厘米。

■ 调整整个表格宽度为 14.5 厘米。

■ 设置“毕业院校”和“最高学历”两行中的第 2 列，设置列宽度为 4.2 厘米，设置“专业名称”“最高学位”所在列宽度为 2.5 厘米，最后一列宽度为 5.3 厘米。

操作步骤

（1）设置列宽与行高

将鼠标指针移到第一列上方，当鼠标指针变为向下箭头时选中第一列，按住“Ctrl”键，选中第三列，单击鼠标右键，在打开的快捷菜单中选择“表格属性”命令，在打开的“表格属性”对话框中，选择“列”选项卡，选中并设置“指定宽度”为“2.5 厘米”，如图 1-63 所示，单击“确定”按钮即可。用相同的方法选中第五列，设置列宽为“3.5 厘米”。

将鼠标指针移到最后一行左侧，当鼠标指针变为向上箭头时选中最后一行，按住“Ctrl”键，选中倒数第三行，单击鼠标右键，在打开的快捷菜单中选择“表格属性”命令，在打开的“表格属

性”对话框中，选择“行”选项卡，选中并设置“指定高度”为“固定值 4 厘米”，如图 1-64 所示，单击“确定”按钮即可。

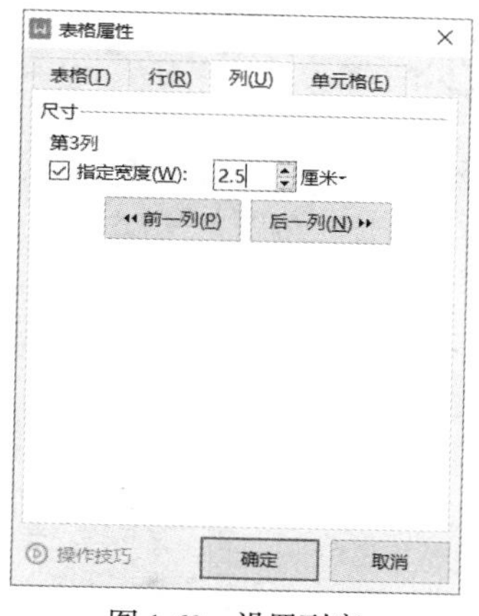

图 1-63　设置列宽

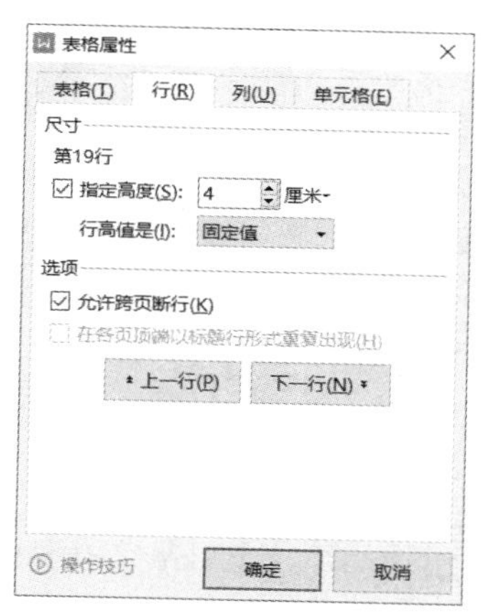

图 1-64　设置行高

（2）合并单元格

选中第一行中所有单元格，选择“表格工具”—“合并单元格”，如图 1-65 所示。用相同的方法将相应的单元格合并，并输入内容，如图 1-66 所示。

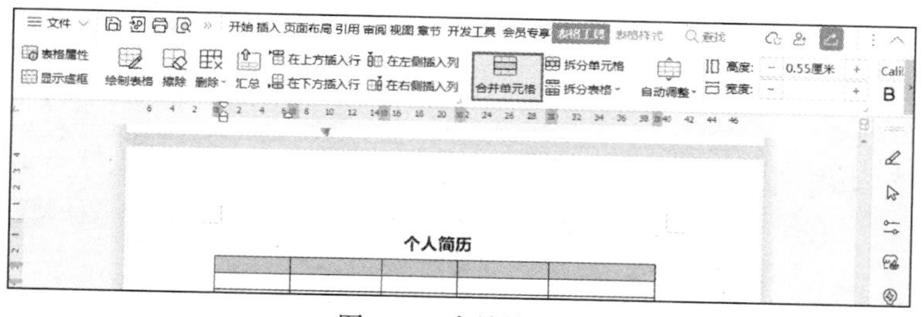

图 1-65　合并单元格

图 1-66　合并单元格并输入内容

（3）插入行

选中“教育背景”所在行，单击鼠标右键，在打开的快捷菜单中选择“插入”—“在上方插入行”命令，选中刚插入的行，单击鼠标右键，在打开的快捷菜单中选择“表格属性”命令，在打开的“表格属性”对话框中选择“行”选项卡，设置行高为“固定值 0.2 厘米”；使用相同的方法在“个人技能”“实践经验”“自我评价”所在行上方插入行，并设置行高为“固定值 0.2 厘米”，其效果如图 1-67 所示。

（4）调整宽度

选中整个表格，单击鼠标右键，在打开的快捷菜单中选择“表格属性”命令，在打开的“表格属性”对话框中，设置“表格”选项卡中的“尺寸”为“指定宽度”“14.5 厘米”，如图 1-68 所示。

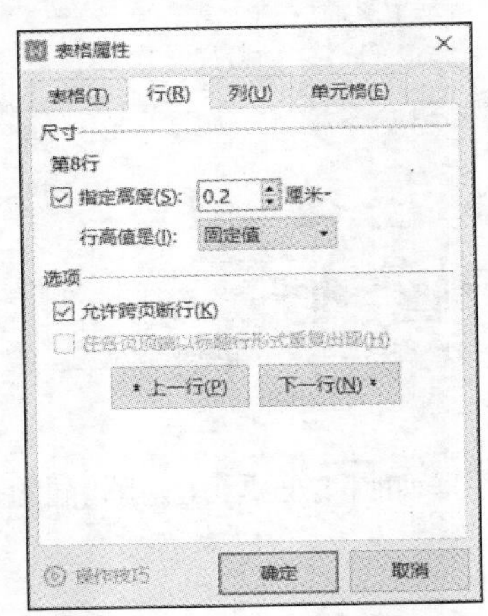

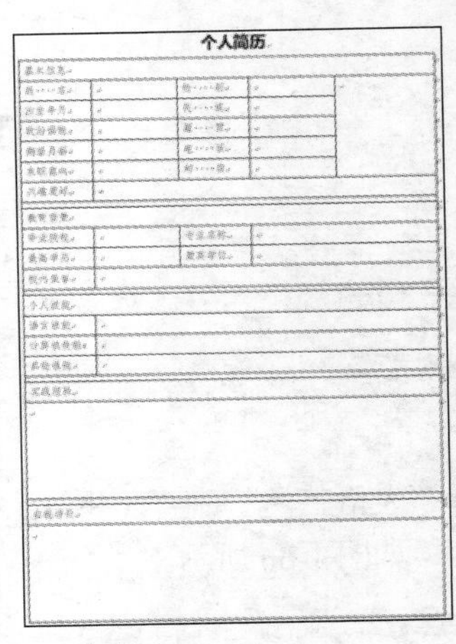

图 1-67　设置行高及其效果

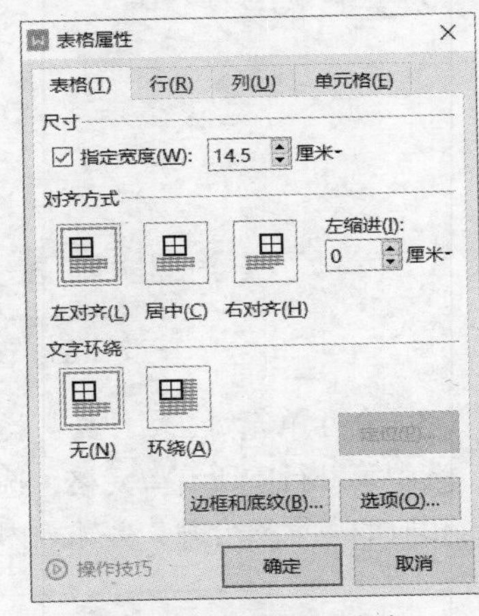

图 1-68　设置表格宽度

（5）调整部分列宽

用前面的方法，选中“毕业院校”“最高学历”两行中的第 2 列，设置列宽为 4.2 厘米，设置“专业名称”“最高学位”所在列宽度为 2.5 厘米，最后一列宽度为 5.3 厘米，注意调整该列整体宽度与表格宽度相同。

3. 美化表格

操作要求

■ 为“基本信息”“教育背景”“个人技能”“实践经验”“自我评价”所在行添加底纹，样式自定义。

■ 设置单元格内容水平居中。

■ 设置表格边框线为 1.5 磅、双窄线，颜色自定义；内部框线为 0.5 磅、点线，颜色自定义。

■ 在照片所在单元格插入一张图片，调整其大小。

■ 在该页面空白处添加一张图片，调整其大小和位置。

■ 保存云文档，并将其另存到本地文件夹中，文件名为“基础任务 1-3 制作简历表（效果）.docx”。

操作步骤

（1）设置单元格底纹

按住“Ctrl”键的同时，选中“基本信息”“教育背景”“个人技能”“实践经验”“自我评价”所在行，选择“表格样式”—“底纹”—“主题颜色”为“浅绿,着色 6,深色 25%”，设置字体为“仿宋”、字号为“五号”、字形为“加粗”、字体颜色为“白色,背景 1”，如图 1-69 所示。

（2）设置边框

单击表格左上角出现的选择图标，选中表格，在“表格样式”选项卡中，设置边框线样式为双

窄线、宽度为 1.5 磅、颜色为“浅绿,着色 6,浅色 60%”，选择“边框”下拉列表中的“外侧框线”选项，如图 1-70 所示；按照相同的步骤，设置边框线样式为点线、宽度为 0.5 磅、颜色同外边框，选择“边框”下拉列表中的“内部框线”选项。

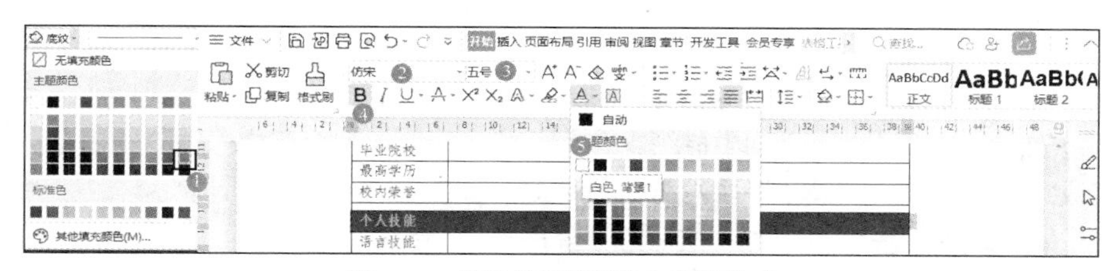

图 1-69　设置单元格底纹和字体格式

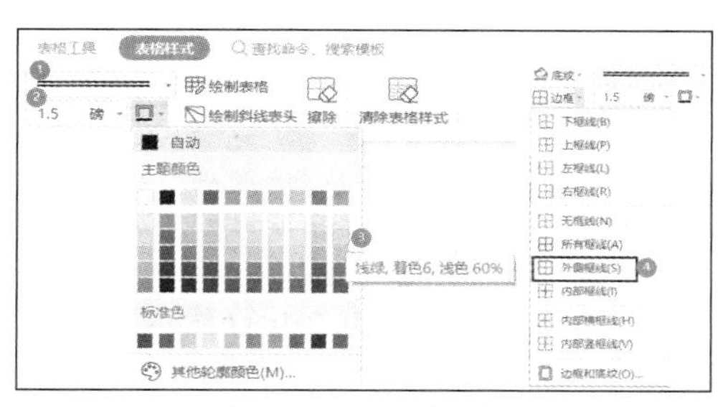

图 1-70　设置边框样式

（3）设置对齐方式

选中整个表格，选择“表格工具”选项卡，设置单元格内容的“对齐方式”为“水平居中”。

（4）添加图片

将光标定位到照片所在单元格，选择“插入”—“图片”—“本地图片”，找到个人照片进行添加即可。将光标定位到表格外，以相同的方法插入本地图片，选中图片，在“图片工具”选项卡中选择“环绕”方式为“衬于文字下方”，调整图片的大小和旋转角度即可。

按“Ctrl+S”组合键，保存云文档，选择“文件”—“另存为”，将该文档保存到本地文件夹中，并将其命名为“基础任务 1-3 制作简历表（效果）.docx”。

基础拓展 1-3：计算表格数据

任务效果

现需在 WPS 文字中对下面表格中的数据进行简单的计算和排序，参考效果如图 1-71 所示。

六年级期中成绩单

成绩 科目 姓名	语文	数学	英语	总分	排名
小周	59	99	88	246	1
小蓝	81	78	77	236	2
小张	90	90	50	230	3
小欧	89	79	60	228	4
小李	69	89	59	217	5
小王	84	60	68	212	6
小秋	65	69	69	203	7
小沈	61	67	66	194	8
小黄	76	63	49	188	9
小林	69	59	59	187	10
最低分	59	59	49		
最高分	90	99	88		
平均分	74.3	75.5	64.5		

学校办公物品采购清单

采购人	张老师	采购日期	2023/3/5
审核人	郑老师	审核日期	2023/3/6

序号	商品名称	型号	数量	单价/元	小计/元	备注
1	铅笔	晨光	20 盒	10	200.00	
2	圆珠笔	晨光	25 盒	20	500.00	
3	订书机	晨光	15 套	10	150.00	
4	鼠标	罗技	12 个	50	600.00	
5	键盘	迷你式	15 套	10	150.00	
6	电脑主机	西部数码	5 台	3000	15,000.00	
7	显示器	戴尔	8 个	2500	20,000.00	
8	文件夹	晨光	20 个	5	100.00	
合计金额					40,746.00	

图 1-71　基础拓展 1-3 参考效果

学习目标

■ 掌握斜线表头的绘制方法。

■ 掌握表格中数据的计算与排序等处理方法。

操作要求

■ 打开“基础拓展 1-3 计算表格数据（素材）.docx”，另存文件为“基础拓展 1-3 计算表格数据（效果）.docx”，为“六年级期中成绩单”中的第一行第一列单元格添加斜线表头。

■ 完成“六年级期中成绩单”中总分、最低分、最高分、平均分的计算。

■ 在“六年级期中成绩单”中，按照总分降序排序，并输入排名。

■ 完成对“学校办公物品采购清单”中每样商品的采购金额和采购所有办公用品的总金额的计算。

重点操作提示

1. 绘制斜线表头

将光标定位到“六年级期中成绩单”的第一行第一列单元格中，选择“表格样式”—“绘制斜线表头”，选择第一行第三列的样式，单击“确定”按钮即可在第一行第一列单元格中添加斜线表头，将光标定位到表头不同区域，添加内容，其效果如图 1-72 所示。

2. 数据计算与排序

（1）快速计算

选择“六年级期中成绩单”中要计算的单元格数据（从第二行第二列开始到第十一行第四列结束），选择“表格工具”—“快速计算”—“求和”，即可计算出所有学生的总分。用相同的方法依次选择“快速计算”中的“最小值”“最大值”“平均值”，将在表格下方依次添加 3 行数据，并在第一列的最后 3 行分别添加“最低分”“最高分”“平均分”作为单元格内容，其效果如图 1-72 所示。

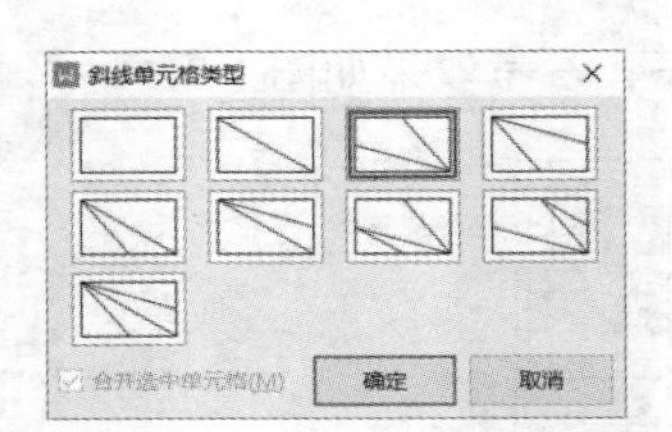

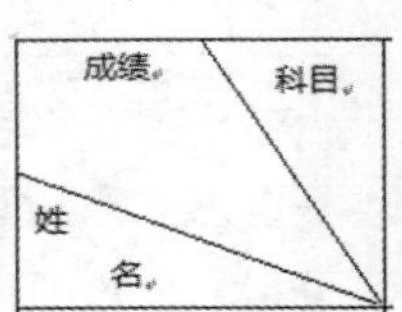

图 1-72 绘制斜线表头及其效果

快速计算
求和(S)
平均值(A)
最大值(M)
最小值(I)

六年级期中成绩单

成绩 科目 / 姓名	语文	数学	英语	总分	排名
小周	59	99	88	246	
小蓝	81	78	77	236	
小黄	90	90	50	230	
小钦	89	79	60	228	
小李	69	89	59	217	
小王	84	60	68	212	
小秋	65	69	69	203	
小沈	61	67	66	194	
小鹏	76	63	49	188	
小林	69	59	59	187	
最低分	59	59	49		
最高分	90	99	88		
平均分	74.3	75.3	64.5		

图 1-73 快速计算工具与计算效果

（2）数据排序

选择“六年级期中成绩单”中的第二行到第十一行单元格，选择“表格工具”—“排序”，在打开的“排序”对话框中设置“主要关键字”为“列 5”，类型为“数字”，方向为“降序”，单击“确定”按钮即可按照“总分”由高到低进行排序，如图 1-74 所示。

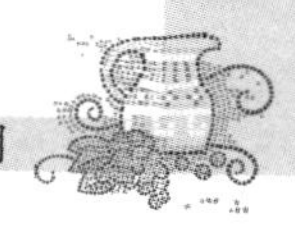

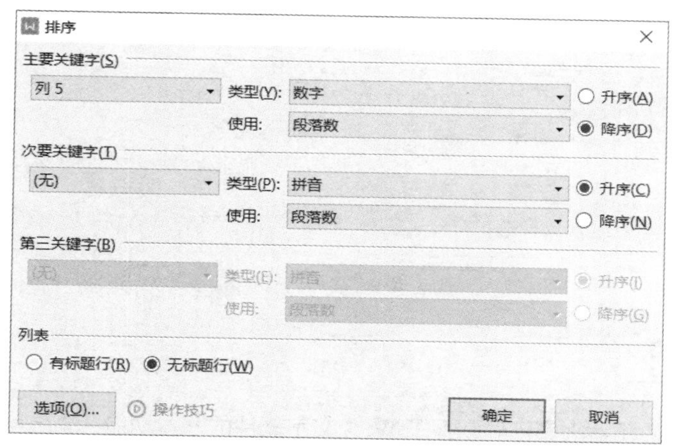

图 1-74　“排序”对话框

选中“排名”所在列的第二行到第十一行单元格，选择“开始”—“段落”—“编号”—“自定义编号”，打开“项目符号和编号”对话框，选择“编号”选项卡中的第二行第四列的样式，单击“自定义”按钮，打开“自定义编号列表”对话框，设置编号格式，单击“确定”按钮，如图 1-75 所示。

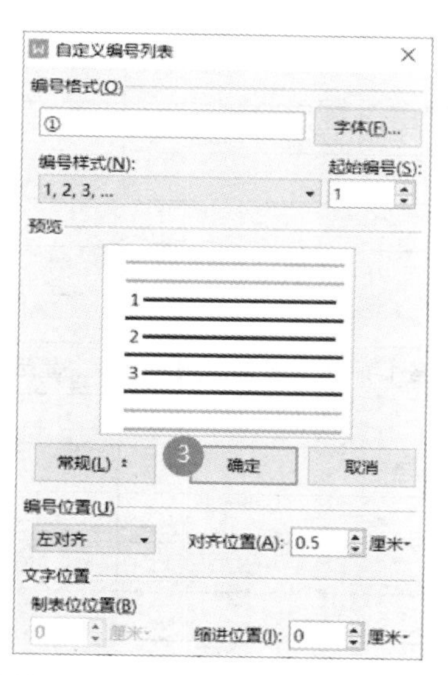

图 1-75　添加自定义编号

（3）应用函数

将光标定位到“学校办公物品采购清单”的第四行第六列单元格，选择“表格工具”—“公式”，在打开的“公式”对话框中，删除默认的公式，在“粘贴函数”下拉列表中选择“PRODUCT”函数进行求积，设置“表格范围”为“LEFT”，设置“数字格式”为“#,##0.00”，单击“确定”按钮即可求出购买“铅笔”的金额。选中该单元格的公式，将其复制并粘贴到剩余的商品小计单元格中，按“F9”键或“Fn+F9”组合键进行刷新，即可求出剩余商品小计金额。

将光标定位到“合计金额”后面的单元格中，选择“表格工具”—“公式”，选择“粘贴函数”为“SUM”进行求和，设置“表格范围”为“ABOVE”，设置“数字格式”为“#,##0.00”，单击“确定”按钮即可求出合计金额。

“公式”对话框如图 1-76 所示。

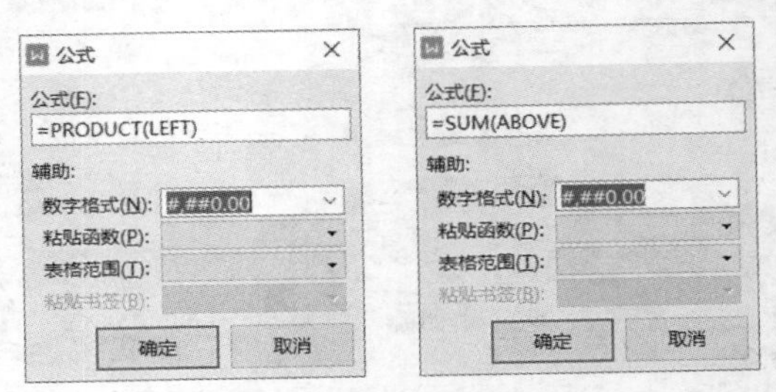

图 1-76 “公式”对话框

【项目总结】

通过学习本项目，相信大家已经掌握了 WPS 文字软件的基本功能，请在表 1-1 中总结与分享学到的具体知识与技能吧！

表 1-1 “基础项目 制作求职材料”相关知识与技能总结

基础任务 1-1 编辑求职信	基础任务 1-2 设计封面页	基础任务 1-3 制作简历表
基础拓展 1-1 制作宣传海报	**基础拓展 1-2 制作企业简介**	**基础拓展 1-3 计算表格数据**

进阶项目 排版操作手册

【项目描述】

项目简介

“排版操作手册”项目源于典型的工作岗位。学生通过该项目的学习，可以应用 WPS 文字软件进行复杂文档排版，提升综合应用能力。

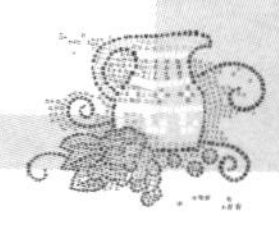

教学建议

建议学时：4 学时。

教学方法：项目教学法、任务驱动法。

【项目分析】

该项目可分解为三大任务，包含梳理手册大纲、引用手册内容和排版手册章节，每个任务包含的主要操作流程和技能如图 1-77 所示。

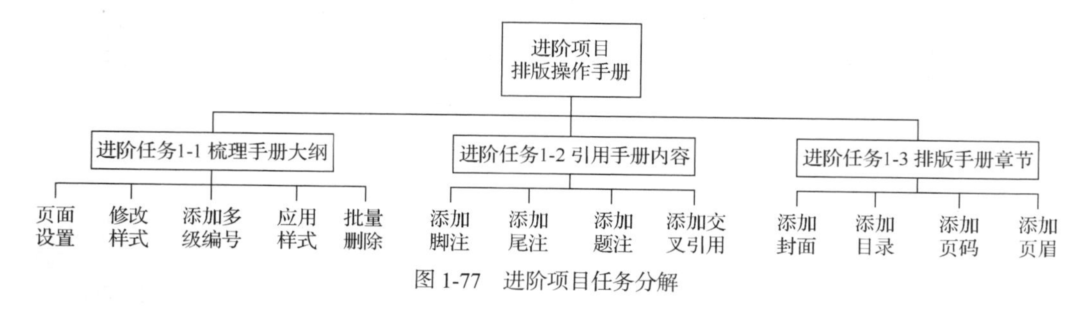

图 1-77　进阶项目任务分解

【项目实施】

【进阶任务 1-1　梳理手册大纲】

任务导读

本任务将指导学生梳理出操作手册文档的结构，参考效果如图 1-78 所示。

通过本任务的学习，学生能够掌握以下知识与技能。

- 理解与掌握大纲级别的设置方法。
- 理解与掌握样式的应用。
- 熟练应用导航窗格。
- 熟悉查找与替换的使用。

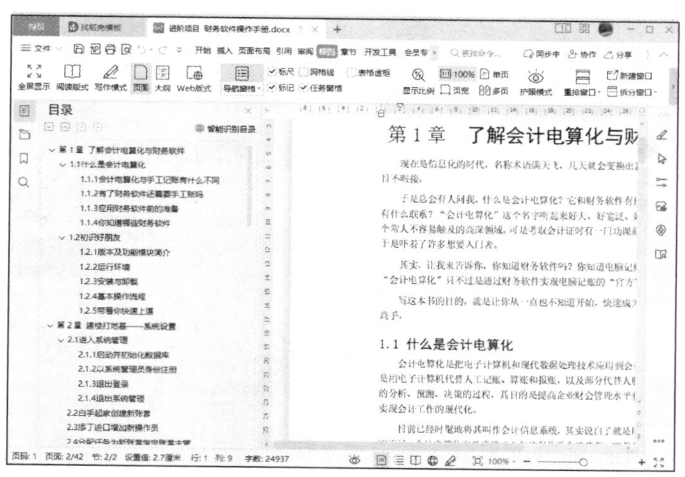

图 1-78　进阶任务 1-1 参考效果

任务准备

1. 大纲级别

大纲级别用于为文档中的段落指定等级结构，包含 1 级到 9 级，主要用于设置文档标题的层级顺序。

2. 样式

样式是预设了一定格式的对象，为文本或段落应用样式可以快速设置文档内容。

3. 导航窗格

导航窗格是查看和编辑长文档的有效工具，选择“视图”—“导航窗格”，就能在窗口左侧显示或隐藏导航窗格，可以利用导航窗格查看文档目录、章节、书签及搜索等，如图 1-79 所示。

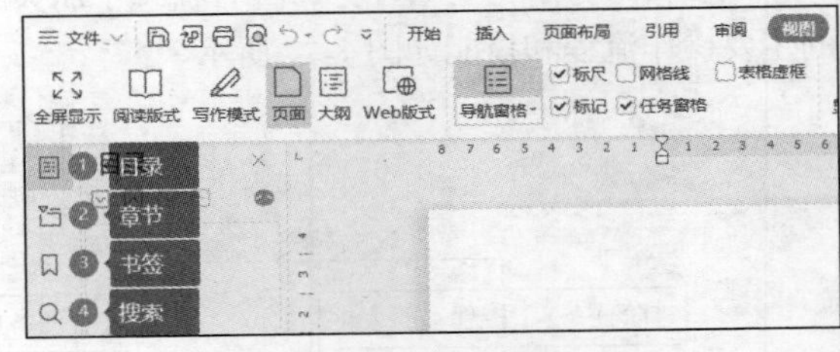

图 1-79　导航窗格

任务实施

1. 页面设置

操作要求

打开“进阶任务 1-1 梳理手册大纲（素材）.docx”，另存为云文档“进阶项目 财务软件操作手册.docx”，设置文档纸张大小为 16 开，对称页边距，上边距为 2.5 厘米、下边距为 2 厘米，内侧边距为 2.5 厘米，外侧边距为 2 厘米，装订线宽为 1 厘米，页脚距边界 1 厘米。

页面设置

操作步骤

（1）打开素材文件“进阶任务 1-1 梳理手册大纲（素材）.docx”，选择“文件”—“另存为”，选择保存位置为“我的云文档”—“WPS 文字”，文件名为“进阶项目 财务软件操作手册.docx”。

（2）双击文档编辑区域上方的标尺，打开“页面设置”对话框，在“纸张”选项卡的“纸张大小”选项组中选择“16 开”选项。

（3）在“页边距”选项卡的“页码范围”选项组的“多页”中选择“对称页边距”选项，在“页边距”选项组中分别设置上、下边距为 2.5 厘米、2 厘米，内侧、外侧边距为 2.5 厘米、2 厘米，装订线宽为 1 厘米。

（4）在“版式”选项卡中设置页脚距边界 1 厘米，单击“确定”按钮即可完成页面设置，具体操作如图 1-80 所示。

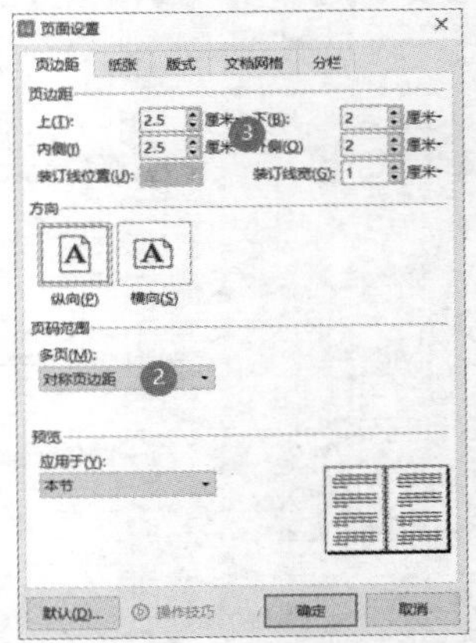

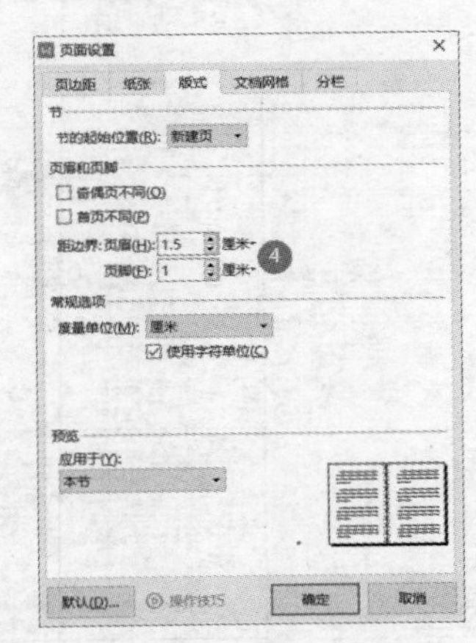

图 1-80　页面设置

2. 修改样式

操作要求

修改样式

■ 将所有用“（一级标题）”标识的段落应用“标题 1”样式，并且将“标题 1”格式修改为二号、黑体、不加粗，段前 1.5 行、段后 1 行，行距最小值 12 磅，居中对齐。

■ 将所有用“（二级标题）”标识的段落应用“标题 2”样式，并且将“标题 2”格式修改为小三、黑体、不加粗，段前 1 行、段后 0.5 行，行距最小值 12 磅。

■ 将所有用“（三级标题）”标识的段落应用“标题 3”样式，并且将“标题 3”格式修改为小四、宋体、加粗，段前 12 磅、段后 6 磅，行距最小值 12 磅。

■ 将除上述 3 个级别标题外的所有正文（不含图表及题注）应用“正文”样式，并且将“正文”格式修改为首行缩进 2 字符、1.25 倍行距、段前 6 磅、两端对齐。

操作步骤

（1）在“开始”选项卡的“样式”功能组中的“标题 1”上单击鼠标右键，在打开的快捷菜单中选择“修改样式”命令。

（2）在打开的“修改样式”对话框中，单击左下角的“格式”下拉按钮，在弹出的下拉列表中选择“字体”选项。

（3）在“字体”对话框中依次设置中文字体为“黑体”、字形为“常规”、字号为“二号”，单击“确定”按钮，即可修改样式的字体格式。

（4）在“修改样式”对话框中单击“格式”下拉按钮，在弹出的下拉列表中选择“段落”选项，在打开的“段落”对话框中，依次设置段前、段后间距分别为“1.5 行”“1 行”，行距为“最小值 12 磅”，对齐方式为“居中对齐”。

操作流程如图 1-81 所示。

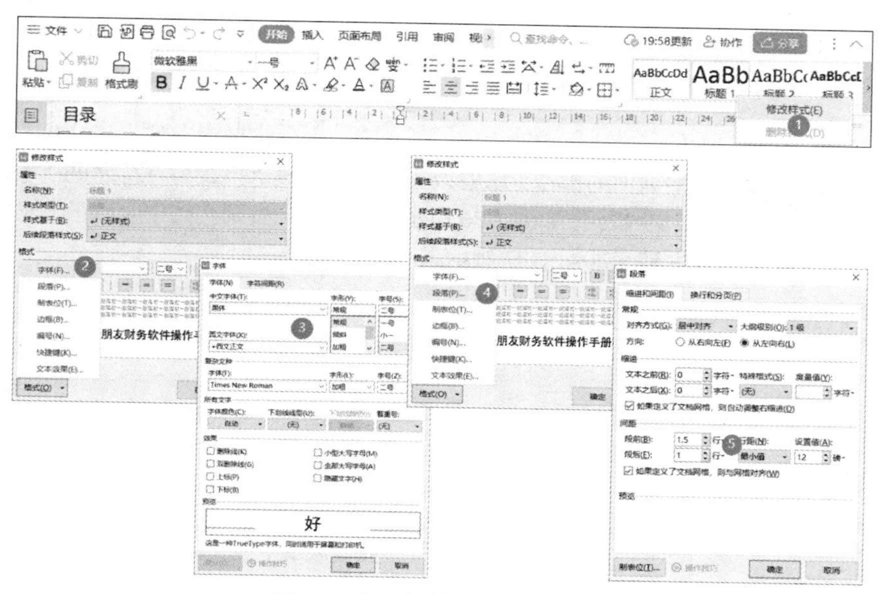

图 1-81　修改标题 1 样式操作流程

（5）按照步骤（1）～步骤（4）修改标题 2 的字体格式为黑体、小三、不加粗，段落格式为段前 1 行、段后 0.5 行，行距为最小值 12 磅，具体操作如图 1-82 和图 1-83 所示。

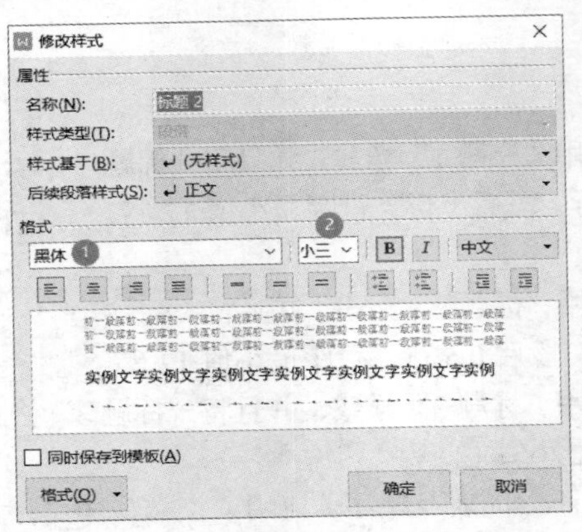

图 1-82 修改标题 2 的字体格式

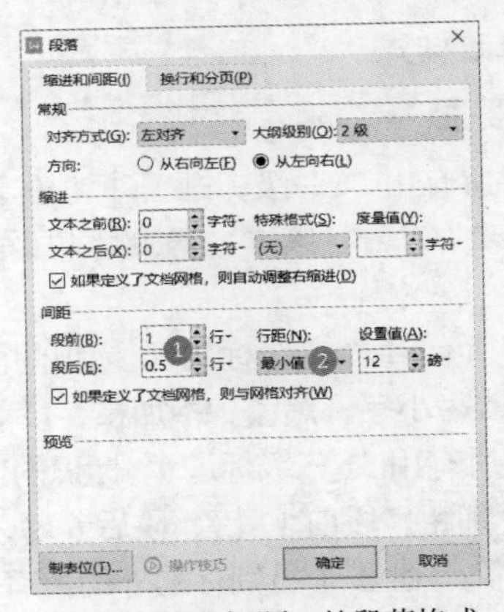

图 1-83 修改标题 2 的段落格式

（6）按照步骤（1）～步骤（4）修改标题 3 的字体格式为宋体、小四、加粗，段落格式为段前 12 磅、段后 6 磅，行距为最小值 12 磅，具体操作如图 1-84 和图 1-85 所示。

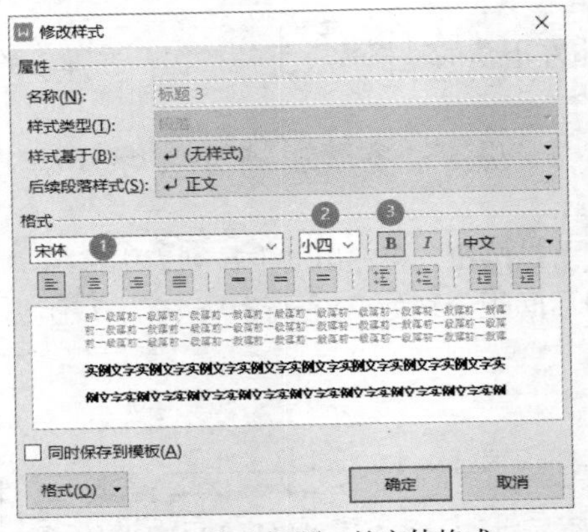

图 1-84 修改标题 3 的字体格式

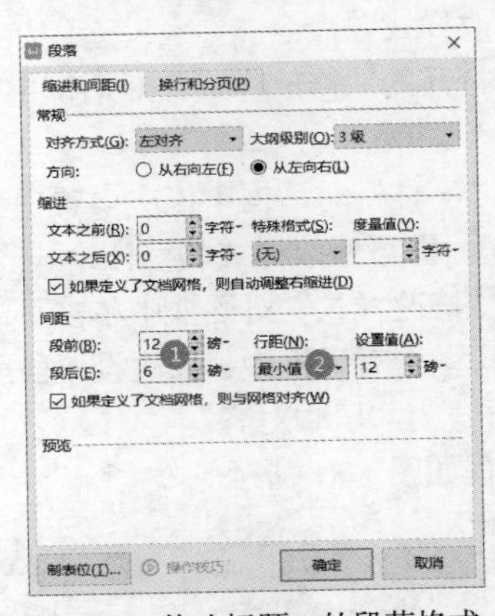

图 1-85 修改标题 3 的段落格式

（7）在“开始”选项卡的“样式”功能组中的“正文”上单击鼠标右键，在打开的快捷菜单中选择“修改样式”命令，按照前面的操作方法修改正文样式的段落格式为首行缩进 2 字符、1.25 倍行距、段前 6 磅、两端对齐，具体操作如图 1-86 所示。此时可观察到文档中应用正文样式的内容段落格式都发生了相应的变化，效果如图 1-87 所示。

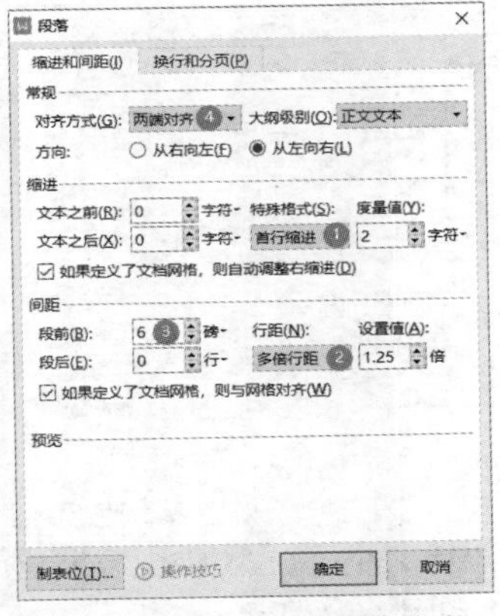

图 1-86 修改正文的段落格式

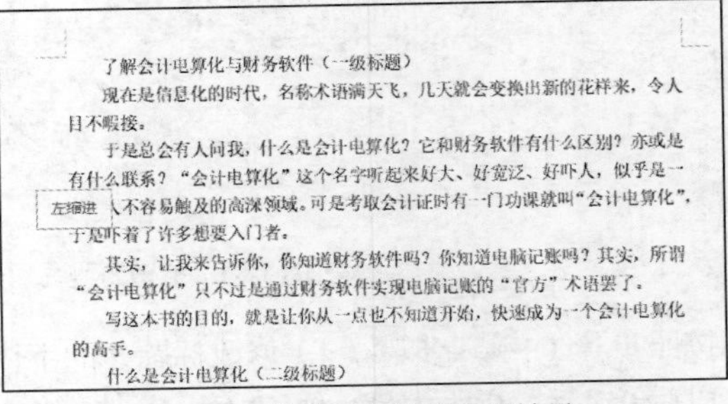

了解会计电算化与财务软件（一级标题）

现在是信息化的时代，名称术语满天飞，几天就会变换出新的花样来，令人目不暇接。

于是总会有人问我，什么是会计电算化？它和财务软件有什么区别？亦或是有什么联系？“会计电算化”这个名字听起来好大、好宽泛、好吓人，似乎是一般人不容易触及的高深领域。可是考取会计证时有一门功课就叫“会计电算化”，于是吓着了许多想要入门者。

其实，让我来告诉你，你知道财务软件吗？你知道电脑记账吗？其实，所谓“会计电算化”只不过是通过财务软件实现电脑记账的“官方”术语罢了。

写这本书的目的，就是让你从一点也不知道开始，快速成为一个会计电算化的高手。

什么是会计电算化（二级标题）

图 1-87 修改正文样式后的效果

3. 添加多级编号

操作要求

添加多级编号

为一级标题自动添加“第 1 章、第 2 章……第 *n* 章”的编号，为二级标题自动添加“1.1、1.2、2.1、2.2…*n*.1、*n*.2…”的编号，为三级标题自动添加“1.1.1、1.1.2…*n*.1.1、*n*.1.2…”的编号，且与二级标题缩进位置相同。

操作步骤

（1）选择“开始”—“段落”—“编号”—“自定义编号”选项，如图 1-88 所示。

（2）在打开的“项目符号和编号”对话框中选择“多级编号”选项卡，选择最后一种样式，单击“自定义”按钮，如图 1-89 所示。

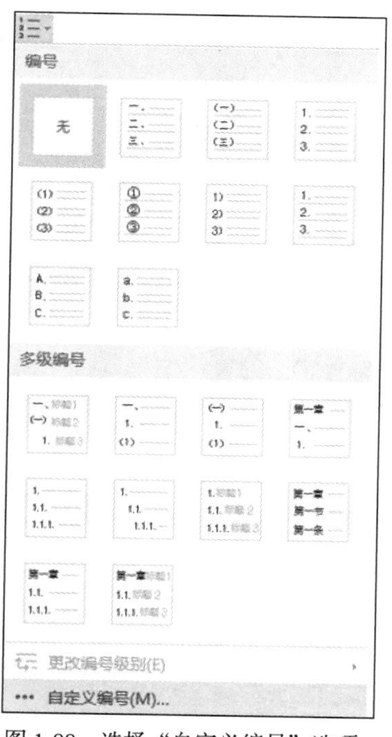

图 1-88　选择“自定义编号”选项

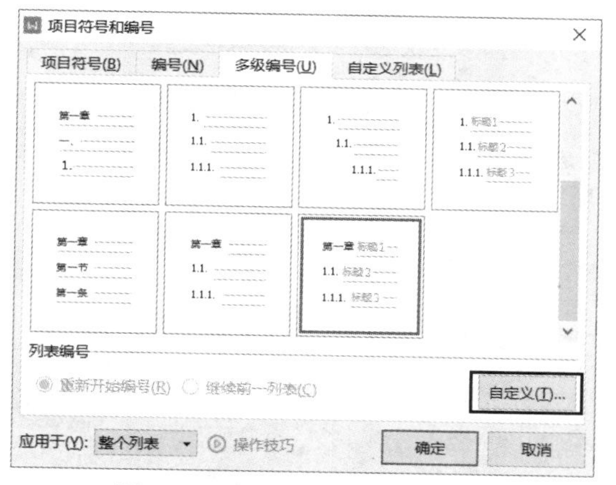

图 1-89　“项目符号和编号”对话框

（3）打开“自定义多级编号列表”对话框，如图 1-90 所示。

图 1-90　“自定义多级编号列表”对话框

（4）在“自定义多级编号列表”对话框中单击“高级”按钮，显示高级选项设置，选择“级别”为“1”，设置“编号样式”为“1,2,3,…”，“编号格式”为“第①章”，“缩进位置”为“0 厘米”，“将级别链接到样式”为“标题 1”，“编号之后”为“空格”，如图 1-91 所示。

（5）在“自定义多级编号列表”对话框中选择“级别”为“2”，设置“编号格式”为“①.②”，“缩进位置”为“0 厘米”，“将级别链接到样式”为“标题 2”，“编号之后”为“空格”，如图 1-92 所示。

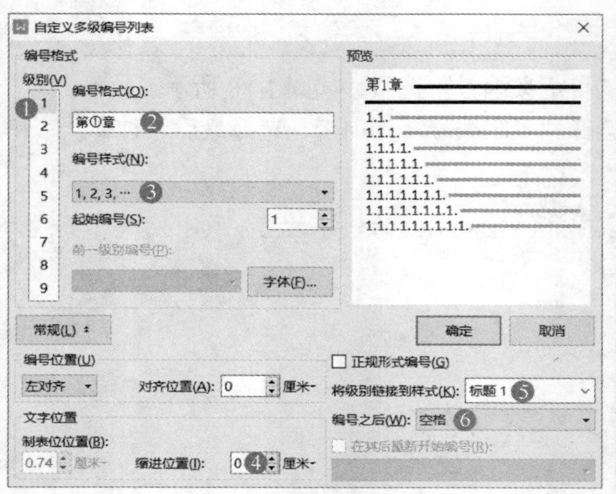

图 1-91　自定义多级编号列表高级选项设置

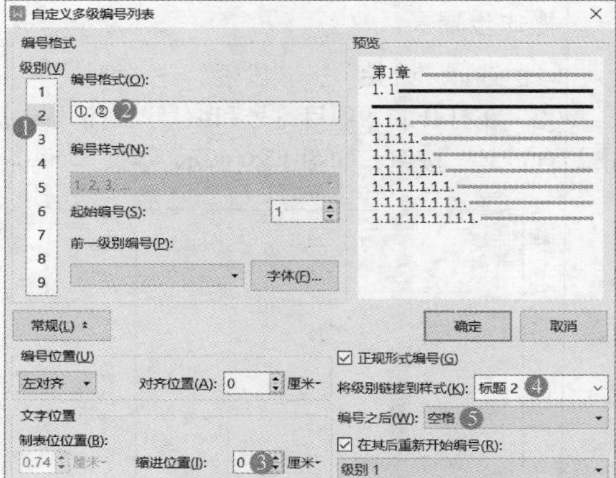

图 1-92　设置二级编号格式

（6）在“自定义多级编号列表”对话框中选择“级别”为“3”，设置“编号格式”为“①.②.③”，“缩进位置”为“0 厘米”，“将级别链接到样式”为“标题 3”，“编号之后”为“空格”，如图 1-93 所示。

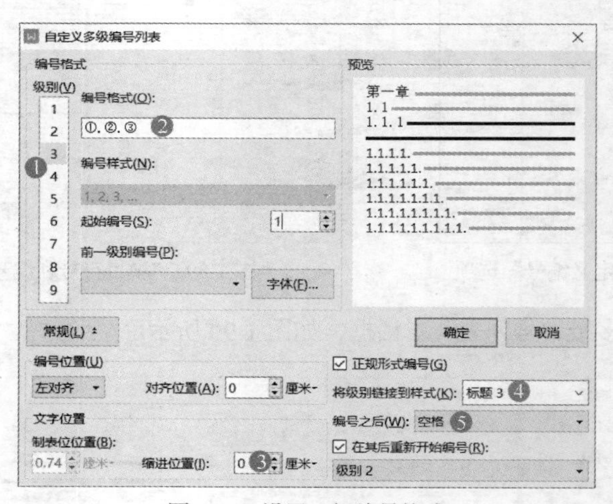

图 1-93　设置三级编号格式

4. 应用样式

操作要求

为文档中显示有“（一级标题）”“（二级标题）”“（三级标题）”字样的内容分别应用标题 1、标题 2、标题 3 样式。

应用样式

操作步骤

（1）选中文档中显示有“（一级标题）”字样的内容，选择“开始”—“样式”中的“标题 1”

样式，同时在窗口左侧的导航窗格中可以查看应用了“标题 1”样式的标题内容。

（2）用相同的方法选中文档中显示有“（二级标题）”字样的内容，选择“标题 2”样式。

（3）用相同的方法选中文档中显示有“（三级标题）”字样的内容，选择“标题 3”样式。

应用标题样式后的导航窗格如图 1-94 所示。

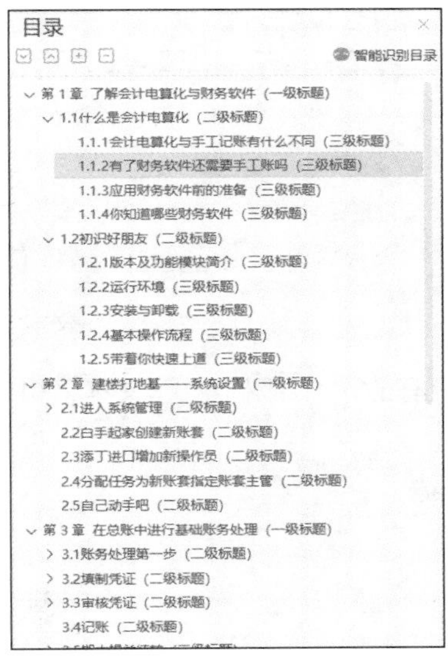

图 1-94　应用标题样式后的导航窗格

这里可以应用查找与替换功能实现标题样式的批量添加，提高排版效率，具体操作可参照图 1-95 或扫描“应用样式”二维码观看详细操作方法。

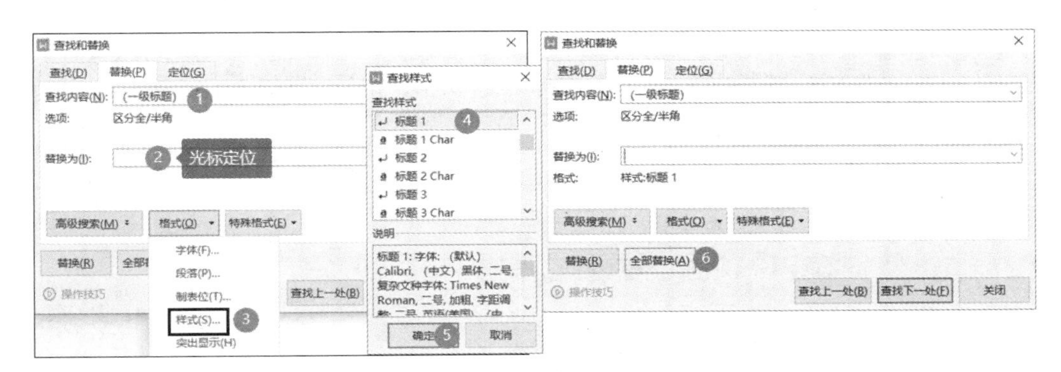

图 1-95　批量应用样式

5. 批量删除

操作要求

批量删除

样式应用结束后，将各级标题文字后面括号中的提示文字及括号即“（一级标题）”“（二级标题）”“（三级标题）”全部删除。

保存云文档，将其另存文档到本地文件夹中，并将其命名为“进阶任务 1-1 梳理手册大纲（效果）.docx”。

操作步骤

（1）选中文档中某一处的“（一级标题）”文本，选择“开始”—“查找替换”中的“替换”，在

打开的“查找和替换”对话框中设置“查找内容”为“（一级标题）”，“替换为”为空，单击“全部替换”按钮即可一次性删除所有的“（一级标题）”文本，如图 1-96 所示。

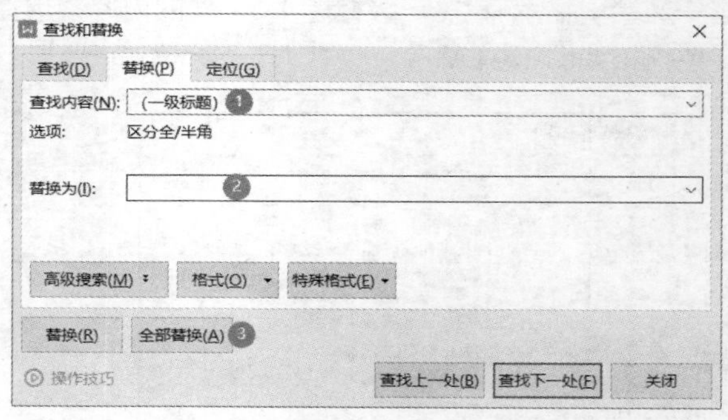

图 1-96　删除“（一级标题）”文本

（2）使用相同的方法，删除所有的“（二级标题）”文本，相关设置如图 1-97 所示。

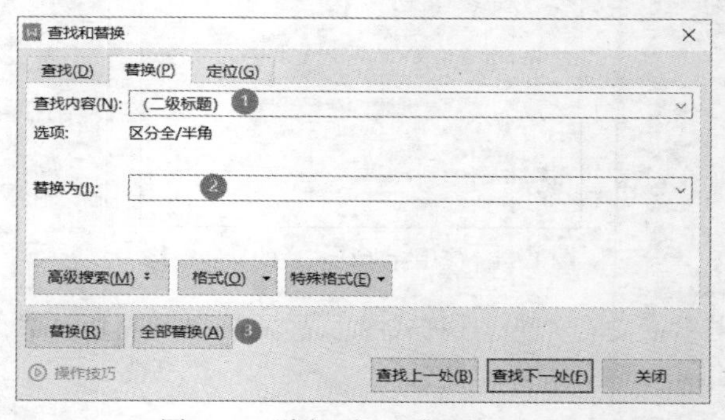

图 1-97　删除“（二级标题）”文本

（3）使用相同的方法，删除所有的“（三级标题）”文本，相关设置如图 1-98 所示。

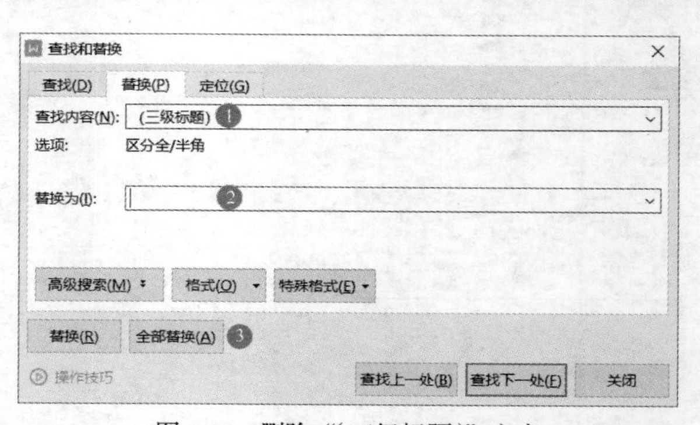

图 1-98　删除“（三级标题）”文本

（4）按“Ctrl+S”组合键，保存云文档，选择“文件”—“另存为”，将该文档另存到本地文件夹中，并将其命名为“进阶任务 1-1 梳理手册大纲（效果）.docx”。

进阶拓展 1-1：自动生成投标书目录

任务效果

现需要完成投标书目录的生成，参考效果如图 1-99 所示。

XX市电子信息工程项目

投标书

投标日期：

法人代表：

投标单位：

投标编号：

目录

一、投 标 函……1
二、法人委托书……1
三、投标承诺书……3
四、投标报价综合说明……4
（一） 综合报价表……4
（二） 涂料用量与单价分析表……4
五、企业概况……5
（一） 企业简介……5
（二） 企业现状……5
（三） 企业业绩……5
六、质量、服务保证体系……5
（一） 质量保证体系……5
（二） 服务保证体系……5
（三） 保质、保修（售后服务）……5
七、施工准备……5
八、施工技术组织措施……6
（一） 施工技术组织措施（浮雕部分）……6
（二） 施工技术组织措施（平面部分）……6
九、项目管理组织……7
（一） 管理组织机构图……7
（二） 管理人员一览……7
（三） 人员组织管理……7
（四） 拟管理和实施本工程的主要人员的履历及经验……7
（五） 设备管理……7
（六） 材料管理……7
十、登高设备……7
（一） SD 型吊篮……7
（二） 吊篮作业安全管理细则……8
十一、安全与环境保护……8
（一） 安全文明施工……8
（二） 环境保护……8
十二、质保技术措施……8
质保技术措施……8

图 1-99　进阶拓展 1-1 参考效果

学习目标

- ■ 应用自动目录。
- ■ 应用大纲视图。

操作要求

■ 打开“进阶拓展 1-1　自动生成投标书目录（素材）.docx”，另存文件为“进阶拓展 1-1　自动生成投标书目录（效果）.docx”，利用大纲视图快速添加标题大纲级别。

■ 利用自动目录功能，完成投标书目录的生成。

重点操作提示

1. 应用大纲视图

同一份文档中，同一级别的标题往往采用相同的格式，可以通过选择相似文本快速选中相似文本内容，快速应用标题样式生成大纲级别。

打开“进阶拓展 1-1 自动生成投标书目录（效果）.docx”，选择“视图”—“大纲”，进入大纲视图，在“大纲”选项卡中选择“显示级别 1”，发现内容为空，说明此文档没有为相应标题添加大纲级别，如图 1-100 所示。

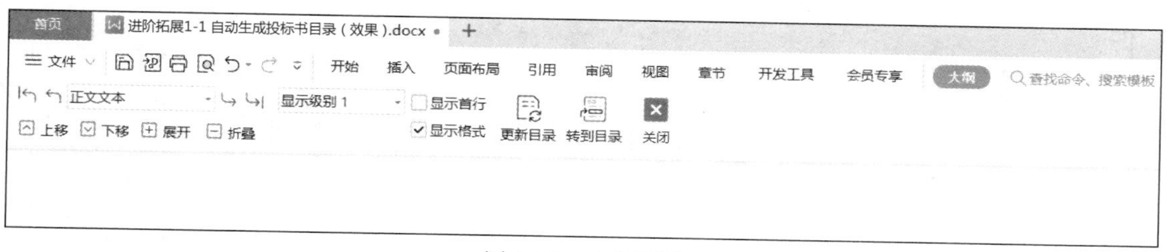

图 1-100　大纲视图

选中“一、投标函”，在“开始”—“选择”下拉列表中选择“选择格式相似的文本”，会发现文档中所有的相似标题都被选中。在“大纲”选项卡中选择设置级别为“1 级”，如图 1-101 和图 1-102 所示，即可批量为这些标题添加一级标题。

图 1-101　选择格式相似的文本

图 1-102　批量设置大纲级别

采用相同的方法将“（一）、（二）……”类似编号的标题选中后，设置大纲级别为“2 级”。

大纲级别添加完成后，选择“大纲”→“关闭”，退出大纲视图，回到页面视图中。

2. 自动生成目录

在“章节”—“目录页”中可以发现智能目录、自动目录等功能。

智能目录利用人工智能（Artificial Intelligence，AI）技术自动识别标题，前提是文档各级标题设置了统一的格式，WPS 文字会根据标题的长短、标题的格式等因素自行判断文档结构而生成目录，但智能目录内容不一定完全准确，还需要手动调整。

自动目录是根据段落设置好的大纲级别属性来提取文档标题的，这样生成的自动目录内容都是精确无误的。这里采用自动目录功能。

操作方法：将光标定位到文档第二页起始处，选择“章节”—“目录页”—“自动目录”，即可生成自动目录，如图 1-103 所示。

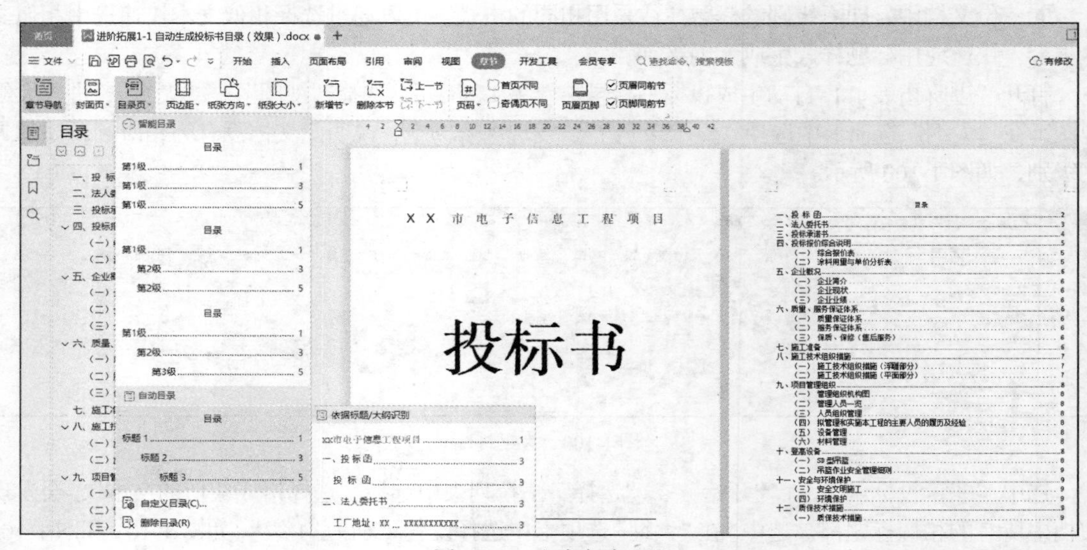

图 1-103　生成自动目录

【进阶任务 1–2　引用手册内容】

任务导读

本任务将指导学生在操作手册文档中添加引用内容，参考效果如图 1-104 所示。

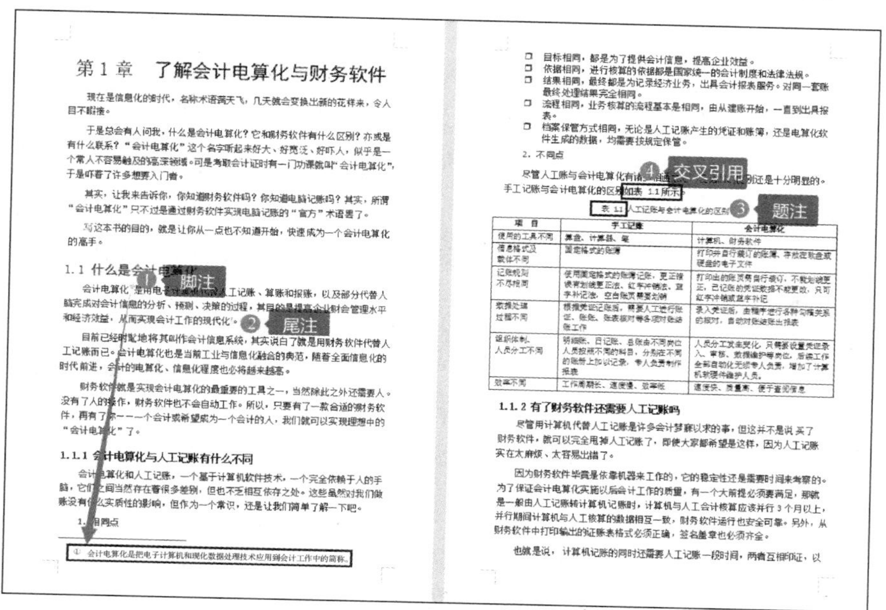

第 1 章　了解会计电算化与财务软件

现在是信息化的时代，名称术语满天飞，几天就会变换出新的花样来，令人目不暇接。

于是总会有人问我，什么是会计电算化？它和财务软件有什么区别？亦或是有什么联系？“会计电算化”这个名字听起来好大、好宽泛、好吓人，似乎是一个常人不容易触及的高深领域。可是考取会计证时有一门功课就叫“会计电算化”，于是吓着了许多想要入门者。

其实，让我来告诉你，你知道财务软件吗？你知道电脑记账吗？其实，所谓“会计电算化”只不过是通过财务软件实现电脑记账的“官方”术语罢了。

写这本书的目的，就是让你从一点也不知道开始，快速成为一个会计电算化的高手。

1.1 什么是会计电算化

会计电算化①是用电[illegible]人工记账、算账和报账，以及部分代替人脑完成对会计信息的分析、预测、决策的过程，其目的是提高企业财会管理水平和经济效益，从而实现会计工作的现代化ⁱ。

目前已经时髦地将其叫作会计信息系统，其实说白了就是用财务软件代替人工记账而已。会计电算化也是当前工业与信息化融合的典范，随着全面信息化的时代前进，会计的电算化、信息化程度也必将越来越高。

财务软件就是实现会计电算化的最重要的工具之一，当然除此之外还需要人。没有了人的操作，财务软件也不会自动工作。所以，只要有了一款合适的财务软件，再有了你——一个会计或希望成为一个会计的人，我们就可以实现理想中的“会计电算化”了。

1.1.1 会计电算化与人工记账有什么不同

会计电算化和人工记账，一个基于计算机软件技术，一个完全依赖于人的手脑，它们之间当然存在着很多差别，但也不乏相互依存之处。这些虽然对我们做账没有什么实质性的影响，但作为一个常识，还是让我们简单了解一下吧。

1. 相同点

① 会计电算化是把电子计算机和现代数据处理技术应用到会计工作中的简称。

- 目标相同，都是为了提供会计信息，提高企业效益。
- 依据相同，进行核算的依据都是国家统一的会计制度和法律法规。
- 结果相同，最终都是为记录经济业务，出具会计报表服务。对同一套账最终处理结果完全相同。
- 流程相同，业务核算的流程基本是相同，由从建账开始，一直到出具报表。
- 档案保管方式相同，无论是人工记账产生的凭证和账簿，还是电算化软件生成的数据，均需要按规定保管。

2. 不同点

尽管人工账与会计电算化有诸[illegible]别还是十分明显的。手工记账与会计电算化的区别如表 1.1 所示。

表 1.1 人工记账与会计电算化的区别

项　目	手工记账	会计电算化
使用的工具不同	算盘、计算器、笔	计算机、财务软件
信息格式及载体不同	固定格式的账簿	打印并自行装订的账簿、存放在软盘或硬盘的电子文件
记账规则不尽相同	使用固定格式的账簿记账，更正错误有划线更正法、红字冲销法、蓝字补记法，空白账页需要划销	打印出的账页需自行装订，不能划线更正，已记账的凭证数据不能更改，只可红字冲销或蓝字补记
数据处理过程不同	根据凭证记账后，需要人工进行账证、账账、账表核对等各项对账结账工作	录入凭证后，由程序进行各种勾稽关系的核对，自动对账结账出报表
组织体制、人员分工不同	明细账、日记账、总账由不同岗位人员按照不同的科目，分别在不同的账册上加以记录，专人负责制作报表	人员分工发生变化，只需要设置凭证录入、审核、数据维护等岗位，后续工作全部自动化无须专人负责，增加了计算机软硬件维护人员。
效率不同	工作周期长、速度慢、效率低	速度快、质量高、便于查阅信息

1.1.2 有了财务软件还需要人工记账吗

尽管用计算机代替人工记账是许多会计梦寐以求的事，但这并不是说买了财务软件，就可以完全甩掉人工记账了，即使大家都希望是这样，因为人工记账实在太麻烦、太容易出错了。

因为财务软件毕竟是依靠机器来工作的，它的稳定性还是需要时间来考察的。为了保证会计电算化实施以后会计工作的质量，有一个大前提必须要满足，那就是一般由人工记账转计算机记账时，计算机与人工会计核算应该并行 3 个月以上，并行期间计算机与人工核算的数据相互一致，财务软件运行也安全可靠。另外，从财务软件中打印输出的证账表格式必须正确，签名盖章也必须齐全。

也就是说，计算机记账的同时还需要人工记账一段时间，两者互相印证，以

图 1-104　进阶任务 1-2 参考效果

通过本任务的学习，学生能够掌握以下知识与技能。

- 掌握脚注与尾注的应用。
- 掌握题注的应用。
- 掌握交叉引用的应用。

任务准备

1. 脚注与尾注

脚注与尾注都表示对页面中特定内容的注释说明，脚注一般在页面底部，尾注一般在文档尾部，用于指明引文的出处。

操作方法：将光标定位到需要添加脚注或尾注的位置，单击“引用”→“插入脚注”功能组右下角的启动器按钮，在打开的“脚注和尾注”对话框中，根据需求设置“位置”“格式”等参数，如图 1-105 所示，单击“插入”按钮即可。

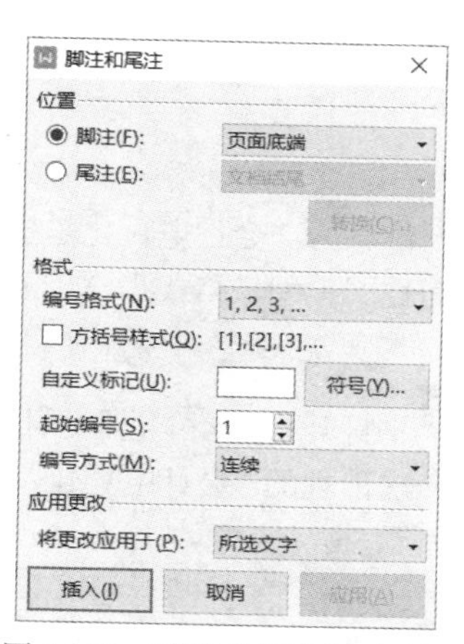

图 1-105　“脚注和尾注”对话框

2. 题注

题注用于给图片、表格、图表、公式等项目添加名称和编号，使用题注功能可以为文档中引用的图片、图表等内容编号并添加注释，在遇到需要插入新题注的情况下可以快速更新题注编号。

操作方法：选中要添加题注的元素，选择“引用”→“题注”，将会打开“题注”对话框，如图 1-106 所示。可以选择已有标签或新建标

签，并为标签设置合适的位置，也可单击“编号”按钮，在打开的“题注编号”对话框中设置题注编号格式，如图 1-107 所示。

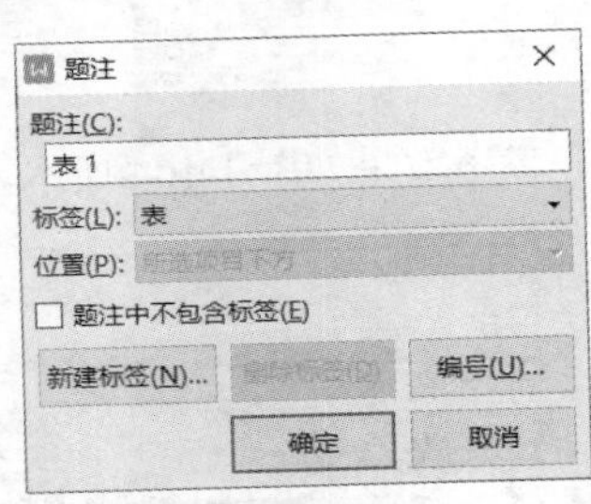

图 1-106 “题注”对话框

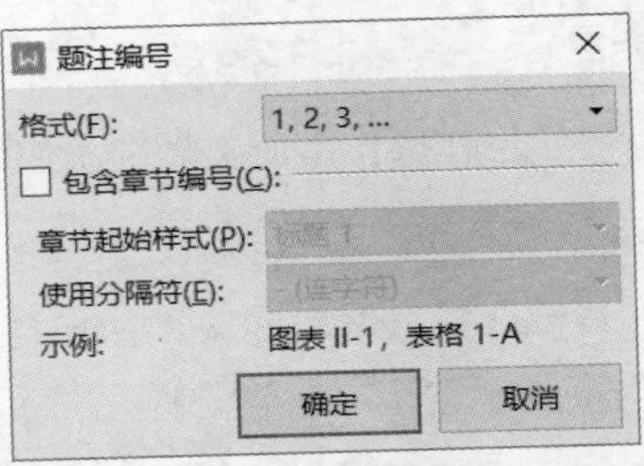

图 1-107 设置题注编号格式

3. 交叉引用

使用“交叉引用”功能可以引用文档中的标题、图表、题注等，按住“Ctrl”键并单击引用文字即可实现快速跳转。

操作方法：将光标定位到需要添加交叉引用的位置，选择“引用”→“交叉引用”，打开“交叉引用”对话框，可以根据需求设置“引用类型”“引用内容”等参数，如图 1-108 所示。

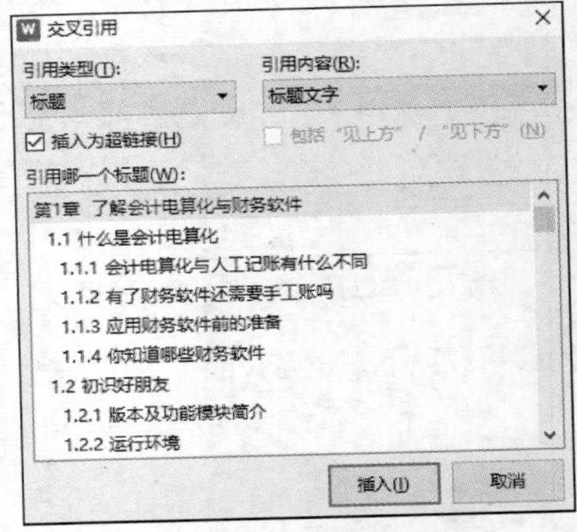

图 1-108 “交叉引用”对话框

任务实施

1. 添加脚注

添加脚注

操作要求

为文档第 1 章 1.1 节第 1 段中第一次出现的“会计电算化”添加脚注，其注释信息为“会计电算化是把电子计算机和现代数据处理技术应用到会计工作中的简称。”，编号格式为“①,②,③,…”。

操作步骤

打开云文档“进阶项目 财务软件操作手册.docx”，将光标定位到文档第 1 章 1.1 节第 1 段中第一次出现的“会计电算化”后，单击“引用”—“插入脚注”功能组右下角的启动器按钮，如图 1-109 所示。

在打开的“脚注和尾注”对话框中设置脚注位置为“页面底端”，编号格式为“①,②,③,…”，将更改应用于本节，如图 1-110 所示，单击“插入”按钮，在当前页下方输入脚注的文本内容，效果如图 1-111 所示。

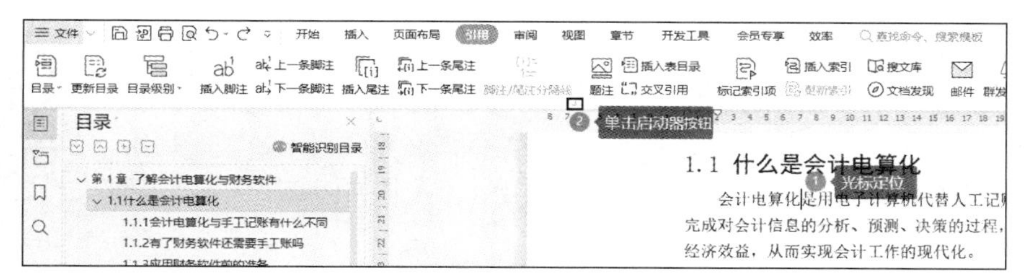

图 1-109　单击启动器

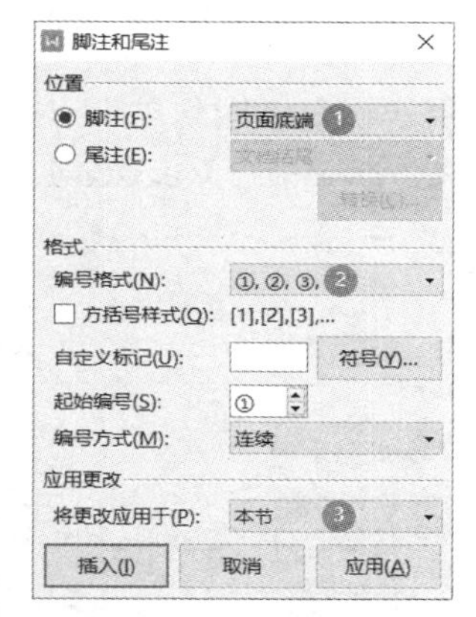

图 1-110　添加脚注

1.1 什么是会计电算化

会计电算化[①]是用电子计算机代替人工记账、算账和报账，以及部分代替人脑完成对会计信息的分析、预测、决策的过程，其目的是提高企业财会管理水平和经济效益，从而实现会计工作的现代化。

目前已经时髦的叫做会计信息系统，其实说白了就是用财务软件代替手工记账而已。会计电算化也是当前工业与信息化融合的典范，随着全面信息化的时代前进，会计的电算化、信息化程度也必将越来越高。

财务软件就是实现会计电算化的最重要的工具之一，当然除此之外还需要人。没有了人的操作，财务软件也不会自动工作。所以，只要有了一款合适的财务软件，再有一个你——一个会计或希望成为一个会计的人，我们就可以实现理想中的“会计电算化”了。

1.1.1 会计电算化与人工记账有什么不同

会计电算化和人工记账，一个基于计算机软件技术，一个完全依赖于人的手脑，它们之间当然存在着很多差别，但也不乏相互依存之处。这些虽然对我们做账没有什么实质性的影响，但作为一个常识，还是让我们简单了解一下吧。

① 会计电算化是把电子计算机和现代数据处理技术应用到会计工作中的简称。

图 1-111　添加脚注的效果

2. 添加尾注

添加尾注

操作要求

为文档第 1 章 1.1 节第 1 段内容添加尾注，其注释信息为“源于百度百科”，编号格式为“i,ii,iii,…”。

操作步骤

将光标定位到文档第 1 章 1.1 节第 1 段内容后，单击“引用”—“插入脚注”功能组右下角的启动器按钮，在打开的“脚注和尾注”对话框中设置尾注位置为“文档结尾”，编号格式为“i,ii,iii,…”，如图 1-112 所示，单击“插入”按钮即可在文档末尾添加尾注，输入尾注文本内容“源于百度百科”即可，效果如图 1-113 所示。

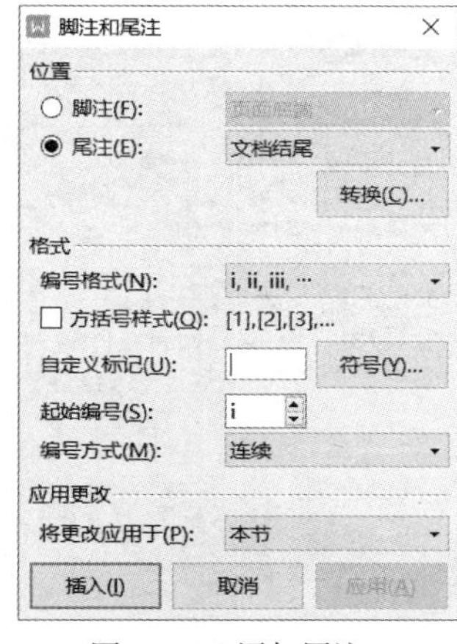

图 1-112　添加尾注

5.4 自己动手吧　利用报表模板生成报表

对 002 广告业练习账套进行下列操作：

1. 利用模板，生成 2021 年 12 月 31 日的资产负债表和 12 月份的利润表。

提示：002 号账套创建时，选用的是“小企业会计制度”。

2. 为新生成的利润表追加 3 张表页。

i 源于百度百科

图 1-113　添加尾注的效果

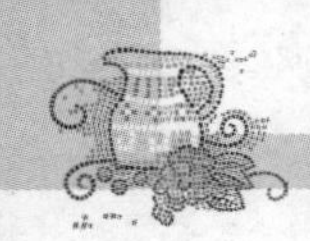

3. 添加题注

添加题注

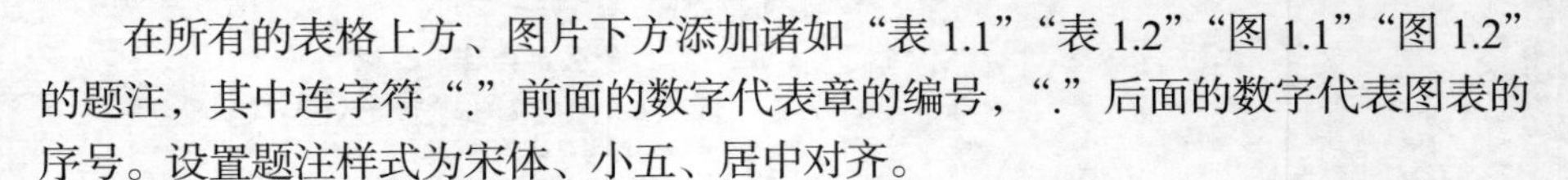

操作要求

在所有的表格上方、图片下方添加诸如“表 1.1”“表 1.2”“图 1.1”“图 1.2”的题注，其中连字符“.”前面的数字代表章的编号，“.”后面的数字代表图表的序号。设置题注样式为宋体、小五、居中对齐。

操作步骤

（1）将光标定位到第一张表格上方的“人工记账与会计电算化的区别”前，选择“引用”—“题注”，在打开的“题注”对话框中设置标签为“表”，如图 1-114 所示，单击“编号”按钮，在打开的“题注编号”对话框中选中“包含章节编号”复选框，使用分隔符为“.(句点)”，如图 1-115 所示，单击“确定”按钮，返回“题注”对话框，再次单击“确定”按钮即可为该表添加题注。

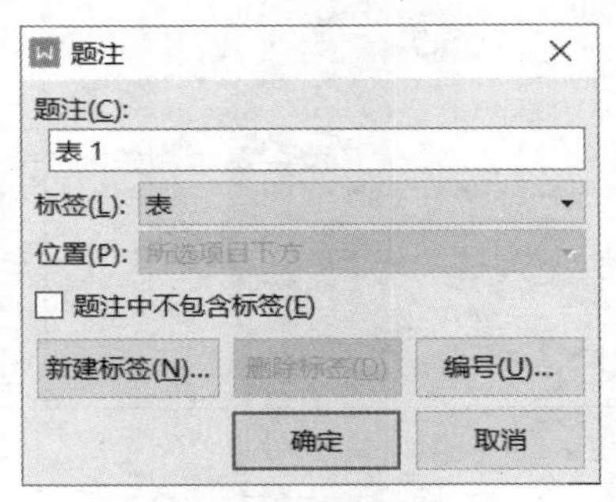

图 1-114　添加题注

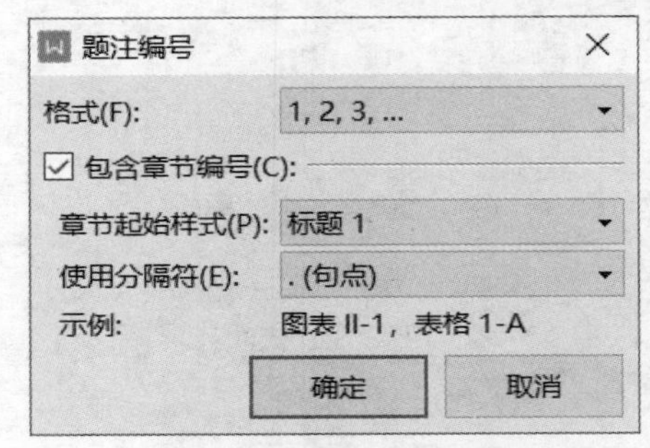

图 1-115　设置题注编号

（2）将光标定位到第一张图片下方的“好朋友记账系统操作流程图”前，使用相同的方法为其添加题注，题注标签为“图”，编号与前面的设置一致。

（3）使用相同的方法为其余表和图添加对应格式的题注。

（4）将光标定位到插入的任意题注上，在“开始”选项卡的“样式”功能组中，右键单击“题注”样式，选择“修改样式”命令，打开“修改样式”对话框，设置字体格式为宋体、小五，如图 1-116 所示；选择“格式”—“段落”，设置段落格式为居中对齐、无特殊格式，段前、段后间距为 0 磅、0 行，行距为单倍行距，如图 1-117 所示。

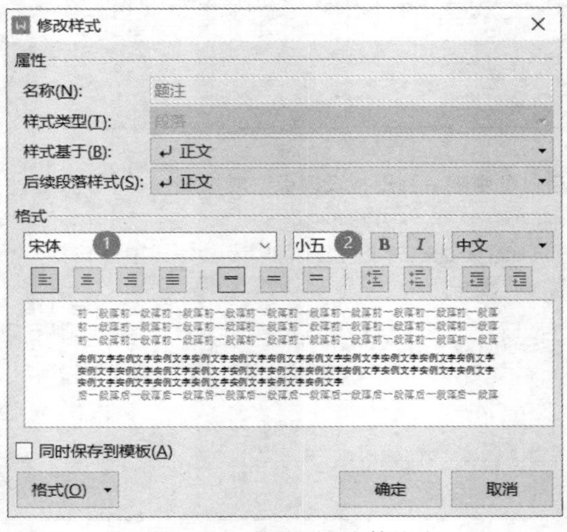

图 1-116　修改题注字体格式

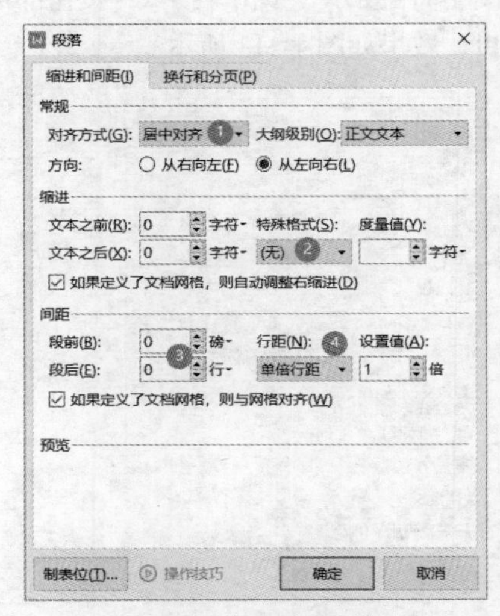

图 1-117　修改题注段落格式

4. 添加交叉引用

操作要求

添加交叉引用

将文档中“如×所示”中的“×”通过交叉引用设置自动引用其题注号，如“如图 1.1 所示”。

保存云文档，将其另存到本地文件夹中，并将其命名为“进阶任务 1-2 引用手册内容（效果）.docx”。

操作步骤

（1）将光标定位到“表 1.1”上一段“如×所示”的“如”之后，选择“引用”—“交叉引用”，在打开的“交叉引用”对话框中进行设置：引用类型为“表”，引用内容为“只有标签和编号”，引用题注为“表 1.1 人工记账与会计电算化的区别”，如图 1-118 所示，单击“插入”按钮即可。

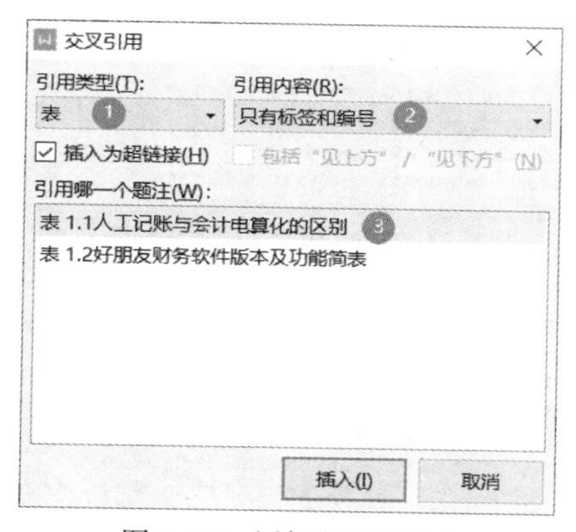

图 1-118　添加交叉引用 1

（2）按照相同的方法定位到“图 1.1”上一段“如×所示”的“如”之后，选择“引用”—“交叉引用”，在打开的“交叉引用”对话框中进行设置：引用类型为“图”，引用内容为“只有标签和编号”，引用题注为“图 1.1 好朋友记账系统操作流程图”，如图 1-119 所示，单击“插入”按钮即可。

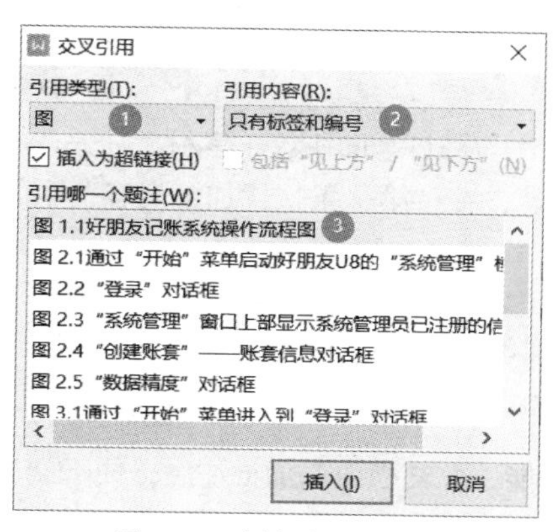

图 1-119　添加交叉引用 2

（3）按照上述方法完成其余的交叉引用。

（4）按“Ctrl+S”组合键，保存云文档，选择“文件”—“另存为”，保存该文档到本地文件夹中，并将其命名为“进阶任务 1-2 引用手册内容（效果）.docx”。

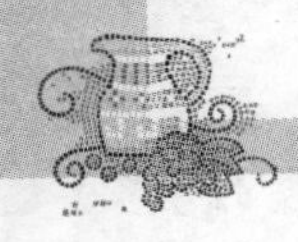

进阶拓展 1-2：批注与修订合同协议

任务效果

现需要完成一份合同协议的批注与修订，参考效果如图 1-120 所示。

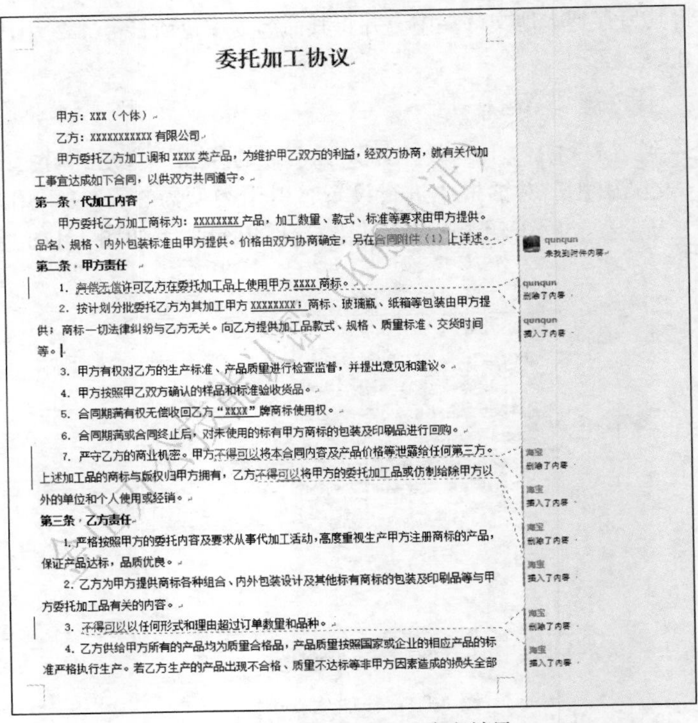

委托加工协议

甲方：XXX（个体）

乙方：XXXXXXXXXXX 有限公司

甲方委托乙方加工调和 XXXX 类产品，为维护甲乙双方的利益，经双方协商，就有关代加工事宜达成如下合同，以供双方共同遵守。

第一条 代加工内容

甲方委托乙方加工商标为：XXXXXXXX 产品，加工数量、款式、标准等要求由甲方提供。品名、规格、内外包装标准由甲方提供。价格由双方协商确定，另在合同附件（1）上详述。

第二条 甲方责任

1. 有偿无偿许可乙方在委托加工品上使用甲方 XXXX 商标。
2. 按计划分批委托乙方为其加工甲方 XXXXXXXX；商标、玻璃瓶、纸箱等包装由甲方提供；商标一切法律纠纷与乙方无关。向乙方提供加工品款式、规格、质量标准、交货时间等。
3. 甲方有权对乙方的生产标准、产品质量进行检查监督，并提出意见和建议。
4. 甲方按照甲乙双方确认的样品和标准验收货品。
5. 合同期满有权无偿收回乙方“XXXX”牌商标使用权。
6. 合同期满或合同终止后，对未使用的标有甲方商标的包装及印刷品进行回购。
7. 严守乙方的商业机密。甲方不得可以将本合同内容及产品价格等泄露给任何第三方。上述加工品的商标与版权归甲方拥有，乙方不得可以将甲方的委托加工品或仿制给除甲方以外的单位和个人使用或经销。

第三条 乙方责任

1. 严格按照甲方的委托内容及要求从事代加工活动，高度重视生产甲方注册商标的产品，保证产品达标，品质优良。
2. 乙方为甲方提供商标各种组合、内外包装设计及其他标有商标的包装及印刷品等与甲方委托加工品有关的内容。
3. 不得可以以任何形式和理由超过订单数量和品种。
4. 乙方供给甲方所有的产品均为质量合格品，产品质量按照国家或企业的相应产品的标准严格执行生产。若乙方生产的产品出现不合格、质量不达标等非甲方因素造成的损失全部

图 1-120　进阶拓展 1-2 参考效果

学习目标

- ■ 对文档进行批注。
- ■ 修订文档内容。

操作要求

■ 打开“进阶拓展 1-2 批注与修订合同协议（素材）.docx”，另存文件为“进阶拓展 1-2 批注与修订合同协议（效果）.docx”，在“第一条　代加工内容”中的文本“合同附件（1）”处添加批注“未找到附件内容”。

■ 在修订模式下，将“第二条　甲方责任”中的文本“有偿”修改为“无偿”。

重点操作提示

1. 批注文档内容

批注是审阅文档时常用的功能，在文档中添加批注后，便于阅读者了解批注者对该文档的相关意见和建议。

（1）打开“进阶拓展 1-2 批注与修订合同协议（素材）.docx”，选择“文件”—“另存为”，保存该文档到本地文件夹中，并将其命名为“进阶拓展 1-2 批注与修订合同协议（效果）.docx”。选中“第一条　代加工内容”中的文本“合同附件（1）”，选择“审阅”—“插入批注”，在文本界面右侧批注文本框中输入内容“未找到附件内容”即可，如图 1-121 所示。

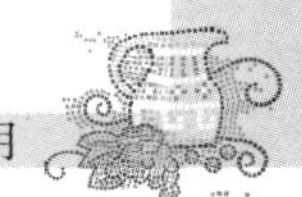

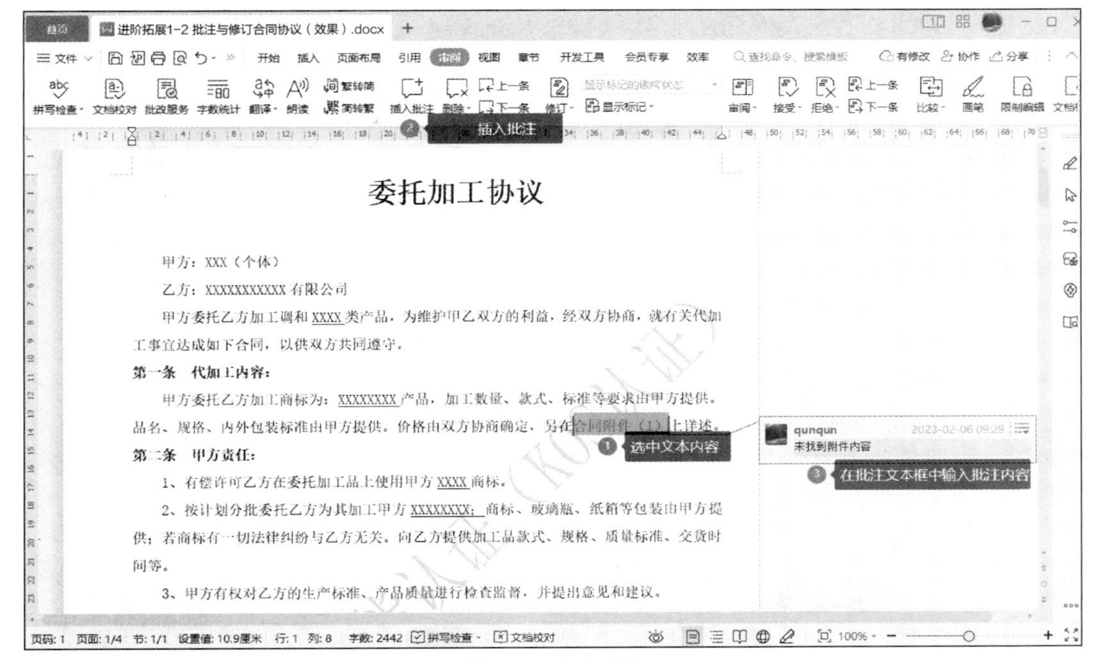

图 1-121　插入批注

（2）当我们接收到他人批注后的文档后，可以单击批注后面的下拉按钮，在打开的下拉列表中选择“答复”“解决”或“删除”，如图 1-122 所示。

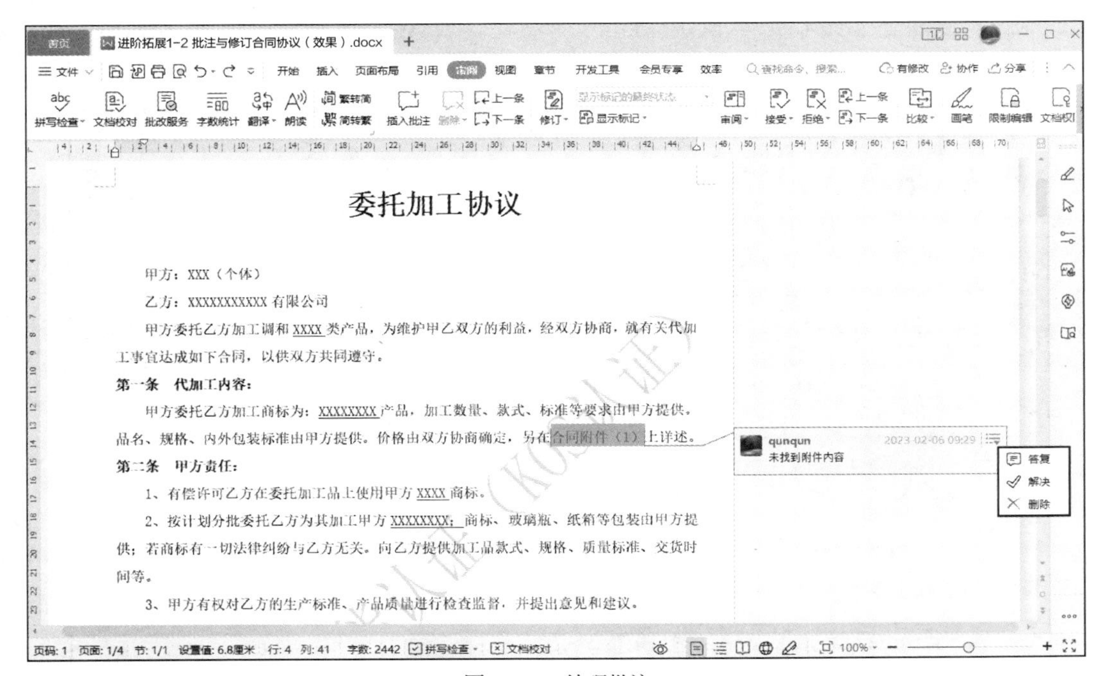

图 1-122　处理批注

2. 修订文档内容

修订是指直接对文本进行更改，并以批注的形式显示，这样不仅能看出哪些地方修改了，还可以选择接受或拒绝该修订。

在“进阶拓展 1-2 批注与修订合同协议（效果）.docx”中，选中“第二条 甲方责任”中的文本“有偿”，选择“审阅”—“修订”，直接输入“无偿”，此时在批注区自动显示进行的修订操作，如图 1-123 所示。

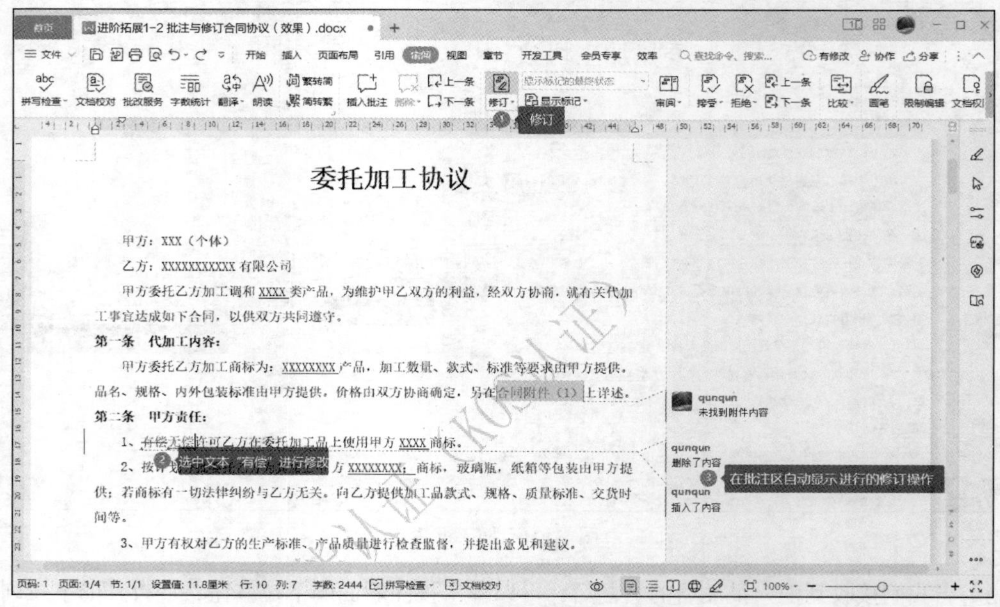

图 1-123 修订文档

此时，将鼠标指针移到批注区，其右上角会显示 ✓（表示接受修订）和 ×（表示拒绝修订），如图 1-124 所示。

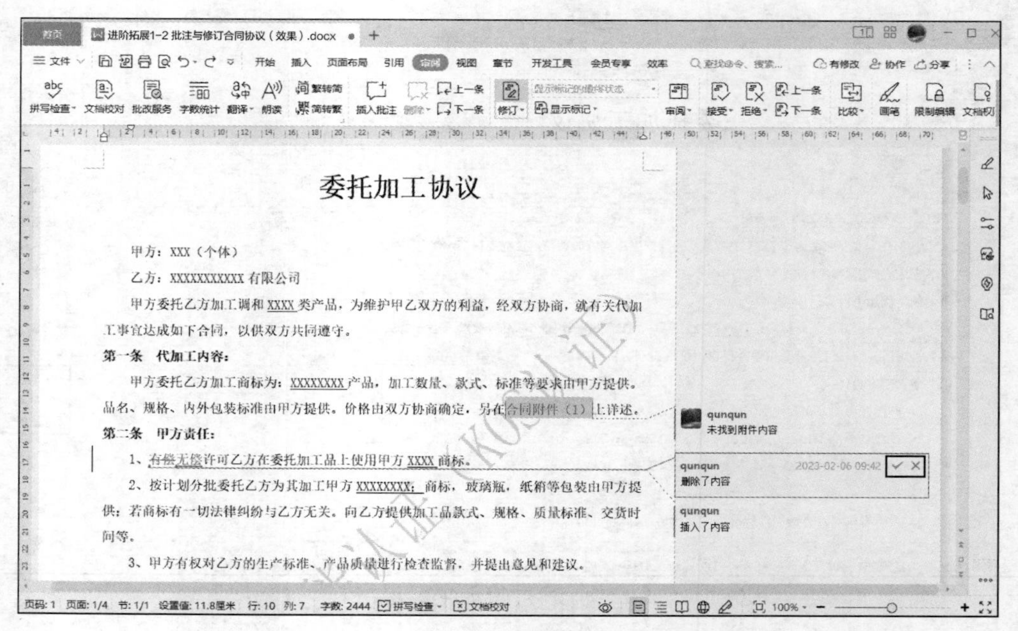

图 1-124 处理修订

也可在“审阅”选项卡的“接受”下拉列表中选择接受所有修订或在“拒绝”下拉列表中选择拒绝所有修订等操作，如图 1-125 和图 1-126 所示。

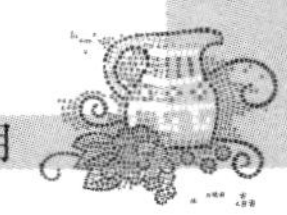

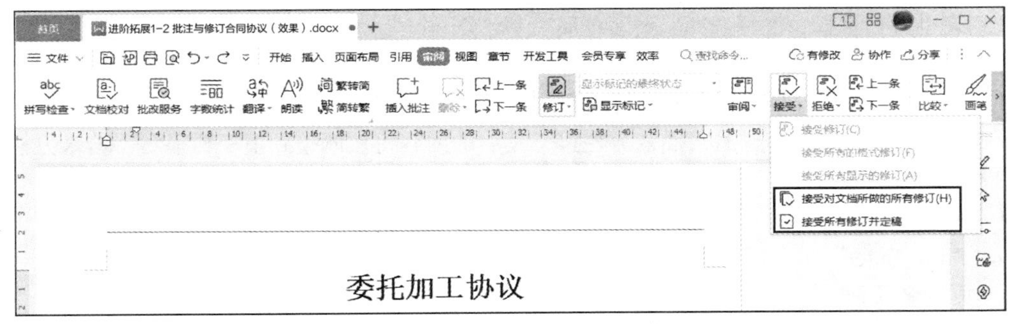

图 1-125　接受修订

图 1-126　拒绝修订

【进阶任务 1-3　排版手册章节】

任务导读

本任务将指导学生对操作手册文档中的章节进行设置，添加页眉和页脚，部分参考效果如图 1-127 所示。

通过本任务的学习，学生能够掌握以下知识与技能。

- 掌握分隔符的应用。
- 掌握目录的添加方法。
- 掌握页眉与页脚的设置方法。
- 掌握页码的添加方法。

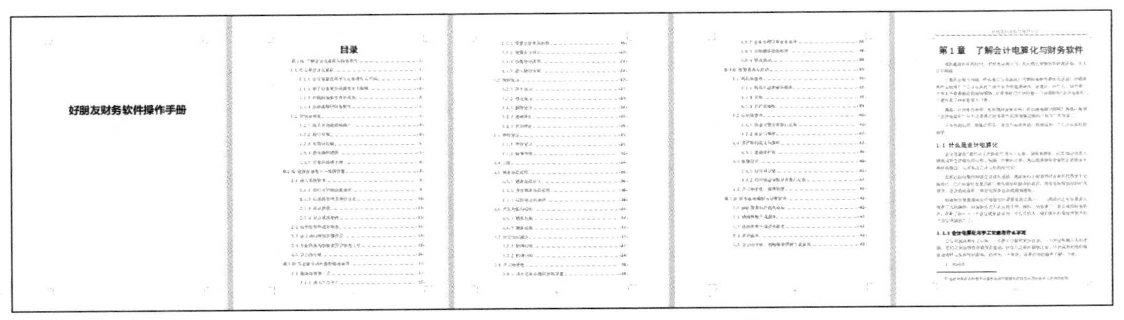

图 1-127　进阶任务 1-3 部分参考效果

任务准备

1. 分隔符

通过添加分隔符可以控制文档内容在页面中的显示位置，可以选择“插入”—“分页”，在打开

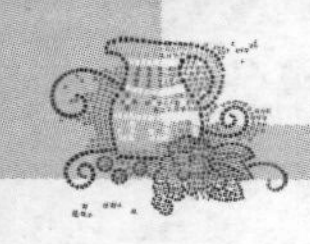

的下拉列表中进行选择，也可选择“页面布局”—“分隔符”，在打开的下拉列表中进行选择，不同的分隔符显示效果也不同。

■ 分页符：插入分页符后，分页符后面的内容将强制从下一页开始显示。

■ 分栏符：将文档分栏后，插入分栏符，其后的内容将被调整到下一栏显示。若未分栏，则相关内容会在下一页显示。

■ 换行符：插入换行符后，其后的内容将换行显示，但换行后的内容仍属于同一段落；也可通过按“Shift+Enter”组合键实现。

2. 页眉和页脚

页眉和页脚是指文档上方和下方的区域，可以添加辅助内容，如文档名称、章标题、页码等，使读者更加全面地了解文档情况。

3. 页码

给页面标上编码即添加页码，可以帮助我们快速检索定位到文档的指定页面。

任务实施

1. 添加封面

添加封面

操作要求

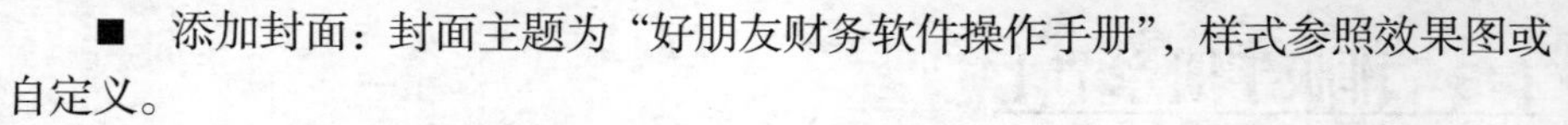

■ 添加封面：封面主题为“好朋友财务软件操作手册”，样式参照效果图或自定义。

■ 分节：将封面、目录、每章内容单独分节。

操作步骤

打开云文档“进阶项目 财务软件操作手册.docx”，将光标定位到文档开始处，选择“章节”—“新增节”—“下一页分节符”，在新增的空白页中输入文本“好朋友财务软件操作手册”，设置字体为微软雅黑、一号、加粗、居中对齐、段前12行，如图1-128和图1-129所示。

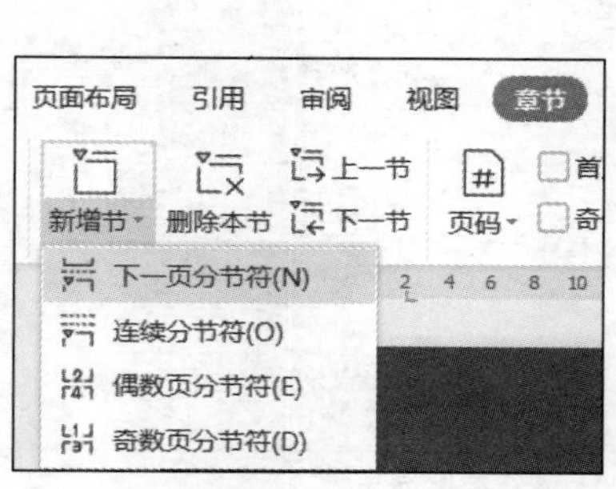

图1-128 插入分节符

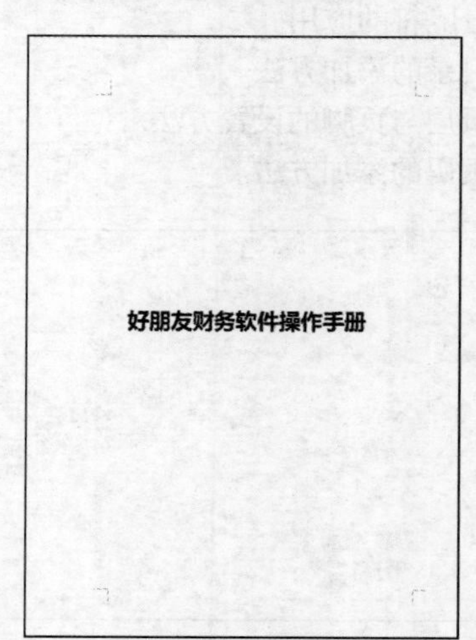

图1-129 插入分节符的效果

将光标定位到“第1章”处，选择“章节”—“新增节”—“下一页分节符”，即可在第1章前插入一个“下一页分节符”。

使用相同的方法在“第2章”“第3章”“第4章”“第5章”处依次插入一个“下一页分节符”，即可将每章单独分节。

2. 添加目录

添加目录

操作要求

将第 2 页作为目录页，添加一个 3 级目录。

操作步骤

（1）双击文档页面最上方，进入页眉页脚编辑状态，如图 1-130 所示，可见封面属于第 1 节，第 1 章属于第 3 节，中间的第 2 节用于添加目录。

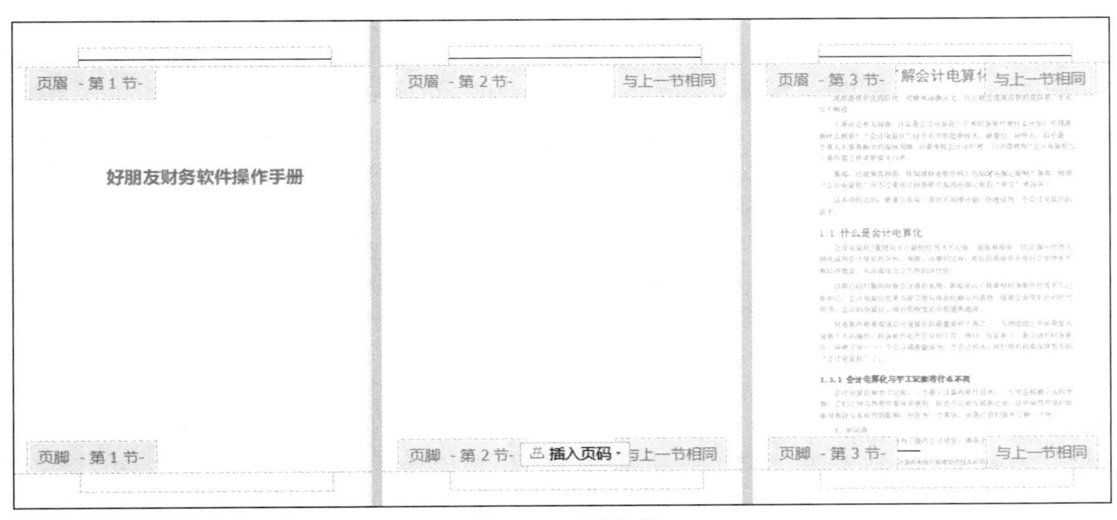

图 1-130　查看分节

（2）双击页面正文处，退出页眉页脚编辑状态，将光标定位到第 2 节空白处，输入文本“目录”，此时会在“目录”后自动添加多级编号“第 1 章”，选中“目录”，选择“开始”—“样式”—“清除格式”，再设置其格式为黑体、二号、加粗、居中对齐、取消首行缩进、行距为单倍行距。

（3）在“目录”后按“Enter”键，新增一段，选择“章节”—“目录页”—“自定义目录”，在打开的“目录”对话框中设置目录格式，如图 1-131 所示。

（4）此时在第 2 节中添加了一个 3 级目录，其效果如图 1-132 所示。

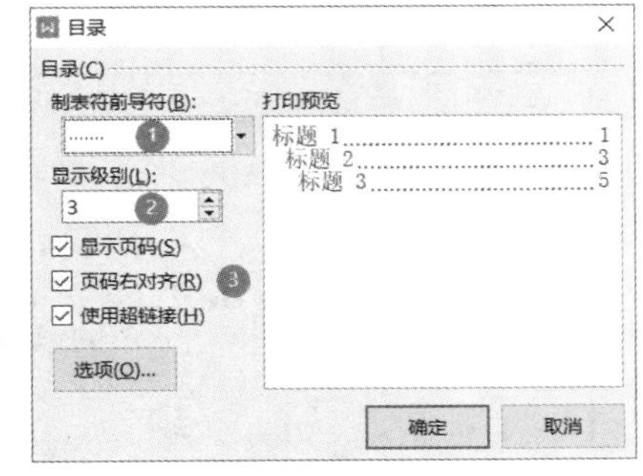

图 1-131　设置目录格式

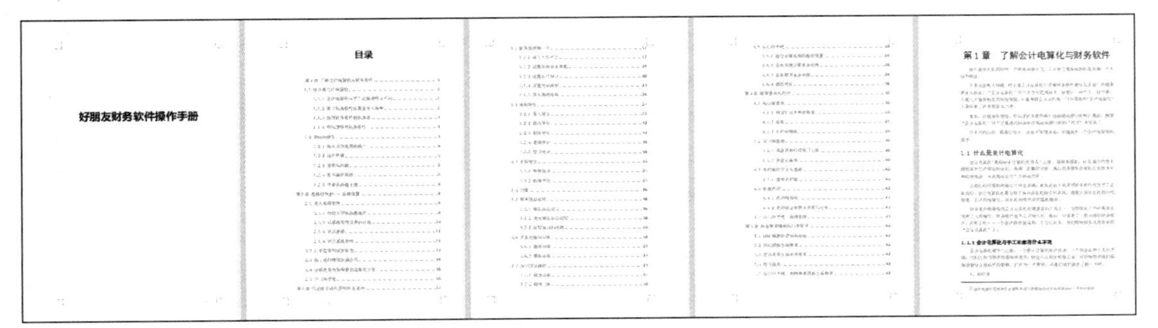

图 1-132　添加目录的效果

3. 添加页码

操作要求

在目录页内容的页脚处添加页码，页码格式为“I,II,III…”，居中显示。从正文第 1 章开始添加页码，页码格式为“-1-,-2-,-3-…”，居中显示。

添加页码

操作步骤

（1）插入目录页码

双击目录所在页面的页脚处，进入页眉页脚编辑状态，此时页脚处显示“插入页码”工具，同时“页眉页脚”选项卡中“同前节”按钮处于被选中状态，表示此节与前一节是相关联的，此处只设置本节的页码，因此需要单击“同前节”按钮，以取消与前一节的关联，如图 1-133 所示。

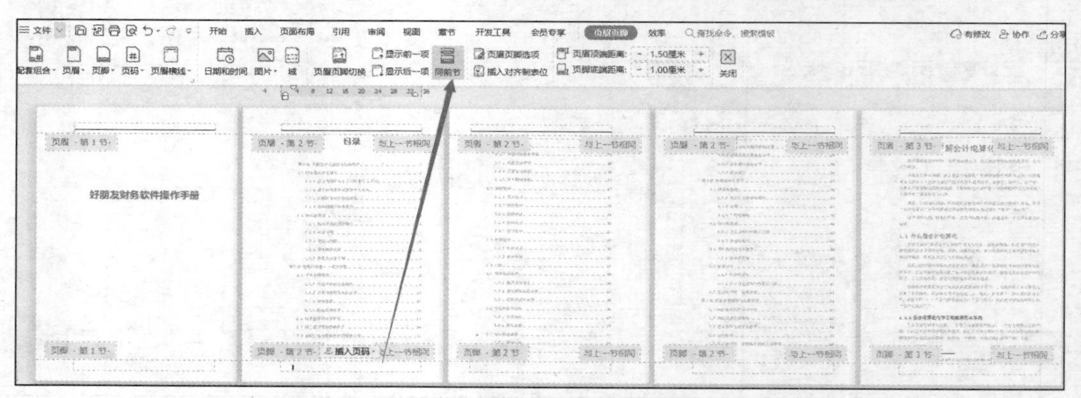

图 1-133　取消与前一节的关联

单击第 2 节页脚处的“插入页码”按钮，在弹出的窗格中选择样式为“I,II,III…”，位置为“居中”，应用范围为“本节”，如图 1-134 所示，单击“确定”按钮即可完成目录页面的页码设置。

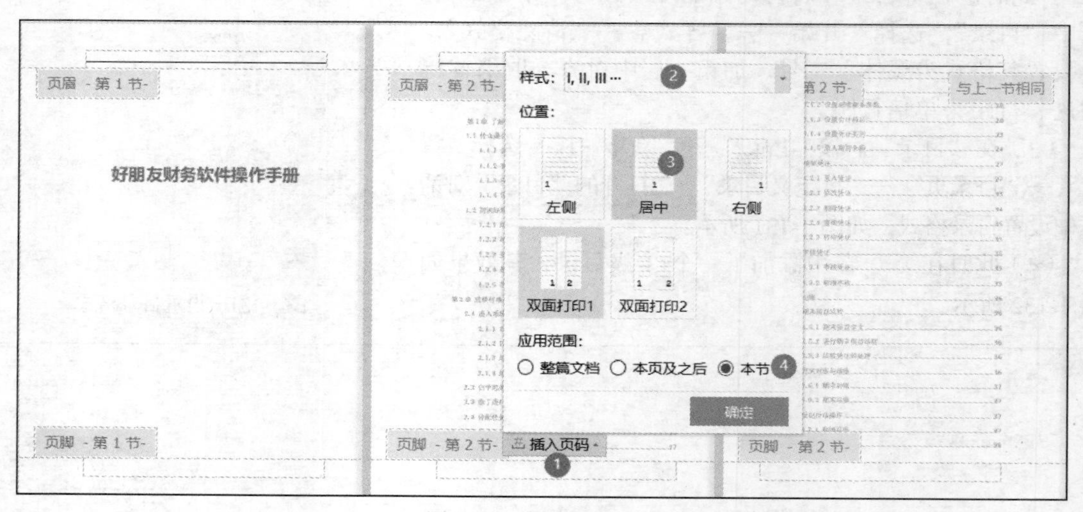

图 1-134　插入目录页码

（2）插入正文页码

在页眉页脚编辑状态下，将光标定位到第 3 节（正文第 1 章）的页脚处，单击“插入页码”按钮，在弹出的窗格中选择样式为“-1-,-2-,-3-…”，位置为“居中”，应用范围为“本页及之后”，如图 1-135 所示，单击“确定”按钮即可完成所有正文页面的页码设置。

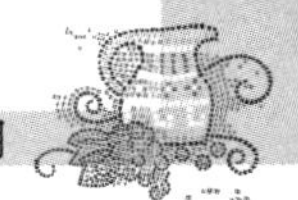

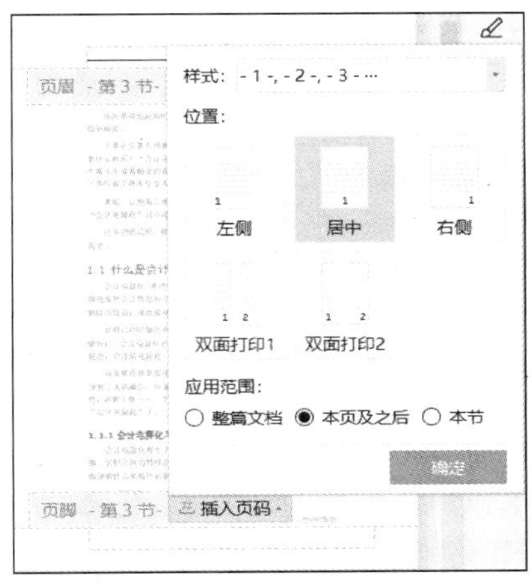

图 1-135　插入正文页码

4. 添加页眉

操作要求

为正文页面添加页眉，内容为“好朋友财务软件操作手册”，格式为宋体、五号、居中对齐。

添加页眉

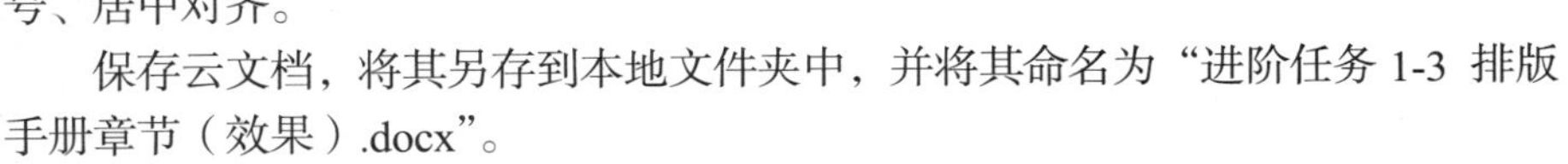

保存云文档，将其另存到本地文件夹中，并将其命名为“进阶任务 1-3 排版手册章节（效果）.docx”。

操作步骤

在页眉页脚编辑状态下，将光标定位到第 3 节的页眉处，在“页眉页脚”选项卡中单击“同前节”按钮以取消与前一节的关联，输入页眉内容“好朋友财务软件操作手册”，设置格式为宋体、五号、居中对齐。

双击正文，退出页眉页脚编辑状态，将光标定位到目录中，单击鼠标右键，在打开的快捷菜单中选择“更新域”命令，打开“更新目录”对话框，选中“更新整个目录”单选按钮，如图 1-136 所示，单击“确定”按钮即可更新目录。

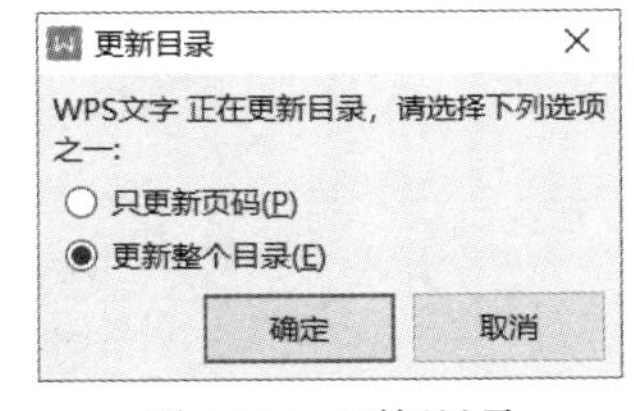

图 1-136　更新目录

按“Ctrl+S”组合键，保存云文档，选择“文件”—“另存为”，保存该文档到本地文件夹中，并将其命名为“进阶任务 1-3 排版手册章节（效果）.docx”。

进阶拓展 1-3：保护与共享商业策划书

任务效果

现需要完成一份策划书的保护与共享设置，防止策划书被篡改。

学习目标

- 掌握文档编辑权限的设置方法。
- 掌握文档操作权限的设置方法。
- 掌握文档共享的设置方法。

操作要求

- 打开“进阶拓展 1-3　保护与共享商业策划书（素材）.docx”文档，另存文件为“进阶拓

展 1-3 保护与共享商业策划书（效果）.docx”，为文档设置“只读”保护，限制所有样式的格式设置，保护密码为“8888”。

- 开启“秘密文档保护”功能或只有指定人员才能查看及编辑文档。
- 实现与他人的协同办公。

重点操作提示

1. 限制编辑

通过限制编辑，可以防止别人对文档进行“乱改”，通过只读、批注、修订等对文档进行部分编辑。

打开“进阶拓展 1-3　保护与共享商业策划书（效果）.docx”，选择“审阅”—“限制编辑”，弹出“限制编辑”窗口，可依次选中“限制对选定的样式设置格式”“设置文档的保护方式”复选框，再单击“启动保护”按钮，如图 1-137 所示，在打开的“启动保护”对话框中输入保护新密码“8888”并确认新密码，单击“确定”按钮后，即可出现图 1-138 所示的文档受保护的状态。

图 1-137　限制编辑

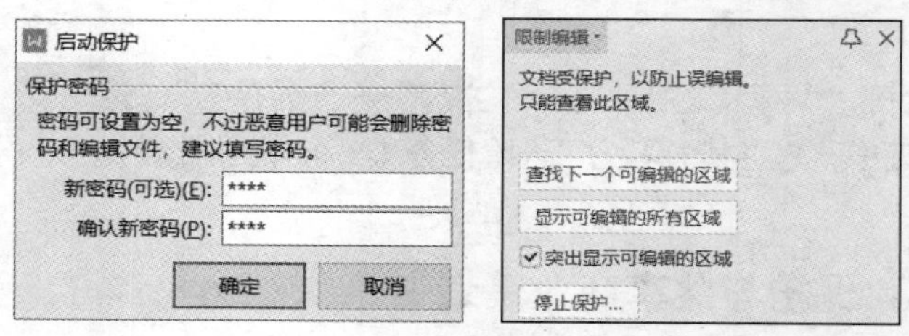

图 1-138　启动保护

2. 文档权限

设置文档权限可以限制别人查看机密文档或者指定部分相关人员具有查看或修改的权限。

操作方法：在“进阶拓展 1-3 保护与共享商业策划书（效果）.docx”中，选择“审阅”—“文档权限”，打开“文档权限”对话框，如图 1-139 所示，在此可开启“私密文档保护”功能，也可指定相关人员查看或编辑该文档。

3. WPS 云文档

为了便于与他人协同办公，可以选择将使用 WPS 云文档功能的文档发送至共享文件夹中，与团队成员共享和编辑文档，如图 1-140 所示。

也可单击“分享”按钮，指定相关人员查看或编辑文档，如图 1-141 所示。

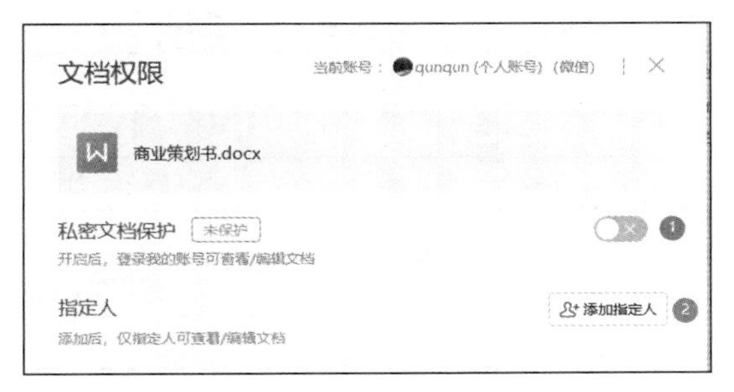

图 1-139　设置文档权限

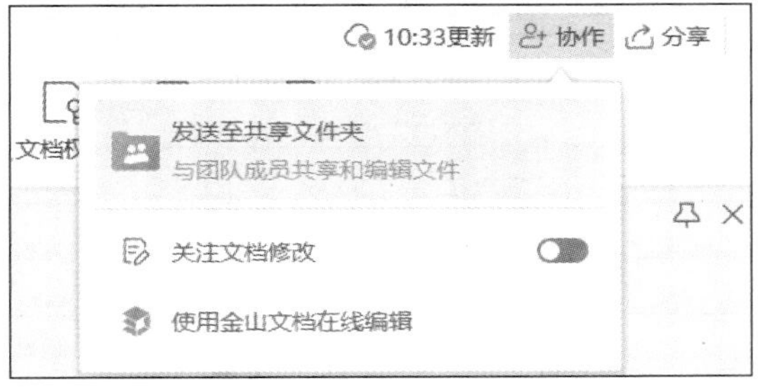

图 1-140　文档协作

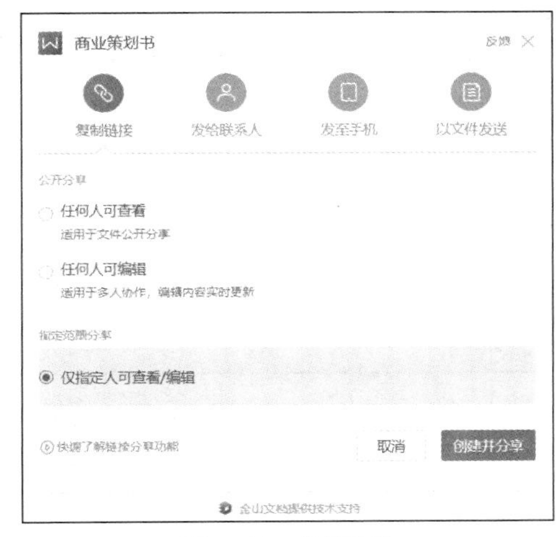

图 1-141　文档分享

在“复制链接”选项组中可通过“通讯录”添加指定的联系人，也可对添加的联系人进行权限设置，如“可查看”“可编辑”，如图 1-142 所示。

图 1-142　添加联系人并进行权限设置

【项目总结】

通过学习本项目，相信大家已经掌握了 WPS 文字应用的综合技能，请在表 1-2 中总结与分享学到的具体知识与技能吧！

表 1–2 “进阶项目 排版操作手册”相关知识与技能总结

进阶任务 1-1 梳理手册大纲	进阶任务 1-2 引用手册内容	进阶任务 1-3 排版手册章节
进阶拓展 1-1 自动生成投标书目录	**进阶拓展 1-2 批注与修订合同协议**	**进阶拓展 1-3 保护与共享商业策划书**

WPS 表格应用

WPS 表格软件是一款灵活、高效的电子表格制作工具，运用 WPS 表格软件可以轻松、高效地进行数据应用、处理和分析，如数据的输入、处理、统计、分析等。

本模块主要通过“基础项目　统计与分析学生成绩”和“进阶项目　管理员工档案与工资”的学习，以任务驱动的方式引领学生循序渐进地掌握 WPS 表格软件的基本功能和综合应用。

基础项目　统计与分析学生成绩

【项目描述】

项目简介

“统计与分析学生成绩”项目源于学生的学习，易于理解，通过学习本项目，学生能够掌握 WPS 表格软件中工作簿、工作表、单元格的基本操作，单元格格式设置，条件格式设置，公式与常用函数的应用，数据排序、筛选、分类汇总，创建图表等基本技能。

教学建议

建议学时：6 学时。

教学方法：项目教学法、任务驱动法。

【项目分析】

该项目可分解为三大任务，包含准备学生数据、计算学生成绩、分析学生成绩等，每个任务包含的主要操作流程和技能如图 2-1 所示。

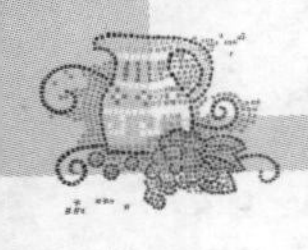

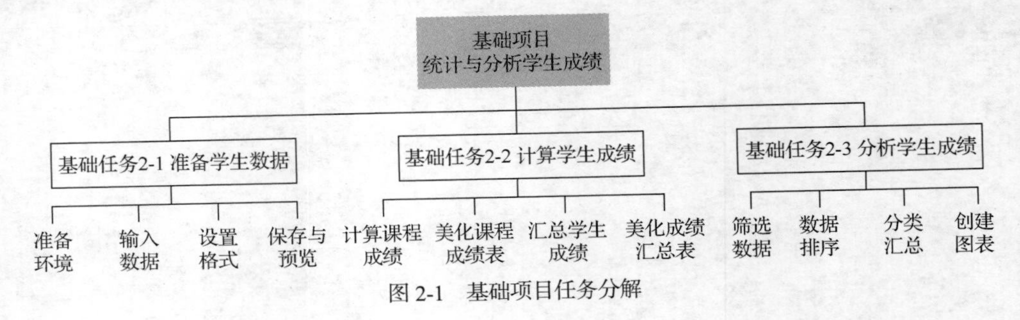

图 2-1　基础项目任务分解

【项目实施】

【基础任务 2–1　准备学生数据】

任务导读

本任务将指导学生完成学生基本信息表的信息输入与编辑，参考效果如图 2-2 所示。

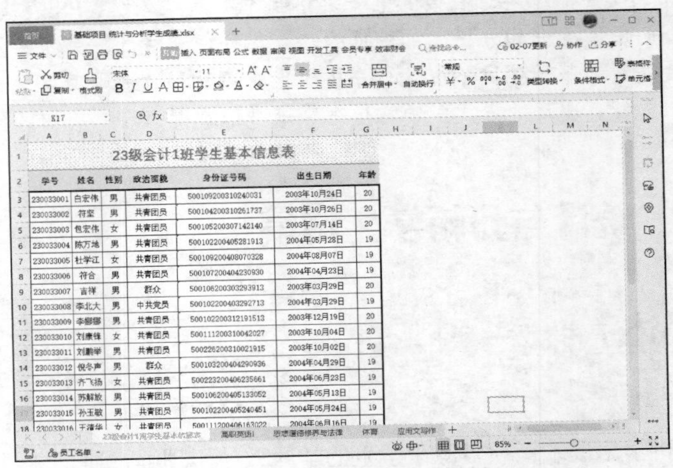

23级会计1班学生基本信息表

学号	姓名	性别	政治面貌	身份证号码	出生日期	年龄
230033001	白宏伟	男	共青团员	500109200310240031	2003年10月24日	20
230033002	符坚	男	共青团员	500104200310261737	2003年10月26日	20
230033003	包宏伟	女	共青团员	500105200307142140	2003年07月14日	20
230033004	陈万地	男	共青团员	500102200405281913	2004年05月28日	19
230033005	杜学江	女	共青团员	500109200408070328	2004年08月07日	19
230033006	符合	男	共青团员	500107200404230930	2004年04月23日	19
230033007	吉祥	男	群众	500106200303293913	2003年03月29日	20
230033008	李北大	男	中共党员	500102200403292713	2004年03月29日	19
230033009	李娜娜	男	共青团员	500102200312191513	2003年12月19日	20
230033010	刘康锋	女	共青团员	500111200310042027	2003年10月04日	20
230033011	刘鹏举	男	共青团员	500226200310021915	2003年10月02日	20
230033012	倪冬声	男	群众	500103200404290936	2004年04月29日	19
230033013	齐飞扬	女	共青团员	500223200406235661	2004年06月23日	19
230033014	苏解放	男	共青团员	500106200405133052	2004年05月13日	19
230033015	孙玉敏	男	共青团员	500102200405240451	2004年05月24日	19
230033016	王清华	女	共青团员	500111200406163022	2004年06月16日	19

图 2-2　基础任务 2-1 参考效果

通过本任务的学习，学生能够掌握以下知识与技能。

- 掌握工作簿基本操作：新建、保存、打开、关闭。
- 掌握工作表基本操作：重命名、添加、删除、移动、复制、隐藏。
- 掌握单元格基本操作：选择、插入、删除、移动、填充。
- 掌握单元格格式设置：数字分类、对齐、边框、底纹、合并。
- 理解数据有效性的作用并能正确地设置有效性条件。

任务准备

1. 工作界面

启动 WPS 表格后，进入其工作界面，与 WPS 文字工作界面相似，其由标题栏、快速访问工具栏、选项卡、功能区等组成，还包含表格软件特有的部分，如图 2-3 所示。下面重点介绍编辑栏和工作表编辑区的作用。

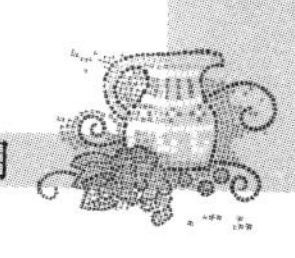

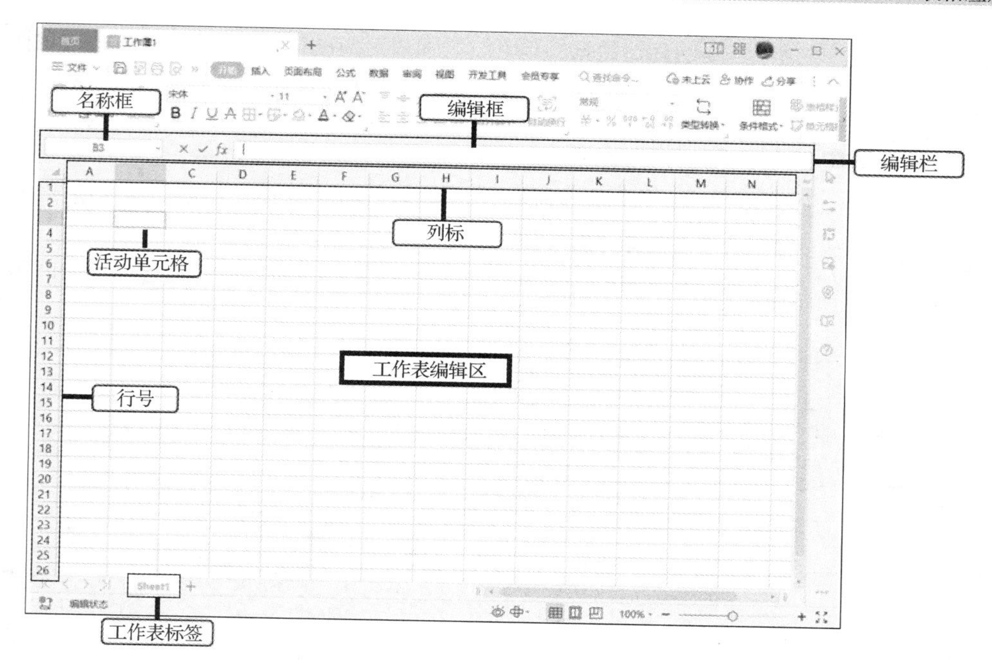

图 2-3　WPS 表格工作界面

（1）编辑栏

编辑栏用于显示和编辑当前活动的单元格中的数据或公式。在默认情况下，编辑栏中包含名称框、“取消”按钮×、“输入”按钮✓、“插入函数”按钮f_x和编辑框。

名称框用于显示当前单元格的地址或函数名称，图 2-3 中显示了当前被选中的单元格名称为 B3。

“取消”按钮×，单击该按钮表示取消输入的内容。

“输入”按钮✓，单击该按钮表示确定并完成输入。

“插入函数”按钮f_x，单击该按钮将快速打开“插入函数”对话框，在其中可选择相应的函数。

编辑框用于显示在单元格中输入或编辑的内容，也可直接在其中进行输入和编辑。

（2）工作表编辑区

工作表编辑区是 WPS 表格编辑数据的主要场所，它包括行号、列标、活动单元格、工作表标签等。

行号用“1、2、3”等阿拉伯数字标识，表示单元格所在的行。

列标用“A、B、C”等大写英文字母标识，表示单元格所在的列。

活动单元格使用“列标+行号”的形式表示，例如，第 2 列第 3 列的单元格可表示为 B3。

工作表标签用于显示工作表的名称。默认情况下，WPS 表格将显示一张工作表，名为 Sheet1，单击右侧的+按钮，可添加新的工作表。当工作簿中包含多张工作表后，便可单击任意一个工作表标签进行工作表的切换。

2. 基本概念

工作簿、工作表、单元格是构成 WPS 表格的框架，同时它们之间存在包含与被包含的关系。

工作簿即 WPS 表格文件，是用来存储和处理数据的主要文档，也称为电子表格。在默认情况下，新建的工作簿以“工作簿 1”命名。若继续新建工作簿，则将以“工作簿 2”“工作簿 3”……命名且工作簿名称将显示在标题栏的文档名处。

工作表用于显示和分析数据，存储在工作簿中。默认情况下，新建的空白工作簿中只包含一张工作表，以“Sheet1”命名。

单元格是 WPS 表格中基本的存储数据的单元，它通过对应的列标和行号进行命名和引用。单个单元格地址可表示为列标+行号；而多个连续的单元格称为单元格区域，其地址表示为“单元格:单元格”，如 A2 单元格与 C5 单元格之间连续的单元格可表示为“A2:C5”单元格区域。

3. 了解常见视图

在 WPS 表格中，用户可根据需求在视图栏中单击视图按钮组中的相应按钮或在“视图”—“工作簿视图”功能组中单击相应按钮来切换工作簿视图。

普通视图是默认视图，用于正常显示工作表，在其中可以执行数据输入、数据计算和图表制作等操作。

页面布局视图的每一页都会显示页边距、页眉和页脚，用户可以在此视图模式下编辑数据、添加页眉和页脚，如图 2-4 所示。

分页预览视图可以显示蓝色的分页符，用户可以拖曳分页符以改变显示的页数和每页的显示比例，如图 2-5 所示。

图 2-4 页面布局视图效果

图 2-5 分页预览视图效果

4. 基本操作

（1）工作簿基本操作

■ 新建工作簿。

启动 WPS Office 后，通过选择“新建”—“新建表格”—“空白文档”即可新建 WPS 工作簿，也可在 WPS 表格中通过选择“文件”—“新建”—“新建”完成操作。

■ 保存工作簿。

为了避免重要数据丢失，用户应该随时对工作簿进行保存操作。选择“文件”—“保存”或按“Ctrl+S”组合键，打开“另存文件”对话框，在其中选择表格的保存路径和文件名即可。WPS 表格保存类型可以是 WPS 表格文件(*.et)、Microsoft Excel 文件(*.xlsx)等类型。

■ 打开工作簿。

选择“文件”—“打开”或按“Ctrl+O”组合键，找到要打开的工作簿即可，也可直接双击需要打开的工作簿文件。

■ 关闭工作簿。

关闭工作簿是指将当前编辑的工作簿关闭，但并不退出 WPS Office 的操作，可选择“文件”—“退出”关闭工作簿。若要在关闭工作簿的同时退出 WPS Office，则应在打开的工作簿中单击工作界面右上角的关闭按钮×。

（2）工作表基本操作

工作表是存储和管理各种数据的场所，工作表的基本操作包括插入、删除、移动或复制、隐藏和显示等。

■　插入工作表。

在默认情况下，WPS 表格的工作簿提供了一张工作表，可在工作表标签上单击鼠标右键，在打开的快捷菜单中选择“插入工作表”命令，在打开的“插入工作表”对话框中设置插入数目和位置，如图 2-6 所示，单击“确定”按钮，也可直接在工作表标签右侧单击添加按钮 + 。

■　删除工作表。

选中工作表标签，单击鼠标右键，在打开的快捷菜单中选择“删除工作表”命令即可删除当前工作表。

■　移动或复制工作表。

选中要移动或复制的工作表，单击鼠标右键，在打开的快捷菜单中选择“移动或复制工作表”命令，在打开的“移动或复制工作表”对话框中选择移动或复制的目标工作簿和位置，选中“建立副本”复选框表示复制工作表，未选中该复选框表示移动工作表，如图 2-7 所示。

■　隐藏和显示工作表。

当不需要显示某工作表时，可将其隐藏。选中对应的工作表，单击鼠标右键，在打开的快捷菜单中选择“隐藏工作表”命令即可。

当需要再次显示该工作表时，可在工作簿的任意工作表标签上单击鼠标右键，在打开的快捷菜单中选择“取消隐藏工作表”命令，在打开的“取消隐藏”对话框中选择需要显示的工作表，单击“确定”按钮即可，如图 2-8 所示。

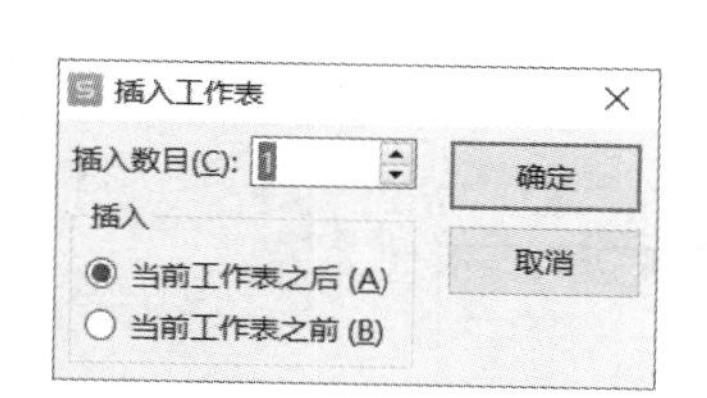

图 2-6　“插入工作表”对话框

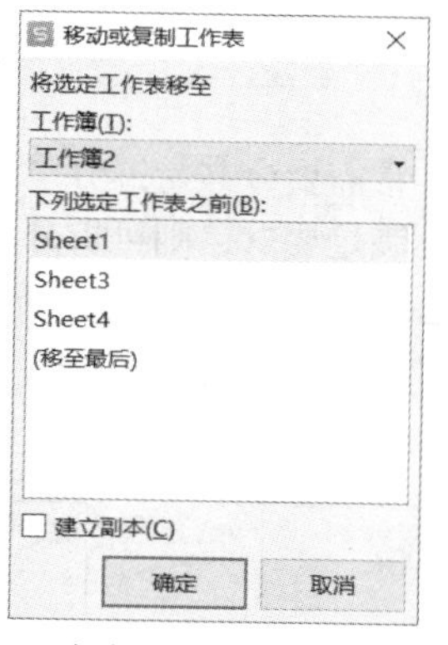

图 2-7　“移动或复制工作表”对话框

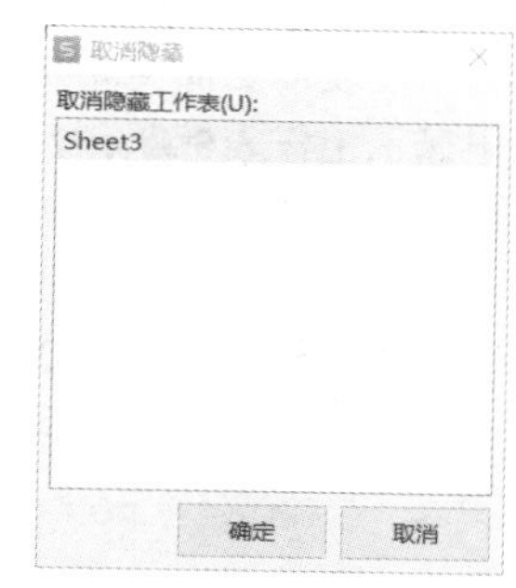

图 2-8　“取消隐藏”对话框

（3）单元格基本操作

■　选择单元格。

在工作表中输入数据时，首先要选择对应的单元格，选择方法如下。

选择单个单元格：单击对应单元格或在名称框中输入单元格地址后按“Enter”键即可。

选择所有单元格：单击行号和列标左上角交叉处的全选按钮 ◢ 或按“Ctrl+A”组合键即可。

选择相邻的多个单元格：选择起始单元格后，按住“Shift”键的同时选择结束单元格，即可选中这两个单元格之间的所有单元格。

选择不相邻的多个单元格：按住“Ctrl”键的同时单击需要选择的单元格即可。

选择整行：单击行号即可。

选择整列：单击列标即可。

■　插入与删除单元格。

在编辑数据时，若发现工作表中有遗漏的或多余的数据，则可在已有表格数据的所需位置插入新的单元格或删除指定的单元格，操作方法如下。

选中单元格，单击鼠标右键，在打开的快捷菜单中选择“插入”子菜单中的对应命令，如图 2-9 所示，即可插入单元格、行、列。

选中单元格，单击鼠标右键，在打开的快捷菜单中选择“删除”子菜单中的对应命令，如图 2-10 所示，即可删除单元格、行、列。

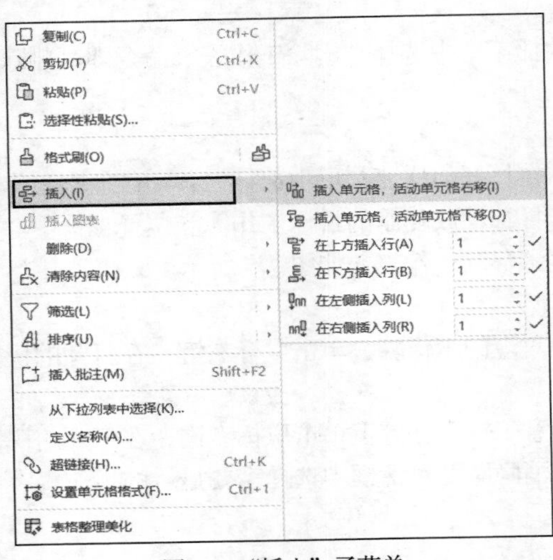

图 2-9 “插入”子菜单

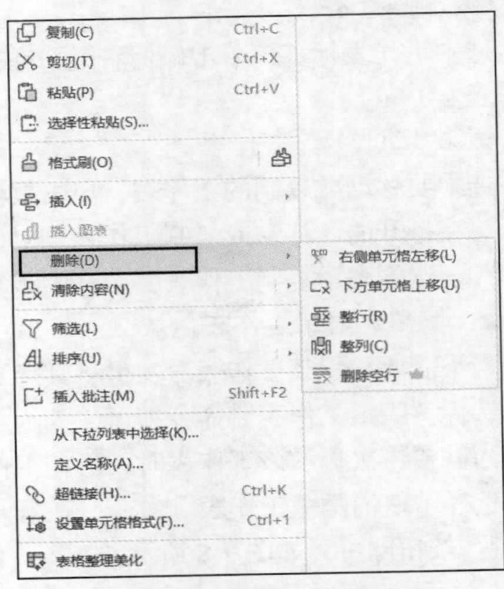

图 2-10 “删除”子菜单

■ 合并与拆分单元格。

为了使表格更加美观和专业，常常需要合并与拆分单元格，如将工作表首行的多个单元格合并以突出显示工作表标题，若合并后不满足要求，则可拆分已合并的单元格，操作方法如下。

选择需要合并的单元格区域，选择“开始”—“合并居中”，可在其下拉列表中选择合并的方式，如图 2-11 所示。选中合并后的单元格，再次选择“开始”—“合并居中”，可在其下拉列表中选择取消合并单元格等，如图 2-12 所示。

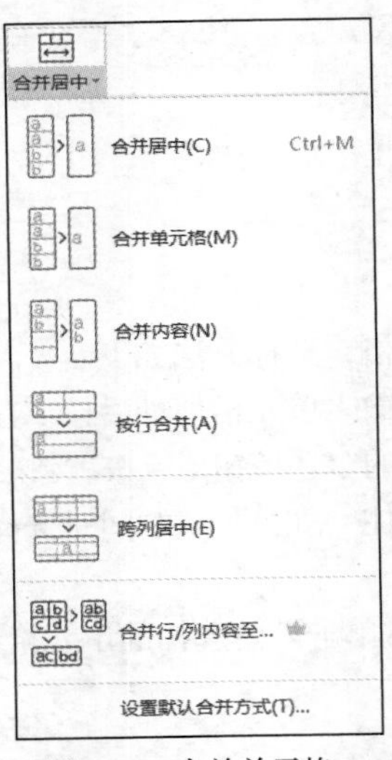

图 2-11 合并单元格

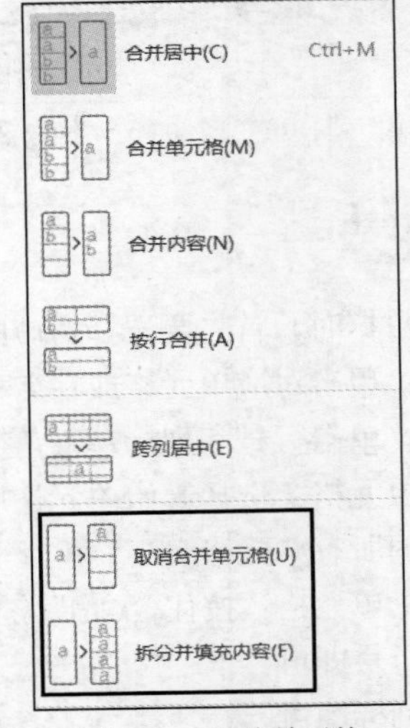

图 2-12 拆分单元格

5. 输入与编辑数据

在 WPS 表格中，数据的输入与编辑包括输入数据、填充数据和清除数据等。

（1）输入数据

输入数据是制作电子表格的基础，WPS 表格支持输入不同类型的数据，可以输入文本、正数、负数、小数、百分数、日期、时间、货币等类型的数据。可先设置单元格数据类型，选中单元格或单元格区域，单击鼠标右键，在打开的快捷菜单中选择“设置单元格格式”命令，打开“单元格格式”对话框，可设置对应的数据类型，如图 2-13 所示。

操作方法：选中单元格，直接输入数据，若原单元格中已有数据，则原有数据将被覆盖，还可在编辑栏的编辑框中直接输入或修改数据。双击单元格，可编辑原有数据。

（2）填充数据

在 A2 单元格中输入数字“1”，将鼠标指针移到单元格右下角的填充柄上，当其变成“+”时，按住鼠标左键不放向下拖曳至 A11 单元格后释放鼠标左键，此时以“1”为递增单位快速填充数据，如图 2-14 所示，还可在出现的自动填充选项中进一步选择填充的方式，这在快速填充有规律的数据序列中非常有用。

（3）清除数据

在单元格中输入数据后，若出现输入错误或数据发生改变等情况，可清除数据。

操作方法：选中目标单元格或单元格区域，单击鼠标右键，在打开的快捷菜单中选择“清除内容”子菜单中的对应命令即可，如图 2-15 所示。

图 2-13　设置数据类型

图 2-14　填充数据

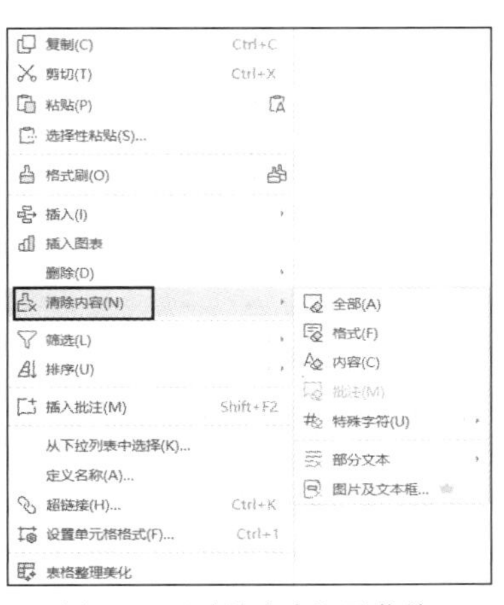

图 2-15　“清除内容”子菜单

6. 数据有效性

数据有效性是指对单元格中输入的数据添加一定的限制条件，从而让输入的数据在约束范围内。

操作方法：选中目标单元格区域，选择“数据”—“有效性”，在打开的“数据有效性”对话框的“允许”下拉列表中选择有效性条件，可根据需求设置整数、小数、序列、日期等，如图 2-16 所示。

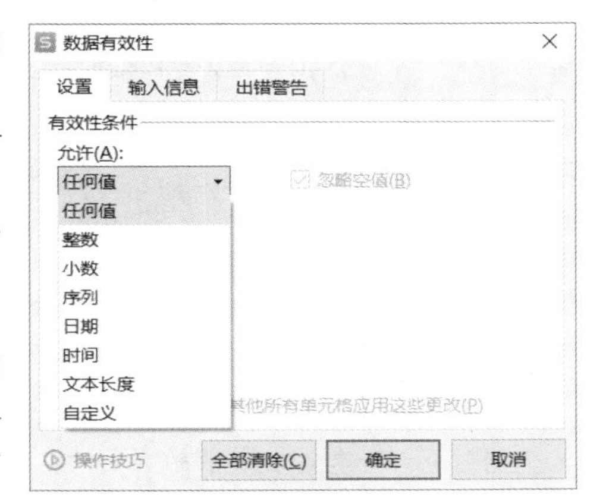

图 2-16　“数据有效性”对话框

7. 单元格格式

输入数据后，通过对单元格格式进行相关设置，如对齐方式、字体、边框、底纹等，美化表格。可通过“单元格格式”对话框进行设置，也可通过“开始”选项卡中对应的功能组来实现，如图 2-17 所示。

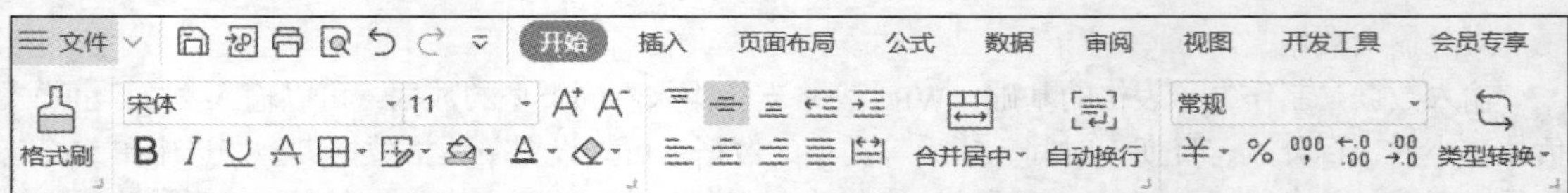

图 2-17 “开始”选项卡

8. 条件格式

设置条件格式后，可将不满足或满足条件的单元格突出显示，使其更加醒目、直观。可选中对应的单元格区域，选择“开始”—“条件格式”，在打开的下拉列表（见图 2-18）中选择“新建规则”选项，打开“新建格式规则”对话框，如图 2-19 所示，可根据需求进一步设置条件格式的具体规则。

条件格式
突出显示单元格规则(H)
项目选取规则(T)
数据条(D)
色阶(S)
图标集(I)
新建规则(N)...
清除规则(C)
管理规则(R)...

图 2-18 “条件格式”下拉列表

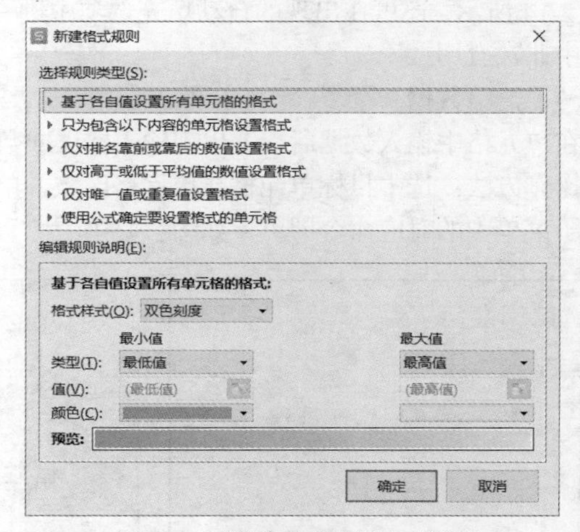

图 2-19 “新建格式规则”对话框

任务实施

1. 准备环境

操作要求

准备环境

■ 新建工作簿，将其保存为云文档，并将其命名为“基础项目 统计与分析学生成绩.xlsx”，将 Sheet1 工作表重命名为“23 级会计 1 班学生基本信息表”。

■ 将素材文件中“《高职英语 I》成绩”“《思想道德修养与法律》成绩”“《体育》成绩”和“《应用文写作》成绩”等 Excel 文档中的 Sheet1 工作表复制到基础项目工作簿中。

操作步骤

（1）新建工作簿

进入 WPS Office 首页后，选择“新建”—“新建表格”—“空白文档”，即可新建一个空白工作簿，默认文件名为“工作簿 1”。

（2）保存工作簿

选择“文件”—“保存”，在打开的“另存文件”对话框中，如图 2-20 所示，依次选择“我的云文档”—“新建文件夹”，输入文件夹名称为“WPS 表格”，选择该文件夹作为云文档保存位置，输入文件名“基础项目 统计与分析学生成绩.xlsx”，文件类型为“Microsoft Excel 文件(*.xlsx)”。

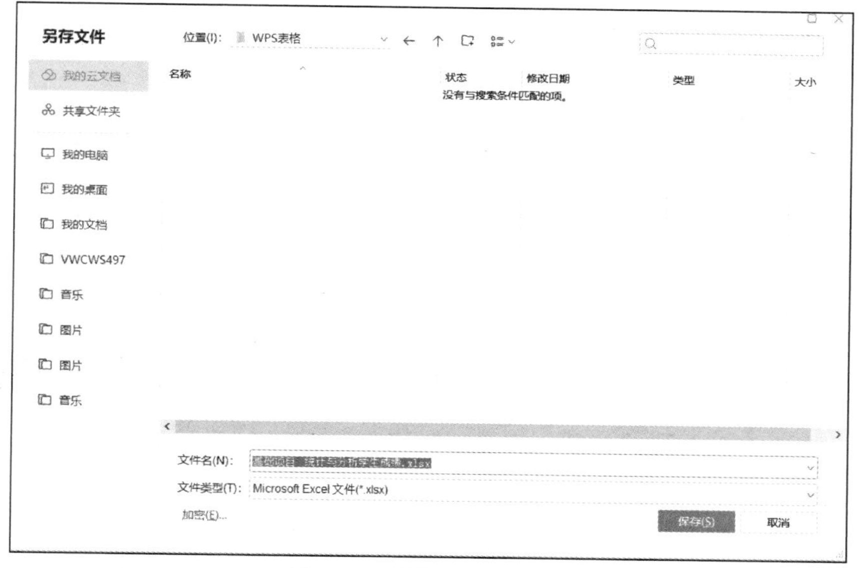

图 2-20　“另存文件”对话框

（3）重命名工作表

将鼠标指针移到工作表标签 Sheet1 上，单击鼠标右键，在打开的快捷菜单中选择“重命名”命令，进入工作表重命名状态，为此工作表输入新的名称“23 级会计 1 班学生基本信息表”，单击工作表中任意单元格即可，如图 2-21 所示。

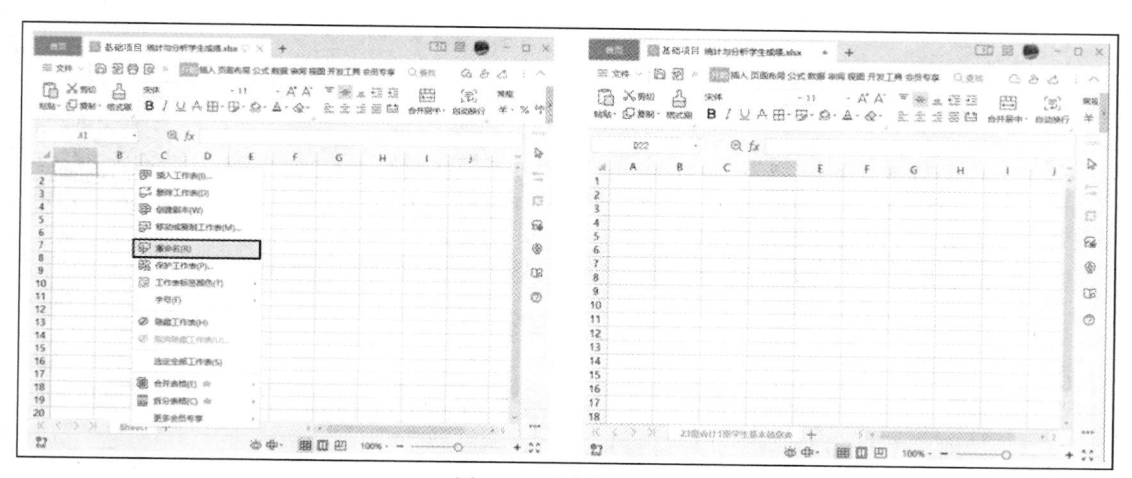

图 2-21　重命名工作表

（4）复制工作表

打开“《高职英语 I》成绩.xlsx”，选中工作表标签“Sheet1”，单击鼠标右键，在打开的快捷菜单中选择“移动或复制工作表”命令，在打开的“移动或复制工作表”对话框中选择将选定工作表移到打开的工作簿文件“基础项目　统计与分析学生成绩.xlsx”中，选择“(移至最后)”选项，选中“建立副本”复选框，单击“确定”按钮即可将素材文件中的工作表复制到当前工作簿中，如图 2-22 所示，修改该工作表名称为“高职英语 I”。

使用相同的方法将其他素材文件中的各科成绩表复制到当前工作簿中，并修改工作表名称为课程名称，最终效果如图 2-23 所示。

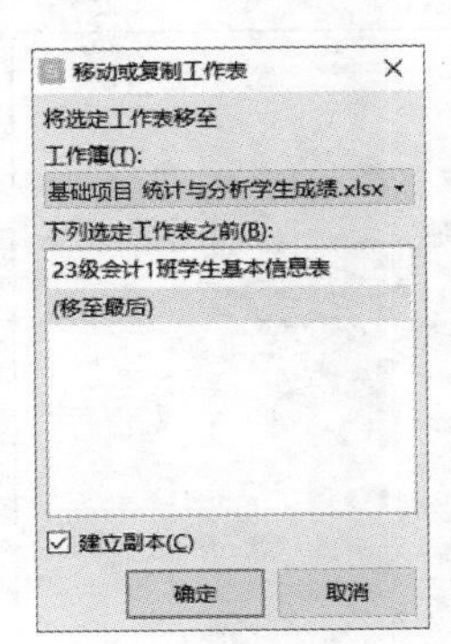

	A	B	C	D	E	F
1	23级会计1班《高职英语I》成绩表					
2	课程类型:A		考核方式:考试			
3	学号	姓名	性别	平时出勤（10%）	过程性考核（40%）	期末考试（50%）
4	230033001	白宏伟	男	95	82	76.5
5	230033002	符坚	男	100	88	78
6	230033003	包宏伟	女	100	89	83
7	230033004	陈万地	男	90	89	73
8	230033005	杜学江	女	100	95	66
9	230033006	符合	男	100	89	78
10	230033007	吉祥	男	100	88	80
11	230033008	李北大	男	95	80	77
12	230033009	刘康锋	男	85	88	83
13	230033010	李娜娜	女	100	80	85.5
14	230033011	刘鹏举	男	100	70	83
15	230033012	倪冬声	男	100	84	90
16	230033013	齐飞扬	女	95	86	89
17	230033014	苏解放	男	95	53	77

图 2-22　复制工作表并重命名 1

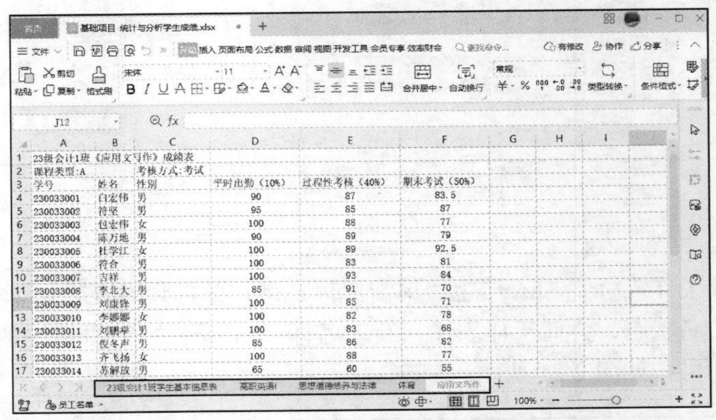

	A	B	C	D	E	F
1	23级会计1班《应用文写作》成绩表					
2	课程类型:A		考核方式:考试			
3	学号	姓名	性别	平时出勤（10%）	过程性考核（40%）	期末考试（50%）
4	230033001	白宏伟	男	90	87	83.5
5	230033002	符坚	男	95	85	87
6	230033003	包宏伟	女	100	88	77
7	230033004	陈万地	男	90	89	79
8	230033005	杜学江	女	100	89	92.5
9	230033006	符合	男	100	83	81
10	230033007	吉祥	男	100	93	84
11	230033008	李北大	男	85	91	70
12	230033009	刘康锋	男	100	85	71
13	230033010	李娜娜	女	100	82	78
14	230033011	刘鹏举	男	100	83	68
15	230033012	倪冬声	男	85	86	82
16	230033013	齐飞扬	女	100	88	77
17	230033014	苏解放	男	65	60	55

图 2-23　复制工作表并重命名 2

2. 输入数据

输入数据

操作要求

■　参照效果图输入数据字段，注意设置身份证号码为文本型数据，出生日期为日期型数据，参照效果图进行设置。

■　性别和政治面貌要求应用数据有效性进行设置，在下拉列表中进行选择。

操作步骤

（1）确定表格结构

“23 级会计 1 班学生基本信息表”中包含学号、姓名、性别、政治面貌、身份证号码、出生日期、年龄等基本信息，这些信息作为表格的数据字段。具体操作方法如下。

选中“23 级会计 1 班学生基本信息表”中的 A1 单元格，输入“学号”作为第一列的字段名，按“Tab”键向右移动一个单元格，在 B1 单元格中输入“姓名”作为第二列的字段名，按照相同的方法输入其他字段，如图 2-24 所示。

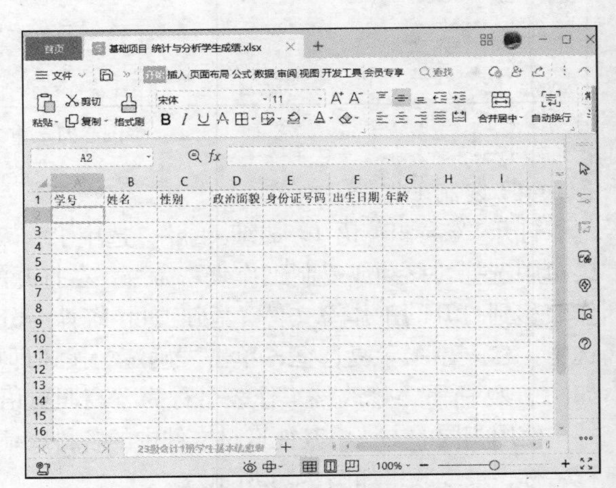

图 2-24　输入表格字段

（2）输入字段数据

“学号”列：输入第一条数据记录的学号为“230033001”，选中该单元格，将鼠标指针移到单

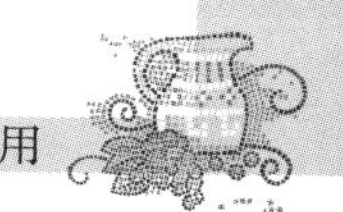

元格右下角，出现填充柄时，按住鼠标左键，拖曳至 A31 单元格，即可快速完成该列数据的输入。选中 A 列，单击鼠标右键，在打开的快捷菜单中选择“最适合的列宽”命令即可自动调整该列宽度。

“姓名”列：参照效果图输入对应的学生姓名。

“身份证号码”列：选中 E2:E31 单元格区域，单击鼠标右键，在打开的快捷菜单中选择“设置单元格格式”命令，在打开的“单元格格式”对话框中，设置身份证号码为“数字”选项卡中的“文本”类型，如图 2-25 所示。依次输入该列数据，并选中 E 列，单击鼠标右键，在打开的快捷菜单中选择“最适合的列宽”命令。

“出生日期”列：选中 F2:F31 单元格区域，设置“单元格格式”对话框中的“数字”为“日期”类型中的第 1 种格式，如图 2-26 所示。依次输入该列数据，并选中该列数据，在“单元格格式”对话框中的“数字”选项卡中选择“自定义”选项，在类型中添加格式为“yyyy"年"mm"月"dd"日";@”，该格式表示显示的年、月、日分别占 4 位、2 位、2 位，如图 2-27 所示。

“年龄”列：参照效果图依次输入对应的学生年龄。

图 2-25　设置文本类型

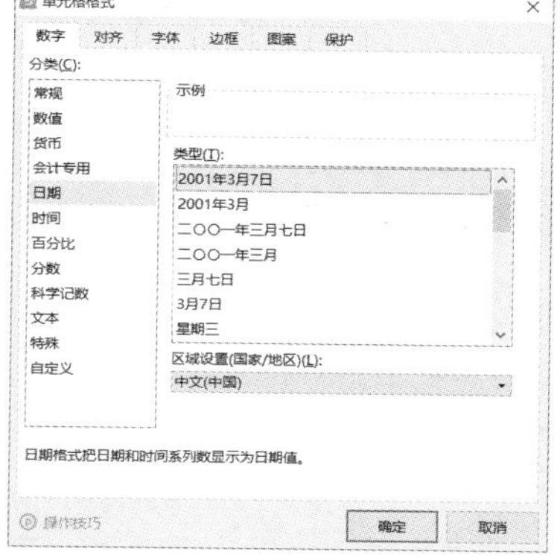

图 2-26　设置日期类型

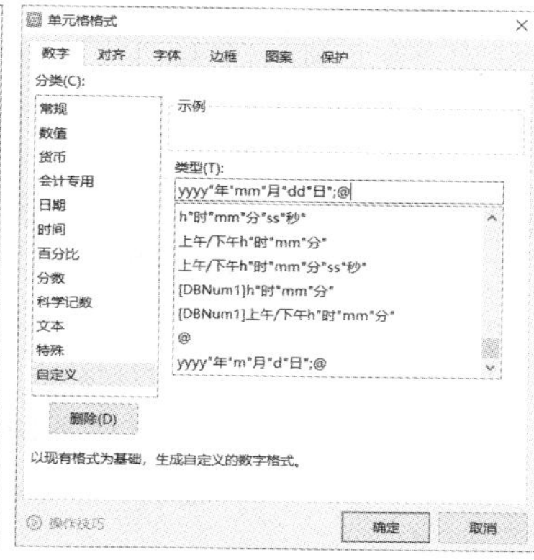

图 2-27　设置自定义格式

（3）应用数据有效性

“性别”列：选中 C2:C31 单元格区域，选择“数据”—“有效性”—“有效性”，打开“数据有效性”对话框，在“设置”选项卡中设置有效性条件的“允许”为“序列”，“来源”为“男，女”（注意，序列值之间用英文半角状态下的逗号分隔），如图 2-28 所示，并参照效果图选择学生的性别。

“政治面貌”列：按照相同的方法设置 D2:D31 单元格区域的数据有效性，设置参数如图 2-29 所示，允许该区域的数据为“中共党员,共青团员,群众”，并参照效果图选择学生的政治面貌。

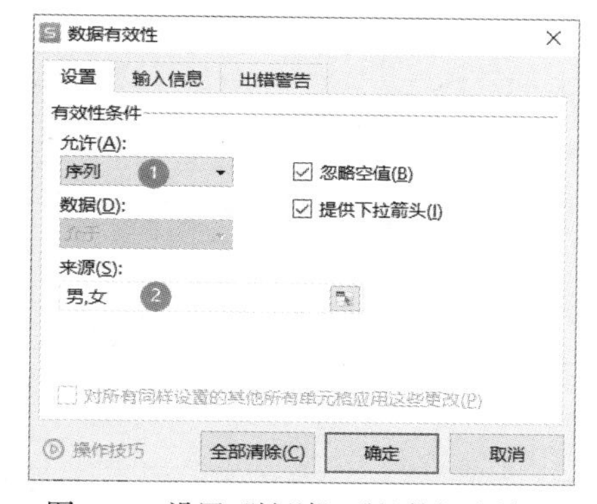

图 2-28　设置“性别”列的数据有效性

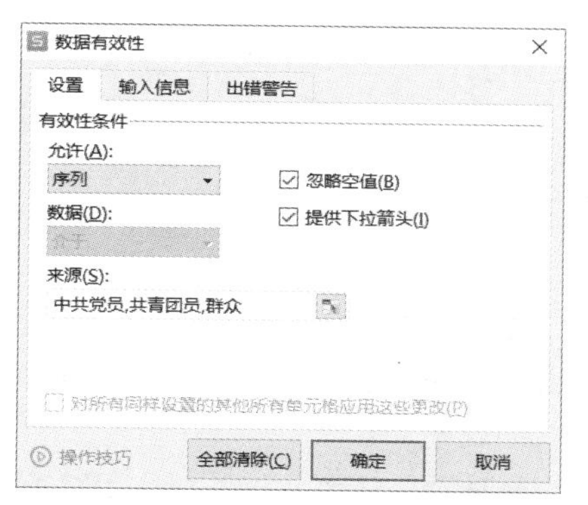

图 2-29　设置“政治面貌”列的数据有效性

（4）插入标题

选中第1行，单击鼠标右键，在打开的快捷菜单中选择“在上方插入行”命令，即可在第1行前添加一行，在A1单元格中输入表格标题“23级会计1班学生基本信息表”。

选中A1:G1单元格区域，选择“开始”—“合并居中”，即可合并指定的单元格。

3. 设置格式

操作要求

设置格式

■ 标题样式：自定义单元格样式为“我的标题样式”，并设置对齐方式为垂直居中、水平居中，字体格式为等线、粗体、20磅、标准颜色中的蓝色，下边框格式为粗线型、标准颜色中的绿色，填充格式为图案样式“12.5%灰色”、图案颜色为主题颜色中的“橙色,着色4,浅色40%”。

■ 字段样式：字体格式为等线、12磅、粗体，填充颜色为“橙色,着色4,浅色80%”，对齐方式为“水平居中、垂直居中”。

■ 数据区域样式：垂直居中、水平居中，外边框为黑色粗实线、内部为黑色细实线。

■ 设置“23级会计1班学生基本信息表”工作表中第1行的行高为40磅、第2行的行高为30磅、其余各行的行高为22磅，修改D列、E列、F列的列宽分别为12字符、24字符、20字符。

操作步骤

（1）设置单元格样式

选择“开始”—“单元格样式”→“新建单元格样式”，在打开的“样式”对话框中，输入样式名为“我的标题样式”，如图2-30所示；单击“格式”按钮，在打开的“单元格格式”对话框中选择“对齐”选项卡，设置水平对齐和垂直对齐都为“居中”，如图2-31所示。

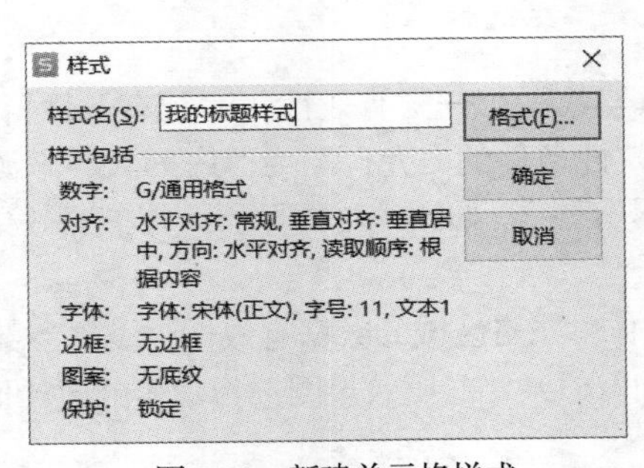

图2-30 新建单元格样式

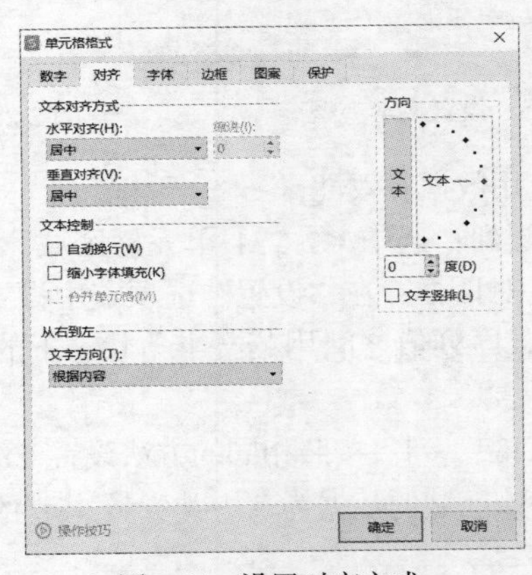

图2-31 设置对齐方式

选择“字体”选项卡，依次设置字体为等线、字形为粗体、字号为20、颜色为标准颜色中的蓝色，如图2-32所示。

选择“边框”选项卡，依次设置线条样式为粗线型、颜色为标准颜色中的绿色、应用于下边框，如图2-33所示。

选择“图案”选项卡，依次设置图案样式为12.5%灰色、图案颜色为主题颜色中的“橙色,着色4,浅色40%”，如图2-34所示。单击“确定”按钮，返回“样式”对话框，单击“确定”按钮完成自定义样式的设置。

选中表格标题，单击“开始”—“单元格样式”—“自定义”—“我的标题样式”，即可将前面设置的样式应用于表格标题。

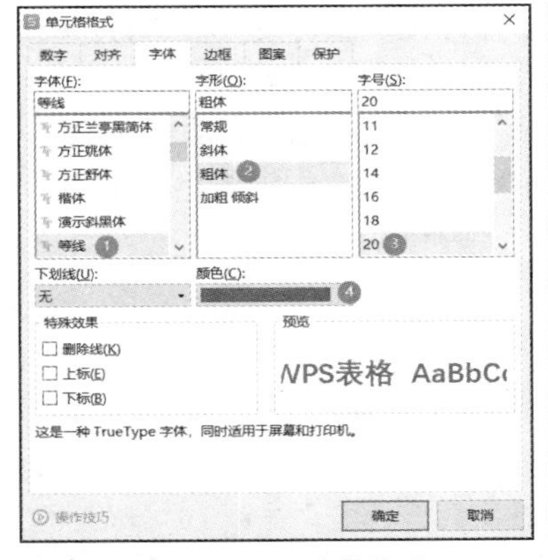

图 2-32　设置字体格式

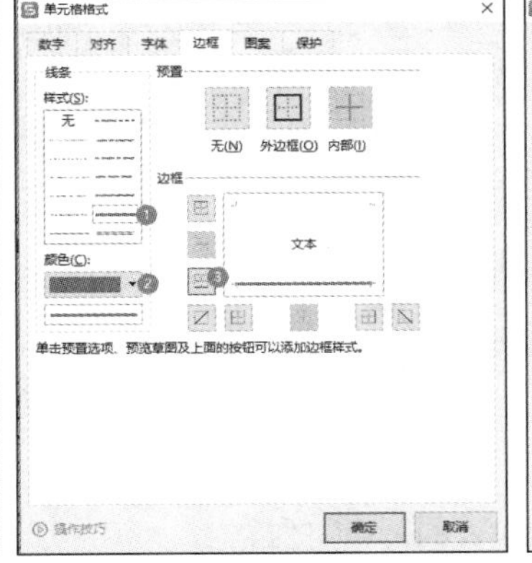

图 2-33　设置边框样式

图 2-34　设置图案样式

选择“高职英语 I”工作表中的 A1:G1 单元格区域，选择“开始”—“合并居中”，选择“单元格样式”中的自定义样式“我的标题样式”。

选中“高职英语 I”工作表中的第一行标题，双击“开始”—“格式刷”按钮，切换到其他工作表中，选中 A1 单元格，即可将“高职英语 I”中 A1 单元格的格式复制到其他工作表的 A1 单元格中。

（2）设置单元格格式

设置字段区域：选中字段名单元格区域 A2:G2，在“开始”选项卡中依次设置字体为“等线”、字号为“12”、字形为“粗体”、填充颜色为“橙色,着色 4,浅色 80%”、对齐方式为“水平居中、垂直居中”，如图 2-35 所示。

设置数据区域：选中数据区域 A3:G32，在“开始”选项卡中依次设置对齐方式为“水平居中、垂直居中”，单击鼠标右键，在打开的快捷菜单中选择“设置单元格格式”命令，在打开的“单元格格式”对话框中选择“边框”选项卡，选择粗实线并应用于外边框，选择细实线并应用于内部，如图 2-36 所示，单击“确定”按钮即可。

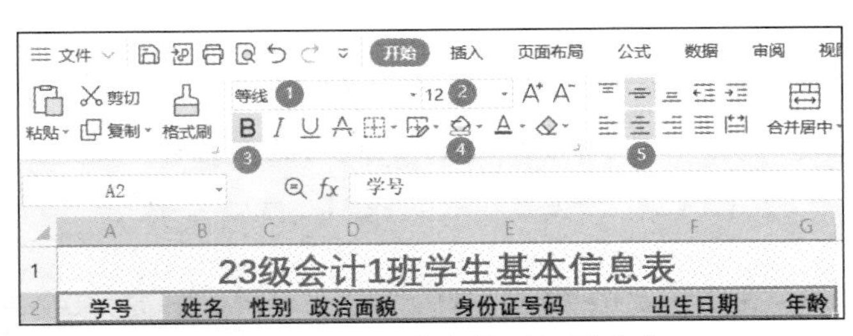

图 2-35　利用功能区设置单元格格式

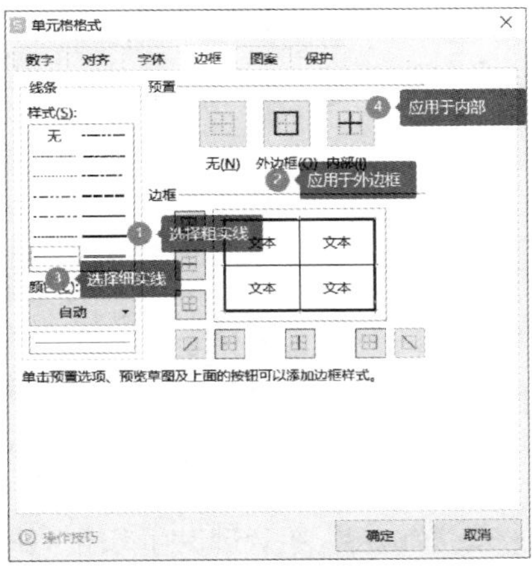

图 2-36　设置边框样式

设置课程成绩表中字段的格式：选中“23 级会计 1 班学生基本信息表”中的 A2 单元格，双击“格式刷”按钮，将格式刷应用于各课程成绩表的 A3:G3 区域，即可使各课程成绩表的字段应用“23 级会计 1 班学生基本信息表”中字段的格式。

（3）调整行高与列宽

设置学生基本信息表：将鼠标指针移到行号 1，单击鼠标右键，在打开的快捷菜单中选择“行

高”命令，在打开的“行高”对话框中设置行高为 40 磅，如图 2-37 左图所示。按照相同的方法，设置第 2 行的高度为 30 磅，第 3 行到第 32 行的高度为 22 磅。

将鼠标指针移到列标 D，单击鼠标右键，在打开的快捷菜单中选择“列宽”命令，在打开的“列宽”对话框中设置列宽为 12 字符，如图 2-37 右图所示。按照相同的方法，设置 E 列宽度为 24 字符，F 列宽度为 20 字符。

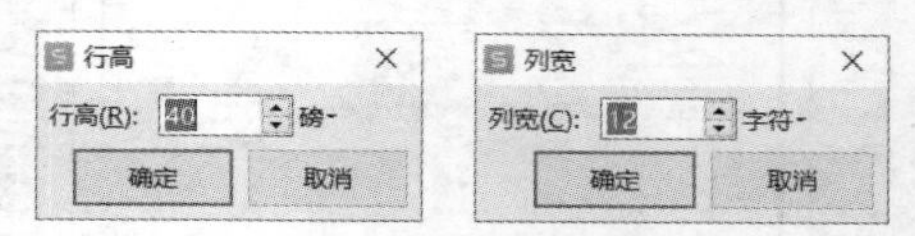

图 2-37　设置行高与列宽

参照前面的方法设置其他工作表的行高与列宽。

4. 保存与预览

保存与预览

操作要求

- 调整分页预览：使所有内容能够打印到一页上。
- 保存云文档并进行打印预览，将其另存到本地文件夹中，并将其命名为“基础任务 2-1　准备学生数据（效果）.xlsx”。

操作步骤

（1）分页预览

选择“视图”—“分页预览”，将 F 列后面的蓝色虚线拖至 G 列后，将第 29 行后的蓝色虚线拖至第 32 行后，即可将该表所有信息打印到一页上，如图 2-38 所示。

23级会计1班学生基本信息表

学号	姓名	性别	政治面貌	身份证号码	出生日期	年龄
230033001	白宏伟	男	共青团员	500109200310240031	2003年10月24日	20
230033002	付坚	男	共青团员	500104200310281737	2003年10月28日	20
230033003	包宏伟	女	共青团员	500105200307142140	2003年07月14日	20
230033004	陈万地	男	共青团员	500102200405281913	2004年05月28日	19
230033005	杜学江	女	共青团员	500109200408070328	2004年08月07日	19
230033006	符合	男	共青团员	500107200404230936	2004年04月23日	19
230033007	吉祥	男	群众	500106200303293913	2003年03月29日	20
230033008	李北大	男	中共党员	500102200403292713	2004年03月29日	19
230033009	李娜娜	男	共青团员	500102200312191512	2003年12月19日	20
230033010	刘康锋	女	共青团员	500111200310042027	2003年10月04日	20
230033011	刘鹏举	男	共青团员	500228200310021918	2003年10月02日	20
230033012	倪冬声	男	群众	500103200404290936	2004年04月29日	19
230033013	齐飞扬	女	共青团员	500223200406233681	2004年06月23日	19
230033014	苏解放	男	共青团员	500106200405133032	2004年05月13日	19
230033015	孙玉敏	男	共青团员	500102200405240451	2004年05月24日	19
230033016	王清华	女	共青团员	500111200406163022	2004年06月16日	19
230033017	谢如康	女	群众	500630200305210040	2003年05月21日	20
230033018	闫朝霞	男	共青团员	500108200401296479	2004年01月29日	19
230033019	曾令煊	女	群众	500226200404111420	2004年04月11日	19
230033020	张桂花	女	群众	500227200312061545	2003年12月06日	20
230033021	钱超群	女	共青团员	500237200303021224	2003年03月02日	20
230033022	陈称意	男	共青团员	500227200401081001	2004年01月08日	19
230033023	[illegible]	女	共青团员	500223200406291328	2004年06月29日	19
230033024	王雪蕾	女	共青团员	500227200310121120	2003年10月12日	20
230033025	史二映	男	共青团员	500106200302151879	2003年02月15日	20
230033026	王晓亚	女	共青团员	500103200409191296	2004年09月19日	19
230033027	魏利娟	女	共青团员	50063020031011024X	2003年10月11日	20
230033028	徐慧娟	女	中共党员	500227200310193625	2003年10月19日	20
230033029	郭萨月	女	共青团员	500227200410184680	2004年10月18日	19
230033030	于慧霞	女	共青团员	500102200407071223	2004年07月07日	19

图 2-38　分页预览

（2）保存文档

按“Ctrl+S”组合键保存文档，并单击快速访问工具栏中的“打印预览”按钮，查看排版效果。

选择“文件”—“另存为”，保存该文档到本地文件夹中，并将其命名为“基础任务 2-1　准备学生数据（效果）.xlsx”。

基础拓展 2-1：制作商品出入库明细表

任务效果

现需要制作一份超市商品出入库明细表，参考效果如图 2-39 所示。

商品出入库明细表

商品出入库明细表

序号		入库商品						出库商品			
	商品名称	入库时间	单价	数量	规格	经办人	确认人	领用时间	数量	领用人	备注
1	面膜	2022-1-8	¥ 15.60	20	件	王小可	张磊	2022-3-5	5	张小东	
2	眼霜	2022-1-8	¥ 208.00	100	瓶	沈明佳	张磊	2022-3-6	60	李文明	
3	面霜	2022-1-8	¥ 108.00	300	瓶	王小可	张磊	2022-3-7	30	张晓珮	
4	精华素	2022-1-8	¥ 88.00	50	件	王小可	张磊	2022-3-25	10	沈佳华	
5	洁面乳	2022-1-8	¥ 58.00	50	件	王小可	张磊	2022-3-25	10	陈德华	
6	精华液	2022-1-10	¥ 68.00	20	件	王小可	张磊	2022-3-25	8	蒋婷婷	
7	爽肤水	2022-1-10	¥ 55.00	300	瓶	王小可	张磊	2022-3-25	120	王佳一	
8	乳液	2022-1-10	¥ 58.00	200	瓶	王小可	张磊	2022-3-25	105	彭丽丽	
9	冰肌水	2022-1-10	¥ 108.00	100	瓶	王小可	张磊	2022-3-25	50	周一明	
10	面部润肤	2022-1-10	¥ 218.00	30	件	王小可	张磊	2022-4-6	10	沈佳华	
11	隔离霜	2022-1-13	¥ 186.00	10	件	王小可	张磊	2022-4-6	5	陈明	
12	BB霜	2022-1-13	¥ 158.00	50	件	王小可	张磊	2022-4-6	20	蒋婷婷	
13	CC霜	2022-1-13	¥ 118.00	30	件	王小可	张磊	2022-4-28	15	张珊	
14	防晒霜	2022-1-13	¥ 128.00	10	件	王小可	张磊	2022-4-28	5	王佳一	
15	化妆水	2022-1-13	¥ 45.00	150	瓶	王小可	张磊	2022-4-28	85	张晓珮	

制表人：张小丹

图 2-39　基础拓展 2-1 参考效果

学习目标

- ■ 熟练掌握表格的创建、单元格格式的设置方法。
- ■ 熟练设置边框。
- ■ 掌握打印设置方法。

操作要求

■ 新建工作簿，将其命名为“基础拓展 2-1　制作商品出入库明细表（效果）.xlsx”。

■ 设计表格结构：在 Sheet1 工作表中，参照效果图，以 A1 单元格为起始单元格制作表头。

■ 设置数据有效性：为“商品名称”字段所在列设置数据有效性，其中商品名称允许的值来源于“商品名称.txt”，设置有效性条件为“序列”。将“规格”字段所在列的数据有效性条件设置为序列，序列值为“件”和“瓶”。

■ 设置单元格格式：设置“单价”字段所在列的数字格式为“会计专用”；设置“入库时间”“领用时间”字段所在列的数字格式为“日期”，如 2001-3-7。

■ 输入数据：参照效果图输入数据即可。

■ 设置边框：为 A2:L18 单元格区域设置粗线型的外边框、内框线为细线，对齐方式为水平居中、垂直居中；为第 3 行 A2:L3 单元格区域添加粗线型的下边框；为 C2:H18 单元格区域添加双线型的左、右边框。

■ 打印设置：设置 A1:L18 为打印区域，页面方向为横向、缩放比例为 100%、纸张为 A4，设置页边距上、下、左、右都为 2 厘米，页眉与页脚为 1.5 厘米，水平、垂直都居中。

■ 保存文件。

重点操作提示

1. 设置字段数据有效性

打开“基础拓展 2-1 制作商品出入库明细表（素材）.txt”，复制其内容到 O 列中。选中 B 列，选择“数据”—“有效性”，设置有效性条件为“序列”、来源为 O 列，如图 2-40 所示，单击“确定”按钮后，从 B4 单元格开始，可单击单元格右侧的下拉按钮，在打开的下拉列表中选择对应的商品名称。

选中 F 列，选择“数据”—“有效性”，设置有效性条件为“序列”、来源为“件,瓶”，如图 2-41 所示，单击“确定”按钮后，从 F4 单元格开始，可单击单元格右侧的下拉按钮，在打开的下拉列表中选择对应的商品规格。

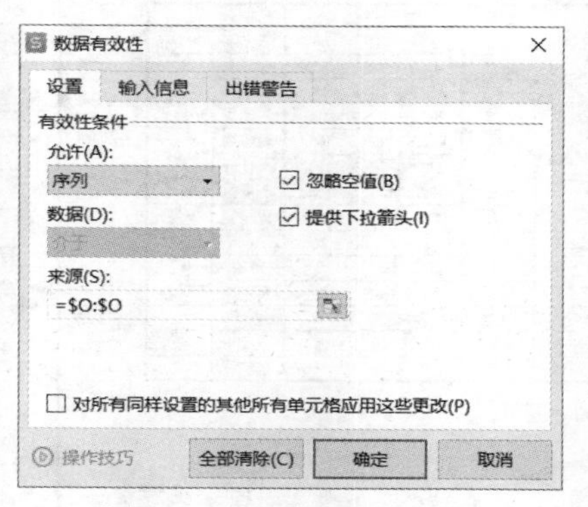

图 2-40　设置商品名称有效性

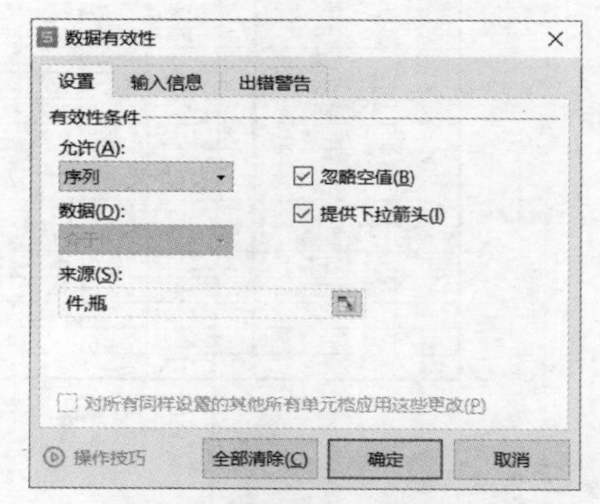

图 2-41　设置商品规格有效性

2. 设置边框与对齐

选中 A2:L18 单元格区域，单击鼠标右键，在打开的快捷菜单中选择“设置单元格格式”命令，在打开的“单元格格式”对话框中，选择“边框”选项卡，选择线条样式为“粗线型”，应用于“外边框”，选择线条样式“细线型”，应用于“内部”，如图 2-42 所示，单击“确定”按钮即可。在“单元格格式”对话框中，选择“对齐”选项卡，设置水平对齐为“居中”、垂直对齐为“居中”，如图 2-43 所示。

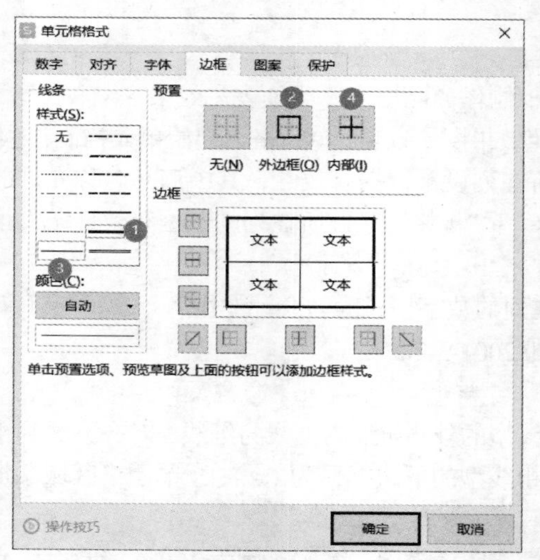

图 2-42　设置单元格边框样式

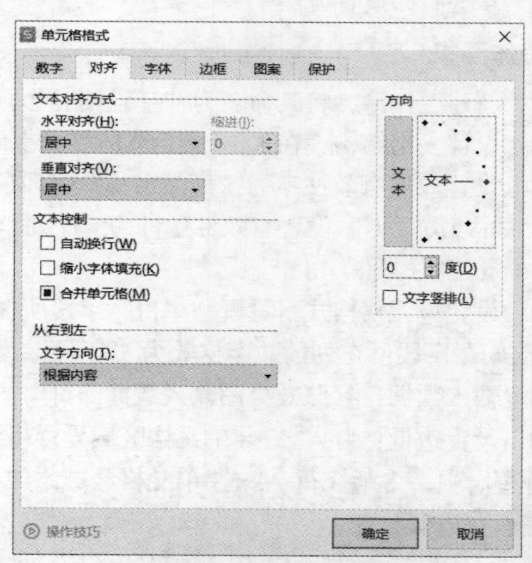

图 2-43　设置单元格对齐方式

选中 A2:L3 单元格区域，单击鼠标右键，在打开的快捷菜单中选择“设置单元格格式”命令，在打开的“单元格格式”对话框中，选择“边框”选项卡，选择线条样式为“粗线型”，应用于“下边框”，如图 2-44 所示，单击“确定”按钮即可。

选中 C2:H18 单元格区域，单击鼠标右键，在打开的快捷菜单中选择“设置单元格格式”命令，在打开的“单元格格式”对话框中，选择“边框”选项卡，选择线条样式为“双线型”，应用于“左边框”和“右边框”，如图 2-45 所示，单击“确定”按钮即可。

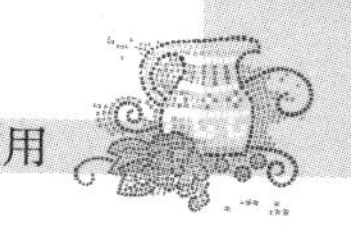

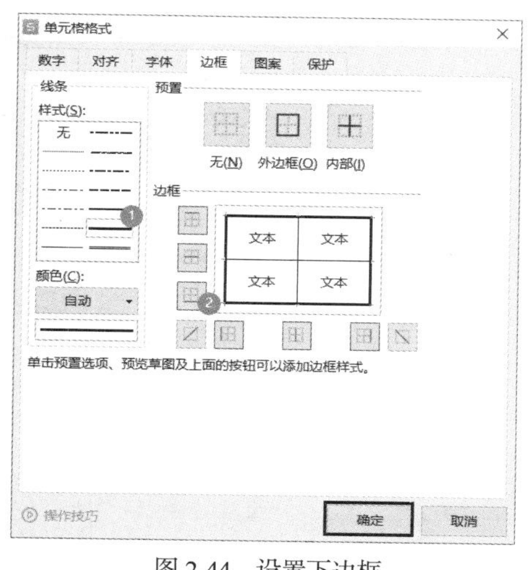

图 2-44　设置下边框

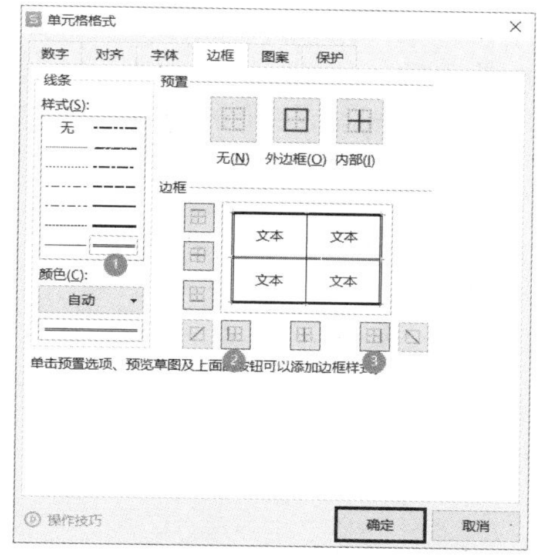

图 2-45　设置左、右边框

3. 打印设置工作表

设置打印区域：选中 A1:L18 单元格区域，选择“页面布局”—“打印区域”—“设置打印区域”，如图 2-46 所示。

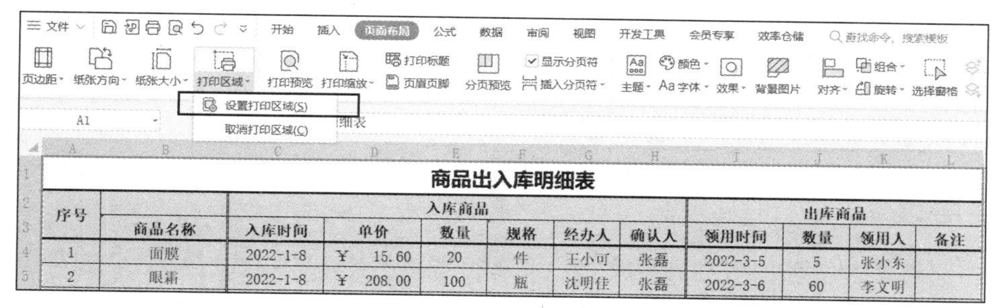

图 2-46　设置打印区域

设置页面：单击“打印区域”右下角的启动器按钮，打开“页面设置”对话框，如图 2-47 所示，设置方向为“横向”，缩放比例为“100%”，纸张大小为“A4”；在“页边距”选项卡中，依次设置上、下、左、右的值为 2，页眉、页脚的值为 1.5，如图 2-48 所示。

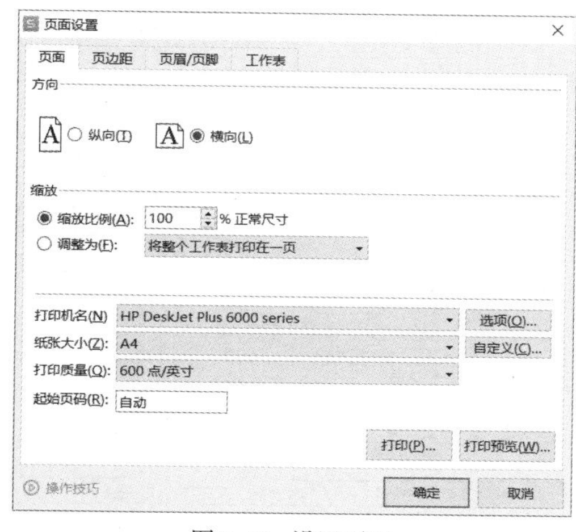

图 2-47　设置页面

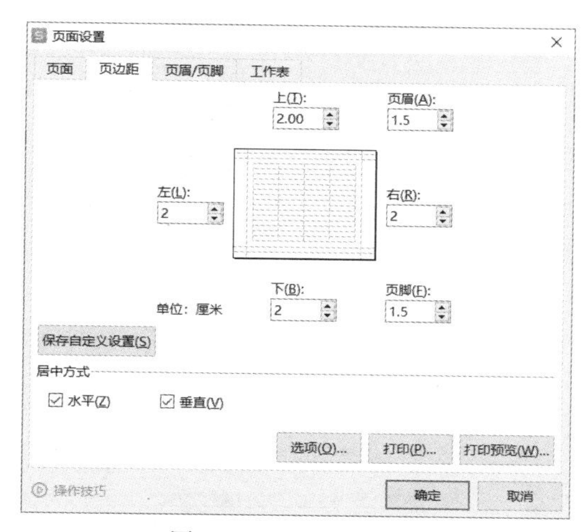

图 2-48　设置页边距

在“页眉/页脚”选项卡中，选择“自定义页眉”，在打开的“页眉”对话框中，在左侧文本框中添加文本“商品出入库明细表”，如图 2-49 所示，单击“确定”按钮即可。

选择“自定义页脚”，在打开的“页脚”对话框中，在右侧文本框中添加文本“制作人：张小丹”，如图 2-50 所示。

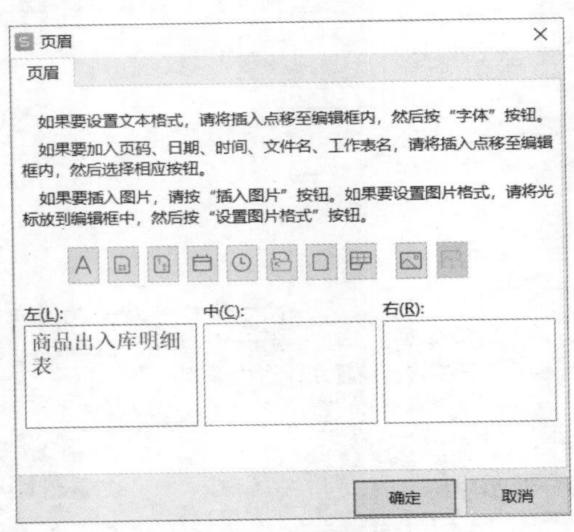

图 2-49　设置页眉

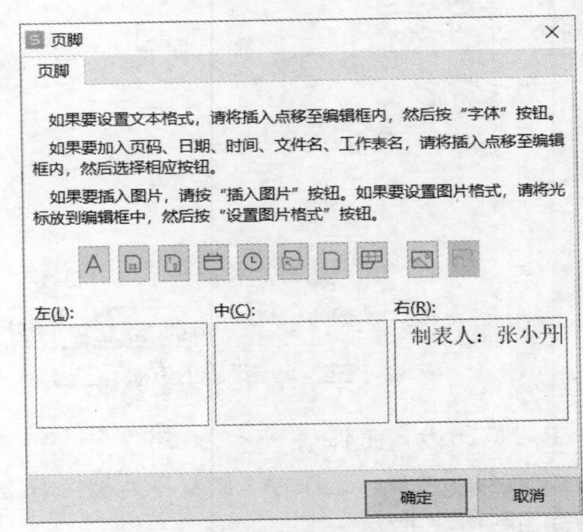

图 2-50　设置页脚

回到“页眉/页脚”选项卡，单击“打印预览”按钮，可查看打印效果。

【基础任务 2-2　计算学生成绩】

任务导读

本任务将指导学生完成学生各课程成绩表、成绩汇总表的计算与美化，参考效果如图 2-51 所示。通过本任务的学习，学生能够掌握以下知识与技能。

- 掌握公式的应用。
- 掌握常见函数的应用：SUM、AVERAGE、MAX、MIN、RANK.EQ。
- 掌握条件格式的应用。

23级会计1班“高职英语I”成绩表

课程类型:A　　考核方式:考试

学号	姓名	性别	平时出勤（10%）	过程性考核（40%）	期末考试（50%）	课程成绩
230033001	白宏伟	男	95.00	82.00	76.50	80.55
230033002	符坚	男	100.00	88.00	78.00	84.20
230033003	包宏伟	女	100.00	89.00	83.00	87.10
230033004	陈万地	男	90.00	89.00	73.00	81.10
230033005	杜学江	女	100.00	95.00	66.00	81.00
230033006	符合	男	100.00	89.00	78.00	84.60
230033007	吉祥	男	100.00	88.00	80.00	85.20
230033008	李北大	男	95.00	80.00	77.00	80.00
230033009	刘康锋	男	85.00	88.00	83.00	85.20
230033010	李娜娜	女	100.00	80.00	85.50	84.75
230033011	刘鹏举	男	100.00	70.00	83.00	79.60
230033012	倪冬声	男	100.00	84.00	90.00	88.60
230033013	齐飞扬	女	95.00	86.00	89.00	88.40
230033014	苏解放	男	95.00	53.00	77.00	69.20
230033015	孙玉敏	男	90.00	90.00	82.00	86.00
230033016	王清华	女	100.00	91.00	87.00	89.90
230033017	闫朝霞	女	100.00	90.00	93.50	92.75
230033018	谢如康	男	100.00	88.00	86.00	88.20
230033019	曾令煊	女	90.00	75.00	76.00	77.00
230033020	张桂花	女	100.00	90.00	80.00	86.00
230033021	钱超群	女	100.00	85.00	94.00	91.00

23级会计1班学生成绩汇总表

学号	姓名	性别	高职英语I	思想道德修养与法律	体育	应用文写作	总分	平均分	排名
230033001	白宏伟	男	80.55	74.70	88.20	85.55	329.00	82.25	26
230033002	符坚	男	84.20	76.40	88.40	87.00	336.00	84.00	22
230033003	包宏伟	女	87.10	88.30	86.50	83.70	345.60	86.40	12
230033004	陈万地	男	81.10	88.50	90.00	84.10	343.70	85.93	15
230033005	杜学江	女	81.00	91.50	91.10	91.85	355.45	88.86	3
230033006	符合	男	84.60	85.70	91.70	83.70	345.70	86.43	11
230033007	吉祥	男	85.20	86.80	88.80	89.20	350.00	87.50	6
230033008	李北大	男	80.00	85.10	83.60	79.90	328.60	82.15	27
230033009	刘康锋	男	85.20	77.40	88.20	79.50	330.30	82.58	25
230033010	李娜娜	女	84.75	85.50	79.00	81.80	331.05	82.76	24
230033011	刘鹏举	男	79.60	84.40	77.80	77.20	318.90	79.73	28
230033012	倪冬声	男	88.60	89.50	81.00	83.90	343.00	85.75	16
230033013	齐飞扬	女	88.40	87.80	86.60	83.70	346.50	86.63	9
230033014	苏解放	男	69.20	82.70	71.60	58.00	281.50	70.38	29
230033015	孙玉敏	男	86.00	87.70	88.60	74.25	336.55	84.14	21
230033016	王清华	女	89.90	87.70	89.10	84.70	351.40	87.85	5
230033017	闫朝霞	女	92.75	87.70	89.70	87.10	357.25	89.31	2
230033018	谢如康	男	88.20	85.00	90.20	75.25	338.65	84.66	18
230033019	曾令煊	女	77.00	88.20	80.70	85.30	331.20	82.80	23
230033020	张桂花	女	86.00	93.30	88.20	85.90	353.40	88.35	4
230033021	钱超群	女	91.00	89.00	85.30	84.00	349.30	87.33	7
230033022	陈颖意	男	83.40	84.90	86.00	83.80	338.10	84.53	20
230033023	倪雅	女	85.00	88.20	89.80	83.40	346.40	86.60	10
230033024	王佳慧	女	81.75	90.10	89.40	86.90	348.15	87.04	8
230033025	史二鹏	男	57.80	78.50	77.60	59.55	273.45	68.36	30
230033026	王晓菲	女	79.70	87.00	92.50	84.70	343.90	85.98	14
230033027	魏利娟	女	91.00	86.70	88.60	91.40	357.70	89.43	1
230033028	杨慧娟	女	86.30	87.00	88.70	82.60	344.60	86.15	13
230033029	郭琴月	女	91.30	87.00	76.00	83.90	338.20	84.55	19
230033030	王慧霞	女	84.30	91.50	81.00	84.10	340.90	85.23	17
最高分			92.75	93.30	92.50	91.85			
最低分			57.80	74.70	71.60	58.00			
平均分			83.69	86.13	85.80	82.20			

图 2-51　基础任务 2-2 参考效果

任务准备

1. 公式与函数

（1）公式

WPS 表格中的公式是对工作表中的数据进行计算的等式，它以“=”开始，其后是公式的表达式，可包含以下项目。

单元格引用：单元格引用是指需要引用数据的单元格所在的位置，如公式“=B3+D9”表示引用 B3 与 D9 单元格中的数据并求和。

单元格区域引用：单元格区域引用是指需要引用数据的单元格区域所在的位置，连续区域一般使用“:”连接，例如，B3:D6 表示以 B3 和 D6 为对角线的单元格区域。

运算符：运算符是公式中的基本元素，用于对公式中的元素进行特定类型的运算。例如，+、-、*、/、%、^、&分别表示进行加、减、乘、除、求余、乘方、文本连接等运算。

函数：函数是指 WPS 表格中内置的函数，是通过使用一些被称为参数的特定数值来按特定的顺序或结构执行计算的公式。其中的参数可以是常量数值、单元格引用和单元格区域引用等。

常量数值：常量数值包括数字或文本等各类数据，如“0.5647”“职工信息”“David Liu”等。

（2）函数

函数是由一组具有特定功能的公式组合在一起形成的，它是一种在需要时可以直接调用的表达式，通过使用一些被称为参数的特定数值来按特定顺序或结构进行计算。函数的格式为“函数名(参数 1,参数 2,⋯)”。其中，函数名表示函数的名称，每个函数都有唯一的函数名，如 SUM 和 SUMIF 等；参数是指函数中用来执行操作或计算的值，参数的类型与函数有关。

2. 单元格引用

在编辑公式时需要对单元格地址进行引用，一个引用地址代表工作表中一个或多个单元格或单元格区域。一般情况下，单元格的引用分为相对引用、绝对引用和混合引用。

（1）相对引用

相对引用是指相对公式单元格位于某一位置处的单元格引用，当复制相对引用公式时，引用的单元格被更新，将引用与当前公式位置相对应的单元格。WPS 表格中默认使用的是相对引用。

（2）绝对引用

绝对引用是指把公式复制或移动到新位置后，公式中的单元格地址保持不变。绝对引用的形式是在单元格的行号、列标前都加上“$”符号，如$F$3。

（3）混合引用

混合引用包含相对引用和绝对引用，其表现形式是在单元格的行号或列标前加“$”符号，如“F$3”表示行不发生变化，列会随着新的位置发生变化；“$F3”表示列不发生变化，行会随着新的位置发生变化。

3. 使用公式

公式的输入：在工作表中选择要输入公式的单元格，在单元格或编辑框中输入“=”，再输入表达式，完成后按“Enter”键或单击编辑栏中的“输入”按钮。

公式的编辑：选择含有公式的单元格，将光标定位到编辑框或单元格中需要修改的位置，按“Backspace”键删除多余或错误的内容，再输入正确的内容，完成后按“Enter”键完成对公式的编辑，WPS 表格会自动计算新的公式。

公式的复制和粘贴：通常通过填充柄对公式进行填充或通过“Ctrl+C”组合键对公式进行复制，再将光标定位到目标单元格中，按“Ctrl+V”组合键对公式进行粘贴，完成对公式的复制。

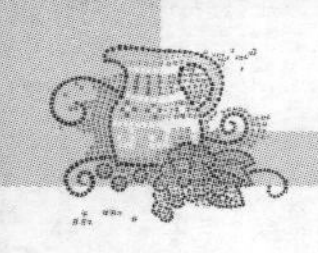

4. 使用函数

函数可以理解为预定义了某种算法的公式，它使用指定格式的参数来完成各种数据计算。函数同样以“=”开始，后面包括函数名称与函数参数，如图 2-52 所示。每个函数的功能、语法格式及参数的含义各不相同，常用函数有 SUM 函数、AVERAGE 函数、IF 函数、MAX 函数、MIN 函数、COUNT 函数、RANK.EQ 函数。

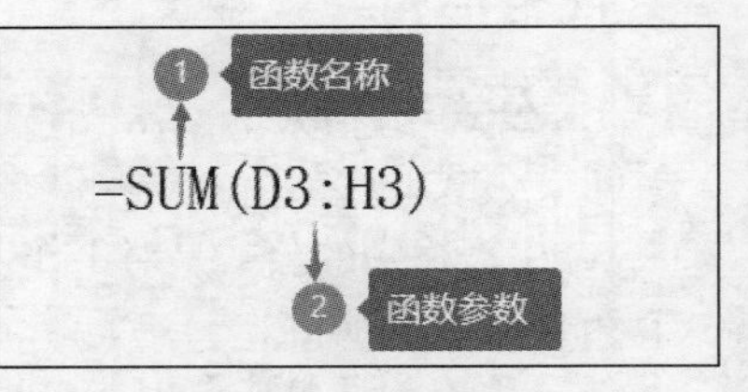

图 2-52　函数的组成

SUM 函数：其功能是对选择的单元格或单元格区域中的数据进行求和计算。其语法格式为 SUM(number1,number2,⋯)，其中，“number1,number2,⋯”表示若干个需要求和的参数。填写参数时，可以使用单元格地址（如 C3、C4、C5），也可以使用单元格区域（如 E6:E8），还可以混合输入（如 E6、E7:E8）。

AVERAGE 函数：其功能是求平均值，计算方法是先将选择的单元格或单元格区域中的数据相加，再除以单元格个数。其语法格式为 AVERAGE(number1,number2,⋯)，其中，“number1,number2,⋯”表示需要计算平均值的若干个参数。

IF 函数：这是一种常用的条件函数，它能判断真假值，并根据逻辑计算得到的真假值返回不同的结果。其语法格式为 IF(logical_test,value_if_true,value_if_false)，其中，logical_test 表示计算结果为 true（真）或 false（假）的任意值或表达式；value_if_true 表示 logical_test 为 true 时要返回的值，可以是任意数据；value_if_false 表示 logical_test 为 false 时要返回的值，也可以是任意数据。

MAX 函数与 MIN 函数：MAX 函数的功能是返回所选单元格区域中所有数值中的最大值，MIN 函数的功能是返回所选单元格区域中所有数值中的最小值。其语法结构为 MAX/MIN(number1,number2,⋯)，其中，“number1,number2,⋯”表示要筛选的若干个参数。

COUNT 函数：其功能是返回包含数字及包含参数列表中数字的单元格的个数，通常利用它来计算单元格区域或数字数组中数字字段的个数。其语法格式为 COUNT(value1,value2,⋯)，其中，“value1,value2,⋯”为包含或引用各种类型数据的参数（1～30 个），但只有数字类型的数据才会被计算。

RANK.EQ 函数：排名函数，其功能是返回需要进行排名的数字的排名，如果多个数字具有相同的排名，则返回该数字的最高排名。其语法格式为 RANK.EQ(number,ref,order)，其中，number 为需要进行排名的数字（单元格内必须为数字）；ref 为数字列表数组或对数字列表的引用；order 指明排名的方式，order 的值为 0、1 或不输入，其值为 0 或不输入时表示降序，其值为 1 时表示升序。

任务实施

1. 计算课程成绩

操作要求

在“高职英语 I”工作表中，计算课程成绩，课程成绩=平时出勤×10%+过程性考核×40%+期末考试×50%。按照相同的方法完成其余课程成绩的计算。

计算课程成绩

操作步骤

（1）运用算术运算

打开云文档“基础项目 统计与分析学生成绩.xlsx”文档，在工作表标签栏中选择“高职英语 I”工作表，将光标定位到“课程成绩”字段下方的 G4 单元格中，输入公式“=D4*0.1+E4*0.4+F4*0.5”，其中，D4、E4、F4 单元格可使用单击的方式自动添加，运算符需要手动输入，输入完毕后，按“Enter”键即可计算第 1 位学生的高职英语 I 的课程成绩，如图 2-53 所示。

（2）填充公式

由于所有学生的课程成绩计算方法相同，在此可以选中 G4 单元格，将鼠标指针移到其右下角，当出现填充柄时，将鼠标指针拖曳到 G33 单元格，即可填充 G4 单元格的公式至 G33 单元格，如图 2-54 所示，完成所有学生的课程成绩计算。

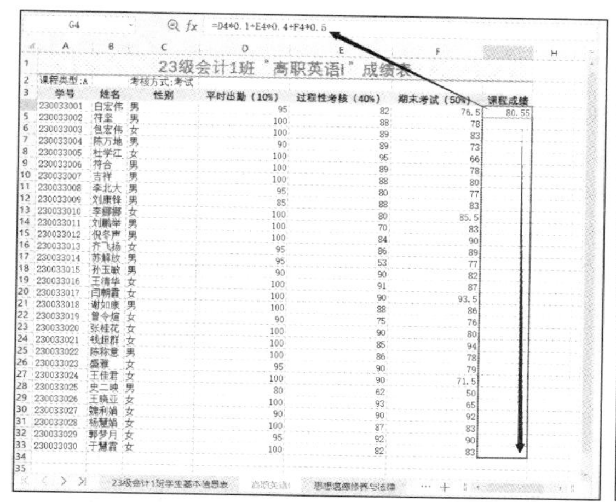

图 2-53 输入公式

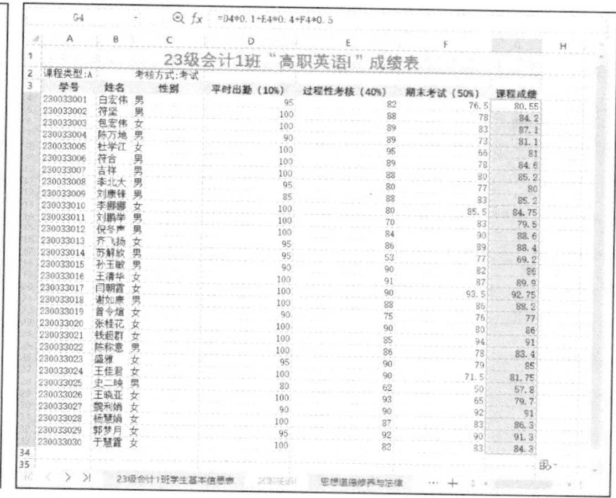

图 2-54 填充公式

2. 美化课程成绩表

操作要求

美化课程成绩表

■ 设置各课程成绩表中数值区域保留 2 位小数。

■ 为各课程成绩表中“期末考试（50%）”列的数据设置条件格式：当值大于等于 85 分时，显示为绿色向上箭头；当值小于 60 分时，显示为红色向下箭头；其余为黄色水平向右箭头。

■ 为各课程成绩表中“课程成绩”列的数据设置条件格式：为班级前 3 名数据所在单元格添加黄色底纹。

■ 自动换行：调整各课程成绩表的字段单元格（第 3 行）为自动换行。

■ 列宽与行高：设置各课程成绩表中的 A～G 列宽度为 12 字符，C 列宽度为 8 字符；第 1～3 行高度为 30 磅，第 4～33 行高度为 20 磅。

■ 对齐与边框：设置各课程成绩表的 A4:G33 单元格区域为水平、垂直居中对齐，上、下边框为粗实线，内部为细实线。

操作步骤

（1）设置数值格式

选中“高职英语 I”工作表中的 D4:G33 单元格区域，单击鼠标右键，在打开的快捷菜单中选择“设置单元格格式”命令，在打开的“单元格格式”对话框中设置数字分类为“数值”、小数位数为“2”，如图 2-55 所示。

（2）设置条件格式

选中“高职英语 I”工作表中的 F4:F33 单元格区域，选择“开始”—“条件格式”—“图标集”—“其他规则”，打开“编辑规则”对话框，设置格式样式为“图标集”、图标样式为“三向箭头（彩色）”，当“期末考试（50%）”列的值大于等于 85 分时，显示为绿色向上箭头；当值小于 60 分时，显示为红色向下箭头；其余为黄色水平向右箭头，如图 2-56 所示，单击“确定”按钮即可。

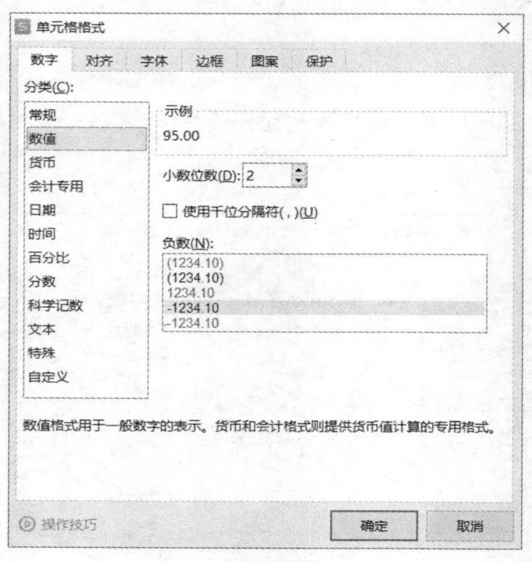

图 2-55　设置数值格式

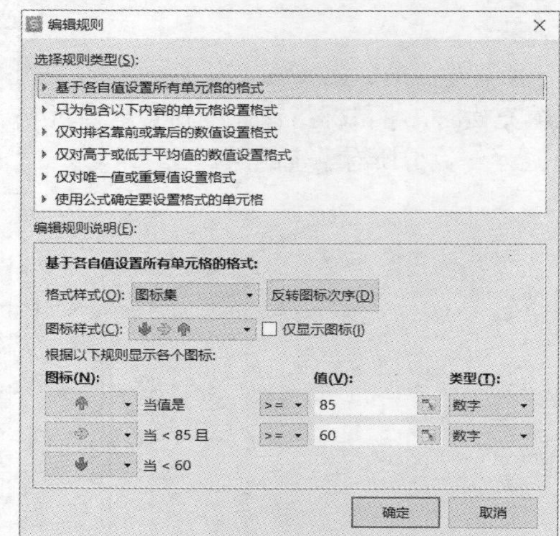

图 2-56　设置条件格式规则

选中 G4:G33 单元格区域，选择“开始”—“条件格式”—“项目选取规则”—“其他规则”，打开“新建格式规则”对话框，设置规则类型为“仅对排名靠前或靠后的数值设置格式”，范围设置为前“3”，单击“格式”按钮，设置单元格格式的图案为“黄色”底纹，单击“确定”按钮，返回“新建格式规则”对话框，单击“确定”按钮即可为课程成绩前 3 名的数据所在的单元格添加黄色底纹，如图 2-57 所示。

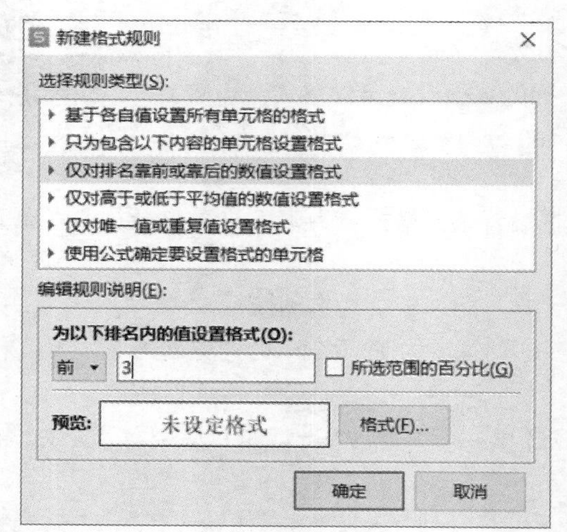

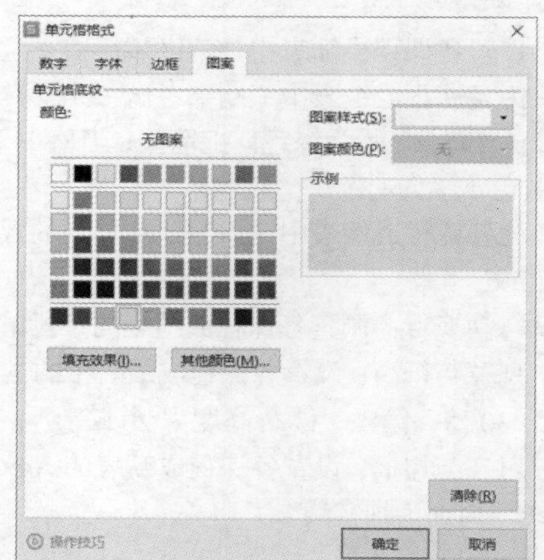

图 2-57　设置排名规则及格式

（3）设置自动换行

选中课程成绩表的第 3 行，选择“开始”—“自动换行”，可使选中单元格的内容根据单元格列宽进行自动换行，也可在单元格内容需要换行处按“Alt+Enter”组合键。

（4）设置列宽与行高

选中 A～G 列，单击鼠标右键，在打开的快捷菜单中选择“列宽”命令，设置列宽为 12 字符，如图 2-58 所示；再单独选中 C 列，设置列宽为 8 字符即可。

选中第 1～3 行，单击鼠标右键，在打开的快捷菜单中选择“行高”命令，设置行高为 30 磅，如图 2-58 所示；选中第 4～33 行，设置行高为 20 磅即可。

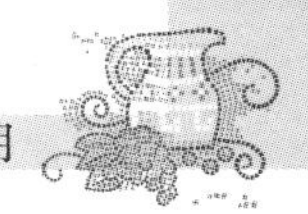

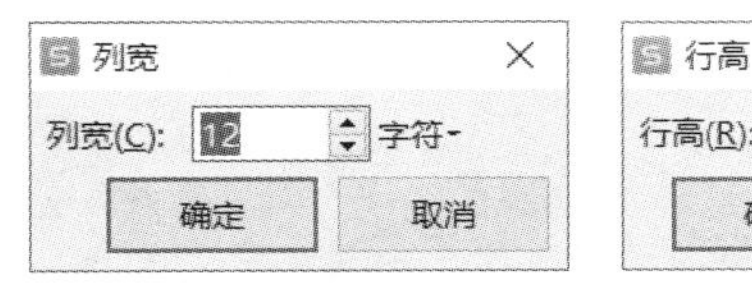

图 2-58　设置列宽与行高

（5）设置对齐与边框

选中 A4:G33 单元格区域，在“开始”选项卡中设置对齐方式为“水平居中、垂直居中”，如图 2-59 所示。

图 2-59　设置对齐方式

选中 A3:G33 单元格区域，按“Ctrl+1”组合键可快速打开“单元格格式”对话框，选择“边框”选项卡，设置粗实线用于上边框和下边框，设置细实线用于内部，如图 2-60 所示。

图 2-60　设置边框

（6）复制格式

选中“高职英语 I”工作表中的 A3:G33 单元格区域，双击“开始”—“格式刷”按钮，依次切换到其他课程表中，并选中 A3 单元格，即可将“高职英语 I”工作表中 A3:G33 单元格区域的格式复制到其他工作表指定的位置。

按照前面的方法依次设置其他课程成绩表的列宽与行高。

3. 汇总学生成绩

操作要求

■　参照效果图添加“学生成绩汇总”工作表，输入或复制相应数据，并添加字段。

■　在“学生成绩汇总”工作表中通过公式引用各课程成绩表中的“课程成绩”列数据，以保持数据的一致性。

汇总学生成绩

■ 通过公式或函数计算“学生成绩汇总”工作表中的对应值：总分、平均分、排名、最高分、最低分。

操作步骤

（1）搭建表格结构

添加工作表和标题：单击工作表标签后面的添加按钮＋，即可添加一张新的工作表，重命名该工作表为“学生成绩汇总”，在A1单元格中输入标题内容“23级会计1班学生成绩汇总表”，并选中A1:J1单元格区域，选择“开始”—“合并居中”。

选择性粘贴：选择“高职英语Ⅰ”工作表中的A3:C33单元格区域，单击鼠标右键，在打开的快捷菜单中选择“复制”命令，选择“学生成绩汇总”工作表的A2单元格，单击鼠标右键，在打开的快捷菜单中选择“选择性粘贴”—“粘贴为数值”命令，并自动调整列宽。

添加字段：在“学生成绩汇总”工作表的D2:J2单元格区域中依次输入“高职英语Ⅰ”“思想道德修养与法律”“体育”“应用文写作”“总分”“平均分”“排名”；选中A33:C33单元格区域，选择“开始”—“合并居中”；选中A33单元格，拖动该单元格右下角的填充柄至第35行，在A33:A35单元格区域中依次输入“最高分”“最低分”“平均分”。

（2）引用数据

选中“学生成绩汇总”工作表中的D3单元格，输入公式“=高职英语Ⅰ!G4”并按“Enter”键，即可将“高职英语Ⅰ”工作表中的第1位学生的课程成绩复制到当前位置。采用相同的方法将其他课程成绩复制到当前工作表对应位置中，选中D3:G3单元格区域，拖动其右下角的填充柄至第32行，即可完成课程成绩的引用，如图2-61所示。

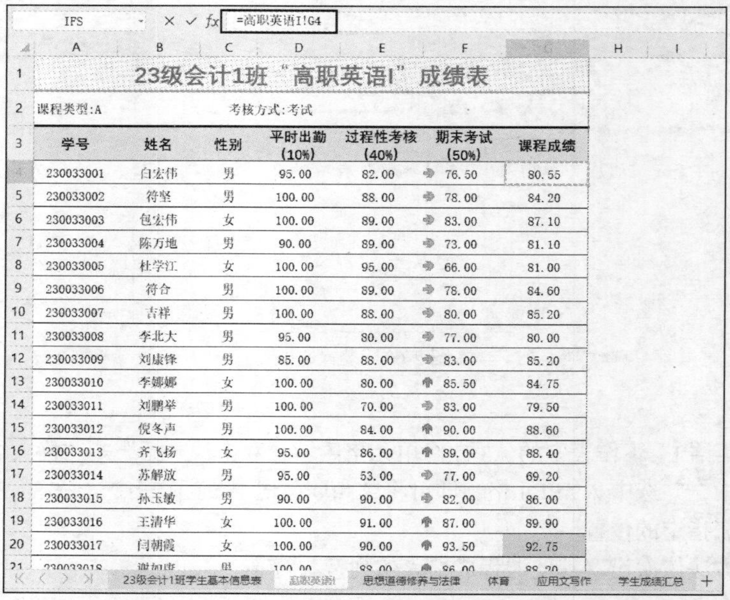

IFS　× ✓ fx　=高职英语I!G4

23级会计1班“高职英语I”成绩表

课程类型:A　考核方式:考试

学号	姓名	性别	平时出勤(10%)	过程性考核(40%)	期末考试(50%)	课程成绩
230033001	白宏伟	男	95.00	82.00	76.50	80.55
230033002	符坚	男	100.00	88.00	78.00	84.20
230033003	包宏伟	女	100.00	89.00	83.00	87.10
230033004	陈万地	男	90.00	89.00	73.00	81.10
230033005	杜学江	女	100.00	95.00	66.00	81.00
230033006	符合	男	100.00	89.00	78.00	84.60
230033007	吉祥	男	100.00	88.00	80.00	85.20
230033008	李北大	男	95.00	80.00	77.00	80.00
230033009	刘康锋	男	85.00	88.00	83.00	85.20
230033010	李娜娜	女	100.00	80.00	85.50	84.75
230033011	刘鹏举	男	100.00	70.00	83.00	79.50
230033012	倪冬声	男	100.00	84.00	90.00	88.60
230033013	齐飞扬	女	95.00	86.00	89.00	88.40
230033014	苏解放	男	95.00	53.00	77.00	69.20
230033015	孙玉敏	男	90.00	90.00	82.00	86.00
230033016	王清华	女	100.00	91.00	87.00	89.90
230033017	闫朝霞	女	100.00	90.00	93.50	92.75
230033018	谢加康	男	100.00	88.00	86.00	88.20

23级会计1班学生基本信息表　高职英语I　思想道德修养与法律　体育　应用文写作　学生成绩汇总　+

图2-61　引用其他工作表的数据

（3）计算数据

求和：选中H3单元格，选择“公式”—“自动求和”下拉列表中的“求和”选项，即可在单元格中添加默认的求和函数，显示为“=SUM(D3:G3)”，如图2-62所示；此时需要确定该函数的参数是否正确，若不正确，则可重新选择需要计算的单元格或手动输入参数，确定无误后，按“Enter”键即可计算出第1位学生的总分，拖动该单元格右下角的填充柄到H32，即可完成该列数据的计算。

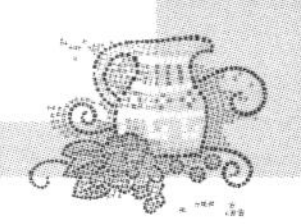

IFS　=SUM(D3:G3)

	A	B	C	D	E	F	G	H	I	J
1	23级会计1班学生成绩汇总表									
2	学号	姓名	性别	高职英语I	思想道德修养与法律	体育	应用文写作	总分	平均分	班级排名
3	230033001	白宏伟	男	80.55	74.7	88.2	85.55	=SUM(D3:G3)		
4	230033002	符坚	男	84.2	76.4	88.4	87	SUM（数值1, ...）		
5	230033003	包宏伟	女	87.1	88.3	86.5	83.7			

图 2-62　求和

求平均值：选中 I3 单元格，选择“公式”—“自动求和”下拉列表中的“平均值”选项，即可在单元格中添加默认的平均值函数，显示为“=AVERAGE(D3:H3)”，此时需要重新选择求平均值的单元格区域为 D3:G3，如图 2-63 所示，按“Enter”键即可计算出第 1 位学生的平均分，拖动该单元格右下角的填充柄到 I32，即可完成该列数据的计算。

IFS　=AVERAGE(D3:G3)

	A	B	C	D	E	F	G	H	I	J	K
1	23级会计1班学生成绩汇总表										
2	学号	姓名	性别	高职英语I	思想道德修养与法律	体育	应用文写作	总分	平均分	班级排名	
3	230033001	白宏伟	男	80.55	74.7	88.2	85.55	329	=AVERAGE(D3:G3)		
4	230033002	符坚	男	84.2	76.4	88.4	87	336	AVERAGE（数值1, ...）		
5	230033003	包宏伟	女	87.1	88.3	86.5	83.7	345.6			

图 2-63　求平均值

求最大值：选中 D33 单元格，选择“公式”—“自动求和”下拉列表中的“最大值”选项，即可在单元格中添加默认的最大值函数，显示为“=MAX(D3:D32)”，如图 2-64 所示，按“Enter”键，拖动该单元格右下角的填充柄到 G33，即可完成该行数据的计算。

IFS　=MAX(D3:D32)

	A	B	C	D	E	F	G	H	I
28	230033026	王晓亚	女	79.7	87	92.5	84.7	343.9	
29	230033027	魏利娟	女	91	86.7	88.6	91.4	357.7	
30	230033028	杨慧娟	女	86.3	87	88.7	82.6	344.6	
31	230033029	郭梦月	女	91.3	87	76	83.9	338.2	
32	230033030	于慧霞	女	84.3	91.5	81	84.1	340.9	
33		最高分		=MAX(D3:D32)					
34		最低分							

图 2-64　求最大值

求最小值：选中 D34 单元格，选择“公式”—“自动求和”下拉列表中的“最小值”选项，显示为“=MIN(D3:D33)”，修改参数为 D3:D32，按“Enter”键，拖动该单元格右下角的填充柄到 G34，即可完成该行数据的计算。

按照前面的方法计算出各课程成绩的平均分。

求排名：选中 J3 单元格，选择“公式”—“插入函数”，在打开的“插入函数”对话框中输入查找函数为“rank”，如图 2-65 所示；在搜索出的相关函数中选中“RANK”并单击“确定”按钮，打开“函数参数”对话框，如图 2-66 所示；将光标定位到 RANK 函数的第一个参数文本框，选择 H3 单元格作为第一个参数，在“引用”处选择 H3:H32 表示本班所有学生的总分，由于该参数需要固定不变，因此按“F4”键将该参数转换为绝对引用“$H$3:$H$32”，第三个参数“排位方式”为空，表示降序排列，单击“确定”按钮，在上方的编辑框中可查看函数组成为“=RANK(H3,$H$3:$H$32)”，如图 2-67 所示，拖动填充柄到 J32，即可完成该列数据的计算。

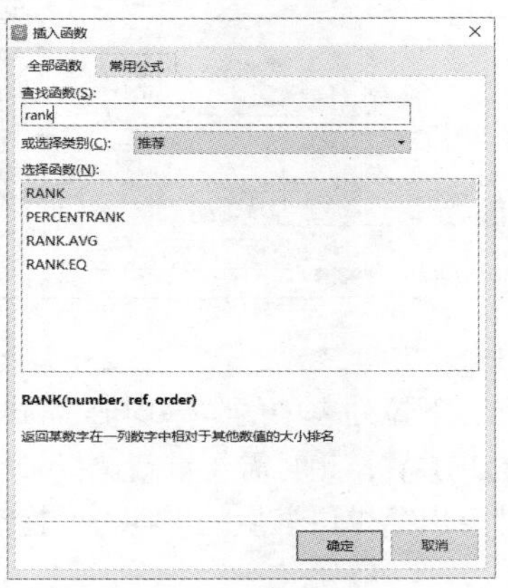

图 2-65　搜索函数

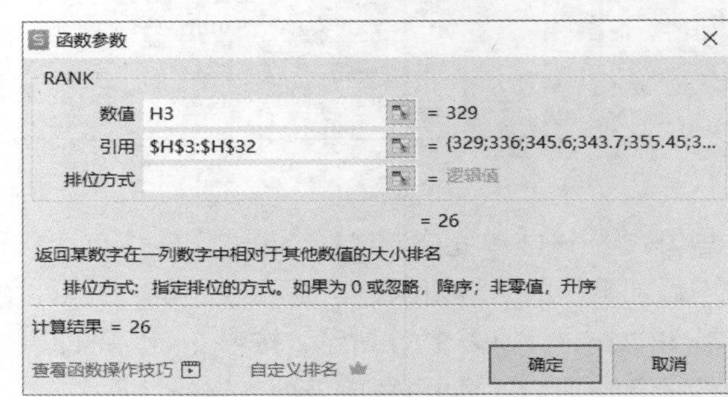

图 2-66　设置 RANK 函数参数

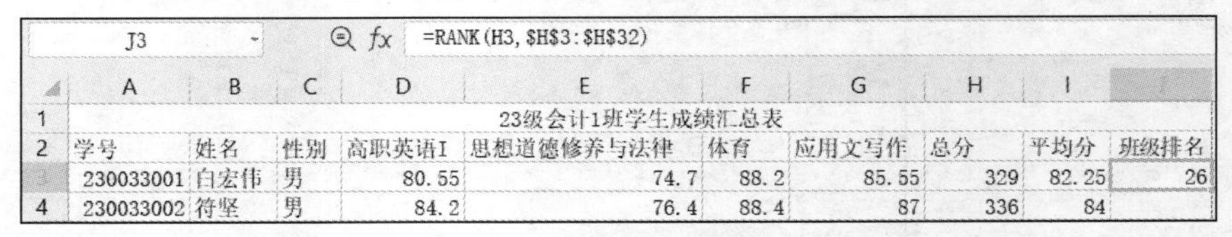

J3　=RANK(H3, $H$3:$H$32)

	A	B	C	D	E	F	G	H	I	J
1	23级会计1班学生成绩汇总表									
2	学号	姓名	性别	高职英语I	思想道德修养与法律	体育	应用文写作	总分	平均分	班级排名
3	230033001	白宏伟	男	80.55	74.7	88.2	85.55	329	82.25	26
4	230033002	符坚	男	84.2	76.4	88.4	87	336	84	

图 2-67　查看 RANK 函数

4. 美化成绩汇总表

操作要求

美化成绩汇总表

■ 设置数值区域保留 2 位小数，将前面自定义的“我的标题样式”应用到该表的标题中。

■ 设置第 1 行高度为 30 磅，其余行高度为 20 磅。

■ 为 A2:J35 单元格区域添加粗匣框线的外边框、细实线的内框线。

■ 按原名保存该云文档，并将其另存到本地文件夹中，文件名为“基础任务 2-2 计算学生成绩（效果）.xlsx”。

操作步骤

（1）应用单元格格式

选中 D3:I35 单元格区域，按“Ctrl+1”组合键，在“单元格格式”对话框中选择“数字”为“数值”，保留 2 位小数。选中该工作表中的所有内容，在“单元格格式”对话框中选择“对齐”为水平居中、垂直居中。

（2）设置行高

选中 A1 单元格，选择“开始”—“单元格样式”中的“我的标题样式”，在第 1 行上单击鼠标右键，在打开的快捷菜单中选择“行高”命令，设置行高为 30 磅。

选中“高职英语 I”工作表中的 A3 单元格，双击“开始”—“格式刷”按钮，选中“学生成绩汇总”工作表中的 A2:J2 单元格区域，在第 2 行上单击鼠标右键，在打开的快捷菜单中选择“行高”命令，设置行高为 20 磅。

（3）添加边框

选中 A2:J35 单元格区域，选择“开始”—“边框”—“所有框线”，如图 2-68 所示，为选中的单元格区域添加默认的细实线边框；再选择“粗匣横线”，如图 2-69 所示，为选中的单元格区域添加粗的外框线。

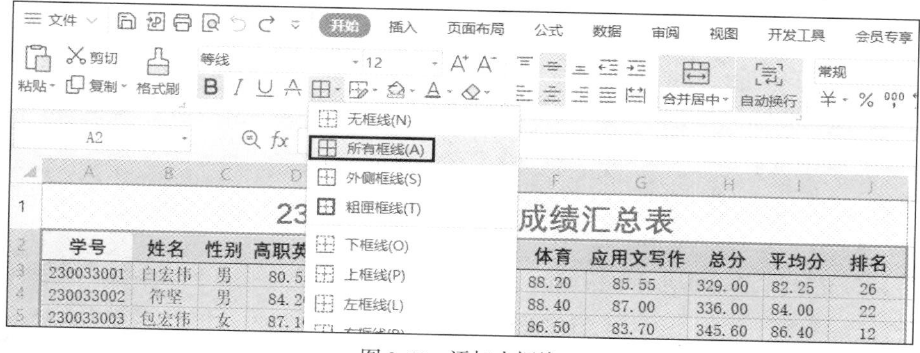

图 2-68　添加内框线

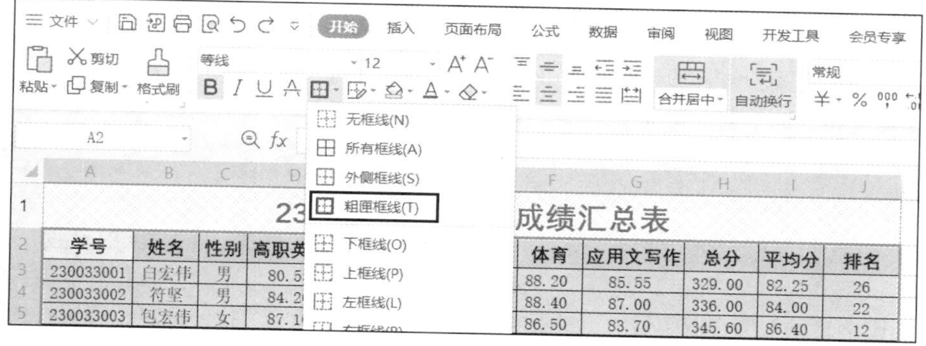

图 2-69　添加外边框

（4）保存

选择“文件”—“保存”，保存该文档。同时，选择“文件”—“另存为”，将其作为副本保存在项目文档中，文件名为“基础任务 2-2 计算学生成绩（效果）.xlsx”。

基础拓展 2-2：制作员工素质测评表

任务效果

现需要完成员工素质测评表的制作与美化，参考效果如图 2-70 所示。

员工素质测评表

ID	姓名	测评项目						测评总分	测评平均分	名次	是否转正
		企业文化	规章制度	个人品德	创新能力	管理能力	礼仪素质				
HR001	李明敏	80.00	86.00	78.00	83.00	80.00	76.00	483.00	80.50	9	转正
HR002	龚晓民	85.00	86.00	87.00	88.00	87.00	80.00	513.00	85.50	5	转正
HR003	赵华瑞	90.00	91.00	89.00	84.00	86.00	85.00	525.00	87.50	2	转正
HR004	黄锐	80.00	92.00	92.00	76.00	85.00	86.00	511.00	85.17	6	转正
HR005	沈明康	89.00	93.00	88.00	90.00	86.00	77.00	523.00	87.17	3	转正
HR006	郭庆华	78.00	94.00	60.00	78.00	87.00	85.00	482.00	80.33	10	转正
HR007	郭达化	80.00	95.00	82.00	79.00	88.00	80.00	504.00	84.00	7	转正
HR008	陈恒	77.00	96.00	79.00	70.00	89.00	75.00	486.00	81.00	8	转正
HR009	李盛	87.00	97.00	90.00	89.00	81.00	89.00	533.00	88.83	1	转正
HR010	孙承斌	87.00	84.00	90.00	85.00	80.00	90.00	516.00	86.00	4	转正
HR011	张长军	76.00	72.00	80.00	69.00	80.00	85.00	462.00	77.00	11	辞退
HR012	毛登庚	72.00	85.00	78.00	70.00	76.00	70.00	451.00	75.17	12	辞退
各项最高分		90.00	97.00	92.00	90.00	89.00	90.00				

图 2-70　基础拓展 2-2 参考效果

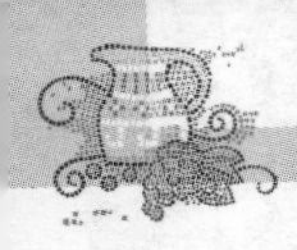

学习目标

熟练运用常用函数。

熟练运用条件格式。

操作要求

■ 打开“基础拓展 2-2 制作员工素质测评表（素材）.xlsx”，将其另存为“基础拓展 2-2 制作员工素质测评表（效果）.xlsx”。

■ 设置单元格格式：设置数字区域的单元格类型为数值型、保留 2 位小数。设置各字段单元格填充颜色为主题颜色中的“印度红,着色 2,深色 25%”，字体颜色为“白色,背景 1”。

■ 计算数据：利用 SUM 函数计算“测评总分”，利用 AVERAGE 函数计算“测评平均分”，利用 RANK.EQ 函数对员工进行排名，利用 IF 函数判断员工是否符合转正标准（平均分大于等于 80 分），利用 MAX 函数求出各个测试项目的最高分。

■ 设置条件格式：将各项目测试中最高分单元格设置为“浅红填充色深红色文本”。

■ 窗格冻结：冻结前 3 行标题，便于用户浏览查阅。

重点操作提示

1. 条件判断函数应用

将光标定位到 L4 单元格，选择“公式”—“逻辑”—“IF”，在打开的“函数参数”对话框中，分别设置测试条件为“J4>=80”，真值为“转正”，假值为“辞退”（注意：参数框中输入的内容若为文本型，则会自动加英文双引号），如图 2-71 所示，单击“确定”按钮即可，将鼠标指针移到该单元格的右下角，出现填充柄时，将其拖曳到 L15 单元格，即可复制公式到该区域。

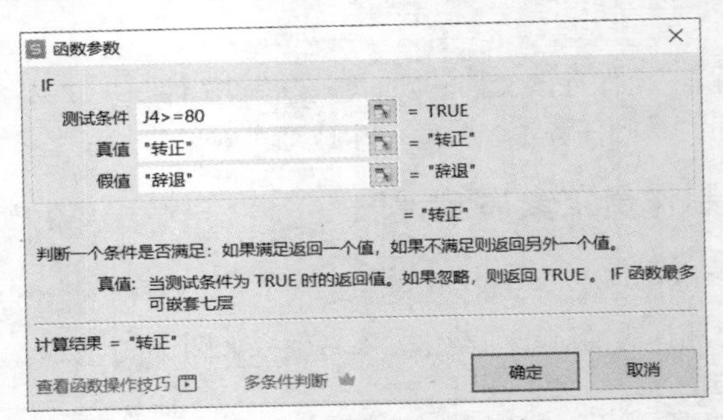

图 2-71 “函数参数”对话框

2. 条件格式应用

选中 C4:C15 单元格区域，选择“开始”—“条件格式”—“项目选取规则”—“前 10 项”，如图 2-72 所示。

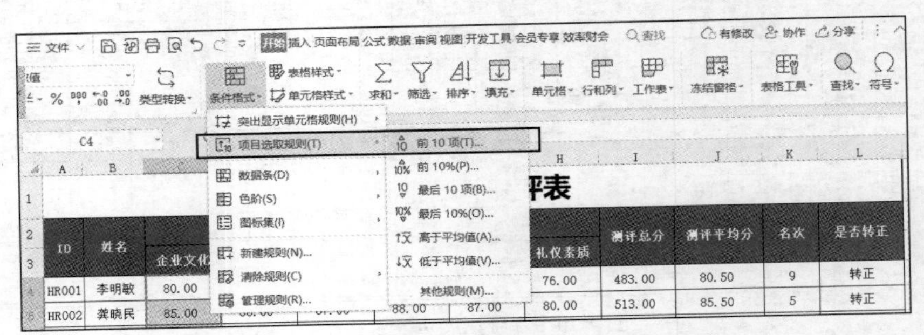

图 2-72 选择条件规则

在打开的“前 10 项”对话框中，设置为值最大的第 1 个单元格，设置格式为“浅红填充色深红色文本”，如图 2-73 所示。

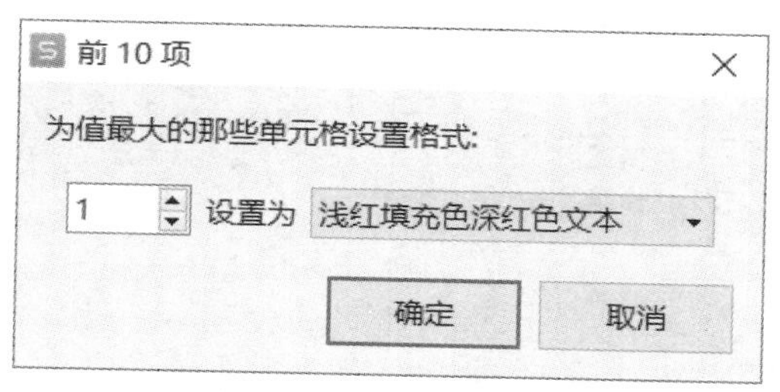

图 2-73　设置条件格式

3. 冻结窗格

操作要求

- 冻结前 3 行标题，便于用户浏览查阅。
- 另存文件为“基础拓展 2-2 制作员工素质测试表（效果）.xlsx”。

操作步骤

选中第 1 行到第 3 行，选择“视图”—“冻结窗格”—“冻结至第 3 行”，如图 2-74 所示。

选择“文件”—“另存为”，在“另存文件”对话框中选择保存位置，修改文件名为“基础拓展 2-2 制作员工素质测试表（效果）.xlsx”。

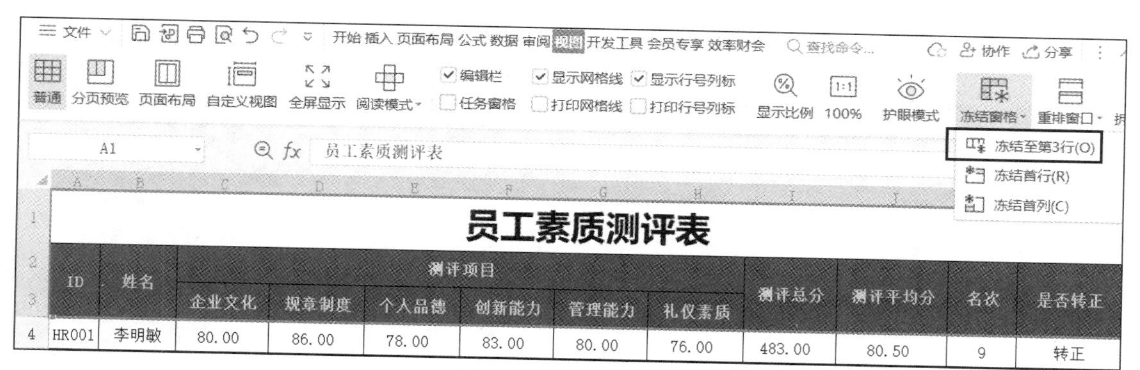

图 2-74　冻结窗格选项

【基础任务 2-3　分析学生成绩】

任务导读

本任务将指导学生完成学生成绩汇总表的处理与分析，参考效果如图 2-75 所示。

通过本任务的学习，学生能够掌握以下知识与技能。

- 掌握数据筛选的方法。
- 掌握数据排序的方法。
- 理解并掌握分类汇总方法。
- 掌握图表的创建与编辑方法。

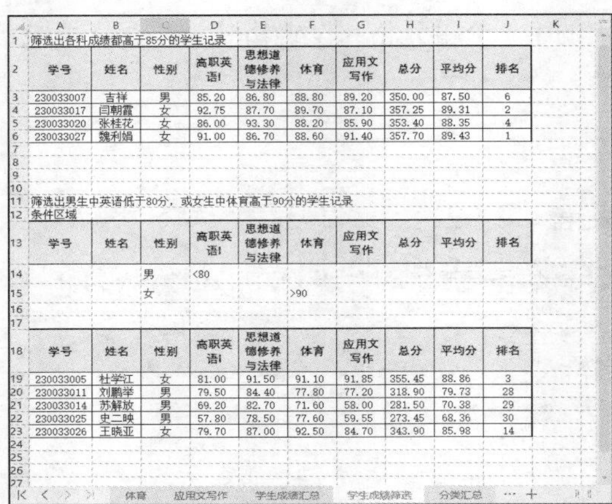

筛选出各科成绩都高于85分的学生记录

学号	姓名	性别	高职英语I	思想道德修养与法律	体育	应用文写作	总分	平均分	排名
230033007	吉祥	男	85.20	86.80	88.80	89.20	350.00	87.50	6
230033017	闫朝霞	女	92.75	87.70	89.70	87.10	357.25	89.31	2
230033020	张桂花	女	86.00	93.30	88.20	85.90	353.40	88.35	4
230033027	魏利娟	女	91.00	86.70	88.60	91.40	357.70	89.43	1

筛选出男生中英语低于80分，或女生中体育高于90分的学生记录

条件区域

学号	姓名	性别	高职英语I	思想道德修养与法律	体育	应用文写作	总分	平均分	排名
		男	<80						
		女			>90				

学号	姓名	性别	高职英语I	思想道德修养与法律	体育	应用文写作	总分	平均分	排名
230033005	杜学江	女	81.00	91.50	91.10	91.85	355.45	88.86	3
230033011	刘鹏举	男	79.50	84.40	77.80	77.20	318.90	79.73	28
230033014	苏解放	男	69.20	82.70	71.60	58.00	281.50	70.38	29
230033025	史二映	男	57.80	78.50	77.60	59.55	273.45	68.36	30
230033026	王晓亚	女	79.70	87.00	92.50	84.70	343.90	85.98	14

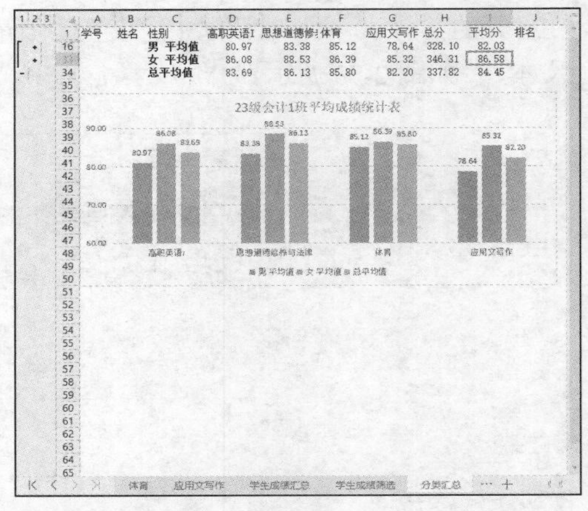

图 2-75　基础任务 2-3 参考效果

任务准备

1. 数据筛选

数据筛选是数据分析常用的工具，主要有以下方式。

（1）自动筛选

自动筛选数据即根据用户设定的筛选条件，自动将表格中符合条件的数据显示出来，而表格中的其他数据将会被隐藏。选中筛选字段，选择“数据”—“筛选”即可开启自动筛选功能，单击某字段的筛选器，在筛选窗格中进一步选择即可，如图 2-76 所示。

销售订单明细表

订单编号	日期	书店名称	图书编号	图书名称	单价	销量（本）	小计
BTW-0			BK-83021	《计算机基础及MS Office应用》	¥ 36.00	12	¥ 432.00
BTW-0			BK-83033	《嵌入式系统开发技术》	¥ 44.00	5	¥ 220.00
BTW-0			BK-83034	《操作系统原理》	¥ 39.00	41	¥ 1,599.00
BTW-0			BK-83027	《MySQL数据库程序设计》	¥ 40.00	21	¥ 840.00
BTW-0			BK-83028	《MS Office高级应用》	¥ 39.00	32	¥ 1,248.00
BTW-0			BK-83029	《网络技术》	¥ 43.00	3	¥ 129.00
BTW-0			BK-83030	《数据库技术》	¥ 41.00	1	¥ 41.00
BTW-0			BK-83031	《软件测试技术》	¥ 36.00	3	¥ 108.00
BTW-0			BK-83035	《计算机组成与接口》	¥ 40.00	43	¥ 1,720.00
BTW-0			BK-83022	《计算机基础及Photoshop应用》	¥ 34.00	22	¥ 748.00
BTW-0			BK-83023	《C语言程序设计》	¥ 42.00	31	¥ 1,302.00

升序　降序　颜色排序　高级模式
内容筛选　颜色筛选　文本筛选　清空条件
（支持多条件过滤，例如：北京 上海）
名称↑　计数↓　导出　选项
(全选|反选)（634）
博达书店（180，28.3%）
鼎盛书店（273）
隆华书店（181）

图 2-76　自动筛选

（2）自定义筛选

自定义筛选是在自动筛选的基础上进行的，先对数据进行自动筛选操作，再单击自定义的字段名称的“筛选”下拉按钮，在打开的下拉列表中选择相应的选项确定筛选条件即可，如图 2-77 所示。

C2　fx　书店名称

销售订单明细表

订单编号	日期	书店名称	图书编号	图书名称	单价	销量（本）	小计
BTW-08001	2011年1月2日	鼎盛书店	BK-83021	《计算机基础及			¥ 432.00
BTW-08002	2011年1月4日	博达书店	BK-83033	《嵌入式系统开			¥ 220.00
BTW-08003	2011年1月4日	博达书店	BK-83034	《操作系统原理			¥ 1,599.00
BTW-08004	2011年1月5日	博达书店	BK-83027	《MySQL数据库程			¥ 840.00
BTW-08005	2011年1月6日	鼎盛书店	BK-83028	《MS Office高级			¥ 1,248.00
BTW-08006	2011年1月9日	鼎盛书店	BK-83029	《网络技术》			¥ 129.00
BTW-08007	2011年1月9日	博达书店	BK-83030	《数据库技术》			¥ 41.00
BTW-08008	2011年1月10日	鼎盛书店	BK-83031	《软件测试技术			¥ 108.00
BTW-08009	2011年1月10日	博达书店	BK-83035	《计算机组成与			¥ 1,720.00
BTW-08010	2011年1月11日	隆华书店	BK-83022	《计算机基础及			¥ 748.00
BTW-08011	2011年1月11日	鼎盛书店	BK-83023	《C语言程序设计			¥ 1,302.00

升序　降序　颜色排序　高级模式
内容筛选　颜色筛选　数字筛选　清空条件
名称↑　计数↓
(全选|反选)（634）
1（10）
2（12）
3（7）
4（13）
等于(E)
不等于(N)
大于(G)
大于或等于(O)
小于(L)

图 2-77　自定义筛选

（3）高级筛选

高级筛选是根据自己设置的筛选条件进行筛选的，适合复杂的条件筛选，需要预先设置条件区域，条件区域的内容包含与原数据列表一致的字段名和具体的筛选条件，若条件之间是“与”关系，则条件值放在同一行；若条件之间是“或”关系，则条件值放在不同行。图 2-78 所示的条件区域表示：筛选《计算机基础及 MS Office 应用》销量等于或超过 30 的订单或《MS Office 高级应用》销量低于 10 的订单。

订单编号	日期	书店名称	图书编号	图书名称	单价	销量（本）	小计
				《计算机基础及MS Office应用》		>=30	
				《MS Office高级应用》		<10	

图 2-78　条件区域

选择“数据”—“筛选”—“高级筛选”可以设置筛选方式，选择列表区域、条件区域等。在图 2-79 所示的“高级筛选”对话框中，选择对应的列表区域和条件区域即可。

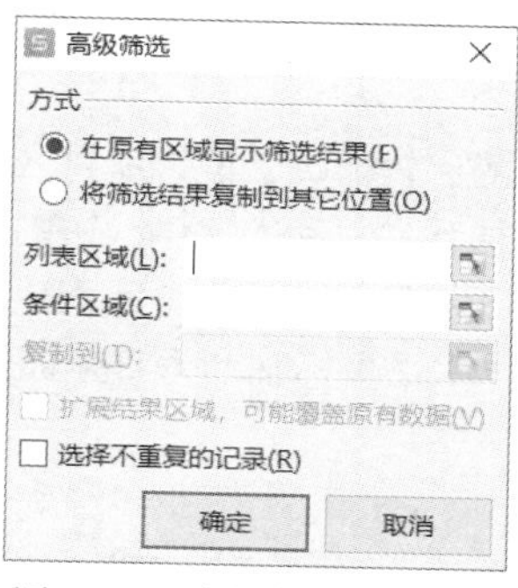

图 2-79　“高级筛选”对话框

2. 数据排序

数据排序是指根据存储在表格中的数据种类，将其按一定的方式进行重新排列，有助于快速、直观地显示数据并让用户更好地理解数据、组织并查找所需数据。数据排序有升序、降序、自定义序列 3 种。在“数据”—“排序”下拉列表中可进一步选择和设置。

（1）单列数据排序

单列数据排序是指在工作表中以一列单元格中的数据为依据，对工作表中的所有数据进行排序。

（2）多列数据排序

多列数据排序是指以某列数据为排序依据，该数据称为“关键字”，多列排序需要设置多个关键字。

（3）自定义排序

自定义排序可以设置多个关键字对数据进行排序，选择“数据”—“排序”—“自定义排序”，可添加多个排序的关键字，设置排序依据和次序，如图 2-80 所示。

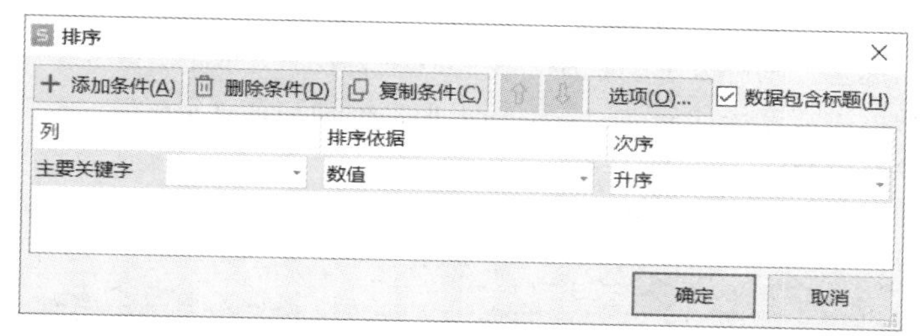

图 2-80　自定义排序

3. 分类汇总

分类汇总是指将性质相同或相似的一类数据放到一起，并进一步对这类数据进行统计，从而能够使电子表格的数据结构更加清晰，以进行有针对性的数据汇总。

分类汇总前需要对分类字段进行排序。选择“数据”—“分类汇总”，在打开的“分类汇总”对话框中设置分类字段、汇总方式、选定汇总项等参数，如图 2-81 所示。

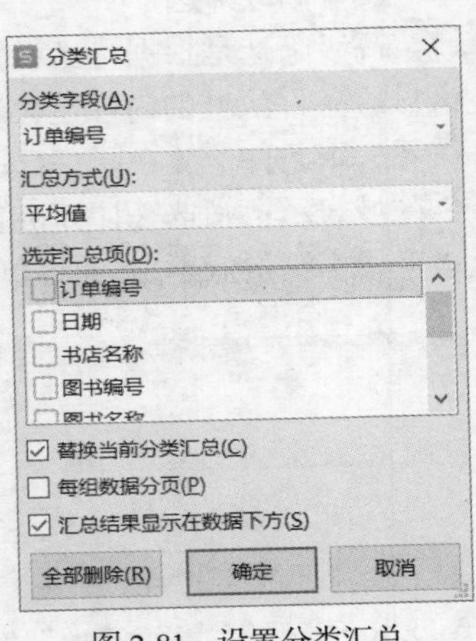

图 2-81　设置分类汇总

4. 认识图表

利用图表可以将抽象的数据直观地表现出来。WPS 表格提供了多种标准类型和多个自定义类型的图表，如柱形图、折线图、条形图、饼图等。

柱形图主要用于显示一段时间内的数据变化情况或对数据进行对比分析。

折线图可直观地显示数据的变化趋势，因此，折线图一般适用于显示相等时间间隔内数据的变化趋势。

条形图主要用于显示各项目之间的比较情况，使得项目之间的对比关系一目了然。

饼图用于显示相应数据项占该数据系列总和的比例，饼图中的数据为数据项所占的比例。

图表中包含许多元素，默认情况下只显示其中部分元素，其他元素可根据需求添加。图表元素主要包括图表区、图表标题、坐标轴（水平坐标轴和垂直坐标轴）、图例、绘图区、数据系列等。图 2-82 所示为簇状柱形图。

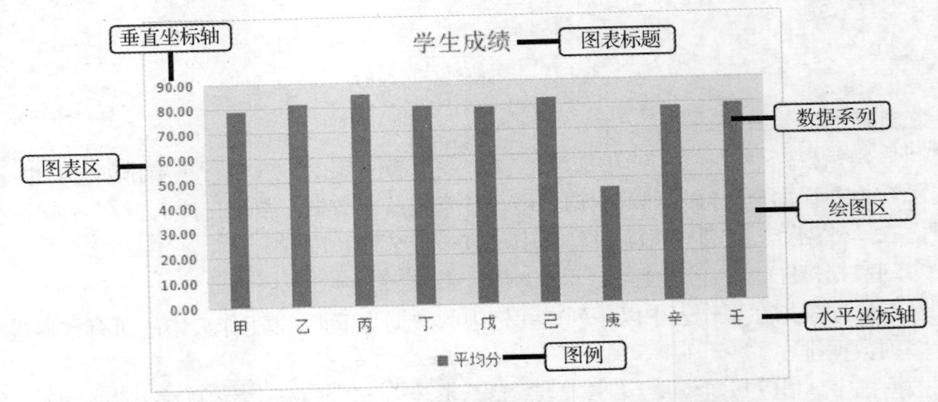

图 2-82　簇状柱形图

图表区是指包含整个图表及全部图表元素的区域。图表区的设置包括对图表区的背景进行填充、对图表区的边框进行设置，以及对三维图表格式进行设置等。

图表标题一般是一段文本，对图表起补充说明作用。创建图表时，系统一般会自动添加图表标题。若图表中未显示标题，则可以手动添加，将其放在图表上方或下方。

坐标轴用于对数据进行度量和分类，它包括水平坐标轴和垂直坐标轴，其中，水平坐标轴显示了数据分类，垂直坐标轴显示了图表数据。

图例用于标识图表中的数据系列或分类指定的图案或颜色。图例一般显示在图表区的右侧，不过图例的位置不是固定不变的，可以根据需求移动。

绘图区是由坐标轴界定的区域。在二维图表中，绘图区包括所有数据系列，而在三维图表中，绘图区除包括所有数据系列外，还包括分类名、刻度线标志和坐标轴标题。

数据系列即在图表中绘制的相关数据，这些数据来源于工作表的行或列。图表中的每个数据系列都具有唯一的颜色或图案并显示在图表的图例中。可以在图表中绘制一个或多个数据系列。

任务实施

1. 筛选数据

操作要求

筛选数据

■ 在“学生成绩汇总”工作表后添加一张新的工作表，命名为“学生成绩筛选”，在该工作表的 A1 单元格中输入文本“筛选出各科成绩都高于 85 分的学生记录”，在 A11 单元格中输入文本“筛选出男生中英语低于 80 分，或女生中体育高于 90 分的学生记录”。

■ 在“学生成绩汇总”工作表中筛选出各课程成绩大于等于 85 分的学生记录，并将满足条件的数据复制并粘贴到“学生成绩筛选”工作表以 A2 单元格为起始单元格处。

■ 在“学生成绩汇总”工作表中筛选出男生中英语低于 80 分，或女生中体育高于 90 分的学生记录，并将满足条件的数据复制并粘贴到“学生成绩筛选”工作表以 A18 单元格为起始单元格处。

操作步骤

（1）添加工作表

单击“学生成绩汇总”工作表后面的添加按钮＋，双击新添加的工作表标签，输入工作表名称“学生成绩筛选”。

在该工作表的 A1 单元格中输入文本“筛选出各科成绩都高于 85 分的学生记录”。

在该工作表的 A11 单元格中输入文本“筛选出男生中英语低于 80 分，或女生中体育高于 90 分的学生记录”。

（2）自动筛选

打开云文档“基础项目　统计与分析学生成绩.xlsx”，单击“学生成绩汇总”工作表标签，选中 A2:J32 单元格区域，选择“数据”—“筛选”下拉列表中的“筛选”选项，如图 2-83 所示，将在选中区域的第 1 行各单元格上添加筛选器。

23级会计1班学生成绩汇总表

学号	姓名	性别	高职英语Ⅰ	思想道德修养与法律	体育	应用文写作	总分	平均分	排名
230033001	白宏伟	男	80.55	74.70	88.20	85.55	329.00	82.25	26
230033002	符坚	男	84.20	76.40	88.40	87.00	336.00	84.00	22
230033003	包宏伟	女	87.10	88.30	86.50	83.70	345.60	86.40	12

图 2-83　自动筛选

单击“高职英语Ⅰ”字段上的筛选器，在弹出的窗格中选择“数字筛选”，在打开的下拉列表中选择“大于或等于”选项，如图 2-84 所示；在打开的“自定义自动筛选方式”对话框中设置条件为“大于或等于 85”，如图 2-85 所示，单击“确定”按钮后可看到不满足条件的数据记录被隐藏起来了。

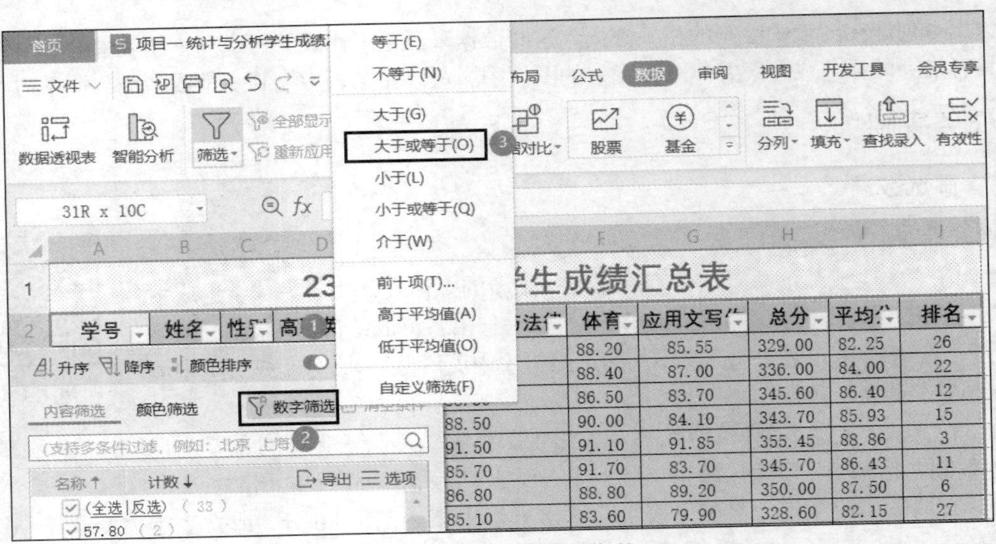

图 2-84　设置数字筛选条件

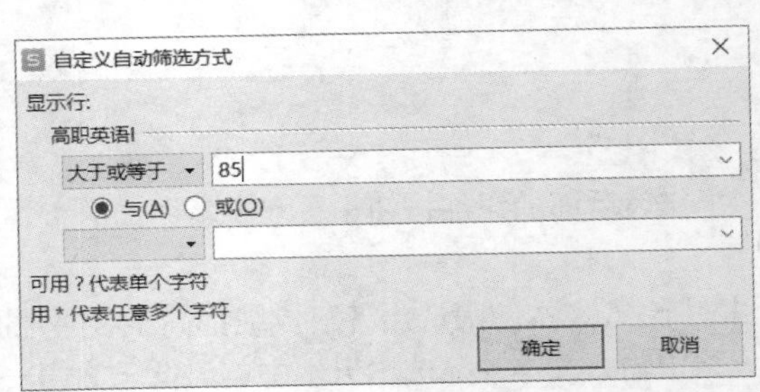

图 2-85　“自定义自动筛选方式”对话框

按照前面的方法依次设置“思想道德修养与法律”“体育”“应用文写作”的筛选条件，筛选结果如图 2-86 所示。选中默认的筛选结果区域，按“Ctrl+C”组合键复制该区域，单击“学生成绩筛选”工作表标签，定位到 A2 单元格，按“Ctrl+V”组合键粘贴该区域，如图 2-87 所示。

	A	B	C	D	E	F	G	H	I	J
1	23级会计1班学生成绩汇总表									
2	学号	姓名	性别	高职英语	思想道德修养与法律	体育	应用文写作	总分	平均分	排名
9	230033007	吉祥	男	85.20	86.80	88.80	89.20	350.00	87.50	6
19	230033017	闫朝霞	女	92.75	87.70	89.70	87.10	357.25	89.31	2
22	230033020	张桂花	女	86.00	93.30	88.20	85.90	353.40	88.35	4
29	230033027	魏利娟	女	91.00	86.70	88.60	91.40	357.70	89.43	1
33	最高分			92.75	93.30	92.50	91.85			

图 2-86　筛选结果

	A	B	C	D	E	F	G	H	I	J
1	筛选出各科成绩都高于85分的学生记录									
2	学号	姓名	性别	高职英语I	思想道德修养与法律	体育	应用文写作	总分	平均分	排名
3	230033007	吉祥	男	85.20	86.80	88.80	89.20	350.00	87.50	6
4	230033017	闫朝霞	女	92.75	87.70	89.70	87.10	357.25	89.31	2
5	230033020	张桂花	女	86.00	93.30	88.20	85.90	353.40	88.35	4
6	230033027	魏利娟	女	91.00	86.70	88.60	91.40	357.70	89.43	1

图 2-87　复制筛选结果

（3）高级筛选

准备数据：切换回“学生成绩汇总”工作表，选择“数据”—“筛选”即可退出自动筛选状态。

准备条件区域：返回“学生成绩筛选”工作表，选中 A2:J2 单元格区域，按“Ctrl+C”组合键复制，选中 A13 单元格，按“Ctrl+V”组合键粘贴，并输入条件区域，如图 2-88 所示。注意，若条件之间为“与”关系，则条件值放在同一行；若条件之间为“或”关系，则条件值放在不同行。

D18

	A	B	C	D	E	F	G	H	I	J
10										
11	筛选出男生中英语低于80分，或女生中体育高于90分的学生记录									
12	条件区域									
13	学号	姓名	性别	高职英语I	思想道德修养与法律	体育	应用文写作	总分	平均分	排名
14		❶	男	<80						
15		❷	女			>90				

图 2-88　设置条件区域

高级筛选：切换回“学生成绩汇总”工作表，选中 A2:J32 单元格区域，选择“数据”—“筛选”—“高级筛选”，打开“高级筛选”对话框，如图 2-89 所示，选择方式为“将筛选结果复制到其他位置”，列表区域为默认的选中区域“学生成绩汇总!$A$2:$J$32”，条件区域需要切换到“学生成绩筛选”工作表，选中 A13:J15 单元格区域，在“高级筛选”对话框中显示为“学生成绩筛选!$A$13:$J$15”，复制到选择该工作表的 A18 单元格中，在“高级筛选”对话框中显示为“学生成绩筛选!$A$18”，单击“确定”按钮后，筛选结果如图 2-90 所示。

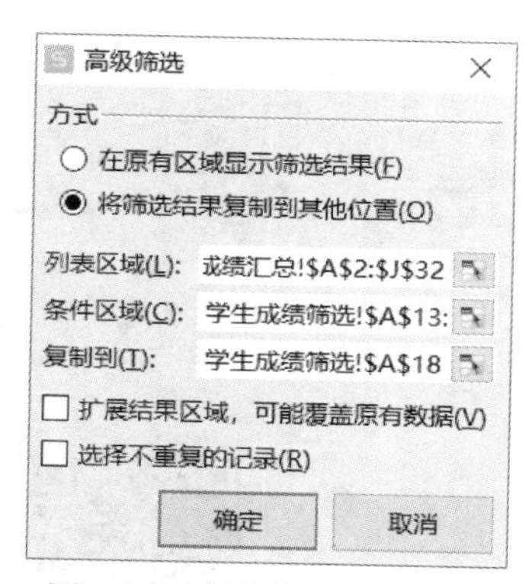

图 2-89　“高级筛选”对话框

L19

	A	B	C	D	E	F	G	H	I	J
11	筛选出男生中英语低于80分，或女生中体育高于90分的学生记录									
12	条件区域									
13	学号	姓名	性别	高职英语I	思想道德修养与法律	体育	应用文写作	总分	平均分	排名
14			男	<80						
15			女			>90				
16										
17										
18	学号	姓名	性别	高职英语I	思想道德修养与法律	体育	应用文写作	总分	平均分	排名
19	230033005	杜学江	女	81.00	91.50	91.10	91.85	355.45	88.86	3
20	230033011	刘鹏举	男	79.50	84.40	77.80	77.20	318.90	79.73	28
21	230033014	苏解放	男	69.20	82.70	71.60	58.00	281.50	70.38	29
22	230033025	史二映	男	57.80	78.50	77.60	59.55	273.45	68.36	30
23	230033026	王晓亚	女	79.70	87.00	92.50	84.70	343.90	85.98	14
24										

体育　应用文写作　学生成绩汇总　学生成绩筛选

图 2-90　筛选结果

2. 数据排序

操作要求

数据排序

■ 在“学生成绩汇总”工作表后添加“分类汇总”工作表。

■ 在“分类汇总”工作表中以性别为主要关键字、按照总分由高到低进行排序。

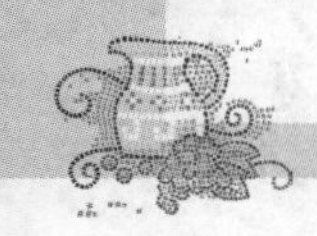

操作步骤

单击“学生成绩汇总”工作表标签后面的添加按钮+，双击新添加的工作表标签，输入工作表名称“分类汇总”。

选中“学生成绩汇总”工作表，选中A2:J32单元格区域，按“Ctrl+C”组合键复制选中的单元格区域，选中“分类汇总”工作表，定位到A1单元格，单击鼠标右键，在打开的快捷菜单中选择“选择性粘贴”—“粘贴为值和数字格式”命令。

选中“分类汇总”工作表中的A1:J31单元格区域，选择“数据”—“排序”—“自定义排序”，如图2-91所示；在打开的“排序”对话框中，选择主要关键字为“性别”，排序依据为“数值”，次序为“升序”，单击“添加条件”按钮，设置次要关键字为“总分”，排序依据为“数值”，次序为“降序”，如图2-92所示。

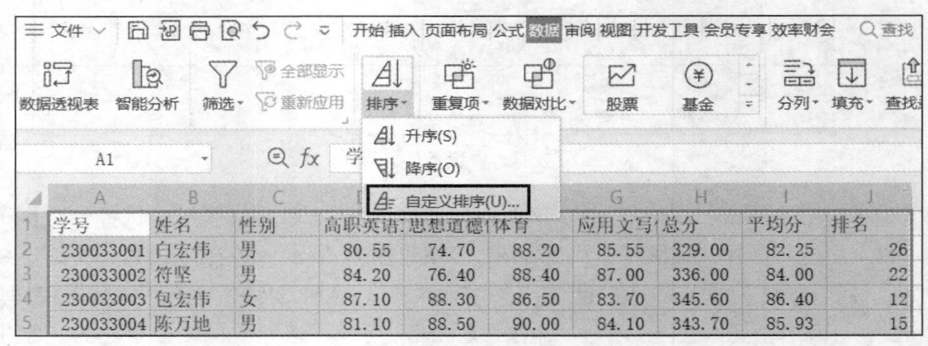

图2-91　选择“自定义排序”选项

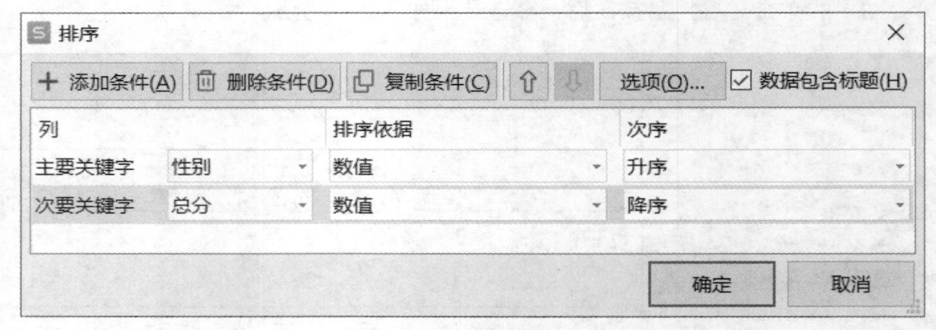

图2-92　设置排序条件

3. 分类汇总

操作要求

按照性别分类汇总出各课程成绩、总分、平均分的平均值。

分类汇总

操作步骤

选中“分类汇总”工作表中的A1:J31单元格区域，选择“数据”—“分类汇总”，在打开的“分类汇总”对话框中，依次设置分类字段为“性别”、汇总方式为“平均值”、选定汇总项为“高职英语I”“思想道德修养与法律”“体育”“应用文写作”“总分”“平均分”，如图2-93所示，单击“确定”按钮即可完成汇总，汇总结果如图2-94所示，单击左侧的分级显示按钮可查看不同级别显示的内容，可发现在原有数据下面增加了汇总项。

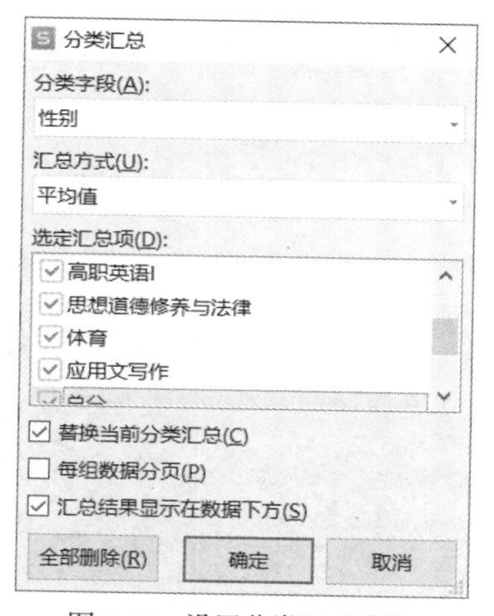

图 2-93　设置分类汇总参数

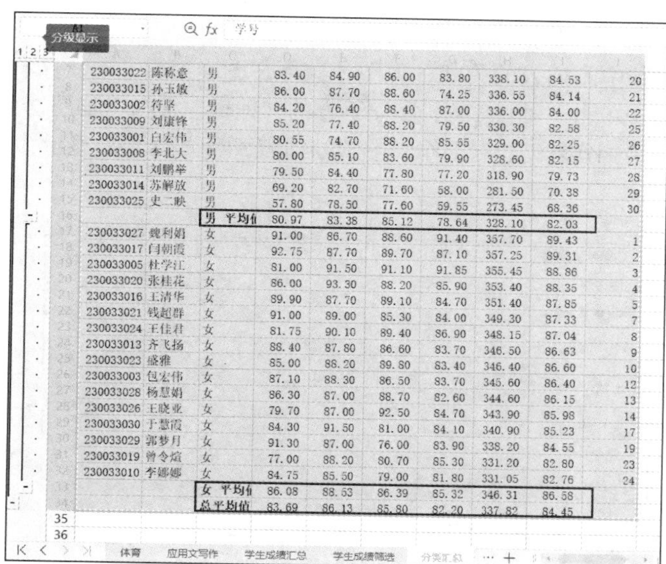

230033022	陈称意	男	83.40	84.90	86.00	83.80	338.10	84.53	20
230033015	孙玉敏	男	86.00	87.70	88.60	74.25	336.55	84.14	21
230033002	符坚	男	84.20	76.40	88.40	87.00	336.00	84.00	22
230033009	刘康锋	男	85.20	77.40	88.20	79.50	330.30	82.58	25
230033001	白宏伟	男	80.55	74.70	88.20	85.55	329.00	82.25	26
230033008	李北大	男	80.00	85.10	83.60	79.90	328.60	82.15	27
230033011	刘鹏举	男	79.50	84.40	77.80	77.20	318.90	79.73	28
230033014	苏解放	男	69.20	82.70	71.60	58.00	281.50	70.38	29
230033025	史二映	男	57.80	78.50	77.60	59.55	273.45	68.36	30
		男 平均值	80.97	83.38	85.12	78.64	328.10	82.03	
230033027	魏利娟	女	91.00	86.70	88.60	91.40	357.70	89.43	1
230033017	闫朝霞	女	92.75	87.70	89.70	87.10	357.25	89.31	2
230033005	杜学江	女	81.00	91.50	91.10	91.85	355.45	88.86	3
230033020	张桂花	女	86.00	93.30	88.20	85.90	353.40	88.35	4
230033016	王清华	女	89.90	87.70	89.10	84.70	351.40	87.85	5
230033021	钱超群	女	91.00	89.00	85.30	84.00	349.30	87.33	7
230033024	王佳君	女	81.75	90.10	89.40	86.90	348.15	87.04	8
230033013	齐飞扬	女	88.40	87.80	86.60	83.70	346.50	86.63	9
230033023	盛雅	女	85.00	88.20	89.80	83.40	346.40	86.60	10
230033003	包宏伟	女	87.10	88.30	86.50	83.70	345.60	86.40	12
230033028	杨慧娟	女	86.30	87.00	88.70	82.60	344.60	86.15	13
230033026	王晓亚	女	79.70	87.00	92.50	84.70	343.90	85.98	14
230033030	于慧霞	女	84.30	91.50	81.00	84.10	340.90	85.23	17
230033029	郭梦月	女	91.30	87.00	76.00	83.90	338.20	84.55	19
230033019	曾令煊	女	77.00	88.20	80.70	85.30	331.20	82.80	23
230033010	李娜娜	女	84.75	85.50	79.00	81.80	331.05	82.76	24
		女 平均值	86.08	88.53	86.39	85.32	346.31	86.58	
		总平均值	83.69	86.13	85.80	82.20	337.82	84.45	

图 2-94　查看分类汇总结果

4. 创建图表

操作要求

创建图表

■ 根据分类汇总的结果，选择各课程男生分数平均值、女生分数平均值和总体平均值，创建簇状柱形图，将各课程名称作为水平坐标轴标签，调整图表大小，使其位于 A36:J50 单元格区域，修改图表名称为“23 级会计 1 班平均成绩统计表”，为数据序列添加数据标签（显示在数据标签外），取消主轴主要水平网格线的显示，修改垂直坐标轴的最大值为 90，最小值为 60，主要单位为 10。

■ 保存云文档，将其另存到本地文件夹中，并将其命名为“基础任务 2-3　分析学生成绩（效果）.xlsx”。

操作步骤

在“分类汇总”工作表中，单击左侧分级显示按钮中的“2”，显示结果如图 2-95 所示。

C39

	A	B	C	D	E	F	G	H	I	J
1	学号	姓名	性别	高职英语I	思想道德修养与法律	体育	应用文写作	总分	平均分	排名
16			男生分数平均值	80.97	83.38	85.12	78.64	328.10	82.03	
33			女生分数平均值	86.08	88.53	86.39	85.32	346.31	86.58	
34			总体平均值	83.69	86.13	85.80	82.20	337.82	84.45	
35										

图 2-95　分级显示

（1）插入图表

选中 C16:G16 单元格区域，按住“Ctrl”键选中 C33:G34 单元格区域，选择“插入”—“全部图表”—“全部图表”，在打开的“图表”对话框左侧选择图表类型为“柱形图”，在右侧区域上方选择子图表类型为“簇状柱形图”，如图 2-96 所示。

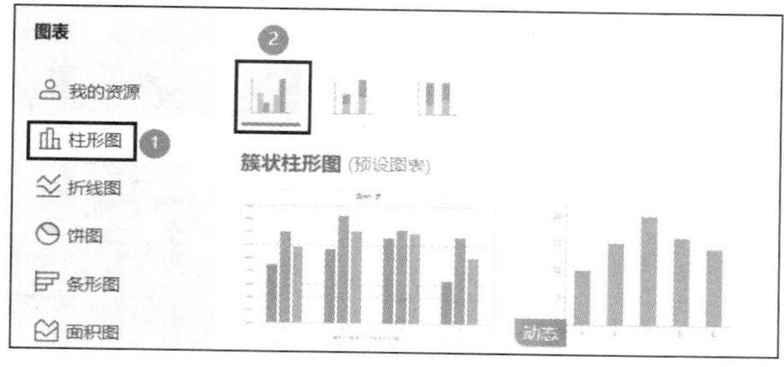

图 2-96　选择图表类型

（2）修改水平分类轴

选中刚插入的簇状柱形图，选择“图表工具”—“选择数据”，在打开的“编辑数据源”对话框中单击“轴标签(分类)”下方的“编辑”按钮，如图 2-97 所示，在打开的“轴标签”对话框中选中“分类汇总”工作表中的 D1:G1 单元格区域，显示为“=分类汇总!$D$1:$G$1”，如图 2-98 所示。

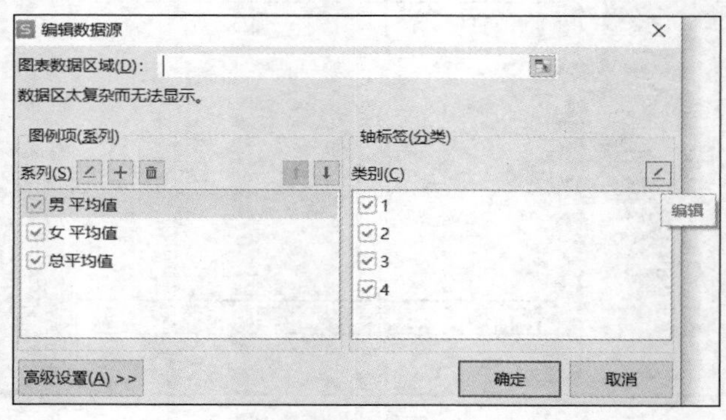

图 2-97　编辑数据源

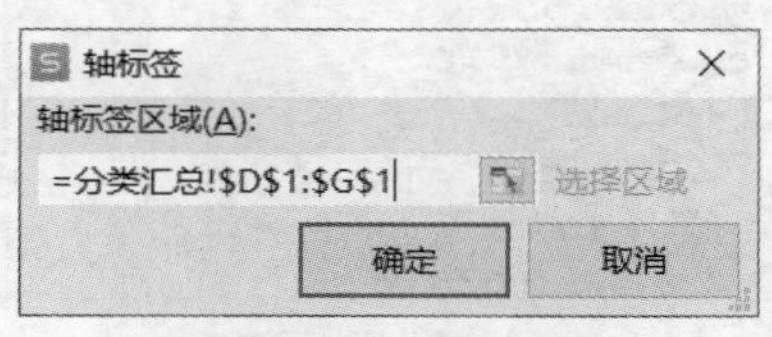

图 2-98　设置轴标签

（3）调整图表大小和位置

选中图表，拖动并调整其大小，使其覆盖在 A36:J50 单元格区域上，选中“图表标题”，输入内容“23 级会计 1 班平均成绩统计表”。

（4）添加或删除元素

选中图表，选择“图表工具”—“添加元素”—“数据标签”—“数据标签外”，如图 2-99 所示。

选中图表，选择“图表工具”—“添加元素”—“网格线”—“主轴主要水平网格线”，可以删除默认添加的水平网格线。

（5）修改默认参数

选中图表的左侧纵坐标，单击鼠标右键，在打开的快捷菜单中选择“设置坐标轴格式”命令，将在窗口右侧弹出“坐标轴选项”窗格，修改最小值为“60”，最大值为“90”，主要单位为“10”，如图 2-100 所示。

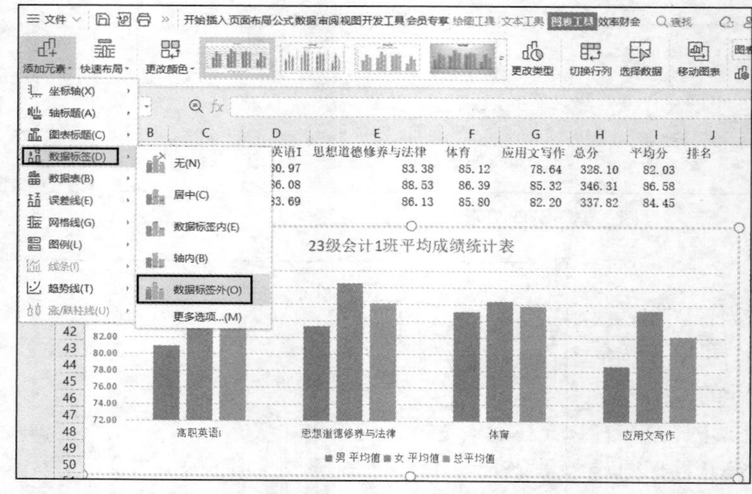

图 2-99　添加数据标签

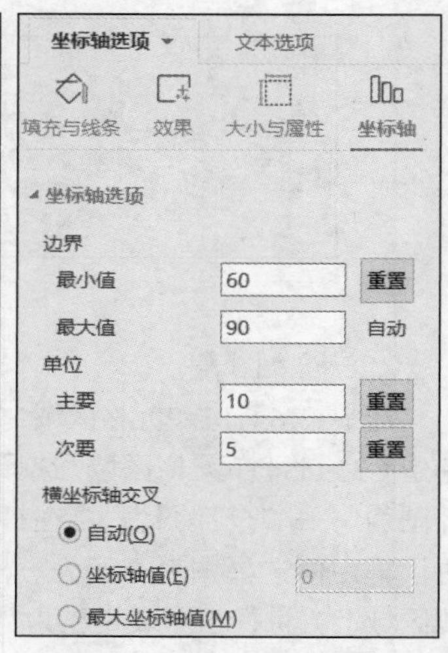

图 2-100　设置坐标轴

（6）按“Ctrl+S”组合键，保存云文档，选择“文件”—“另存为”，保存该文档到本地文件夹中，并将其命名为“基础任务 2-3　分析学生成绩（效果）.xlsx”。

基础拓展 2-3：分析销售数据统计表

任务效果

现需要分析销售部门的销售情况，为了使显示更加直观，需制作图表，参考效果如图 2-101 所示。

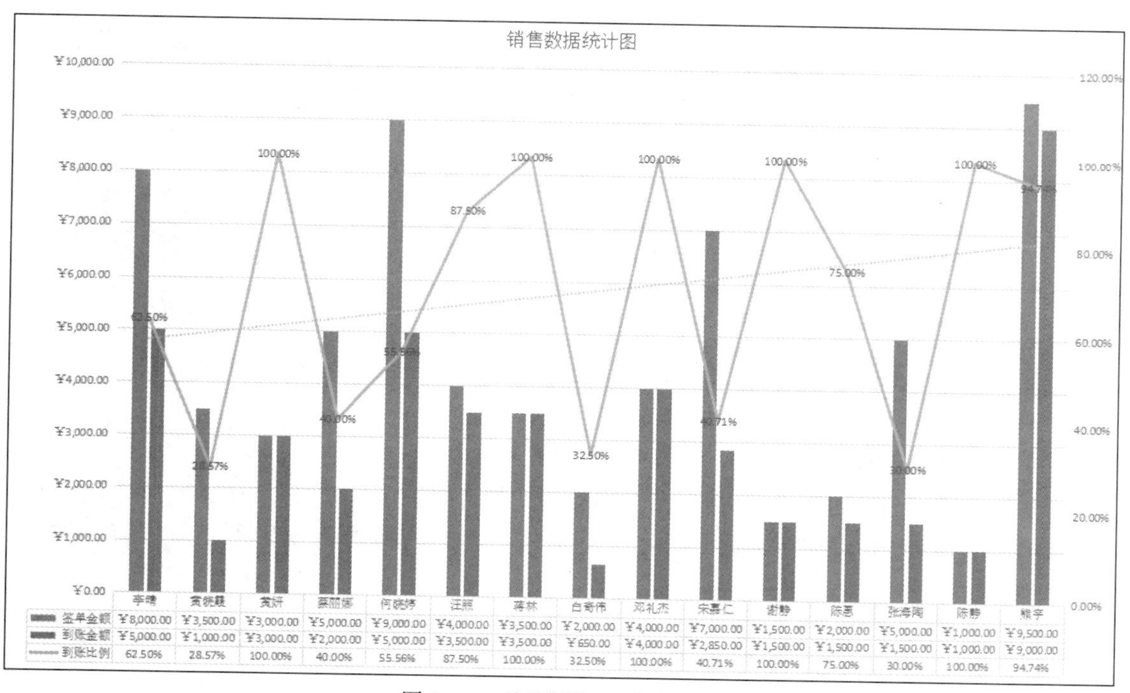

图 2-101　基础拓展 2-3 参考效果

学习目标

掌握组合图表的制作思路。

操作要求

■　打开“基础拓展 2-3　分析销售数据统计表（素材）.xlsx”，另存文件为“基础拓展 2-3　分析销售数据统计表（效果）.xlsx”。

■　在“8 月份”工作表中为 B2:E17 单元格区域创建组合图表，其中“签单金额”与“到账金额”的图表类型为“簇状柱形图”，显示在主坐标轴上，“到账比例”的图表类型为“折线图”，显示在次坐标轴上。

■　移动图表到新工作表中，将新工作表命名为“销售数据统计图”。

■　修改图表标题为“销售数据统计图”且不显示图例。

■　为图表中的“到账比例”添加数据标签和趋势线。

重点操作提示

1. 设置组合图表

在组合图表的设置界面中，为数据系列设置图表类型，确认“到账比例”数据系列在次坐标轴上，如图 2-102 所示。

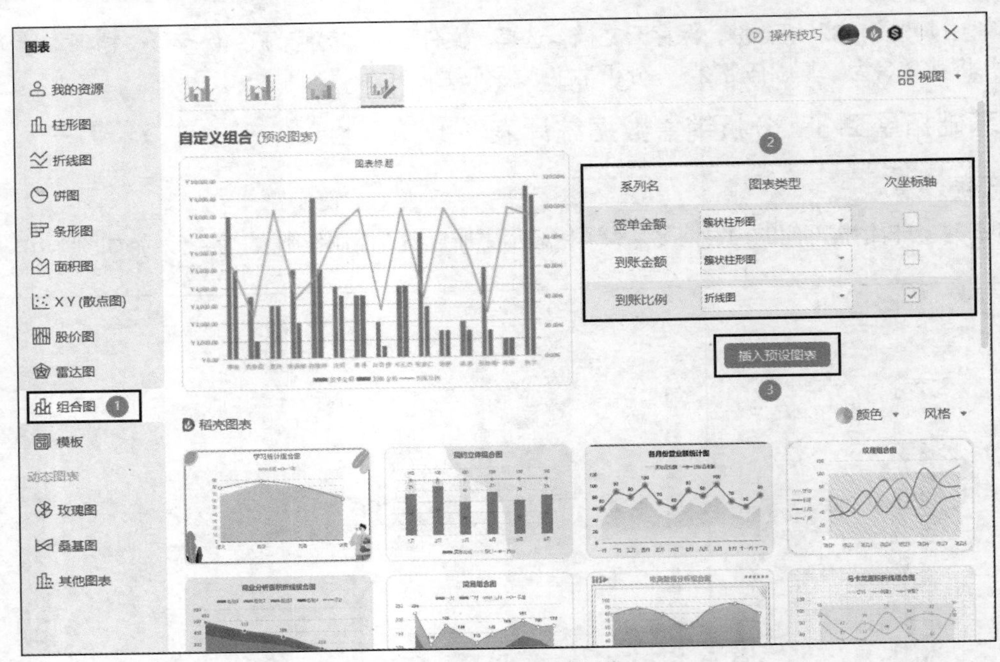

图 2-102　设置组合图表

2. 添加数据趋势线

趋势线用于以图形的方式表示数据系列的变化趋势并对以后的数据进行预测。选中图表中的“到账比例”数据系列，选择“图表工具”—“添加元素”—“趋势线”—“线性”即可，如图 2-103 所示。

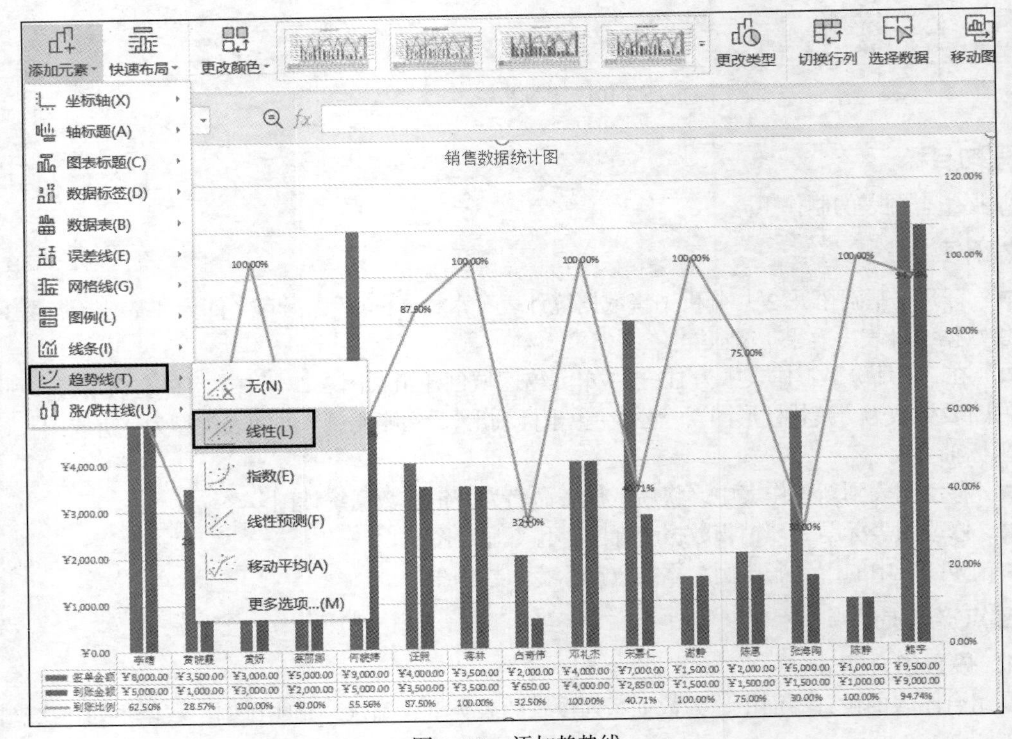

图 2-103　添加趋势线

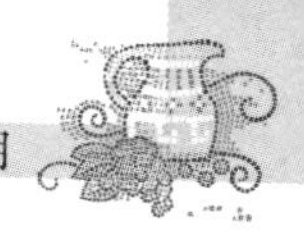

【项目总结】

通过学习本项目，相信大家已经掌握了 WPS 表格软件的基本功能，请在表 2-1 中填入学到的具体知识与技能吧！

表 2-1　“基础项目　统计与分析学生成绩”相关知识与技能总结

基础任务 2-1　准备学生数据	基础任务 2-2　计算学生成绩	基础任务 2-3　分析学生成绩
基础拓展 2-1　制作商品出入库明细表	**基础拓展 2-2　制作员工素质测评表**	**基础拓展 2-3　分析销售数据统计表**

进阶项目　管理员工档案与工资

【项目描述】

项目简介

“管理员工档案与工资”项目源于典型的工作岗位，通过学习本项目，学生能够掌握 WPS 表格软件中导入外部数据及数据处理的方法，逻辑函数、文本函数、日期函数、数学函数、统计函数等综合应用，数据透视表、数据透视图、切片器应用等高级技能。

教学建议

建议学时：6 学时。

教学方法：项目教学法、任务驱动法。

【项目分析】

该项目可分解为三大任务，包含制作员工档案表、计算工资与年终奖、分析相关数据等，每个任务包含的主要操作流程和技能如图 2-104 所示。

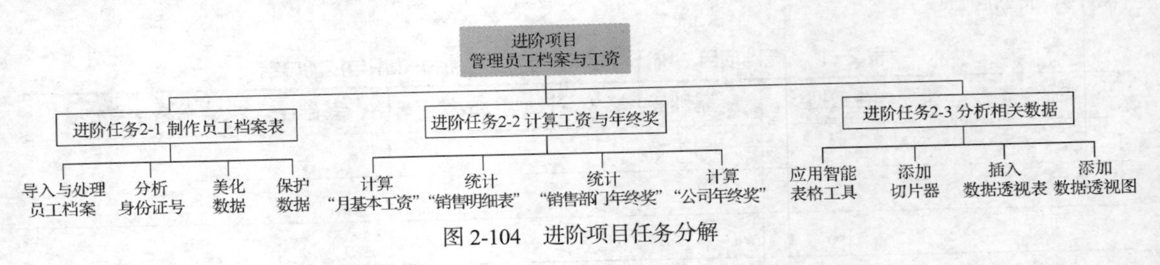

图 2-104　进阶项目任务分解

【项目实施】

【进阶任务 2-1　制作员工档案表】

任务导读

本任务将指导学生完成“员工档案表”的导入与数据处理，参考效果如图 2-105 所示。通过本任务的学习，学生能够掌握以下知识与技能。

- ■ 掌握外部数据的导入与分列处理方法。
- ■ 掌握超级表与条件格式的使用方法。
- ■ 理解工作表保护的作用，掌握打印设置方法。

工号	姓名	部门	职务	身份证号	性别	出生日期	年龄	学历	入职时间	签约月工资
TPY001	黎浩然	管理	总经理	110108198301020119	男	1983年01月02日	40	博士	2015年02月01日	¥ 40,000.00
TPY002	刘长辉	行政	文秘	110105199503040128	女	1995年03月04日	27	大专	2019年03月01日	¥ 4,800.00
TPY003	刘露露	管理	研发经理	310108198712121139	男	1987年12月12日	35	硕士	2016年07月01日	¥ 12,000.00
TPY004	盛雅	研发	员工	372208198910090512	男	1989年10月09日	33	本科	2015年07月01日	¥ 7,000.00
TPY005	李雅洁	人事	员工	110101198209021144	女	1982年09月02日	40	本科	2016年06月01日	¥ 6,200.00
TPY006	王佳君	研发	员工	110108199312120129	女	1993年12月12日	29	本科	2020年09月01日	¥ 5,500.00
TPY007	徐志晨	管理	部门经理	410205198412278211	男	1984年12月27日	38	硕士	2016年03月01日	¥ 10,000.00
TPY008	张哲宇	管理	销售经理	110102198305120123	女	1983年05月12日	39	硕士	2012年10月01日	¥ 18,000.00
TPY009	李晓梅	行政	员工	551018199607301126	女	1996年07月30日	26	本科	2019年05月01日	¥ 6,000.00
TPY010	史二映	研发	员工	372208199510070512	男	1995年10月07日	27	本科	2014年05月01日	¥ 6,000.00
TPY011	王晓亚	销售	员工	410205198908278231	男	1989年08月27日	33	本科	2016年04月01日	¥ 5,000.00
TPY012	李娜娜	销售	员工	110106199504040127	女	1995年04月04日	27	大专	2018年01月01日	¥ 4,500.00
TPY013	魏利娟	研发	项目经理	370108198802203159	男	1988年02月20日	34	硕士	2015年08月01日	¥ 12,000.00
TPY014	王雅林	行政	员工	610308199111020379	男	1991年11月02日	31	本科	2014年05月01日	¥ 5,700.00
TPY015	王炫皓	管理	人事经理	420316198409283216	男	1984年09月28日	38	硕士	2015年12月01日	¥ 15,000.00
TPY016	杨慧娟	销售	员工	327018199310123015	男	1993年10月12日	29	本科	2015年02月01日	¥ 6,000.00
TPY017	郭梦月	研发	项目经理	110105198810020109	女	1988年10月02日	34	博士	2016年06月01日	¥ 18,000.00
TPY018	刘康锋	销售	员工	110103199111090028	女	1991年11月09日	31	中专	2013年12月01日	¥ 4,200.00
TPY019	边金双	行政	员工	210108198912031129	女	1989年12月03日	33	本科	2012年01月01日	¥ 5,800.00
TPY020	于慧霞	研发	员工	302204199508090312	男	1995年08月09日	27	硕士	2015年03月01日	¥ 8,500.00
TPY021	赵琳艳	行政	员工	110107199010120109	女	1990年10月12日	32	高中	2015年03月01日	¥ 4,200.00
TPY022	刘鹏举	销售	员工	110108198507220123	女	1985年07月22日	37	本科	2015年03月01日	¥ 5,200.00
TPY023	邹佳楠	人事	员工	410205198908078231	男	1989年08月07日	33	本科	2016年01月01日	¥ 4,800.00
TPY024	王欣荣	人事	员工	110104199204140127	女	1992年04月14日	30	本科	2016年01月01日	¥ 5,900.00
TPY025	倪冬声	销售	员工	110108198311020379	男	1983年11月02日	39	大专	2016年09月01日	¥ 5,000.00
TPY026	齐飞扬	销售	员工	420316197909283216	男	1979年09月28日	43	大专	2016年10月01日	¥ 5,000.00
TPY027	苏解放	销售	员工	327018199211123015	男	1992年11月12日	30	中专	2016年11月01日	¥ 4,500.00
TPY028	孙玉敏	销售	销售副经理	110105197910120109	女	1979年10月12日	43	本科	2016年12月01日	¥ 16,000.00
TPY029	王清华	销售	员工	110107198711090028	女	1987年11月09日	35	本科	2017年01月01日	¥ 6,000.00

图 2-105　进阶任务 2-1 参考效果

任务准备

1. 导入数据

在 WPS 表格中可以使用导入外部数据源的方式，将数据从外部文件动态链接到统计表中，快速批量完成数据的导入。导入数据主要有两大类，一类是本地文件数据，另一类是网页数据。

（1）导入本地文件数据

选择“数据”—“导入数据”—“导入数据”，可选择数据源文件进行导入，例如，TXT 文件、CSV 文件、XLSX 文件、MDB 文件等。

（2）导入网页数据

选择“数据”—“导入数据”—“自网站连接”，打开“新建 Web 查询”对话框，如图 2-106 所示。在“地址”文本框中输入要连接的网站地址，单击“转到”按钮，即可在内容区中查看对应的网站数据，单击“导入”按钮后，确定导入的位置，即可将网页数据抓取到电子表格中，同时，在电子表格中单击鼠标右键，选择“刷新数据”命令即可动态刷新数据。

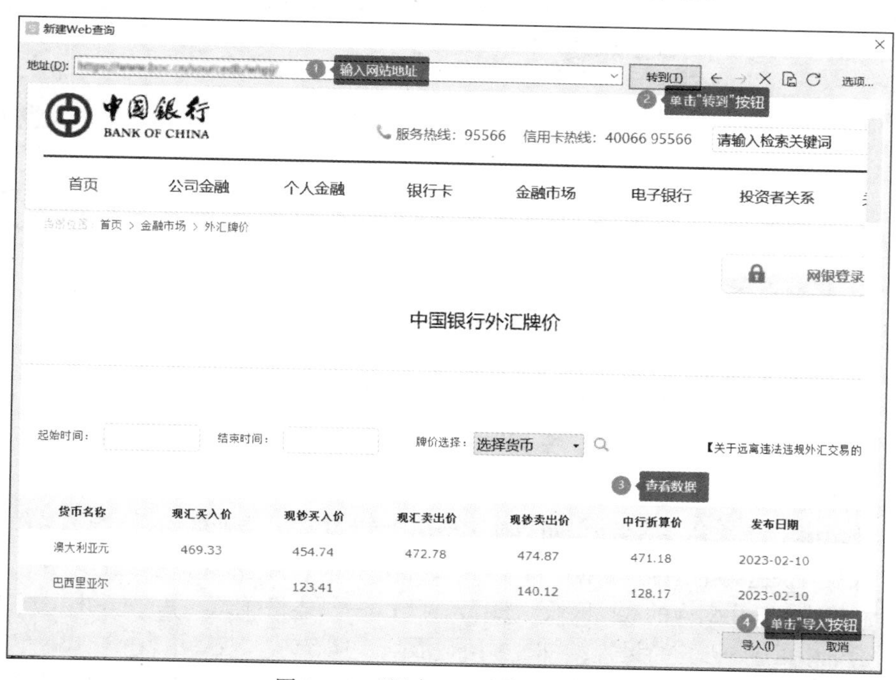

图 2-106　“新建 Web 查询”对话框

2. 分列处理

在进行数据规范化处理时，经常需要从列中提取数据或进行数据类型的转换，可以通过分列功能来完成。分列方式主要有两种，一种是按照分隔符号进行分割，另一种是按照数据固定宽度进行分割。

在实际操作中，通常在导入数据时就需要进行分列处理。例如，要对 A 列数据进行分列处理，可选中 A 列，选择“数据”—“分列”，打开文本分列向导，如图 2-107 所示。

第一步，选择最合适的文件类型（“分隔符号”或“数据固定宽度”），这里选中“分隔符号”单选按钮。

第二步，选中默认的分隔符号或输入特定的分隔符号。

第三步，根据需求设置每列的数据类型。

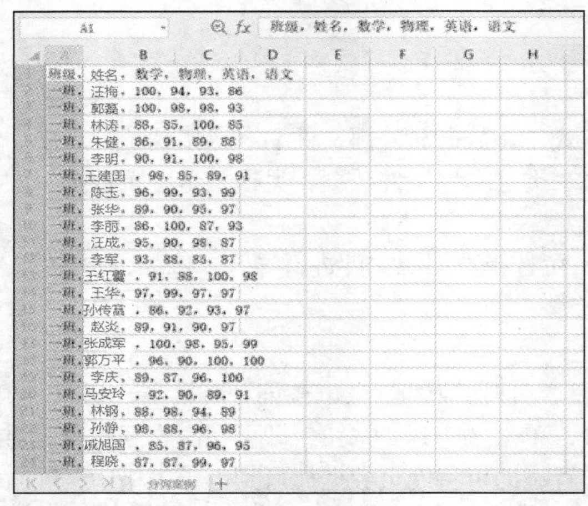

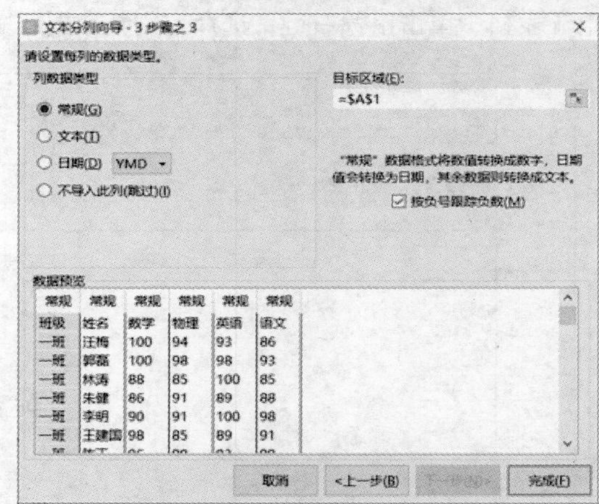

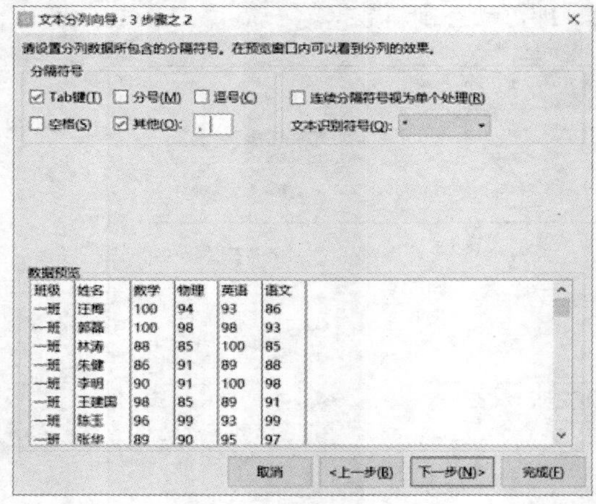

图 2-107　文本分列向导

3. 表格样式

WPS 表格中提供了多种表格样式，可以使表格快速套用精美、专业的样式，提高工作效率。智能套用表格样式具有快速美化、筛选数据、冻结首行、自动扩展、自动汇总、公式自动填充等功能，因此也被称为超级表。选中对应的数据区域，选择“开始”—“表格样式”中的一种样式，在“套用表格样式”对话框中可进一步进行设置，如图 2-108 所示；可以选中“仅套用表格样式”单选按钮，也可以选中“转换成表格，并套用表格样式”单选按钮，转换成表格后，单击表格中任意单元格，上方会出现“表格工具”选项卡，可以设置表名称、转换为区域、设置布局等，如图 2-109 所示。

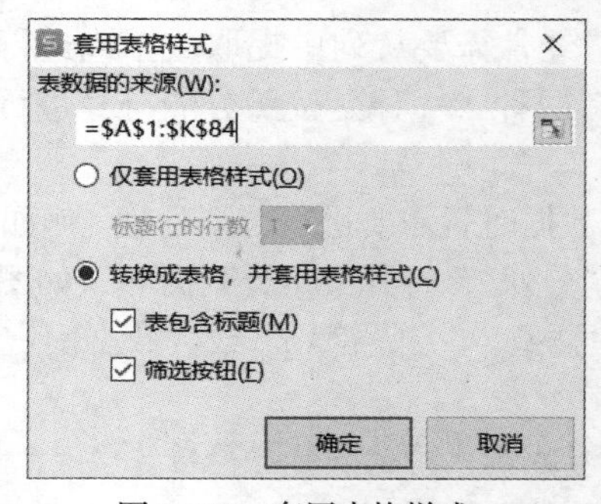

图 2-108　套用表格样式 1

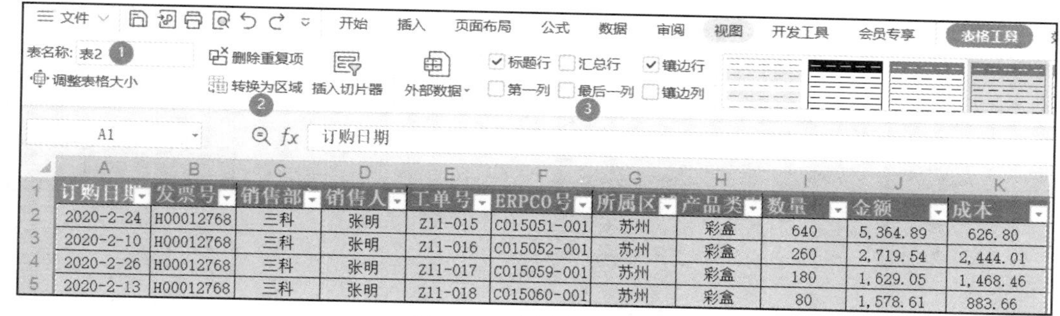

图 2-109 套用表格样式 2

4. 保护工作表与工作簿

为防止他人更改单元格中的数据，可锁定一些重要的单元格或隐藏单元格中的计算公式。锁定单元格或隐藏公式后，还要保护工作表操作才有效，可选择“审阅”—“保护工作表”进行操作；若想保护工作簿中的所有工作表，则需要对工作簿进行保护设置，可选择“审阅”—“保护工作簿”进行操作，如图 2-110 所示。

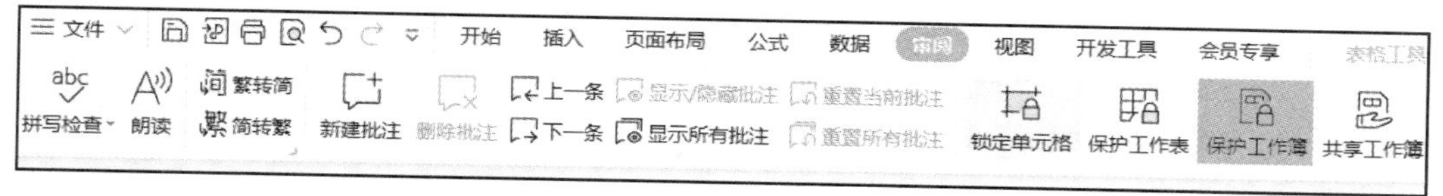

图 2-110 保护工作簿

任务实施

1. 导入与处理员工档案

操作要求

导入与处理员工档案

■ 打开“进阶任务 2-1 制作员工档案表（素材）.xlsx”，将其另存为云文档“进阶项目 管理员工档案与工资.xlsx”。

■ 在“公司年终奖”工作表左侧插入一张新工作表，将其命名为“员工档案表”，将以分隔符分隔的文本文件“员工档案. csv”自 A1 单元格开始导入“员工档案表”。

■ 将第 1 列数据从左到右依次分成“工号”和“姓名”两列进行显示。

■ 创建一个名为“员工档案”、包含数据区域 A1:J59、包含标题的表，同时删除外部链接。

操作步骤

（1）新建工作表

打开“进阶任务 2-1 制作员工档案表（素材）.xlsx”，选择“文件”—“另存为”，选择保存位置为“我的云文档”—“WPS 表格”，文件名为“进阶项目 管理员工档案与工资.xlsx”。

在“公司年终奖”工作表标签上单击鼠标右键，在打开的快捷菜单中选择“插入工作表”命令，在打开的“插入工作表”对话框中，设置插入数目为“1”，插入为“当前工作表之前”，如图 2-111 所示；单击“确定”按钮即可插入一张新工作表，双击新工作表标签，输入工作表名称为“员工档案表”。

（2）导入本地数据

定位到“员工档案表”的 A1 单元格，选择“数据”—“导入数据”—“导入数据”，在打开的“第一步：选择数据源”对话框中单击“选择数据源”按钮，如图 2-112 所示，找到素材文件中的“员工档案.csv”，打开“文件转换”对话框，如图 2-113 所示。

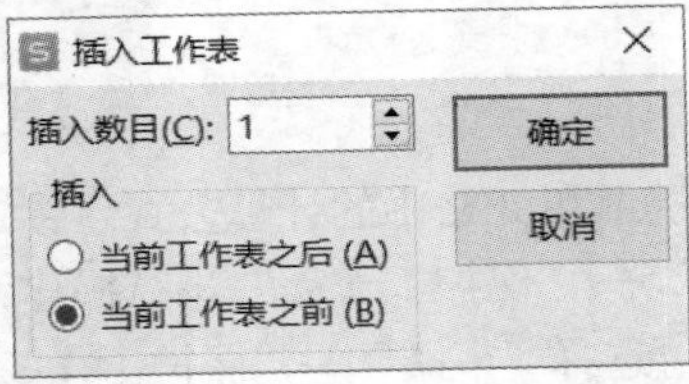

图 2-111　插入工作表

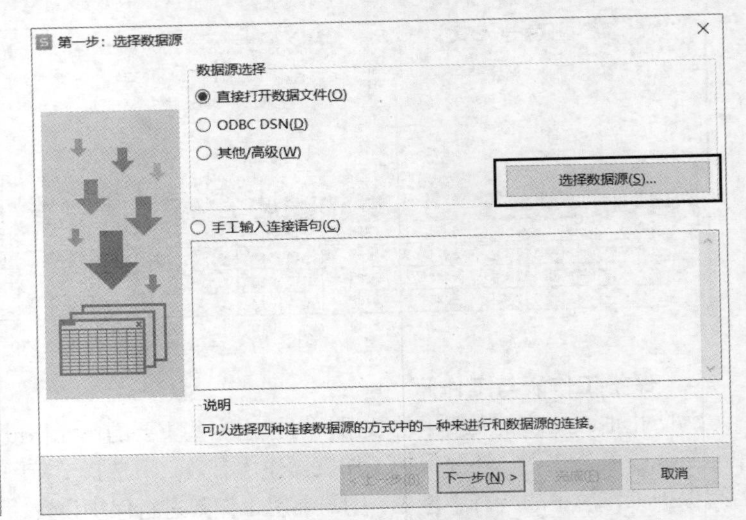

图 2-112　选择数据源

单击“下一步”按钮，打开文本导入向导，根据原始数据类型选中“分隔符号”单选按钮，如图 2-113 所示，根据向导一步步进行选择，设置分隔符号为“逗号”，单击“下一步”按钮，选中“身份证号”字段，设置该列数据类型为“文本”，单击“完成”按钮即可完成数据的导入。

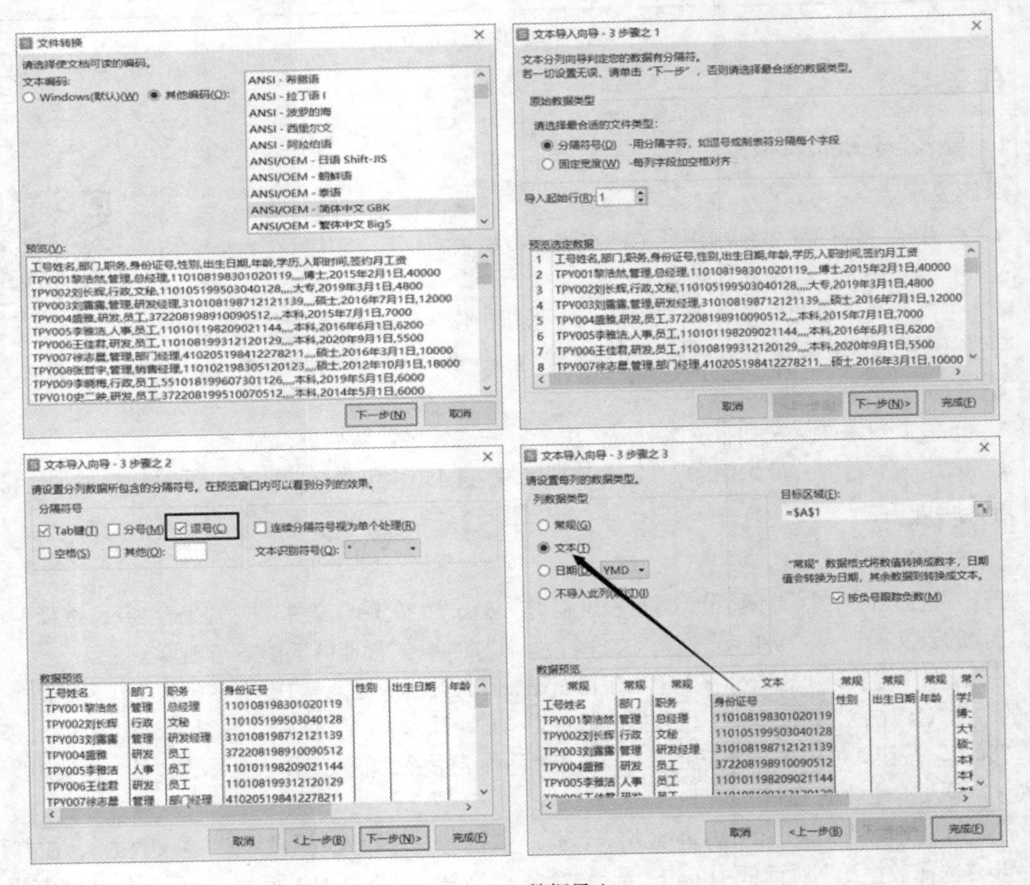

图 2-113　数据导入

（3）分列数据

观察数据，A 列数据中包含工号和姓名，现需对该列数据进行分列处理。在 A 列上单击鼠标右键，在打开的快捷菜单中选择“在右侧插入列”命令，如图 2-114 所示，即可在 A 列后添加一列。

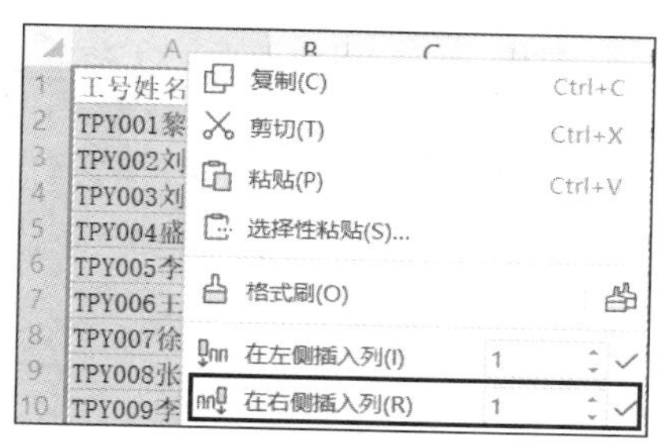

图 2-114　插入列

选中 A 列，选择“数据”—“分列”，在打开的文本分列向导中选择最合适的文件类型为“固定宽度”；单击“下一步”按钮，在设置字段宽度的标尺上，在“工号”与“姓名”之间建立分列线；单击“下一步”按钮，选择数据模型，单击“完成”按钮即可，如图 2-115 所示。分别修改 A1 与 B1 单元格的内容为“工号”和“姓名”。

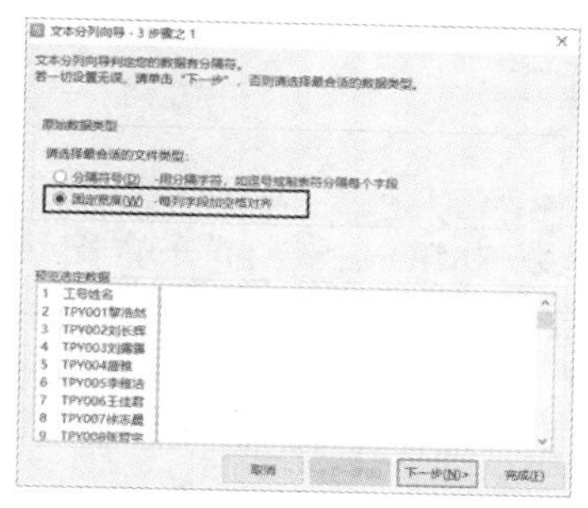

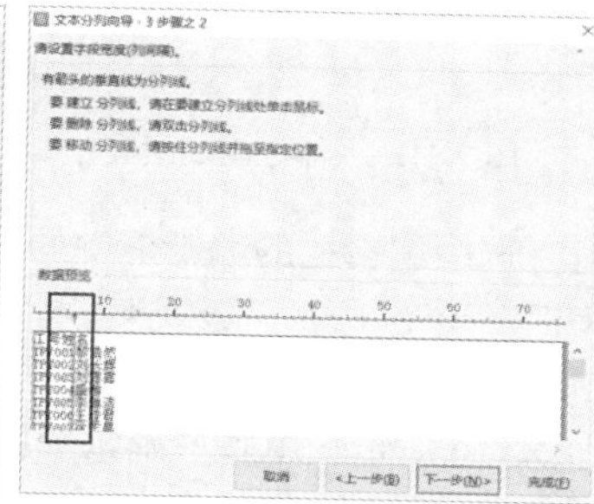

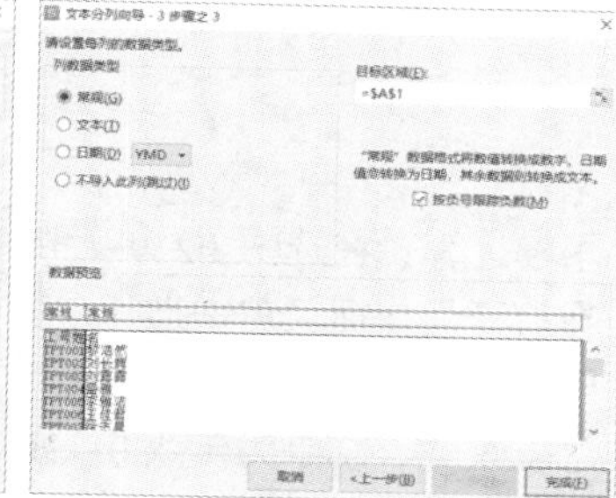

图 2-115　文本分列向导

（4）创建表格

按“Ctrl+A”组合键，全选当前工作表的数据，选择“插入”—“表格”或按“Ctrl+T”组合键直接将单元格区域转换成表格，在打开的“创建表”对话框中选中“表包含标题”复选框，取消选中“筛选按钮”复选框，如图 2-116 所示，单击“确定”按钮后，会打开图 2-117 所示的提示框，单击“是”按钮表示要进行转换。此时，数据区域已经套用了表格样式。

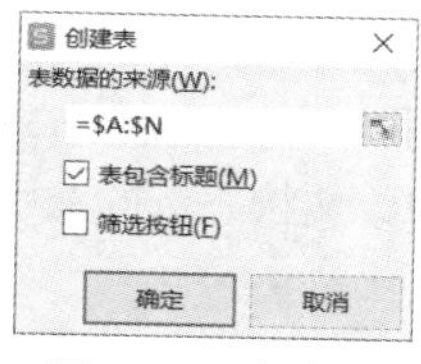

图 2-116　创建表

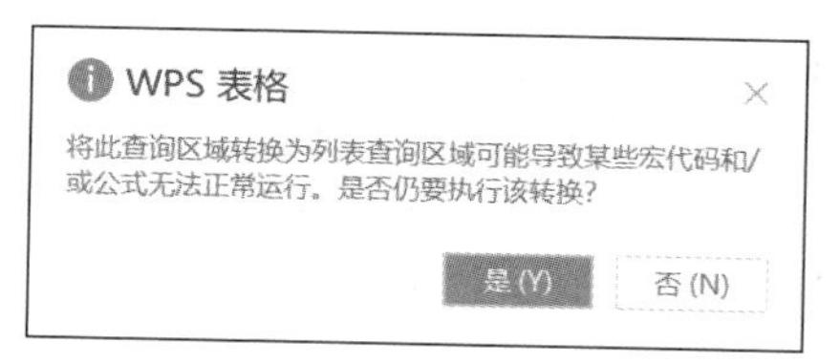

图 2-117　提示框

2. 分析身份证号

操作要求

分析身份证号

■　利用公式及函数依次输入员工的性别（“男”或“女”）、出生日期（“××××年××月××日”）、年龄。

■　身份证号的倒数第 2 位用于判断性别，奇数为男性，偶数为女性。

■　身份证号的第 7～14 位代表出生年、月、日。

■　年龄需要按周岁计算，满 1 年才计 1 岁，每月按 30 天、一年按 360 天计算。

操作步骤

（1）判定“性别”

分析：身份证号中的第 17 位的奇偶性代表性别中的“男”或“女”，需要从身份证号中提取出

第 17 位数字，并判断该数的奇偶性。

具体操作方法如下。

提取身份证号的第 17 位数字：定位到“员工档案表”工作表的 F2 单元格，选择“公式”—“文本”—“MID”，在打开的“函数参数”对话框中设置字符串为 E2，开始位置为 17，字符个数为 1，如图 2-118 所示，单击“确定”按钮，即可提取出身份证号的第 17 位数字。

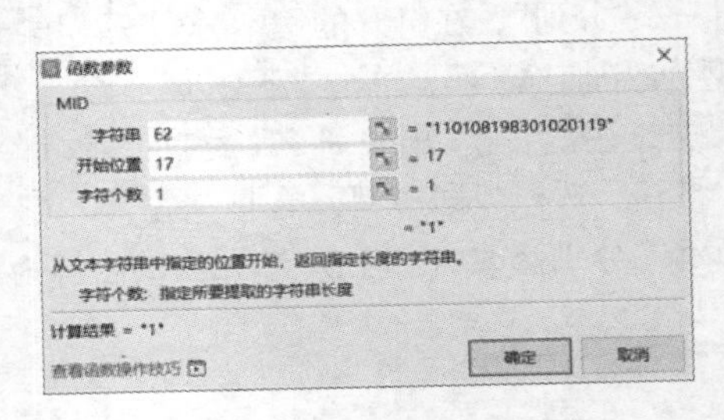

图 2-118　插入 MID 函数

求模运算：在选中 F2 单元格时，选中编辑栏的编辑框中的函数“MID(E2,17,1)”，单击鼠标右键，在打开的快捷菜单中选择“剪切”命令，选择“公式”—“数学和三角”—“MOD”，在打开的“函数参数”对话框中，将剪切的函数粘贴到数值处，除数为 2，表示将身份证号中的第 17 位数字除 2 求余数，结果为 1 或 0，如图 2-119 所示，单击“确定”按钮，得到运算结果。

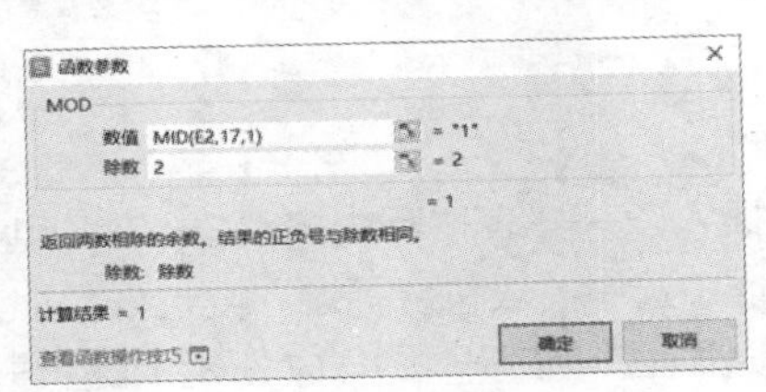

F2　=MOD(MID(E2, 17, 1), 2)

	A	B	C	D	E	F
1	工号	姓名	部门	职务	身份证号	性别
2	TPY001	黎浩然	管理	总经理	110108198301020119	1
3	TPY002	刘长辉	行政	文秘	110105199503040128	
4	TPY003	刘露露	管理	研发经理	310108198712121139	

图 2-119　插入 MOD 函数

逻辑判断：在编辑栏的编辑框中，选中 MOD(MID(E2,17,1),2)，按“Ctrl+X”组合键剪切，选择“公式”—“逻辑”—“IF”，打开“函数参数”对话框。设置测试条件为 MOD(MID(E2,17,1),2)=1，真值为"男"，假值为"女"（注意，系统会自动为文本型数据添加英文状态下的双引号），如图 2-120 所示，单击“确定”按钮即可完成性别的判定。

F2　=IF(MOD(MID(E2, 17, 1), 2)=1, "男", "女")

	A	B	C	D	E	F	G
1	工号	姓名	部门	职务	身份证号	性别	出生日期
2	TPY001	黎浩然	管理	总经理	110108198301020119	男	
3	TPY002	刘长辉	行政	文秘	110105199503040128		
4	TPY003	刘露露	管理	研发经理	310108198712121139		
5	TPY004	盛雅	研发	员工	372208198910090512		

图 2-120　插入 IF 函数

填充公式：选中 F2 单元格，将鼠标指针移到单元格右下角，拖动填充柄到 F59，填充公式即可。

（2）提取“出生日期”

分析：分别提取身份证号中的出生年、月、日，利用日期型函数进行组合。

具体操作方法如下。

取年份：定位到 G2 单元格，选择“公式”—“文本”—“MID”，设置字符串为 E2，开始位

置为 7，字符个数为 4，单击“确定”按钮即可提取出生的年份。

使用日期函数：定位到编辑栏，选中 MID(E2,7,4)，按“Ctrl+X”组合键剪切，选择“公式”—“日期和时间”—“DATE”，在打开的“函数参数”对话框中，粘贴 MID(E2,7,4)到“年”“月”“日”文本框中，修改“月”文本框中的函数为 MID(E2,11,2)，修改“日”文本框中的函数为 MID(E2,13,2)，如图 2-121 所示。

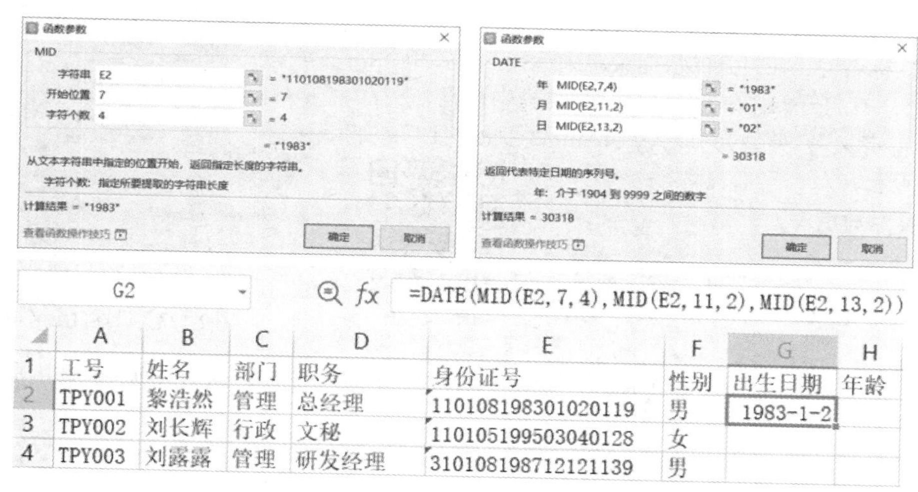

图 2-121　MID 与 DATE 函数的嵌套应用

填充公式：选中 G2 单元格，将鼠标指针移到该单元格右下角，拖动填充柄到 G59，填充公式即可。

（3）计算“年龄”

分析：年龄可由当前日期与出生日期计算得出，可使用 DATEDIF 函数。

具体操作方法如下。

定位到 H2 单元格，选择“公式”—“日期和时间”—“DATEDIF”，在打开的“函数参数”对话框中，设置开始日期为 G2，终止日期为 TODAY()，TODAY()表示当前的日期，比较单位为"Y"（注意，Y 表示计算两个日期之间的年数，要添加英文双引号），如图 2-122 所示。

函数参数
DATEDIF
开始日期 G2 = 30318
终止日期 TODAY() = 44967
比较单位 "Y" = "Y"
= 40
计算两个日期之间的天数、月数或年数。
开始日期：是一串代表起始日期的日期
计算结果 = 40
查看函数操作技巧　打开更多便捷公式　确定　取消

H2　=DATEDIF(G2, TODAY(), "Y")

	A	B	C	D	E	F	G	H
1	工号	姓名	部门	职务	身份证号	性别	出生日期	年龄
2	TPY001	黎浩然	管理	总经理	110108198301020119	男	1983-1-2	40
3	TPY002	刘长辉	行政	文秘	110105199503040128	女	1995-3-4	
4	TPY003	刘露露	管理	研发经理	310108198712121139	男	1987-12-12	

图 2-122　DATEDIF 与 TODAY()函数的嵌套应用

填充公式：选中 H2 单元格，将鼠标指针移到该单元格右下角，拖动填充柄到 H59，填充公式即可。

3. 美化数据

操作要求

■ 设置超级表：将各工作表中的数据分别转换为智能表（套用表格样式或插入表格并命名）。

■ 设置单元格格式：设置“出生日期”“入职时间”字段的数据格式为“yyyy"年"mm"月"dd"日"”，“签约月工资”字段的数据格式为“会计专用”。

美化数据

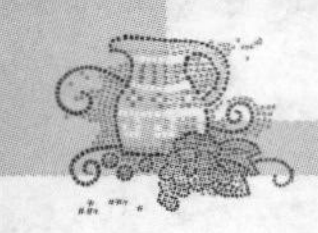

操作步骤

观察该工作表中的数据，“签约月工资”字段的数据类型需要调整。选中 J 列，单击鼠标右键，在打开的快捷菜单中选择“设置单元格格式”命令，在打开的“单元格格式”对话框中设置“数字”分类为“会计专用”。

按住“Ctrl”键，选中“出生日期”“入职时间”两列数据，单击鼠标右键，在打开的快捷菜单中选择“设置单元格格式”命令，在打开的“单元格格式”对话框中设置“数字”分类为“自定义”，类型为“yyyy"年"mm"月"dd"日"”，如图 2-123 所示。

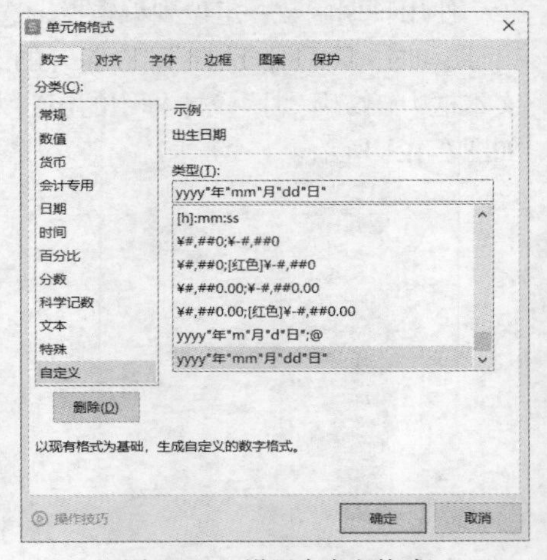

图 2-123　设置自定义格式

4. 保护数据

保护数据

操作要求

■ 隐藏 E2:G59 单元格区域中包含的公式。

■ 保护工作表：保护“员工档案表”中 A～E 列、I 列、J 列、L 列的数据，允许用户编辑 K～P 列的数据。

■ 页面设置：根据内容调整页面方向、页边距、页眉与页脚，打印首行作为标题，在分页预览中进行调整。

■ 保护并保存工作簿。

操作步骤

（1）隐藏公式

选中“员工档案表”中的 E2:G59 单元格区域，单击鼠标右键，在打开的快捷菜单中选择“设置单元格格式”命令，在打开的“单元格格式”对话框的“保护”选项卡中选中“锁定”和“隐藏”复选框，如图 2-124 所示。

（2）设置允许用户编辑区域

选中“员工档案表”中的 K～P 列，选择“审阅”—“允许用户编辑区域”，打开“允许用户编辑区域”对话框，如图 2-125 所示，单击“确定”按钮。

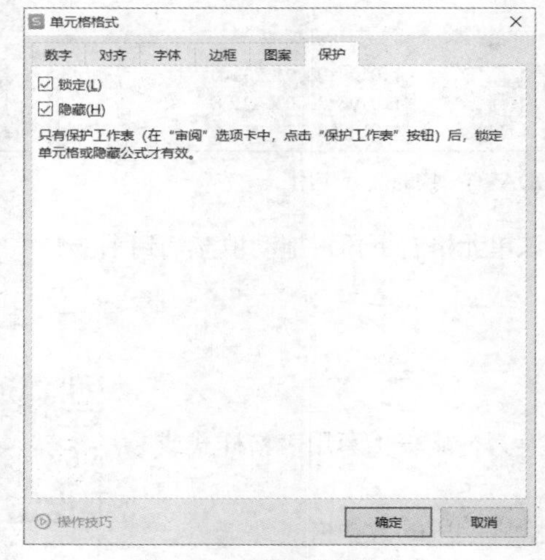

图 2-124　设置保护选项

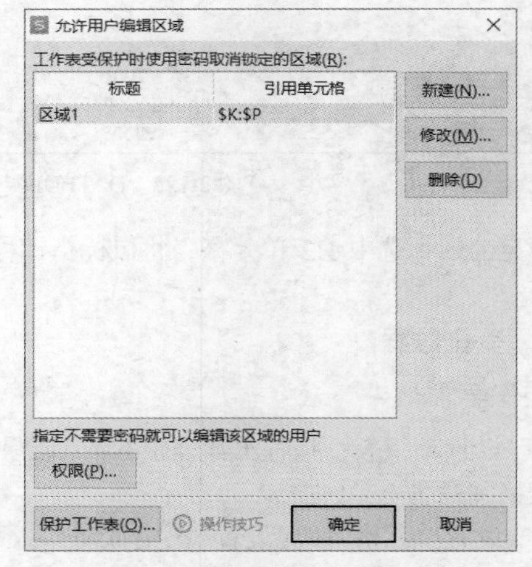

图 2-125　设置允许用户编辑区域

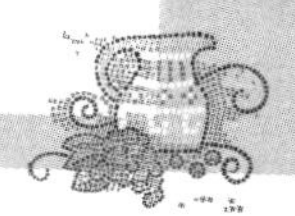

（3）保护工作表

选择“审阅”—“保护工作表”，在打开的“保护工作表”对话框中设置密码为“123”，允许此工作表的所有用户进行“选定锁定单元格”“选定未锁定单元格”操作；单击“确定”按钮，打开“确认密码”对话框，再次输入密码“123”，单击“确定”按钮即可，如图 2-126 所示。

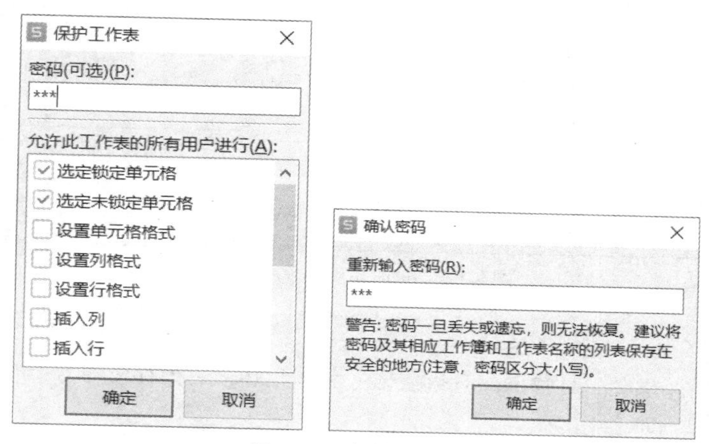

图 2-126　保护工作表

保护工作表后，E2:G59 单元格区域中包含的公式将被隐藏，除了 K～P 列的数据可编辑，其他区域都无法编辑，除非撤销工作表保护功能。

（4）保护与保存工作簿

选择“审阅”—“保护工作簿”，在打开的“保护工作簿”对话框中设置密码为“123”，单击“确定”按钮，在“确认密码”对话框中再次输入密码“123”，单击“确定”按钮即可，如图 2-127 所示。

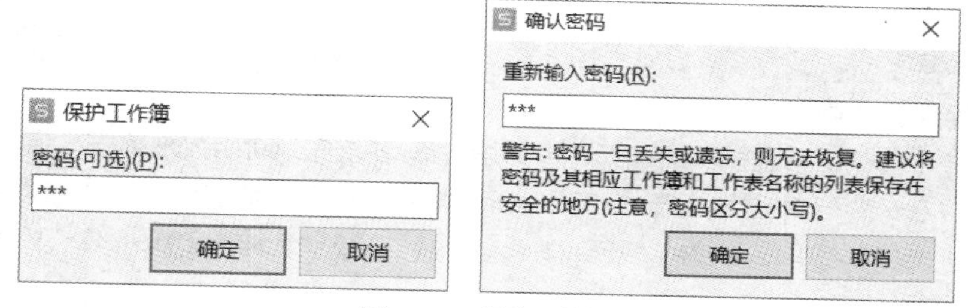

图 2-127　保护工作簿

按“Ctrl+S”组合键保存该云文档，同时选择“文件”—“另存为”，将其保存在个人文件夹中，并将其命名为“进阶任务 2-1 制作员工档案表（效果）.xlsx”。

进阶拓展 2-1：计算商品打折数据

任务效果

现需要计算超市商品打折数据，参考效果如图 2-128 所示。

学习目标

- 掌握 IFS 函数的应用。
- 熟练掌握单元格格式、数据有效性的应用及条件格式的设置。

	A	B	C	D	E	F	G	H	I	J	K	L
1	日期	客户名称	商品编号	商品名称	品类	品牌	单价	购买数量	购买金额	折扣优惠	折后金额	备注
2	2020-10-01	客户01	N. 10031	M8手机，256MB(内销)	手机	M品牌	¥2, 600. 00	5	¥13, 000. 00	SVIP	¥10, 400	
3	2020-10-02	客户03	N. 10023	T2手机，金色	手机	T品牌	¥1, 500. 00	1	¥1, 500. 00	VIP	¥1, 275	
4	2020-10-04	客户02	N. 10012	H4手机，128MB	手机	H品牌	¥2, 000. 00	5	¥10, 000. 00	无优惠	¥10, 000	
5	2020-10-04	客户05	N. 10031	M8手机，256MB(内销)	手机	M品牌	¥2, 600. 00	2	¥5, 200. 00	普通	¥4, 940	
6	2020-10-06	客户05	N. 10032	M8手机，512MB	手机	M品牌	¥4, 000. 00	10	¥40, 000. 00	无优惠	¥40, 000	
7	2020-10-07	客户01	N. 20031	M-60电视(内销)	电视	M品牌	¥4, 600. 00	3	¥13, 800. 00	VIP	¥11, 730	
8	2020-10-09	客户06	N. 10014	H5手机，256MB(内销)	手机	H品牌	¥3, 000. 00	10	¥30, 000. 00	普通	¥28, 500	
9	2020-10-10	客户04	N. 30031	M洗衣机，5kg(出口)	洗衣机	M品牌	¥3, 200. 00	10	¥32, 000. 00	无优惠	¥32, 000	
10	2020-10-10	客户08	N. 10013	H5手机，128MB(出口)	手机	H品牌	¥2, 200. 00	5	¥11, 000. 00	无优惠	¥11, 000	
11	2020-10-10	客户03	N. 20031	M-60电视(内销)	电视	M品牌	¥4, 600. 00	20	¥92, 000. 00	普通	¥87, 400	
12	2020-10-12	客户07	N. 20021	T-45电视	电视	T品牌	¥2, 600. 00	15	¥39, 000. 00	VIP	¥33, 150	
13	2020-10-13	客户02	N. 10013	H5手机，128MB(出口)	手机	H品牌	¥2, 200. 00	2	¥4, 400. 00	普通	¥4, 180	
14	2020-10-14	客户07	N. 10011	H4手机，64MB	手机	H品牌	¥900. 00	1	¥900. 00	普通	¥855	
15	2020-10-16	客户06	N. 10032	M8手机，512MB	手机	M品牌	¥4, 000. 00	5	¥20, 000. 00	无优惠	¥20, 000	
16	2020-10-16	客户01	N. 10011	H4手机，64MB	手机	H品牌	¥900. 00	5	¥4, 500. 00	普通	¥4, 275	
17	2020-10-17	客户04	N. 10011	H4手机，64MB	手机	H品牌	¥900. 00	8	¥7, 200. 00	普通	¥6, 840	
18	2020-10-19	客户05	N. 10014	H5手机，256MB(内销)	手机	H品牌	¥3, 000. 00	11	¥33, 000. 00	SVIP	¥26, 400	
19	2020-10-21	客户03	N. 30031	M洗衣机，5kg(出口)	洗衣机	M品牌	¥3, 200. 00	3	¥9, 600. 00	无优惠	¥9, 600	
20	2020-10-22	客户04	N. 30031	M洗衣机，5kg(出口)	洗衣机	M品牌	¥3, 200. 00	6	¥19, 200. 00	无优惠	¥19, 200	

图 2-128 进阶拓展 2-1 参考效果

操作要求

■ 打开“进阶拓展 2-1 计算商品打折数据（素材）.xlsx”，另存文件为“进阶拓展 2-1 计算商品打折数据（效果）.xlsx”。

■ 规范格式：设置“日期”列单元格数字分类为“××××年××月××日”；“单价”与“购买金额”两列数据为货币类型，保留 2 位小数；对“折扣优惠”列的内容进行数据有效性设置，有效性条件为“序列”，“序列”内容引用 O2:O5 单元格区域的内容。

■ 计算数据：计算“购买金额”“折后金额”列的数据。

■ 条件格式：对“购买金额”（I2:I20）进行标注，当其值大于等于 20000 元时，单元格填充色为“浅红”，文本颜色为“深红”；当其值小于 10000 元时，单元格填充色为“浅绿”，文本颜色为“深绿”。

■ 保护数据：设置 A1:L20 单元格区域为允许用户编辑区域，其余单元格只能查看不能修改，设置密码为“123”。

重点操作提示

1. 多条件判断函数

对于本任务中的“折后金额”的计算，可利用 IFS 多条件判断函数来解决。将光标定位到 K2 单元格，选择“公式”—“逻辑”—“IFS”，在“函数参数”对话框中，依次输入对应参数，如图 2-129 所示，编辑栏中的公式为“=IFS(J2="无优惠",I2,J2="普通",I2*0.95,J2="VIP",I2*0.85,J2="SVIP",I2*0.8)”。

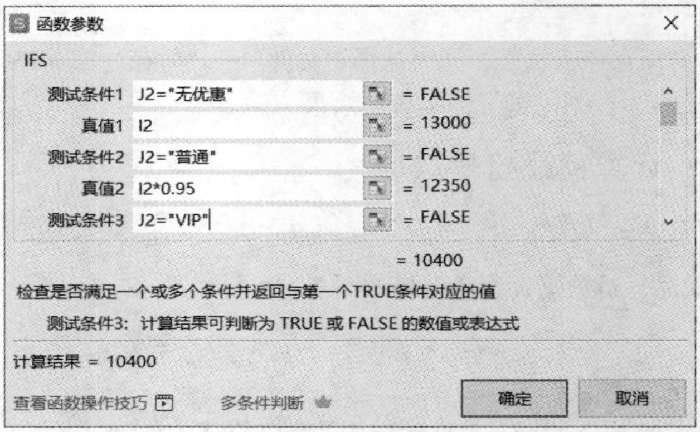

函数参数
IFS
测试条件1 J2="无优惠" = FALSE
真值1 I2 = 13000
测试条件2 J2="普通" = FALSE
真值2 I2*0.95 = 12350
测试条件3 J2="VIP" = FALSE
= 10400
检查是否满足一个或多个条件并返回与第一个TRUE条件对应的值
测试条件3：计算结果可判断为 TRUE 或 FALSE 的数值或表达式
计算结果 = 10400
查看函数操作技巧 多条件判断 确定 取消

图 2-129 “函数参数”对话框

2. 条件格式

选中 I2:I20 单元格区域，选择“开始”—“条件格式”—“突出显示单元格规则”—“大于”，在打开的“大于”对话框中设置条件为大于 20000，设置为“浅红填充色深红色文本”，如图 2-130 所示。

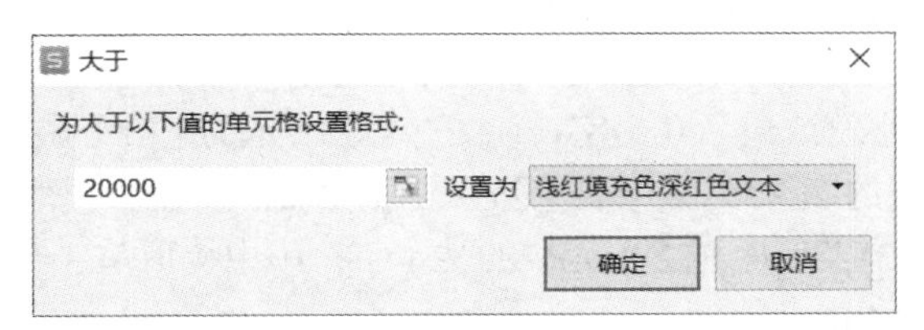

图 2-130　设置条件格式

【进阶任务 2-2　计算工资与年终奖】

任务导读

本任务将指导学生在“员工档案表”后添加并完成月基本工资的计算、销售明细表的统计、销售部门年终奖的统计与公司员工年终奖的计算，参考效果如图 2-131 所示。

通过本任务的学习，学生能够掌握以下知识与技能。

- 理解并掌握 IF、IFS 等条件判断函数的应用。
- 理解并掌握文本函数（LEFT、RIGHT、MID）的应用。
- 理解并掌握条件求和函数（SUMIF、SUMIFS）的应用。
- 理解并掌握日期函数（DATE、TODAY）的应用。
- 理解并掌握查找与引用函数（VLOOKUP）的应用。
- 掌握批注的添加方法。

[illegible]

图 2-131　进阶任务 2-2 参考效果

任务准备

1. 文本函数

（1）返回左右两侧字符：LEFT 函数和 RIGHT 函数

根据所指定的字符数，LEFT 函数返回文本字符串的第一个字符或前几个字符，RIGHT 函数返回文本字符串的最后一个字符或最后几个字符。图 2-132 所示为 LEFT 函数参数设置对话框，其中，“字符串”是指要提取字符的字符串，“字符个数”是指由 LEFT 函数提取的字符长度，必须大于或等于 0。例如，LEFT(F12,3)表示从 F12 单元格的文本字符串中提取前 3 个字符。

（2）返回中间字符：MID 函数

图 2-133 所示为 MID 函数参数设置对话框，MID 函数用于返回文本字符串中从指定位置开始的指定数目的字符，其中，“字符串”是指要提取字符的字符串，“开始位置”是指从文本中需要提取的第一个字符的位置，“字符个数”是指需要提取字符的个数。例如，MID(E3,7,4)表示从 E3 单元格第 7 个字符开始提取 4 个字符长度的字符。

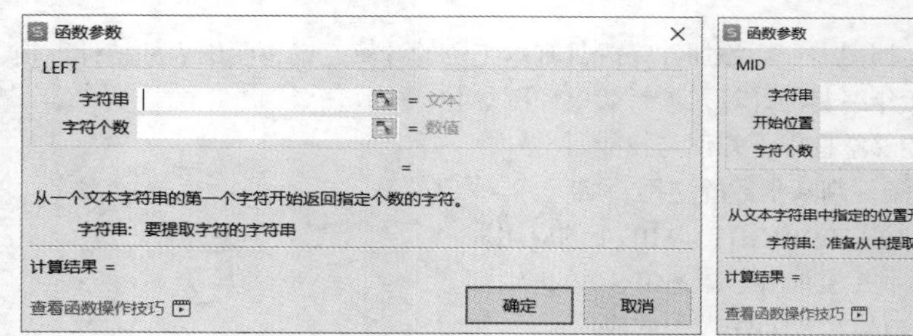

图 2-132　LEFT 函数参数设置对话框

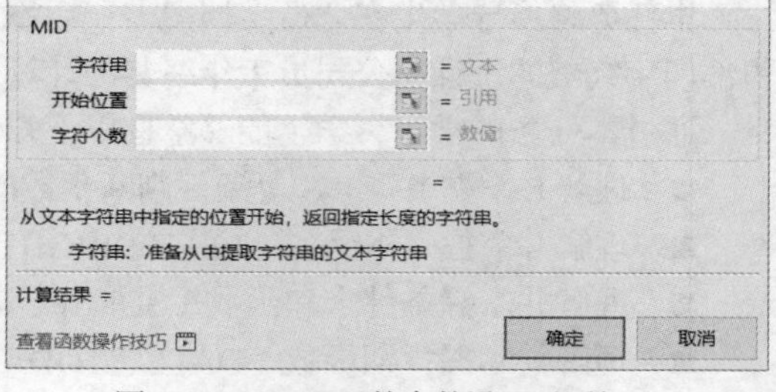

图 2-133　MID 函数参数设置对话框

2. 日期函数

（1）返回日期序列号：DATE 函数

在电子表格中，时间和日期是以数值方式存储的且具有连续性，因此可以说日期是一个“序列号”，使用 DATE 函数可以方便地将指定的年、月、日合并为序列号。图 2-134 所示为 DATE 函数参数设置对话框，其中，“年”代表年份，可以是 1904 到 9999 中的数字；“月”代表月份，其值为 1 到 12；“日”代表一个月中的第几天，其值为 1 到 31。例如，DATE(2011,1,14)表示将 2011 年 1 月 14 日显示为日期格式。

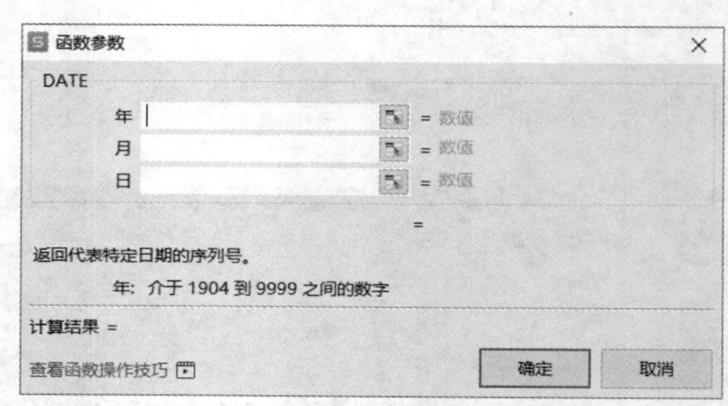

图 2-134　DATE 函数参数设置对话框

（2）返回日期序列号：TODAY 函数

TODAY 函数用于返回当前的日期，当将数据格式设置为数值时，将返回当前日期所对应的序列号，该序列号的整数部分表明其与 1900 年 1 月 1 日之间的天数。通过该函数，无论何时打开工作

簿，工作表上都能显示当前日期，该函数没有参数，所返回的是当前计算机系统的日期。图 2-135 所示为 TODAY 函数参数设置对话框。

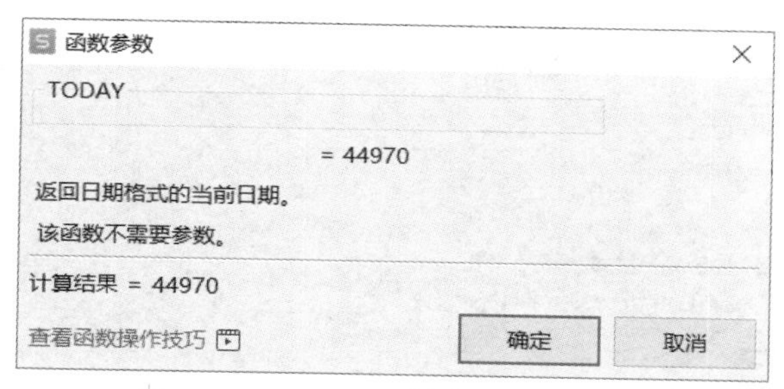

图 2-135　TODAY 函数参数设置对话框

3. 条件求和函数

（1）单条件求和：SUMIF 函数

SUMIF 函数可根据指定条件对若干单元格进行求和。与 SUM 函数相比，SUMIF 除具有 SUM 函数的求和功能之外，还可按条件求和。

图 2-136 所示为 SUMIF 函数参数设置对话框，其中，“区域”是指用于条件判断的单元格区域；“条件”是以数字、表达式或文本形式定义的条件；“求和区域”是指用于求和计算的实际单元格，如果为空，则将使用区域中的单元格。

例如，SUMIF(F2:F16,">8",G2:G16)表示在 F2:F16 单元格区域中寻找大于 8 的值，并在 G2:G16 单元格区域中将满足条件的数值进行求和，得到最终结果。

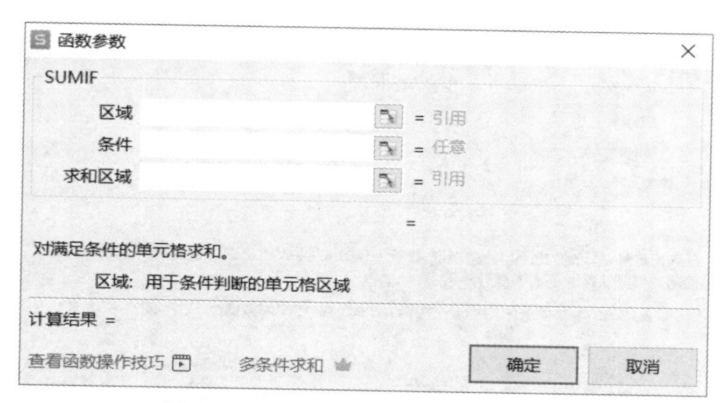

图 2-136　SUMIF 函数参数设置对话框

（2）多条件求和：SUMIFS 函数

图 2-137 所示为 SUMIFS 函数参数设置对话框。SUMIFS 函数可以对指定单元格区域中满足多个条件的单元格求和，函数中的 sum_range 参数（图 2-137 中的“求和区域”）表示求和的实际单元格区域，可忽略空值和文本值，是必选项；criteria_range1 参数（图 2-137 中的“区域 1”）表示在其中计算关联条件的第一个区域，是必选项；criteria1 参数（图 2-137 中的“条件 1”）是求和的条件，条件的形式可以为数字、表达式、单元格地址或文本，可用来定义将对 criteria_range1 参数中的哪些单元格求和，是必选项；criteria_range2 参数（图 2-137 中的“区域 2”）和 criteria2 参数（图 2-137 中的“条件 2”）表示附加的区域及关联条件，均是可选项。需要注意的是，每个 criteria_range 参数区域所包含的行数和列数必须与 sum_range 参数的行数和列数相同。

例如，SUMIFS(F15:H16,A5:D6,">2",B2:B6,"<12")表示对 F15:H16 单元格区域中符合条件的单元格的数值（A5:D6 中的相应数值大于 2 且 B2:B6 中的相应数值小于 12）进行求和。

图 2-137　SUMIFS 函数参数设置对话框

4. 查找与引用函数

图 2-138 所示为 VLOOKUP 函数参数设置对话框，VLOOKUP 函数可以在数据库或数组的首列查找指定的数值，并由此返回数据库或数组当前行中指定列处的数值。其中，“查找值”表示需要在数组第一列中查找的数值，是必选项；“数据表”表示需要在其中查找数据的数据表，可以使用对区域或区域名称的引用；“列序数”表示为待返回的匹配值的列序号，其值为 1 时，返回数据表第一列中的数值；“匹配条件”指定在查找时是要求精确匹配还是大致匹配，如果为 FALSE，则表示精确匹配，如果为 TRUE 或忽略，则表示大致匹配。

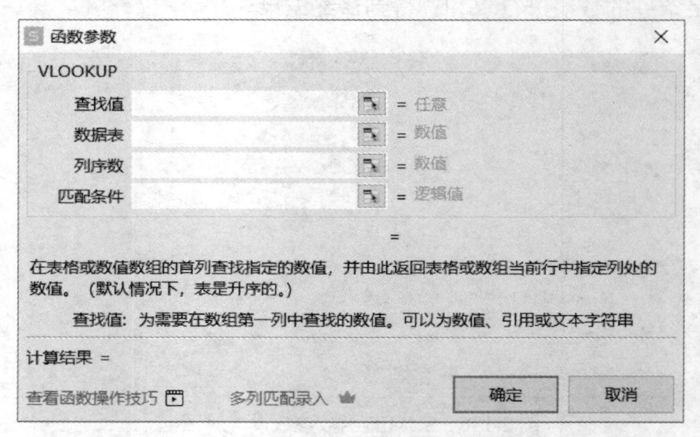

图 2-138　VLOOKUP 函数参数设置对话框

任务实施

1. 计算“月基本工资”

操作要求

计算“月基本工资”

■　在“签约月工资”右侧依次添加“工龄”“月工龄工资”“基本月工资”3 个字段。其中，月工龄工资的计算方法如下：员工工龄达到或超过 10 年的，每满一年每月增加 100 元；工龄不足 10 年、超过 5 年的，每满一年每月增加 80 元；工龄不足 5 年、超过 1 年的，每满一年每月增加 50 元；不满 1 年的没有工龄工资。

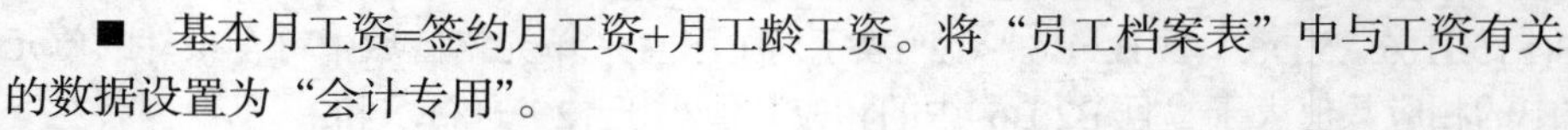

■　基本月工资=签约月工资+月工龄工资。将“员工档案表”中与工资有关的数据设置为“会计专用”。

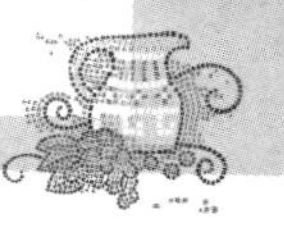

操作步骤

（1）撤销保护

打开云文档“进阶项目　管理员工档案与工资.xlsx”文档，选择“审阅”—“撤销工作簿保护”，输入密码“123”并单击“确定”按钮，选择“撤销工作表保护”，输入密码“123”并单击“确定”按钮，即可进行正常编辑。

（2）添加字段

在“员工档案表”的“签约月工资”右侧单元格中依次输入“工龄”“月工龄工资”“基本月工资”3 个字段。

（3）计算“工龄”

分析：工龄可由当前日期与入职日期计算得出，可使用 DATEDIF 函数。

操作方法：定位到 L2 单元格，选择“公式”—“日期和时间”—“DATEDIF”，在打开的“函数参数”对话框中，设置开始日期为“J2”，终止日期为“TODAY()”，TODAY()表示当前的日期，比较单位为"Y"（注意，Y 表示计算两个日期之间的年数，要添加英文双引号），如图 2-139 所示。

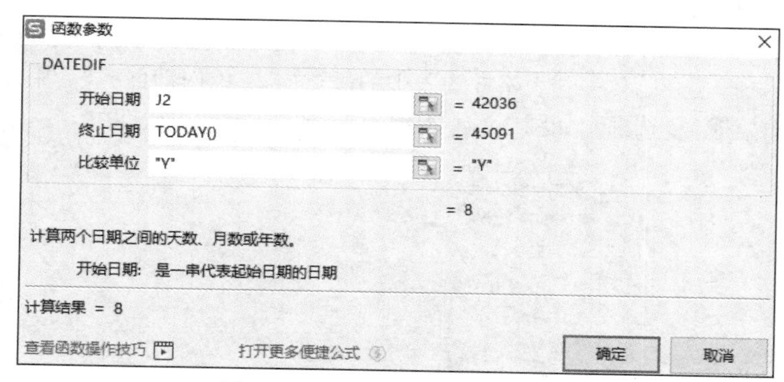

图 2-139　DATEDIF 函数参数设置

填充公式：选中 L2 单元格，将鼠标指针移到该单元格右下角，拖动填充柄到 L59，填充公式即可。

（4）计算“月工龄工资”

分析：根据月工龄工资的计算方法（员工工龄大于等于 10 年的，每满一年每月增加 100 元；工龄不足 10 年、超过 5 年的，每满一年每月增加 80 元；工龄不足 5 年、超过 1 年的，每满一年每月增加 50 元；不满 1 年的没有工龄工资），适合使用多条件判断函数 IFS。

操作方法：定位到 M2 单元格，选择“公式”—“逻辑”—“IFS”，在打开的“函数参数”对话框中，设置测试条件 1 为“L2>=10”，真值 1 为“L2*100”，测试条件 2 为“L2>=5”，真值 2 为“L2*80”，测试条件 3 为“L2>=1”，真值为“L2*50”，如图 2-140 所示，单击“确定”按钮，拖动该单元格右下角的填充柄到 M59 即可。

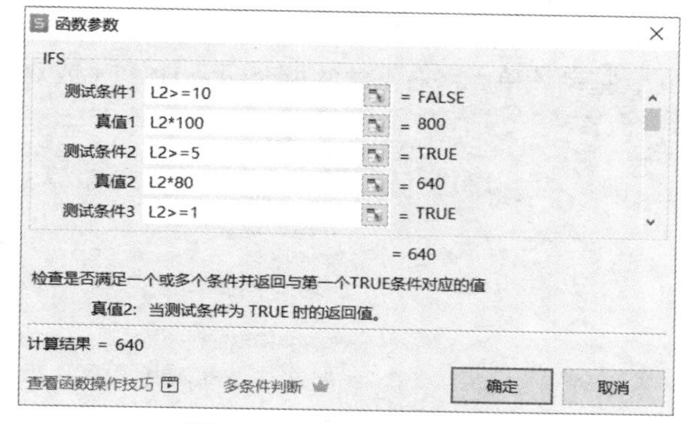

图 2-140　IFS 函数参数设置

（5）计算“基本月工资”

分析：基本月工资=签约月工资+月工龄工资。

操作方法：定位到 N2 单元格，输入公式“=K2+M2”，按“Enter”键，拖动该单元格右下角的填充柄到 N2 即可。

（6）设置格式

选中 K 列、M 列、N 列，单击鼠标右键，在打开的快捷菜单中选择“设置单元格格式”命令，在“单元格格式”对话框中设置“数字”分类为“会计专用”。

选中 A:N 列，单击鼠标右键，在打开的快捷菜单中选择“最适合的列宽”命令。

2. 统计“销售明细表”

操作要求

统计“销售明细表”

■ 将“销售明细表”中的所有数据套用表格样式，根据销售订单的“发货地址”提取“销售区域”，如“北京市”“浙江省”。

■ 若每笔订单的图书销量超过 100 本（含 100 本），则按照图书单价的 9.3 折进行销售，否则按照图书单价的原价销售。按照此规则，计算并填写“销售明细表”中每笔订单的“销售金额”，将其设置为会计专用型，保留 2 位小数。

操作步骤

（1）快速美化表格数据

单击“销售明细表”工作表标签，将光标定位到有数据的任意单元格，按“Ctrl+A”组合键全选有效数据区域，选择“开始”—“表格样式”中的任意样式，在打开的“套用表格样式”对话框中取消选中“筛选按钮”复选框，如图 2-141 所示，单击“确定”按钮即可。

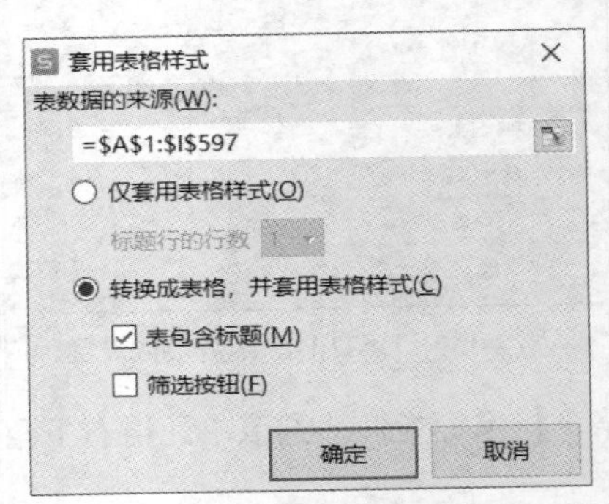

图 2-141　套用表格样式

（2）获取“销售区域”

分析：“销售区域”来自“发货地址”的前 3 位，可用 LEFT 函数或 MID 函数获取。

操作方法：将光标定位到 H2 单元格，选择“公式”—“文本”—“LEFT”，在打开的“函数参数”对话框中，设置字符串为“G2”，字符个数为“3”，如图 2-142 所示，单击“确定”按钮即可，拖动该单元格右下角的填充柄到 H597（或双击填充柄）。

函数参数
LEFT
字符串 G2 = "福建省厦门市思明区莲岳路118...
字符个数 3 = 3
= "福建省"
从一个文本字符串的第一个字符开始返回指定个数的字符。
字符个数：要 LEFT 提取的字符数；如果忽略为 1
计算结果 = "福建省"
查看函数操作技巧
确定 取消

图 2-142　LEFT 函数参数设置

（3）计算“销售金额”

分析：根据销售金额计算规则[若每笔订单的图书销量超过 100 本（含 100 本），则按照图书单价的 9.3 折进行销售；否则按照图书单价的原价销售]，可采用 IF 函数进行计算。

操作方法：定位到 I2 单元格，选择“公式”—“逻辑”—“IF”，在打开的“函数参数”对话框中，设置测试条件为“F2>=100”，真值为“E2*F2*0.93”，假值为“E2*F2”，如图 2-143 所示，单击“确定”按钮即可，拖动该单元格右下角的填充柄到 I597（或双击填充柄）。

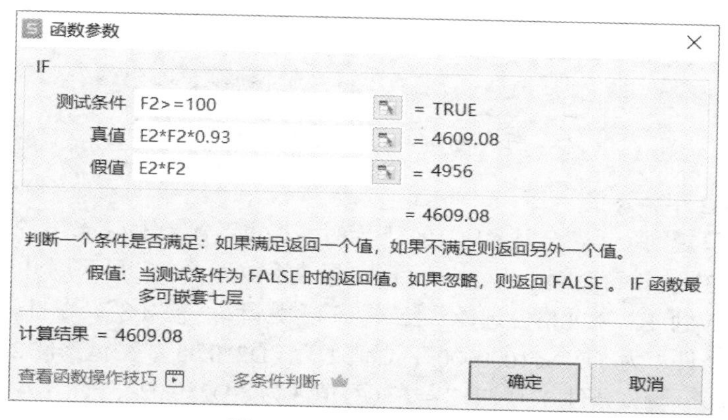

图 2-143　IF 函数参数设置

（4）设置数字类型

按住“Ctrl”键，选中 E 列和 I 列，单击鼠标右键，在打开的快捷菜单中选择“设置单元格格式”命令，在“单元格格式”对话框中设置“数字”分类为“会计专用”。

选中 A 到 I 列，单击鼠标右键，在打开的快捷菜单中选择“最适合的列宽”命令。

3. 统计“销售部门年终奖”

操作要求

根据“销售明细表”中的数据，使用公式或函数统计出各地区负责人 2022 年的销售业绩。计算规则：销售金额超过 100 万元时，提成系数为 5%；销售金额为 50 万～100 万元时，提成系数为 3%；销售金额小于 50 万元时，提成系数为 2%。

统计“销售部门年终奖”

操作步骤

（1）快速美化表格数据

单击“销售部门年终奖”工作表标签，将光标定位到有数据的任意单元格，按“Ctrl+A”组合键全选有效数据区域，选择“开始”—“表格样式”中的任意样式，在打开的“套用表格样式”对话框中取消选中“筛选按钮”复选框，单击“确定”按钮即可。

（2）计算“2022 年销售业绩”

分析：根据“销售明细表”中的数据统计出各地区 2022 年的销售业绩，可使用 SUMIF 或 SUMIFS 条件求和函数，前者为单条件求和、后者为多条件求和。

操作方法：定位到“销售部门年终奖”工作表的 D2 单元格，选择“公式”—“数学和三角”—“SUMIFS”，在打开的“函数参数”对话框中，设置求和区域为“销售明细表!I:I”，区域 1 为“销售明细表!H:H”，条件 1 为“C2”，如图 2-144 所示，单击“确定”按钮。在编辑栏中可查看完整公式为“=SUMIFS(销售明细表!I:I,销售明细表!H:H,C2)”，这里只需要设置一个条件（若涉及多条件求和，则可在该“函数参数”对话框中继续添加区域 2、条件 2 等）。双击填充柄，填充此列数据即可。

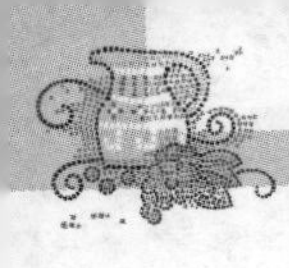

函数参数

SUMIFS

求和区域 销售明细表!I:I = {"销售金额";4609.08;4419.36;8...

区域1 销售明细表!H:H = {"销售区域";"福建省";"北京市";"...

条件1 C2 = "北京市"

区域2 = 引用

= 1144120

对区域中满足多个条件的单元格求和。

条件1：以数字、表达式或文本形式定义的条件

计算结果 = 1144120

查看函数操作技巧 按条件区间求和 确定 取消

图 2-144　SUMIFS 函数参数设置

（3）计算“2022 年年终奖”

分析：根据计算规则（销售金额超过 100 万元时，提成系数为 5%；销售金额为 50 万～100 万元时，提成系数为 3%；销售金额小于 50 万元时，提成系数为 2%），可采用 IFS 函数进行计算。

操作方法：定位到 E2 单元格，选择“公式”—“逻辑”—“IFS”，在打开的“函数参数”对话框中，设置测试条件 1 为“D2>=1000000”，真值 1 为“D2*0.05”，测试条件 2 为“D2>=500000”，真值 2 为“D2*0.03”，测试条件 3 为“D2>=0”（真值 3 为“D2*0.02”，如图 2-145 所示，单击“确定”按钮，在编辑栏中可查看完整公式为“=IFS(D2>=1000000,D2*0.05,D2>=500000,D2*0.03,D2>=0,D2*0.02)”，双击填充柄即可。

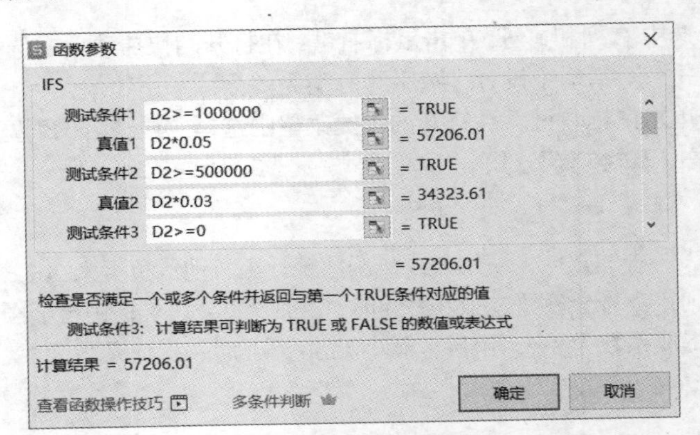

图 2-145　IFS 函数参数设置

（4）设置数字类型

选中 D 列和 E 列，单击鼠标右键，在打开的快捷菜单中选择“设置单元格格式”命令，在“单元格格式”对话框中设置“数字”分类为“会计专用”。

选中 A 到 E 列，单击鼠标右键，在打开的快捷菜单中选择“最适合的列宽”命令。

4. 计算“公司年终奖”

操作要求

计算“公司年终奖”

■ 在“公司年终奖”工作表中，使用 VLOOKUP 函数填充所对应的“月基本工资”，“月基本工资”与“工号”“姓名”的对应关系请参照“员工档案表”。

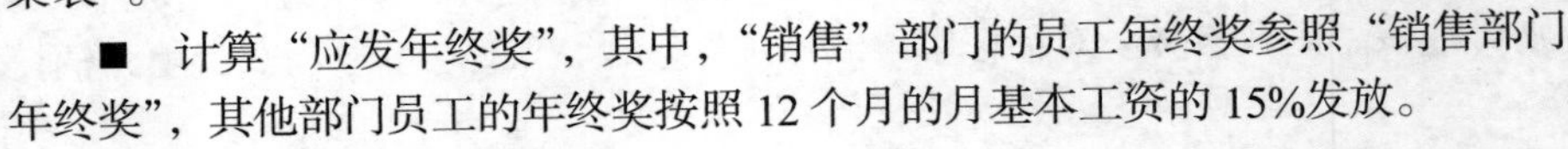

■ 计算“应发年终奖”，其中，“销售”部门的员工年终奖参照“销售部门年终奖”，其他部门员工的年终奖按照 12 个月的月基本工资的 15%发放。

■　为“公司年终奖”工作表中的“应发年终奖”字段添加批注，内容为“销售部门员工年终奖以‘销售部门年终奖’工作表中计算的结果为准，其他部门员工年终奖为 12 个月基本工资的 15%”。

■　按原名保存该云文档，并将其另存到本地文件夹中，文件名为“进阶任务 2-2 计算工资与年终奖（效果）.xlsx”。

操作步骤

（1）快速美化表格数据

单击“公司年终奖”工作表标签，将光标定位到有数据的任意单元格，按“Ctrl+A”组合键全选有效数据区域，选择“开始”—“表格样式”中的任意样式，在打开的“套用表格样式”对话框中取消选中“筛选按钮”复选框，单击“确定”按钮即可。

（2）查找与引用“月基本工资”

分析：根据员工编号到“员工档案表”工作表中查找并引用“月基本工资”字段的值，可采用 VLOOKUP 函数。

操作方法：定位到 D2 单元格，选择“公式”—“查找与引用”—“VLOOKUP”，在打开的“函数参数”对话框中，设置查找值为“A2”，数据表为“员工档案表!A:N”，列序数为“14”，匹配条件为“0”，如图 2-146 所示，单击“确定”按钮，在编辑栏中可查看完整公式为“=VLOOKUP(A2,员工档案表!A:N,14,0)”，双击填充柄即可。

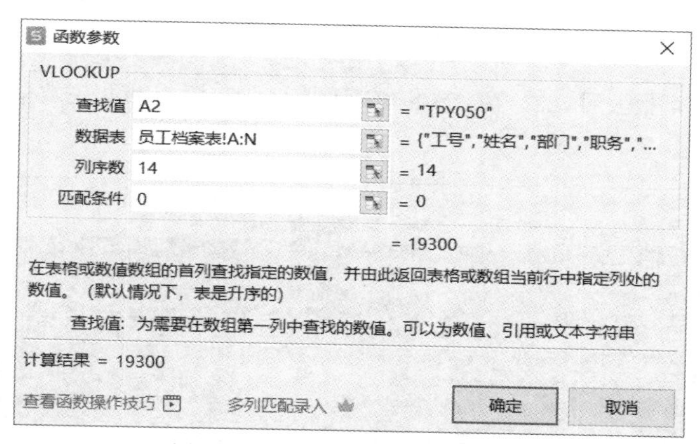

图 2-146　VLOOKUP 函数参数设置

（3）计算“应发年终奖”

分析：根据年终奖发放规则，销售部门的员工年终奖参照“销售部门年终奖”工作表，其他部门员工的年终奖按照 12 个月的月基本工资的 15%发放，可通过 IF 函数判断员工的部门是不是销售部门，是销售部门的，直接引用，不是的，按照比例发放，可结合使用 IF 与 VLOOKUP 函数进行计算。

操作方法：定位到 E2 单元格，选择“公式”—“逻辑”—“IF”，在打开的“函数参数”对话框中，设置测试条件为“C2="销售"”，真值为“VLOOKUP(A2,销售部门年终奖!A:E,5,0)”，假值为“D2*12*0.15”，如图 2-147 所示，单击“确定”按钮，在编辑栏中可查看完整公式为“=IF(C2="销售",VLOOKUP(A2,销售部门年终奖!A:E,5,0),D2*12*0.15)”，双击填充柄即可。

（4）设置数字类型

选中 D 列和 E 列，单击鼠标右键，在打开的快捷菜单中选择“设置单元格格式”命令，在“单元格格式”对话框中设置“数字”分类为“会计专用”。

选中 A 到 E 列，单击鼠标右键，在打开的快捷菜单中选择“最适合的列宽”命令。

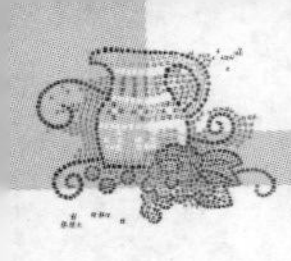

函数参数

IF

测试条件 C2="销售" = FALSE

真值 VLOOKUP(A2,销售部门年终补 = #N/A

假值 D2*12*0.15 = 34740

= 34740

判断一个条件是否满足：如果满足返回一个值，如果不满足则返回另外一个值。

真值：当测试条件为 TRUE 时的返回值。如果忽略，则返回 TRUE 。IF 函数最多可嵌套七层

计算结果 = 34740

查看函数操作技巧 多条件判断 确定 取消

图 2-147 IF 函数参数设置

选中 E1 单元格，单击鼠标右键，在打开的快捷菜单中选择“插入批注”命令，在弹出的批注框中，输入内容“销售部门员工年终奖以‘销售部门年终奖’工作表中计算的结果为准，其他部门员工年终奖为 12 个月基本工资的 15%”。

按“Ctrl+S”组合键，保存云文档，同时选择“文件”—“另存为”，将其保存在个人文件夹中，并将其命名为“进阶任务 2-2 计算工资与年终奖（效果）.xlsx”。

进阶拓展 2-2：管理差旅报销费用

任务效果

财务部人员需要汇报公司 2022 年度差旅报销情况，现需对本年度报销数据进行统计、分析，参考效果如图 2-148 所示。

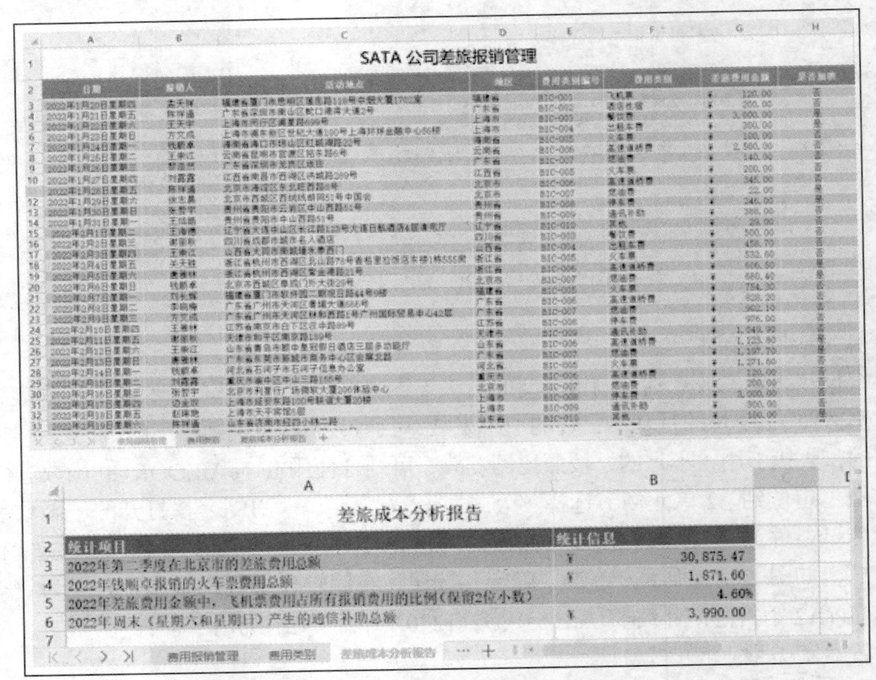

SATA 公司差旅报销管理

差旅成本分析报告

统计项目	统计信息
2022年第二季度在北京市的差旅费用总额	¥ 30,875.47
2022年钱顺卓报销的火车票费用总额	¥ 1,871.60
2022年差旅费用金额中，飞机票费用占所有报销费用的比例（保留2位小数）	4.60%
2022年周末（星期六和星期日）产生的通信补助总额	¥ 3,990.00

图 2-148 进阶拓展 2-2 参考效果

学习目标

熟练运用 VLOOKUP、IF、WEEKDAY、SUMIFS 函数。

操作要求

■ 打开“进阶任务 2-2 管理差旅报销费用（素材）.xlsx”，另存文件为“进阶任务 2-2 管理差旅报销费用（效果）.xlsx”。

■ 在“费用报销管理”工作表“日期”列的所有单元格中，标注每个报销日期属于星期几，例如，日期为“2022 年 1 月 20 日”的单元格应显示为“2022 年 1 月 20 日星期四”。

■ 如果“日期”列中的日期为星期六或星期日，则在“是否加班”列的单元格中显示“是”，否则显示“否”（必须使用公式）。

■ 使用公式统计每个活动地点所在的省份或直辖市，并将其填写在“地区”列所对应的单元格中，如“北京市”“浙江省”。

■ 依据“费用类别编号”列内容，使用 VLOOKUP 函数，生成“费用类别”列内容。对照关系参考“费用类别”工作表。

■ 在“差旅成本分析报告”工作表中，使用 SUMIFS 函数分别统计 2022 年第二季度在北京市的差旅费用总额、2022 年钱顺卓报销的火车票费用总额、飞机票费用占所有报销费用的比例（保留 2 位小数）、2022 年在周末（星期六和星期日）产生的通信补助总额。

重点操作提示

1. 自定义单元格数字分类

选中 A 列数据，在“单元格格式”对话框中，设置数字分类“自定义”为“yyyy"年"m"月"d"日"[$-804]aaaa;@”，其中，“yyyy"年"m"月"d"日"”表示日期，“[$-804]aaaa”表示星期几，如图 2-149 所示。

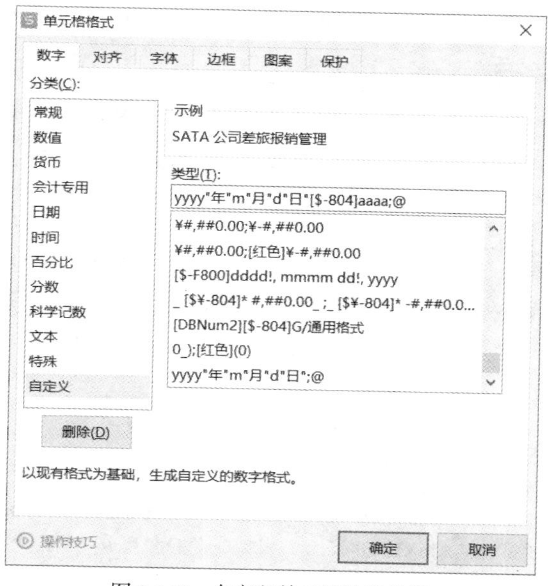

图 2-149　自定义单元格数字分类

2. 应用 VLOOKUP 函数

在 F3 单元格中，应用 VLOOKUP 函数可以根据 E3 单元格中“费用类别编号”的值在“费用类别”工作表中查找与引用对应值，具体参数设置如图 2-150 所示。

3. 应用 IF、WEEKDAY 函数

在 H3 单元格中，可应用 WEEKDAY 函数返回 A3 单元格中日期对应的星期几的值，再应用 IF 函数对 WEEKDAY 函数的返回值进行判断即可，具体参数设置如图 2-151 所示。

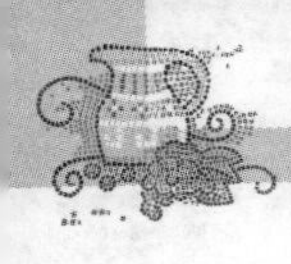

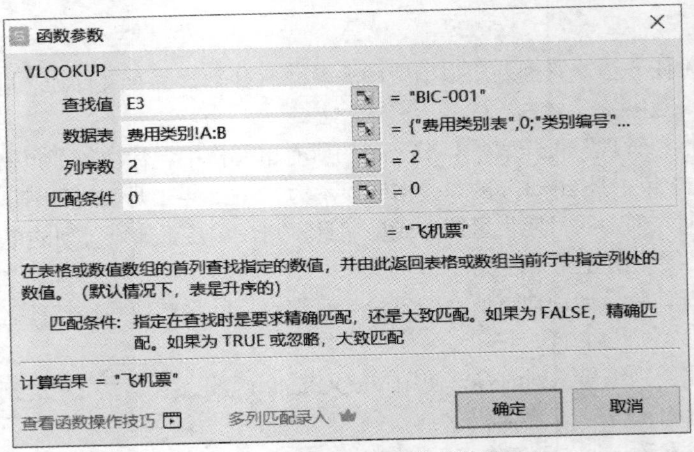

函数参数

VLOOKUP

查找值 E3 = "BIC-001"

数据表 费用类别!A:B = {"费用类别表",0;"类别编号"...

列序数 2 = 2

匹配条件 0 = 0

= "飞机票"

在表格或数值数组的首列查找指定的数值，并由此返回表格或数组当前行中指定列处的数值。（默认情况下，表是升序的）

匹配条件：指定在查找时是要求精确匹配，还是大致匹配。如果为 FALSE，精确匹配。如果为 TRUE 或忽略，大致匹配

计算结果 = "飞机票"

查看函数操作技巧 多列匹配录入 确定 取消

图 2-150 VLOOKUP 函数参数设置

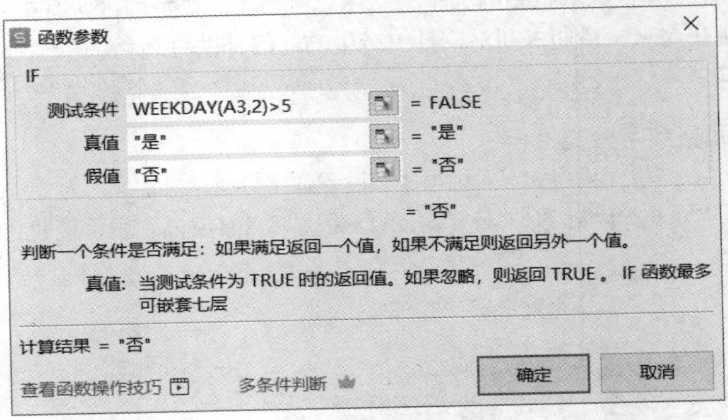

函数参数

IF

测试条件 WEEKDAY(A3,2)>5 = FALSE

真值 "是" = "是"

假值 "否" = "否"

= "否"

判断一个条件是否满足：如果满足返回一个值，如果不满足则返回另外一个值。

真值：当测试条件为 TRUE 时的返回值。如果忽略，则返回 TRUE 。IF 函数最多可嵌套七层

计算结果 = "否"

查看函数操作技巧 多条件判断 确定 取消

图 2-151 IF 函数参数设置

4. 应用 SUMIFS 函数

在“差旅成本分析报告”工作表中，以 B4 单元格为例，统计“2022 年钱顺卓报销的火车票费用金额”，可应用 SUMIFS 函数进行条件求和，此处求和区域为“费用报销管理!G:G”，区域 1 为“费用报销管理!B:B”，条件 1 为“钱顺卓”，区域 2 为“费用报销管理!F:F”，条件 2 为“火车票”，具体参数设置如图 2-152 所示。

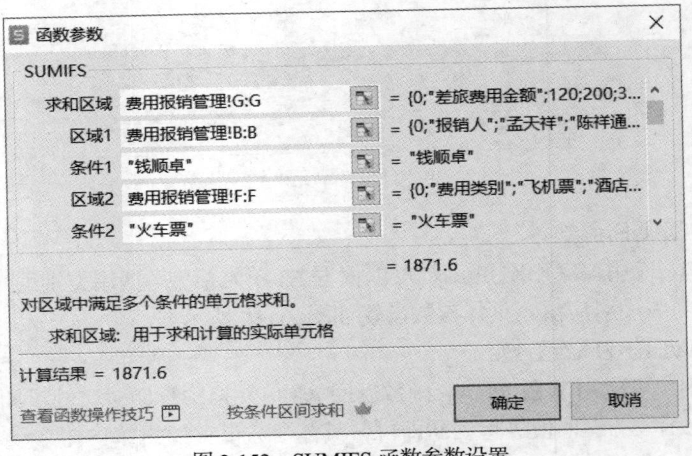

函数参数

SUMIFS

求和区域 费用报销管理!G:G = {0;"差旅费用金额";120;200;3...

区域1 费用报销管理!B:B = {0;"报销人";"孟天祥";"陈祥通...

条件1 "钱顺卓" = "钱顺卓"

区域2 费用报销管理!F:F = {0;"费用类别";"飞机票";"酒店...

条件2 "火车票" = "火车票"

= 1871.6

对区域中满足多个条件的单元格求和。

求和区域：用于求和计算的实际单元格

计算结果 = 1871.6

查看函数操作技巧 按条件区间求和 确定 取消

图 2-152 SUMIFS 函数参数设置

【进阶任务 2-3　分析相关数据】

任务导读

本任务将指导学生完成对销售部门员工销售数据的分析，参考效果如图 2-153 所示。通过本任务的学习，学生能够掌握以下知识与技能。

- 掌握使用智能表格工具进行数据分析的方法。
- 掌握切片器的应用。
- 掌握数据透视表的应用。
- 掌握数据透视图的应用。

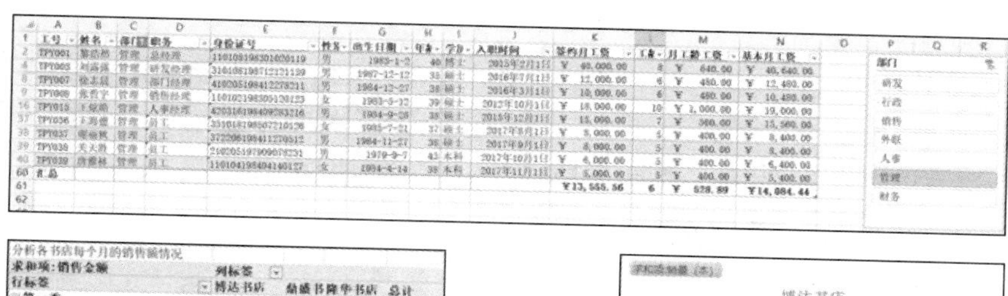

分析各书店每个月的销售额情况

求和项:销售金额	列标签			
行标签	博达书店	鼎盛书	隆华书店	总计
第一季				
1月	3.09%	5.98%	2.15%	11.22%
2月	1.31%	3.62%	1.08%	6.02%
3月	1.16%	3.74%	3.88%	8.77%
第二季				
4月	3.37%	2.32%	2.18%	7.87%
5月	1.77%	4.86%	4.27%	10.90%
6月	4.62%	3.18%	1.00%	8.81%
第三季				
7月	4.32%	5.29%	3.02%	12.64%
8月	3.74%	2.84%	3.36%	9.94%
9月	1.56%	2.98%	3.10%	7.65%
第四季				
10月	1.16%	4.45%	1.61%	7.21%
11月	0.99%	1.77%	0.86%	3.58%
12月	2.60%	1.27%	1.51%	5.39%
总计	29.65%	######	28.02%	100.00%

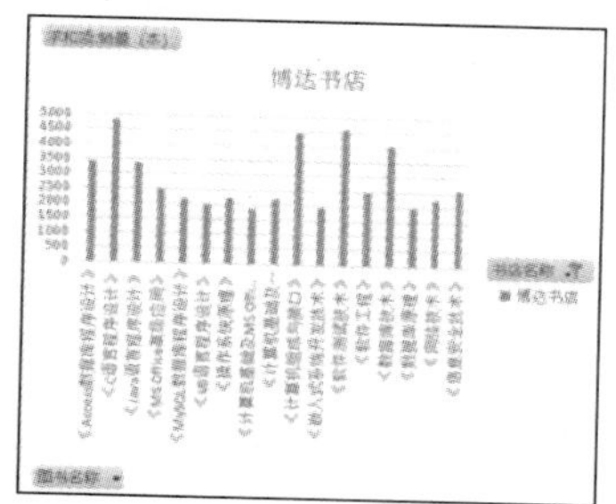

图 2-153　进阶任务 2-3 参考效果

任务准备

1. 表格工具

通过表格工具，可对数据进行筛选、汇总等。表格工具也可作为常规的数据分析工具使用。图 2-154 所示为使用表格工具分析数据的示例。

筛选器

员工编号	负责人	销售地区	2022年销售业绩		2022年年终奖
TPY011	王晓亚	北京市	¥	1,144,120.23	¥ 57,206.01
TPY012	李娜娜	福建省	¥	340,067.63	¥ 6,801.35
TPY016	杨慧娟	广东省	¥	891,011.25	¥ 26,730.34
TPY018	刘康锋	贵州省	¥	337,292.25	¥ 6,745.85
TPY020	于慧霞	河北省	¥	108,030.56	¥ 2,160.61
TPY022	刘鹏举	河南省	¥	138,980.36	¥ 2,779.61
TPY025	倪冬声	湖北省	¥	112,361.64	¥ 2,247.23
TPY026	齐飞扬	江苏省	¥	302,666.27	¥ 6,053.33
TPY027	苏解放	江西省	¥	153,603.28	¥ 3,072.07
TPY028	孙玉敏	辽宁省	¥	260,590.97	¥ 5,211.82
TPY029	王清华	山东省	¥	256,228.46	¥ 5,124.57
TPY030	谢如康	山西省	¥	128,627.37	¥ 2,572.55
TPY031	闫朝霞	上海市	¥	642,034.43	¥ 19,261.03
TPY032	曾令煊	四川省	¥	257,821.19	¥ 5,156.42
TPY033	张桂花	天津市	¥	187,192.13	¥ 3,743.84
TPY034	钱超群	云南省	¥	112,927.42	¥ 2,258.55
TPY035	陈称意	浙江省	¥	650,169.85	¥ 19,505.10
TPY043	符坚	重庆市	¥	114,932.18	¥ 2,298.64
汇总					178928.9116

汇总行

图 2-154　使用表格工具分析数据的示例

2. 切片器

通过切片器，不仅能够筛选数据，还能快速、直观地查看筛选信息。它相当于一组筛选器，包括切片器标题、筛选器列表、清除筛选器按钮等，如图 2-155 所示。

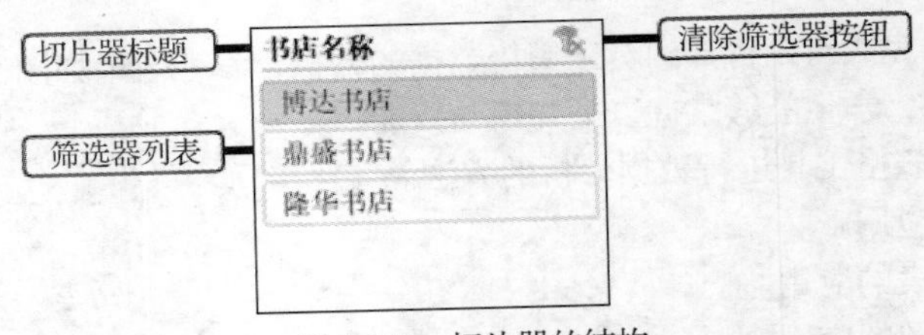

图 2-155　切片器的结构

3. 数据透视表

利用数据透视表可以对大量数据进行快速汇总并建立交叉列表，它能够清晰地反映电子表格中的数据信息。数据透视表是一个动态汇总表，用户通过它可以对数据信息进行分析、处理。从结构上看，数据透视表由 4 个部分组成，如图 2-156 所示，各部分的作用如下。

筛选区域　列区域　行区域　值区域

	A	B	C	D	E	F
1	书店名称	(全部)				
2						
3	求和项:销量（本）	季度				
4	图书名称	第一季	第二季	第三季	第四季	总计
5	《Access数据库程序设计》	2590	2340	2990	1270	9190
6	《C语言程序设计》	3610	3490	3360	2860	13320
7	《Java语言程序设计》	3200	2750	2430	1090	9470
8	《MS Office高级应用》	1900	3390	2500	1260	9050
9	《MySQL数据库程序设计》	1430	2460	2330	900	7120
10	《VB语言程序设计》	2810	2340	1980	900	8030
11	《操作系统原理》	1750	1650	2610	1220	7230
12	《计算机基础及MS Office应用》	2070	2520	1830	1560	7980
13	《计算机基础及Photoshop应用》	3120	2210	3970	2410	11710
14	《计算机组成与接口》	3920	3460	3770	2430	13580
15	《嵌入式系统开发技术》	2370	1390	1740	1520	7020
16	《软件测试技术》	3020	4190	4380	2170	13760
17	《软件工程》	2640	2380	2870	770	8660
18	《数据库技术》	2440	4080	3770	2260	12550
19	《数据库原理》	2560	2110	2860	1670	9200
20	《网络技术》	1480	2400	2730	730	7340
21	《信息安全技术》	1710	2340	3680	1400	9130
22	总计	42620	45500	49800	26420	164340

图 2-156　数据透视表的结构

- 筛选区域。该区域中的字段将作为数据透视表中的报表筛选字段。
- 行区域。该区域中的字段将作为数据透视表的行标签。
- 列区域。该区域中的字段将作为数据透视表的列标签。
- 值区域。该区域中的字段将作为数据透视表中显示的汇总数据。值的汇总方式默认为“求和”，可以根据需求将其更改为“计数”“平均值”“最大值”“最小值”等。

将字段添加到数据透视表中的操作很简单，在“数据透视表字段”窗格中选中要添加字段对应的复选框即可，也可以在“数据透视表字段”窗格中，选中要添加的字段并单击鼠标右键，在打开的快捷菜单中选择添加字段的位置，如图 2-157 所示；还可以直接拖动相应字段到目标位置。

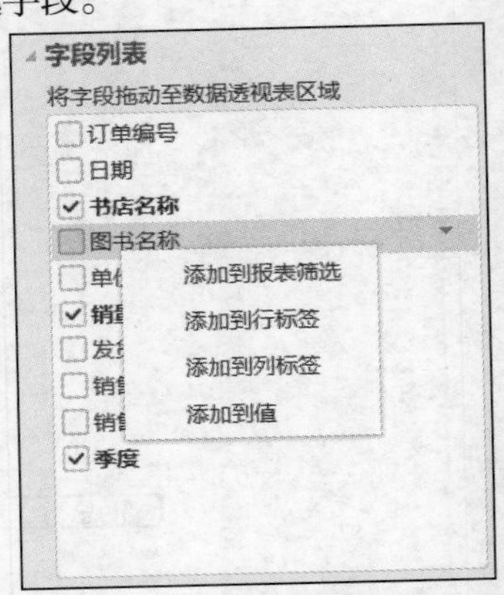

图 2-157　通过右键快捷菜单添加字段

4. 数据透视图

为了更直观地通过数据透视表分析数据，可制作数据透视图。数据透视表与数据透视图是相互关联的，改变数据透视表中的内容，数据透视图中的内容也将发生相应变化。可定位到数据透视表中任意单元格，选择“分析”—“数据透视图”，打开“图表”对话框，选择相应图表即可。可在数据透视图中选择对应的筛选器，图表数据将同步更新，如图 2-158 所示。

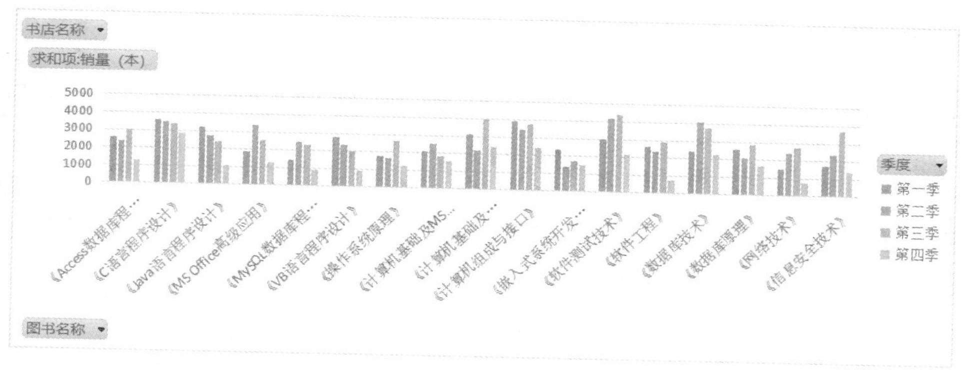

图 2-158　数据透视图

任务实施

1. 应用智能表格工具

应用智能表格工具

操作要求

■ 打开云文档“进阶任务 2-3 分析相关数据（素材）.xlsx”。

■ 在“员工档案表”工作表中通过表格工具添加汇总行、镶边行，设置汇总行的汇总方式为平均值。修改“工龄”汇总行的数据类型为数值型，保留 0 位小数，修改“签约月工资”“月工龄工资”“基本月工资”汇总行的数据类型为会计专用型。

操作步骤

打开“进阶任务 2-3 分析相关数据（素材）.xlsx”文档，在“员工档案表”工作表中，选择“表格工具”选项卡，查看当前表名称为“员工档案表”，选中“标题行”“汇总行”“镶边行”，此时，在表格最下方会添加汇总行，在“签约月工资”“工龄”“月工龄工资”“基本月工资”的汇总行单元格中，单击单元格右侧的下拉按钮，在打开的下拉列表中选择汇总方式为“平均值”，如图 2-159 所示。

K60　=SUBTOTAL(101,[签约月工资])

	工号	姓名	部门	职务	身份证号	性别	出生日期	年龄	学历	入职时间	签约月工资	工龄	月工龄工资	基本月工资
46	TPY045	陈万地	外联	员工	210108198712141139	男	1987-12-14	35	本科	2015年8月1日	¥ 5,000.00	7	¥ 560.00	¥ 5,560.00
47	TPY046	杜学江	外联	员工	372208198211190512	男	1982-11-19	40	本科	2015年9月1日	¥ 6,000.00	7	¥ 560.00	¥ 6,560.00
48	TPY047	符合	外联	员工	110103197909021144	女	1979-9-2	43	本科	2008年10月1日	¥ 8,000.00	14	¥ 1,400.00	¥ 9,400.00
49	TPY048	吉祥	外联	员工	110105199112120129	女	1991-12-12	31	本科	2019年11月1日	¥ 6,000.00	3	¥ 150.00	¥ 6,150.00
50	TPY049	李北大	外联	员工	410205198912278211	男	1989-12-27	33	本科	2018年12月1日	¥ 6,000.00	4	¥ 200.00	¥ 6,200.00
51	TPY050	孟天祥	财务	财务经理	110101197212280211	男	1972-12-28	50	本科	2009年12月1日		13	¥ 1,300.00	¥ 19,300.00
52	TPY051	陈祥通	财务	财务总监	110106196807120123	女	1968-7-12	54	本科	2008年1月1日		15	¥ 1,500.00	¥ 26,500.00
53	TPY052	王天宇	财务	会计	351018198207210126	女	1982-7-21	40	本科	2013年1月1日		10	¥ 1,000.00	¥ 6,700.00
54	TPY053	方文成	财务	出纳	210205198909078231	男	1989-9-7	33	本科	2015年11月1日		7	¥ 560.00	¥ 6,560.00
55	TPY054	钱顺卓	财务	出纳	110104199104140127	女	1991-4-14	31	本科	2020年1月1日		3	¥ 150.00	¥ 6,150.00
56	TPY055	王崇江	财务	税务	270108198705283159	男	1987-5-28	35	本科	2016年4月1日		6	¥ 480.00	¥ 6,480.00
57	TPY056	徐亚楠	人事	员工	110108197809020379	男	1978-9-2	44	本科	2014年1月1日		9	¥ 720.00	¥ 6,720.00
58	TPY057	杨国强	人事	员工	420016198507283216	男	1985-7-28	37	本科	2015年1月1日		8	¥ 640.00	¥ 6,640.00
59	TPY058	白宏伟	人事	员工	251018198710120013	男	1987-10-12	35	本科	2016年1月1日		7	¥ 560.00	¥ 6,560.00
60	汇总													493040

无
平均值
计数
数值计数
最大值
最小值
求和
标准偏差
方差
其他函数...

员工档案表　公司年终奖　销售部门年终奖　销售明细表

图 2-159　应用表格工具进行汇总

在汇总行中，选中“工龄”汇总行单元格，单击鼠标右键，在打开的快捷菜单中选择“设置单元格格式”命令，在打开的“单元格格式”对话框中设置“数字”分类为“数值”，小数位数为0。按住“Ctrl”键选中其余3个单元格，单击鼠标右键，在打开的快捷菜单中选择“设置单元格格式”命令，在打开的“单元格格式”对话框中设置“数字”分类为“会计专用”。

2. 添加切片器

操作要求

为“员工档案表”工作表添加“部门”切片器，以降序的方式排列。

添加切片器

操作步骤

将光标定位到表格中任意单元格中，选择“插入”—“切片器”，在打开的“插入切片器”对话框中选中“部门”复选框，如图2-160所示，单击“确定”按钮；选中切片器，在其上方会出现“选项”功能区，在“选项”功能区中选择“设置切片器”，打开“切片器设置”对话框，设置“项目排序和筛选”为“降序(最大到最小)”，如图2-161所示。此时切片器中各项目将降序排列。

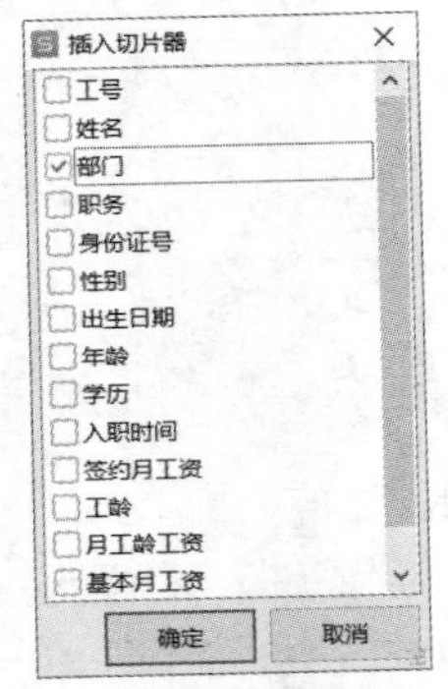

图2-160 “插入切片器”对话框

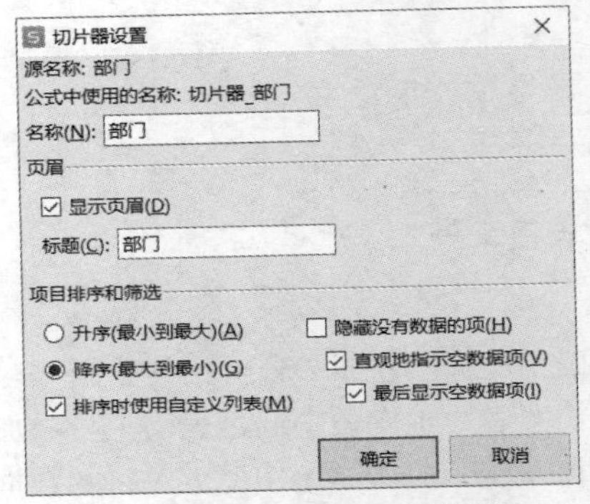

图2-161 “切片器设置”对话框

拖动切片器到该工作表的P1单元格处，选中其中的任意部门，左侧的数据及汇总值都会自动变化，实现了数据的动态查询，如图2-162所示。

	A	B	C	D	E	F	G	H	I	J	K	L	M	N
1	工号	姓名	部门	职务	身份证号	性别	出生日期	年龄	学历	入职时间	签约月工资	工龄	月工龄工资	基本月工资
2	TPY001	黎浩然	管理	总经理	110108198301020119	男	1983-1-2	40	博士	2015年2月1日	¥ 40,000.00	8	¥ 640.00	¥ 40,640.00
4	TPY003	刘露露	管理	研发经理	310108198712121139	男	1987-12-12	35	硕士	2016年7月1日	¥ 12,000.00	6	¥ 480.00	¥ 12,480.00
8	TPY007	徐志晨	管理	部门经理	410205198412278211	男	1984-12-27	38	硕士	2016年3月1日	¥ 10,000.00	6	¥ 480.00	¥ 10,480.00
9	TPY008	张哲宇	管理	销售经理	110102198305120123	女	1983-5-12	39	硕士	2012年10月1日	¥ 18,000.00	10	¥ 1,000.00	¥ 19,000.00
16	TPY015	王炫皓	管理	人事经理	420316198409283216	男	1984-9-28	38	硕士	2015年12月1日	¥ 15,000.00	7	¥ 560.00	¥ 15,560.00
37	TPY036	王海德	管理	员工	351018198507210126	女	1985-7-21	37	硕士	2017年8月1日	¥ 8,000.00	5	¥ 400.00	¥ 8,400.00
38	TPY037	谢丽秋	管理	员工	372206198411270512	男	1984-11-27	38	硕士	2017年9月1日	¥ 8,000.00	5	¥ 400.00	¥ 8,400.00
39	TPY038	关天胜	管理	员工	210205197909078231	男	1979-9-7	43	本科	2017年10月1日	¥ 6,000.00	5	¥ 400.00	¥ 6,400.00
40	TPY039	唐雅林	管理	员工	110104198404140127	女	1984-4-14	38	本科	2017年11月1日	¥ 5,000.00	5	¥ 400.00	¥ 5,400.00
60	汇总										¥13,555.56	6	¥ 528.89	¥14,084.44

部门：研发、行政、销售、外联、人事、管理、财务

员工档案表　公司年终奖　销售部门年终奖　销售明细表

图2-162 切片器效果

3. 插入数据透视表

操作要求

插入数据透视表

■ 在“销售明细表”工作表后添加一张新工作表，将其命名为“销售数据分析”，在该表的A1、A24单元格中分别输入文本“分析各书店各图书的销量情况”“分析各书店每个月的销售额情况”。

■ 在A2单元格中插入数据透视表，设置行标签为“图书名称”、列标签为

“书店名称”“销量（本）”。

■ 在 A25 单元格中插入数据透视表，设置“日期”“书店名称”“销售金额”3 个字段分别作为“行”“列”“值”区域字段，对“日期”进行组合，按“月”“季度”进行显示。

操作步骤

（1）添加工作表

单击“销售明细表”工作表后面的添加按钮＋，双击新添加的工作表标签，输入工作表名称“销售数据分析”。

在该工作表的 A1 单元格中输入文本“分析各书店各图书的销量情况”。

在该工作表的 A24 单元格中输入文本“分析各书店每个月的销售额情况”。

（2）分析各书店各图书的销量情况

将光标定位到“销售数据分析”工作表中任意单元格中，查看“表格工具”选项卡中当前表的名称为“表 1”，选择“插入”—“数据透视表”，在打开的“创建数据透视表”对话框中可看到要分析的数据为“表 1”，选择放置数据透视表的位置为现有工作表“销售数据分析!$A$2”，如图 2-163 所示，单击“确定”按钮，即可在“销售数据分析”工作表的 A2 单元格中添加一个数据透视表。

将光标定位到该数据透视表区域，上方会出现“分析”和“设计”选项卡，在“分析”选项卡中可查看或修改数据透视表名称，可单击“字段列表”按钮显示字段列表，将字段列表中的“书店名称”“图书名称”“销量（本）”分别拖动到数据透视表区域的“列”“行”“值”区域中，左侧的数据透视表区域中的内容会随着操作而自动刷新。数据透视表的设置如图 2-164 所示。

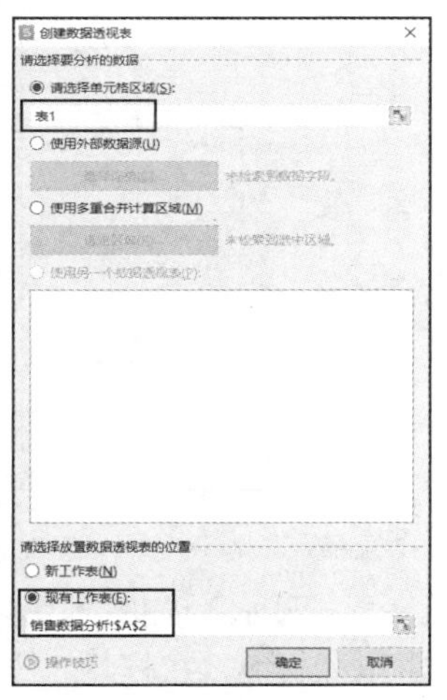

图 2-163　“创建数据透视表”对话框

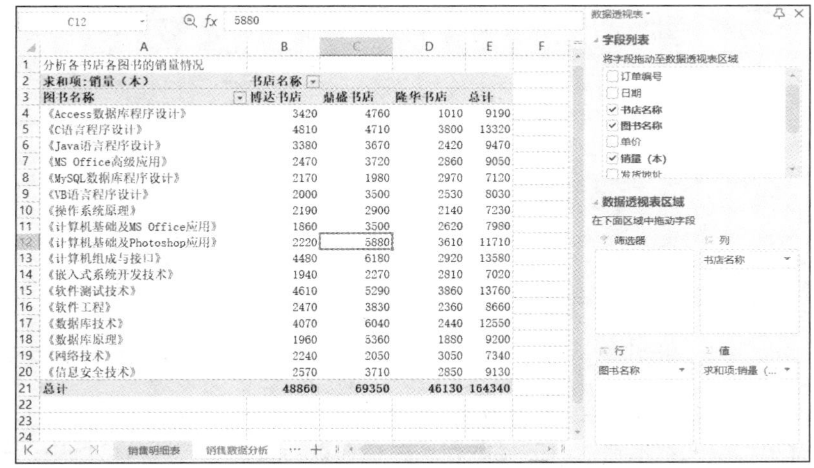

求和项:销量（本）	书店名称			
图书名称	博达书店	鼎盛书店	隆华书店	总计
《Access数据库程序设计》	3420	4760	1010	9190
《C语言程序设计》	4810	4710	3800	13320
《Java语言程序设计》	3380	3670	2420	9470
《MS Office高级应用》	2470	3720	2860	9050
《MySQL数据库程序设计》	2170	1980	2970	7120
《VB语言程序设计》	2000	3500	2530	8030
《操作系统原理》	2190	2900	2140	7230
《计算机基础及MS Office应用》	1860	3500	2620	7980
《计算机基础及Photoshop应用》	2220	5880	3610	11710
《计算机组成与接口》	4480	6180	2920	13580
《嵌入式系统开发技术》	1940	2270	2810	7020
《软件测试技术》	4610	5290	3860	13760
《软件工程》	2470	3830	2360	8660
《数据库技术》	4070	6040	2440	12550
《数据库原理》	1960	5360	1880	9200
《网络技术》	2240	2050	3050	7340
《信息安全技术》	2570	3710	2850	9130
总计	48860	69350	46130	164340

图 2-164　数据透视表的设置

（3）分析各书店每个月的销售额情况

根据前面的方法，在“销售数据分析”工作表的 A25 单元格中添加数据透视表，将字段列表中的“日期”“书店名称”“销售金额”3 个字段分别拖动到数据透视表区域的“行”“列”“值”区域中，显示效果如图 2-165 所示。

将光标定位到数据透视表的日期中，单击鼠标右键，在打开的快捷菜单中选择“组合”命令，在打开的“组合”对话框中选择步长为“月”和“季度”，如图 2-166 所示，单击“确定”按钮后，数据透视表的布局如图 2-167 所示。

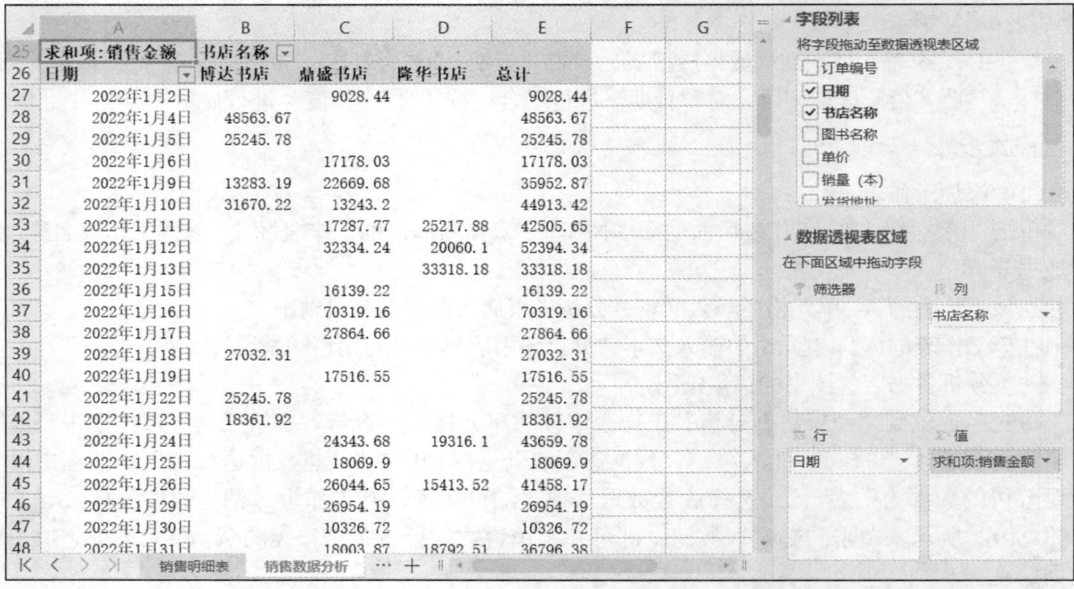

图 2-165　显示效果

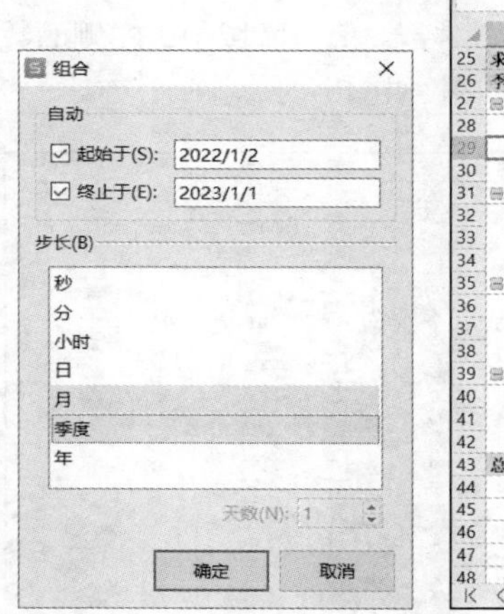

图 2-166　“组合”对话框

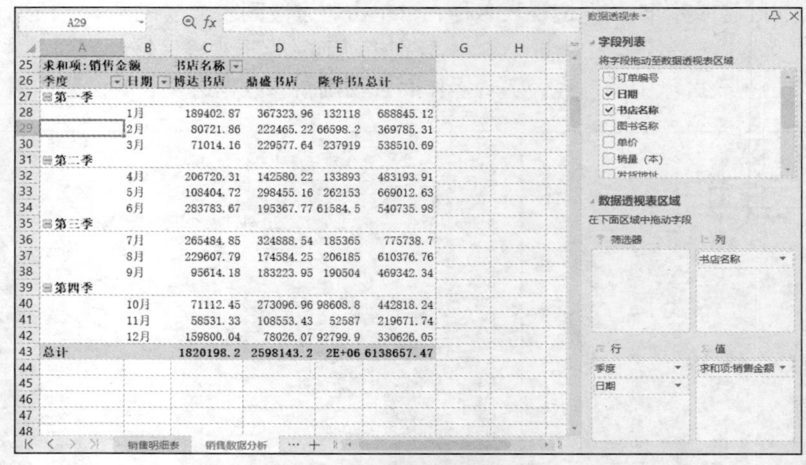

图 2-167　数据透视表的布局

将光标定位到该数据透视表中，选择“设计”—“报表布局”—“以压缩形式显示”，如图 2-168 所示，改变数据透视表的显示方式。在该数据透视表的数值区域中，单击鼠标右键，在打开的快捷菜单中选择“值字段设置”命令，在打开的“值字段设置”对话框中，选择“值汇总方式”为“求和”，“值显示方式”为“总计的百分比”，如图 2-169 所示，单击“确定”按钮，效果如图 2-170 所示。

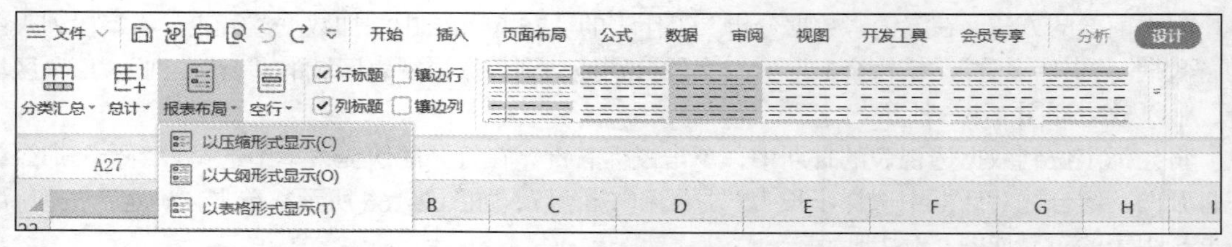

图 2-168　设置报表布局样式

图 2-169 设置值字段

	A	B	C	D	E
25	求和项:销售金额	列标签			
26	行标签	博达书店	鼎盛书店	隆华书店	总计
27	⊟第一季				
28	1月	3.09%	5.98%	2.15%	11.22%
29	2月	1.31%	3.62%	1.08%	6.02%
30	3月	1.16%	3.74%	3.88%	8.77%
31	⊟第二季				
32	4月	3.37%	2.32%	2.18%	7.87%
33	5月	1.77%	4.86%	4.27%	10.90%
34	6月	4.62%	3.18%	1.00%	8.81%
35	⊟第三季				
36	7月	4.32%	5.29%	3.02%	12.64%
37	8月	3.74%	2.84%	3.36%	9.94%
38	9月	1.56%	2.98%	3.10%	7.65%
39	⊟第四季				
40	10月	1.16%	4.45%	1.61%	7.21%
41	11月	0.95%	1.77%	0.86%	3.58%
42	12月	2.60%	1.27%	1.51%	5.39%
43	总计	29.65%	42.32%	28.02%	100.00%

图 2-170 效果

4. 添加数据透视图

添加数据透视图

操作要求

■ 为 A2 单元格的数据透视表添加数据透视图，图表类型为“簇状柱形图”。

■ 保存该云文档，将其另存到本地文件夹中，并将其保存为“进阶任务 2-3 分析相关数据（效果）.xlsx”。

操作步骤

将光标定位到 A2 单元格的数据透视表外，选择“插入”—“数据透视图”，在打开的“插入图表”对话框中选择图表类型为“柱形图”中的第一种预设图表（即簇状柱形图）。

在添加的图表中，单击“书店名称”和“图书名称”按钮可以动态显示筛选的数据，如图 2-171 所示。

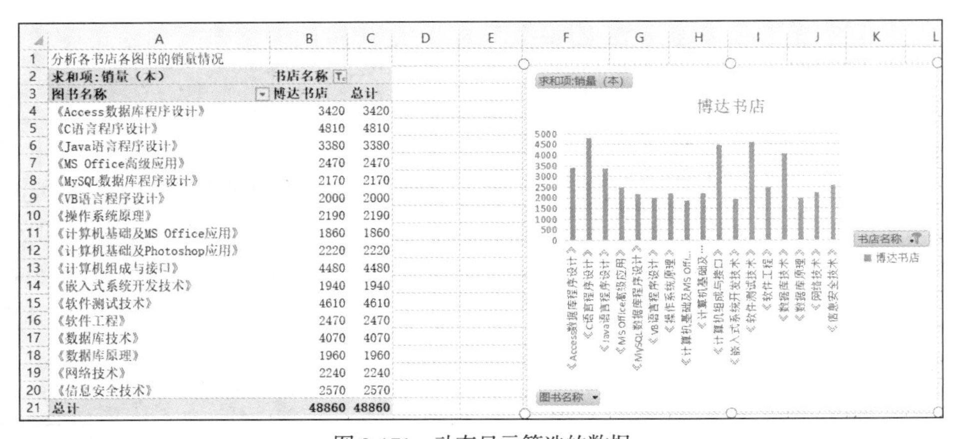

	A	B	C
1	分析各书店各图书的销量情况		
2	求和项:销量（本）	书店名称	
3	图书名称	博达书店	总计
4	《Access数据库程序设计》	3420	3420
5	《C语言程序设计》	4810	4810
6	《Java语言程序设计》	3380	3380
7	《MS Office高级应用》	2470	2470
8	《MySQL数据库程序设计》	2170	2170
9	《VB语言程序设计》	2000	2000
10	《操作系统原理》	2190	2190
11	《计算机基础及MS Office应用》	1860	1860
12	《计算机基础及Photoshop应用》	2220	2220
13	《计算机组成与接口》	4480	4480
14	《嵌入式系统开发技术》	1940	1940
15	《软件测试技术》	4610	4610
16	《软件工程》	2470	2470
17	《数据库技术》	4070	4070
18	《数据库原理》	1960	1960
19	《网络技术》	2240	2240
20	《信息安全技术》	2570	2570
21	总计	48860	48860

图 2-171 动态显示筛选的数据

按“Ctrl+S”组合键，保存该云文档，同时选择“文件”—“另存为”，将其另存到本地文件夹中，并将其命名为“进阶任务 2-3 分析相关数据（效果）.xlsx”。

进阶拓展 2-3：分析物流订单利润率

任务效果

现需要通过数据透视表分析物流订单利润率，参考效果如图 2-172 所示。

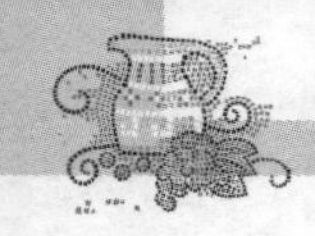

规格型号	求和项:合同金额	求和项:成本	求和项:利润率
CCS-120	¥ -	¥ 235,000.00	
CCS-128	¥ 520,000.00	¥ 181,290.56	65.14%
CCS-192	¥ 600,000.00	¥ 216,185.26	63.97%
MMS-120A4	¥ 90,000.00	¥ 61,977.79	31.14%
SX-D-128	¥ 1,585,000.00	¥ 1,047,900.82	33.89%
SX-D-256	¥ 460,000.00	¥ 191,408.59	58.39%
SX-G-128	¥ 513,000.00	¥ 632,628.49	-23.32%
SX-G-192	¥ 375,000.00	¥ 358,559.18	4.38%
SX-G-192换代		¥ 32,427.60	
SX-G-256	¥ 550,000.00	¥ 631,869.93	-14.89%
SX-G-256更换	¥ -	¥ 177,625.24	
销售零件	¥ 4,000.00	¥ 1,500.00	62.50%
总计	**¥4,697,000.00**	**¥3,768,373.46**	**19.77%**

图 2-172　进阶拓展 2-3 参考效果

学习目标

掌握数据透视表中添加计算字段的方法。

操作要求

■　打开“进阶拓展 2-3 分析物流订单利润率（素材）.xlsx”，将文件另存为“进阶拓展 2-3 分析物流订单利润率（效果）.xlsx”。

■　为“订单利润分析”工作表中的数据创建数据透视表，并置于现有工作表的 K1:N14 单元格区域，设置行为“规格型号”，数值为“合同金额”“成本”。

■　为数据透视表添加一个名为“利润率”的计算字段，利润率=(合同金额−成本)/合同金额。

■　设置数据透视表中“合同金额”与“成本”数据类型为会计专用型，“利润率”数据类型为百分比，保留 2 位小数。

■　设置数据透视表“对于错误值”和“对于空单元格”显示为空。

重点操作提示

1. 添加数据透视表计算字段

在创建的数据透视表区域中，选择“分析”—“字段、项目”—“计算字段”，如图 2-173 所示，打开“插入计算字段”对话框，设置名称为“利润率”，公式为“=(合同金额−成本)/合同金额”，其中，“合同金额”与“成本”是通过选择“字段”列表框中的字段产生的，如图 2-174 所示，依次单击“添加”按钮和“确定”按钮即可。

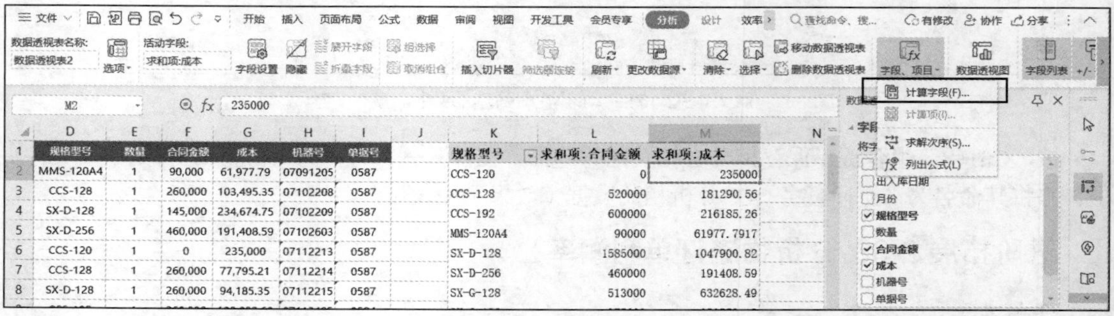

图 2-173　选择计算字段

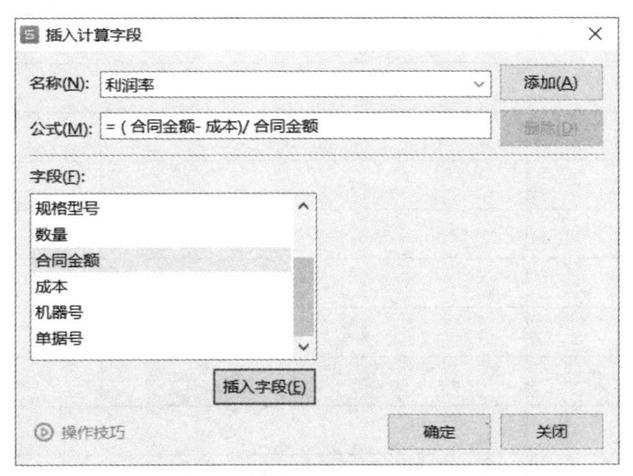

图 2-174　“插入计算字段”对话框

2. 设置数据透视表选项

添加计算字段后，发现有单元格显示为“#DIV/0!”，选择“分析”—“选项”—“选项”，在打开的“数据透视表选项”对话框中，设置当前数据透视表的格式为“对于错误值，显示”为空和“对于空单元格，显示”为空，如图 2-175 所示。

图 2-175　“数据透视表选项”对话框

【项目总结】

通过学习本项目，相信大家已经掌握了 WPS 表格软件的高级应用，请在表 2-2 中填入学到的具体知识与技能吧！

表 2-2 “进阶项目　管理员工档案与工资”相关知识与技能总结

进阶任务 2-1　制作员工档案表	进阶任务 2-2　计算工资与年终奖	进阶任务 2-3　分析相关数据

进阶拓展 2-1　计算商品打折数据	进阶拓展 2-2　管理差旅报销费用	进阶拓展 2-3　分析物流订单利润率

模块3

WPS 演示应用

运用 WPS 演示软件可以更好地以更加直观、生动、丰富、多元的形式展示数据、传递观点、表达情感，无论是个人简介、工作计划，还是培训课件、商业路演等，都可以通过演示文稿来展现。通过学习 WPS 演示软件，学生能够掌握幻灯片的设计、制作等。

本模块主要通过“基础项目　制作‘工匠精神培训’演示文稿”和“进阶项目　设计‘科技产品发布’演示文稿”的学习，以任务驱动的方式引领学生循序渐进地掌握 WPS 演示软件的基本功能和综合应用。

基础项目　制作“工匠精神培训”演示文稿

【项目描述】

项目简介

“制作‘工匠精神培训’演示文稿”项目源于典型办公岗位。通过学习本项目，学生能够掌握 WPS 演示软件的基本操作、母版设计、内容的添加、动画与切换的应用等基本技能。

教学建议

建议学时：6 学时。

教学方法：项目教学法、任务驱动法。

【项目分析】

该项目可分解为三大典型任务，包含设计整体风格、丰富文稿内容、添加动画效果，每个任务包含的主要操作流程和技能如图 3-1 所示。

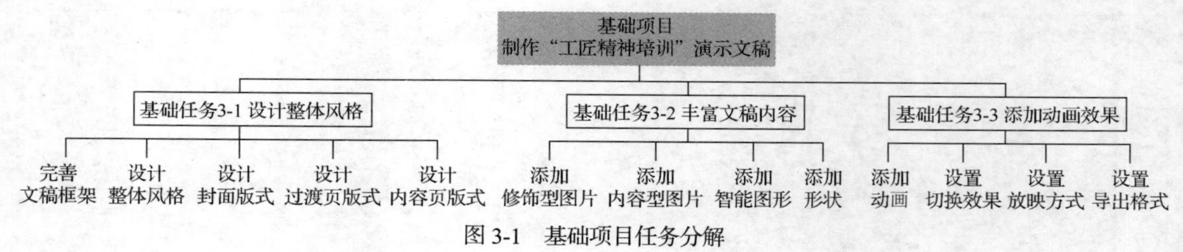

图 3-1　基础项目任务分解

【项目实施】

【基础任务 3-1　设计整体风格】

任务导读

本任务将指导学生完成项目文稿的整体风格设计，参考效果如图 3-2 所示。

图 3-2　基础任务 3-1 参考效果

学习目标

- 掌握演示文稿与幻灯片的基本操作，如新建、保存、打开、关闭。
- 了解演示文稿的设计思路。
- 熟悉常见视图方式。
- 理解幻灯片母版的作用并掌握母版中的幻灯片版式设计。

任务准备

1. 工作界面

WPS 演示工作界面特有的组成部分有幻灯片编辑窗格、幻灯片缩略图窗格、幻灯片备注窗格，如图 3-3 所示，其他组成部分的作用和使用方法与 WPS 文字、WPS 表格工作界面相似。

（1）幻灯片编辑窗格

幻灯片编辑窗格用于显示和编辑幻灯片内容，在默认情况下，标题幻灯片包含一个主标题占位符和一个副标题占位符，内容幻灯片包含一个标题占位符和一个内容占位符，占位符的组成和排列方式随着幻灯片版式的变化而变化。

（2）幻灯片缩略图窗格

在普通视图下，WPS 演示工作界面左侧会显示幻灯片缩略图窗格，单击某张幻灯片的缩略图，可跳转到该幻灯片并在右侧的幻灯片编辑窗格中显示其内容。

（3）幻灯片备注窗格

在普通视图下，WPS 演示工作界面右下区域会显示幻灯片备注窗格，其可为当前编辑的幻灯片添加备注信息。

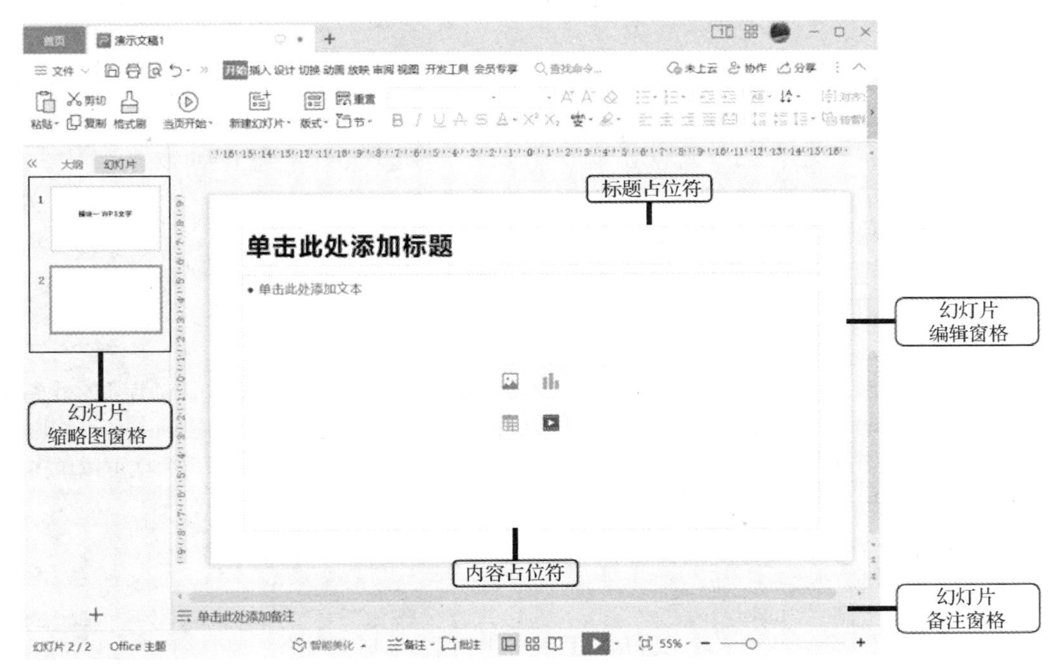

图 3-3　WPS 演示工作界面

2. 设计思路

一般而言，制作演示文稿可参考以下思路和流程。

（1）创建内容框架

制作演示文稿时，需要先创建演示文稿和幻灯片，并在幻灯片中输入基本的内容，这些内容主要是文本内容。

（2）统一整体风格

统一整体风格主要是指统一演示文稿的背景、主题、配色等。这可以提高制作演示文稿的效率，同时统一风格的演示文稿会显得更加美观和专业。

（3）丰富文稿内容

在创建内容框架、统一整体风格后，可以通过多元化表现形式呈现内容，如插入各种形状、图片、表格等对象，以丰富演示文稿的内容。

（4）添加动画效果

动画是演示文稿的特色。确定了演示文稿的风格并完善内容后，可以为幻灯片及幻灯片中的内容添加合适的动画，提升演示文稿的交互性和趣味性，增强视觉效果。

（5）放映并发布

通过放映演示文稿，可以检查幻灯片内容，并不断调整幻灯片，发布时可选择所需要的格式。

3. 常见视图

（1）普通视图：作为主要的编辑视图，可用于撰写或设计演示文稿。该视图有 4 个工作区域：大纲窗格、幻灯片缩略图窗格、幻灯片编辑窗格、幻灯片备注窗格。

（2）幻灯片浏览视图：以缩略图形式显示所有幻灯片，便于用户浏览全局，可以对幻灯片进行插入、删除、移动、复制、隐藏等操作。

（3）备注页视图：与其他视图不同的是，该视图在显示幻灯片的同时会在其下方显示备注页，用户可以在幻灯片备注窗格中输入当前幻灯片的备注信息。该窗格位于普通视图中幻灯片编辑窗格的下方。

（4）幻灯片母版视图：包括幻灯片母版视图、讲义母版视图和备注母版视图。它们是存储有关演示文稿信息的主要幻灯片，其中包括背景、颜色、字体、效果、占位符的大小和位置。使用幻灯片母版视图的一个主要优点在于，可以对与演示文稿关联的每张幻灯片、备注页或讲义的样式进行全局更改。

（5）幻灯片放映视图：用于向观众放映演示文稿。放映时，演示文稿会占据整个计算机屏幕，就如实际的演示一样。在此视图中，可以看到实际演示的效果。

（6）演示者视图：可在演示期间使用的基于幻灯片放映的关键视图，需要多个监视器支持。

（7）阅读视图：可将演示文稿调整为适应窗口大小的幻灯片并放映查看，视图只保留幻灯片窗口、标题栏和状态栏，其他编辑功能会被屏蔽，用于幻灯片制作完成后的简单放映浏览，可查看内容和幻灯片设置的动画及放映效果。通常从当前幻灯片开始阅读，单击可以切换到下一张幻灯片，直到放映最后一张幻灯片后退出阅读视图，在阅读过程中可随时按“Esc”键退出，也可以单击状态栏右侧的其他视图按钮，以退出阅读视图并切换到其他视图。

4. 基本操作

（1）演示文稿基本操作

■ 新建演示文稿。启动 WPS Office 后，通过选择“新建”—“新建演示”—“空白演示”即可新建 WPS 演示文稿；也可在 WPS 演示中，通过选择“文件”—“新建”—“新建”完成操作。

■ 保存演示文稿。为了避免重要数据丢失，用户应该随时对演示文稿进行保存操作。选择“文件”—“保存”或按“Ctrl+S”组合键，打开“另存文件”对话框，在其中选择演示文稿的保存路径和文件名即可。WPS 演示文稿保存类型可以是 WPS 演示文件(*.dps)、Microsoft PowerPoint 文件(*.pptx)等。

■ 打开演示文稿。可选择“文件”—“打开”或按“Ctrl+O”组合键，找到要打开的演示文稿，也可直接双击需要打开的演示文稿。

■ 关闭演示文稿。关闭演示文稿是指将当前编辑的演示文稿关闭，但并不退出 WPS Office 的操作，可通过选择“文件”—“退出”关闭演示文稿。若要在关闭演示文稿的同时退出 WPS Office，则应在打开的演示文稿中单击工作界面右上角的“关闭”按钮×。

（2）幻灯片基本操作

幻灯片是演示文稿的重要组成部分，编辑幻灯片是制作演示文稿的主要操作。

■ 新建幻灯片。在默认情况下，新建一个演示文稿后，包含一张幻灯片，需要添加幻灯片时，可选择“开始”—“新建幻灯片”下拉列表中对应的幻灯片或在幻灯片缩略图窗格中定位后，单击“新建幻灯片”按钮或按“Enter”键即可。

■ 移动幻灯片。在幻灯片缩略图窗格中选中要移动的幻灯片，直接将其拖动到目标位置即可；也可选中幻灯片后，单击鼠标右键，在打开的快捷菜单中选择“剪切”命令，在目标位置单击鼠标右键，在打开的快捷菜单中选择“粘贴”命令即可。

■ 删除幻灯片。在幻灯片缩略图窗格中选中要删除的幻灯片，单击鼠标右键，在打开的快捷菜单中选择“删除幻灯片”命令即可或按“Delete”键。

任务实施

1. 完善文稿框架

操作要求

完善文稿框架

■　打开素材文件“基础任务 3-1 设计整体风格（素材）.pptx”，将其保存为云文档“基础项目 弘扬新时代的工匠精神.pptx”。

■　添加目录页：在第 1 张幻灯片后添加目录页，将各一级标题文字作为该页内容。

■　添加过渡页：在各部分内容前添加“仅标题”版式的幻灯片，并添加标题内容。

■　添加结束页：在演示文稿最后添加一张版式为“标题幻灯片”的新幻灯片，输入内容参见效果图。

操作步骤

（1）将文件保存为云文档

打开“基础任务 3-1 设计整体风格（素材）.pptx”，选择“文本”—“另存为”，在“另存文件”对话框中，选择保存在“我的云文档”—“WPS 演示”文件夹中，文件名为“基础项目 弘扬新时代的工匠精神.pptx”。

（2）浏览幻灯片

选择“视图”—“幻灯片浏览”，可快速查看当前演示文稿包含的幻灯片内容，如图 3-4 所示。

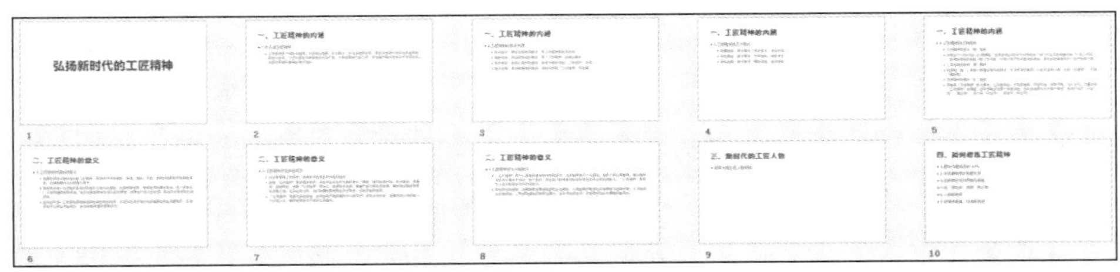

图 3-4　幻灯片浏览视图

（3）插入幻灯片

由图 3-4 可见，该文件中只包含基本的内容框架，还需要添加必备的内容，如目录页、过渡页、结束页等。

添加目录页：选择“视图”—“普通”，切换到普通视图，在左侧幻灯片缩略图窗格中，将光标定位到第 1、第 2 张幻灯片中间，单击鼠标右键，在打开的快捷菜单中选择“新建幻灯片”命令可添加一张空白的幻灯片，在该幻灯片的标题占位符中输入“目录”，在文本内容占位符中复制并粘贴各一级标题文字，如图 3-5 所示。

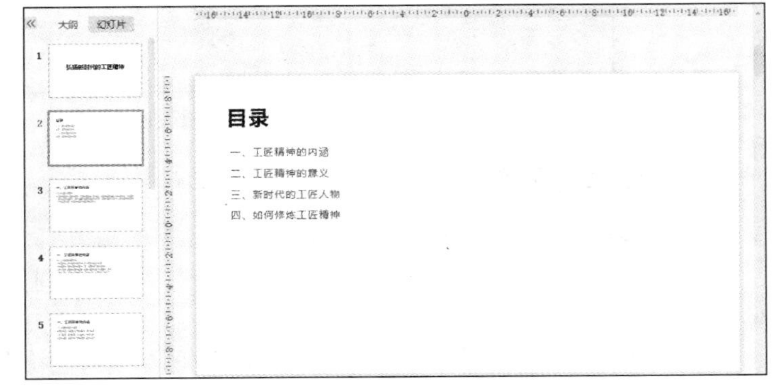

图 3-5　添加目录页

添加过渡页：在第 2 张幻灯片后按“Enter”键，插入一张幻灯片，选中该幻灯片，单击鼠标右键，在打开的快捷菜单中选择“版式”—“母版版式”—“仅标题”命令（第 2 行第 3 列的幻灯片版式），如图 3-6 所示，在刚添加的

幻灯片的标题占位符中复制并粘贴标题文字“一、工匠精神的内涵”。按照相同的方法，在第一、第二、第三部分结束后分别插入一张“仅标题”版式的幻灯片，将对应的一级标题文字复制并粘贴到相应的标题占位符中。

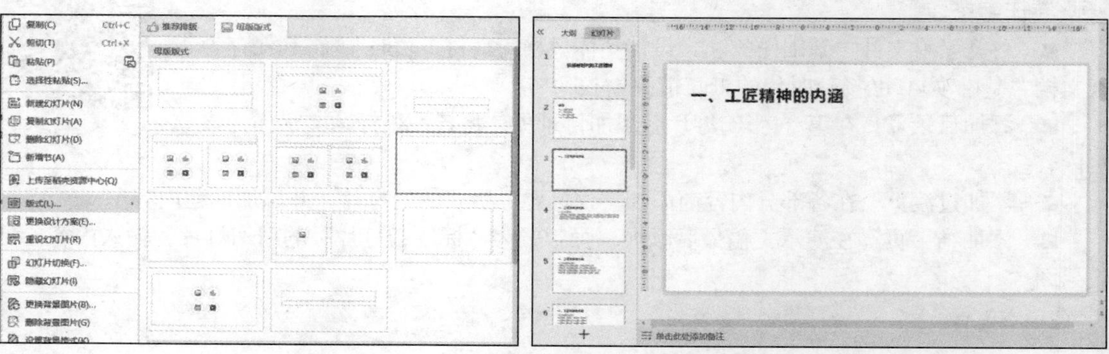

图 3-6　添加过渡页

添加结束页：将光标定位到最后一张幻灯片，按“Ctrl+M”组合键新建一张幻灯片，单击鼠标右键，在打开的快捷菜单中选择“版式”—“标题幻灯片”命令，分别在标题占位符中输入内容“工匠精神”，在文本占位符中输入内容“心心在一艺，其艺必工”“心心在一职，其职必举”，如图 3-7 所示。

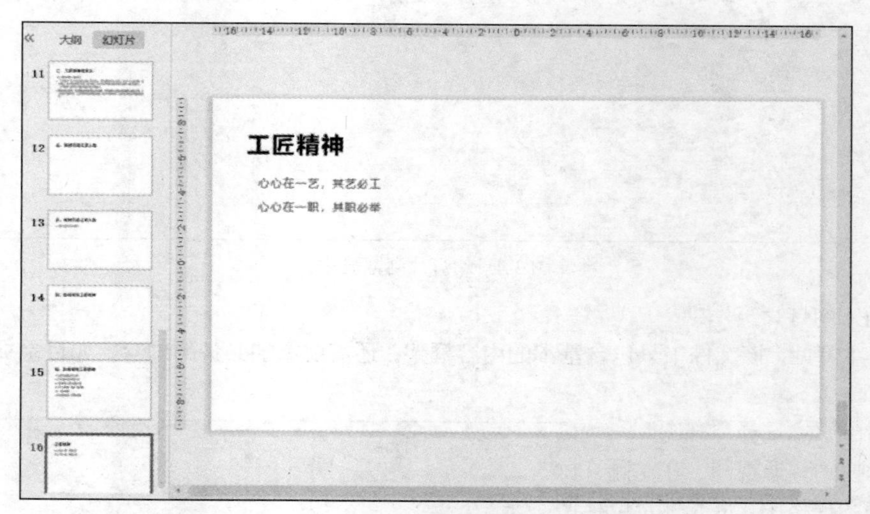

图 3-7　添加结束页

2. 设计整体风格

设计整体风格

操作要求

■　设置演示文稿所有幻灯片背景为纯色填充，颜色为自定义，红色、绿色、蓝色值都为 242。

■　在幻灯片母版视图中，设置所有幻灯片的标题占位符中的字体颜色为标准颜色中的深红色。

■　在幻灯片母版视图中，在幻灯片右上角插入“LOGO.png”素材图片，设置图片宽度与高度为 3 厘米，水平位置距左上角 29.16 厘米，垂直位置距左上角 1.09 厘米。

操作步骤

（1）设置幻灯片背景

选中第 1 张幻灯片，单击鼠标右键，在打开的快捷菜单中选择“设置背景格式”命令，弹出“对象属性”窗格，选择填充中的“纯色填充”，选择“颜色”中的“更多颜色”选项，在“颜色”对话框中设置“自定义”颜色的红色、绿色、蓝色的值都为 242，如图 3-8 所示，单击“确定”按钮。

在“对象属性”窗格中单击“全部应用”按钮，可将该背景格式应用于当前文稿的所有幻灯片。

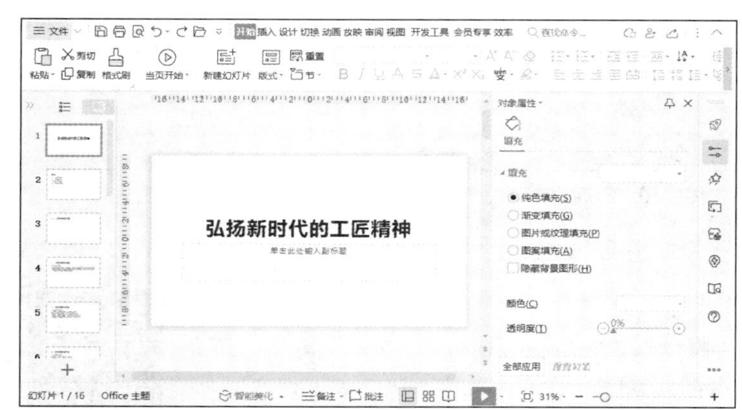

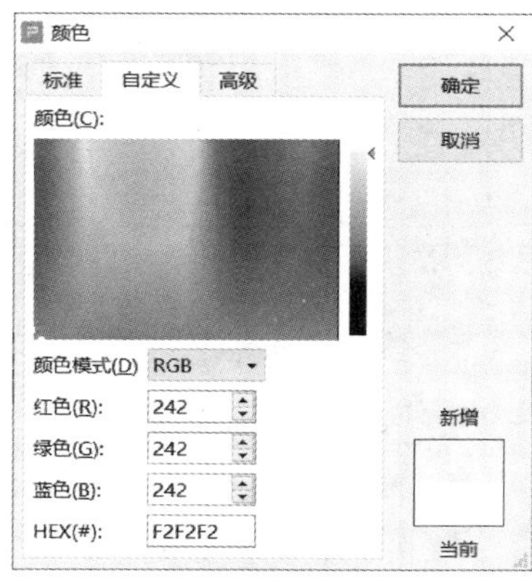

图 3-8　设置幻灯片背景

（2）在幻灯片母版视图中添加 Logo

选择“视图”—“幻灯片母版”，进入幻灯片母版视图，在左侧窗格中，选中主母版（最上方的母版），将光标定位到中间的幻灯片编辑窗格中，选中标题占位符，选择“开始”—“字体颜色”，选择标准颜色中的深红色。

选择“插入”—“图片”—“本地图片”，找到素材文件夹中的“LOGO.png”，在“图片工具”选项卡中调整图片的宽、高都为 3 厘米，选中图片，单击鼠标右键，在打开的快捷菜单中选择“设置对象格式”命令，在“对象属性”窗格中设置位置，调整水平位置距左上角 29.16 厘米，垂直位置距左上角 1.09 厘米，如图 3-9 所示。

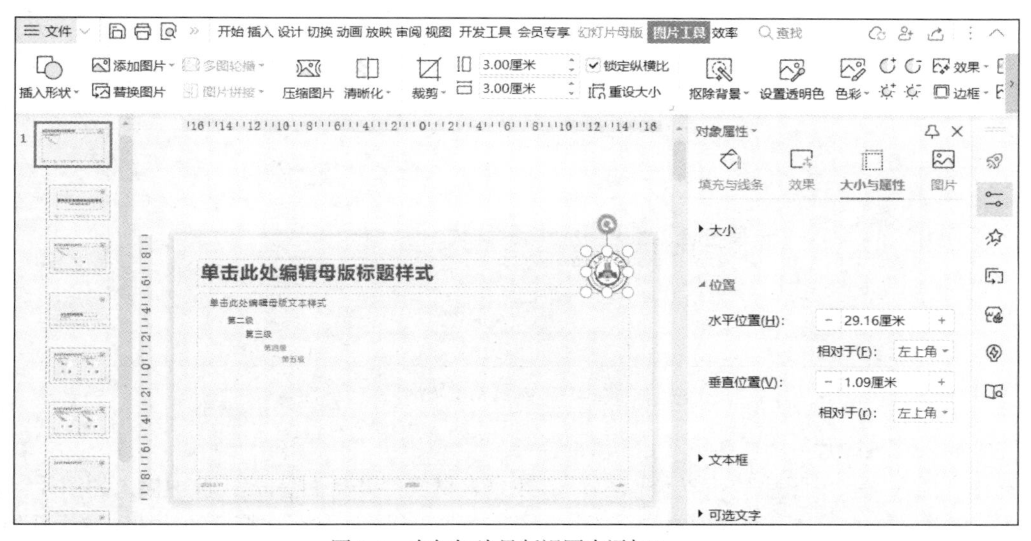

图 3-9　在幻灯片母版视图中添加 Logo

选择“幻灯片母版”—“关闭”，退出幻灯片母版视图，选择“视图”—“幻灯片浏览”，可看到所有幻灯片右上角都添加了 Logo，效果如图 3-10 所示。

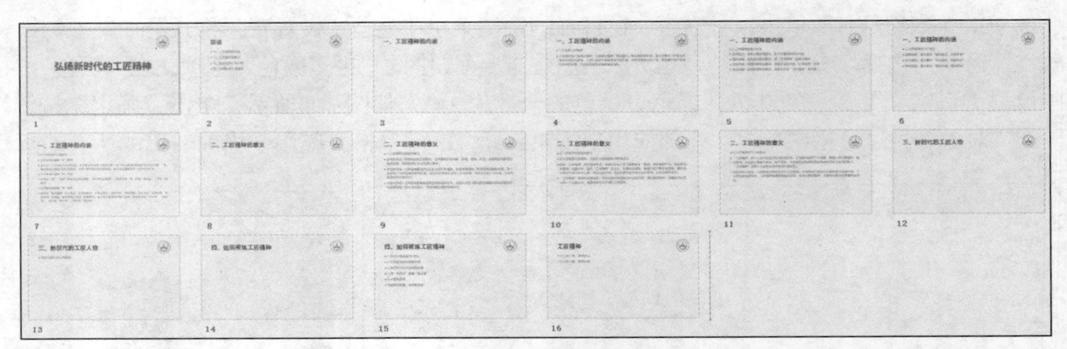

图 3-10　幻灯片浏览视图效果

3. 设计封面版式

操作要求

设计封面版式

■　修改“标题幻灯片”版式，将母版中的 Logo 隐藏。

■　插入“封面.png”图片作为标题幻灯片背景。

■　设置标题占位符的字号为 54 磅、水平左对齐、垂直居中。

■　在第 1 张幻灯片中添加副标题内容，修改最后一张幻灯片版式为“标题幻灯片”。

操作步骤

（1）隐藏背景图形

选择“视图”—“幻灯片母版”，选中左侧窗格中的第 1 个子版式（标题幻灯片版式），单击鼠标右键，在打开的快捷菜单中选择“设置背景格式”命令，弹出“对象属性”窗格，选中“隐藏背景图形”复选框后，该版式右上角的 Logo 将被隐藏，如图 3-11 所示。

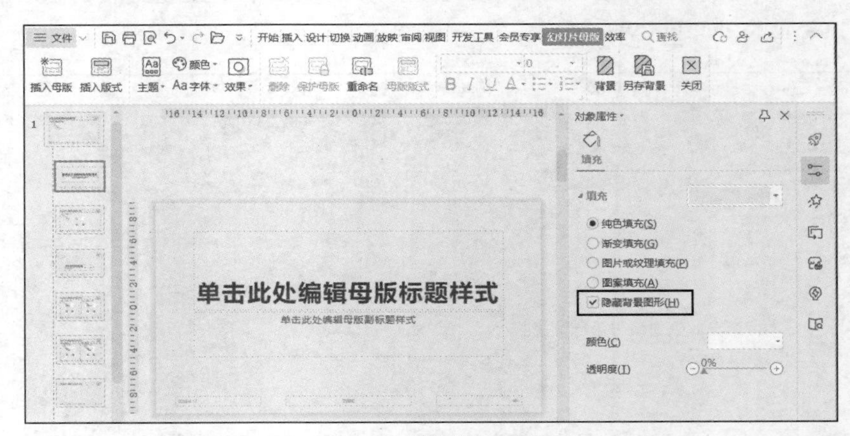

图 3-11　隐藏背景图形

（2）插入背景图片

选择“插入”—“图片”—“本地图片”，找到素材文件“封面.png”，选中插入的图片，调整其大小，移动位置使其与页面底部对齐，选中该图片并单击鼠标右键，在打开的快捷菜单中选择“置于底层”命令。

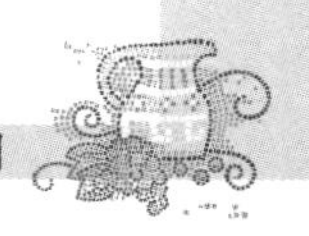

（3）设置标题占位符格式

选中标题占位符，在“开始”选项卡中设置字号为 54 磅，水平对齐方式为“左对齐”，选择“对齐文本”—“垂直居中”，如图 3-12 所示，选中副标题，设置水平对齐方式为“左对齐”。

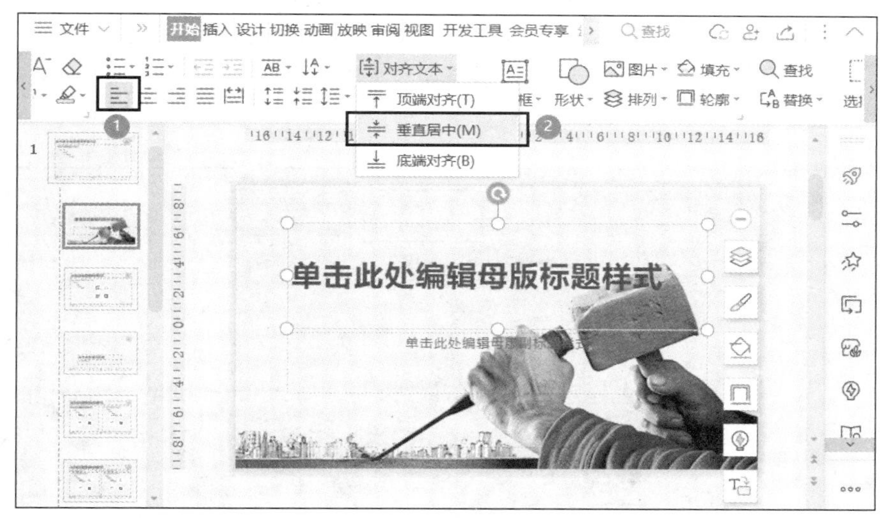

图 3-12　设置标题占位符格式

（4）应用“标题幻灯片”版式

选择“幻灯片母版”—“关闭”，退出幻灯片母版视图，将光标定位到第 1 张幻灯片的副标题占位符中，输入文本“主讲人：某某某”，查看封面幻灯片效果，如图 3-13 所示。

选中最后一张幻灯片，设置幻灯片版式为“标题幻灯片”，如图 3-14 所示。

图 3-13　封面幻灯片效果

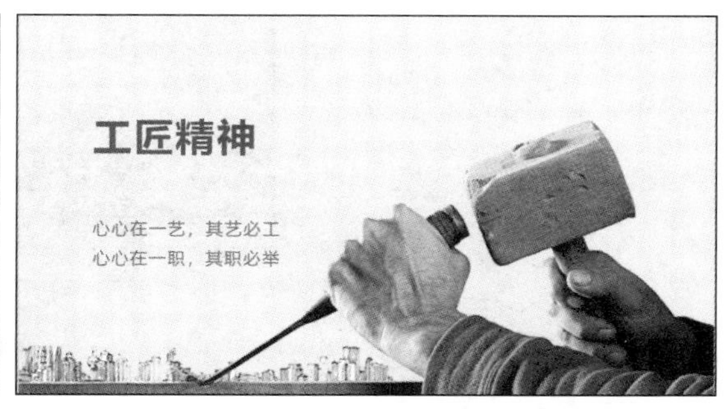

图 3-14　修改结束页版式

4. 设计过渡页版式

操作要求

设计过渡页版式

■　在幻灯片母版视图中，修改“仅标题”版式，隐藏母版 Logo，设置标题占位符字体为微软雅黑、54 磅、居中对齐，移动该占位符到窗口中部靠上位置。

■　插入图片“过渡页.png”，调整其大小，移动位置使其靠幻灯片底部，置于底层。

操作步骤

（1）设置标题占位符格式

选择“视图”—“幻灯片母版”，选中左侧窗格中的“仅标题”版式，单击鼠标右键，在打开的

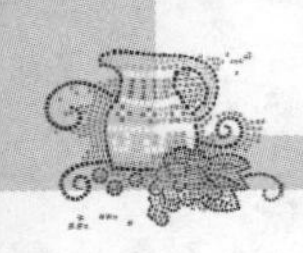

快捷菜单中选择“设置背景格式”命令，弹出“对象属性”窗格，选中“隐藏背景图形”复选框。选中标题占位符，依次设置字体为微软雅黑、54 磅、居中对齐，移动该占位符到窗口中部靠上位置。

（2）插入图片

选择“插入”—“图片”—“本地图片”，找到素材文件“过渡页.png”，选中插入的图片，调整其大小（高为 24.22 厘米、宽为 33.87 厘米），移动其位置（水平位置距左上角 0.00 厘米、垂直位置距左上角 2.41 厘米），如图 3-15 所示，选中该图片并单击鼠标右键，在打开的快捷菜单中选择“置于底层”命令。

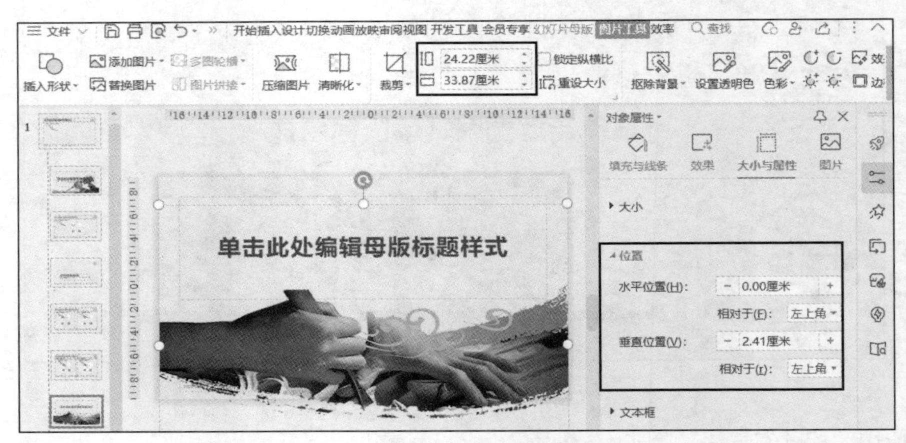

图 3-15 设置仅标题版式图片属性

选择“幻灯片母版”—“关闭”，退出幻灯片母版视图，查看过渡页效果，如图 3-16 所示。

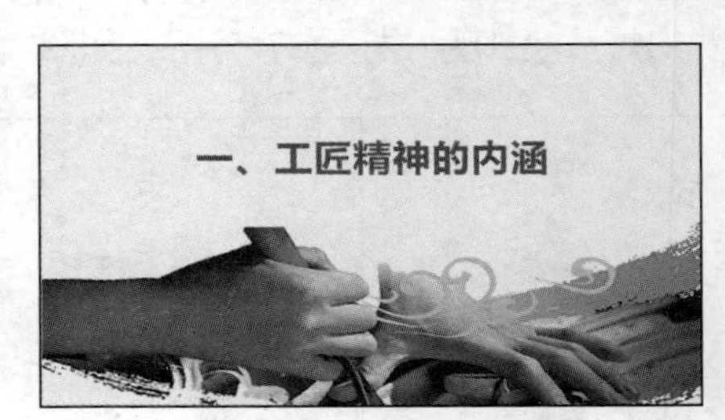

图 3-16 过渡页效果

5. 设计内容页版式

操作要求

设计内容页版式

■ 修改“标题和内容”版式中的标题占位符字体格式为微软雅黑、36 磅、加粗、深红色（标准颜色），取消内容占位符的项目符号，设置一级文本格式为微软雅黑、24 磅、加粗、深红色。

■ 修改“两栏内容”版式中的左侧内容占位符为无项目符号，设置一级文本格式为微软雅黑、24 磅、加粗、深红色。

■ 保存该云文档，将其另存到本地文件夹中，并将其命名为“基础任务 3-1 设计整体风格（效果）.pptx”。

操作步骤

（1）修改“标题和内容”版式

选择“视图”—“幻灯片母版”，选中左侧窗格中的“标题和内容”版式，在幻灯片编辑窗格中，

选中标题占位符，在“开始”选项卡中设置字体格式为微软雅黑、36 磅、加粗、深红色（标准颜色）；选中内容占位符，选择“开始”—“插入项目符号”，以取消内容占位符的项目符号（默认情况下有项目符号），选中占位符中的“单击此处编辑母版文本样式”，设置字体格式为微软雅黑、24 磅、加粗、深红色，该样式会被应用于内容区的第一级文本内容上。

该版式的母版效果如图 3-17 所示。

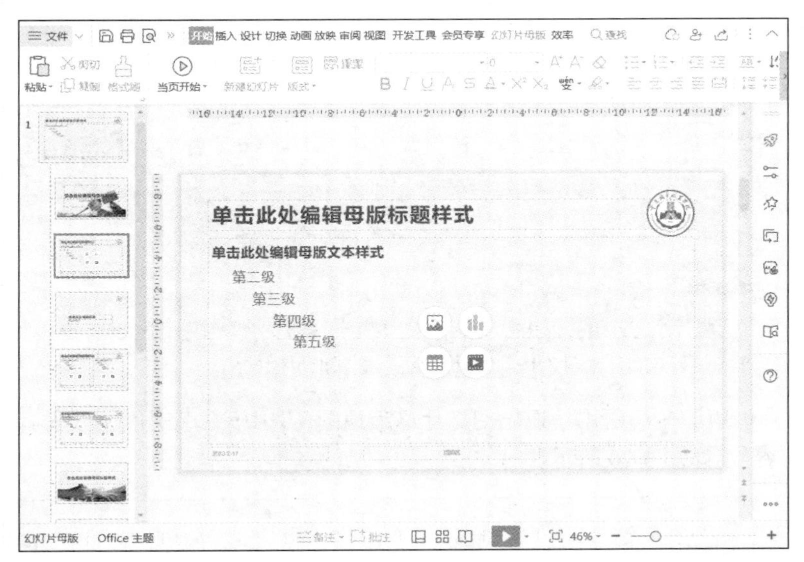

图 3-17　“标题和内容”版式的母版效果

选择“幻灯片母版”—“关闭”，退出幻灯片母版视图，查看内容页效果，如图 3-18 所示。

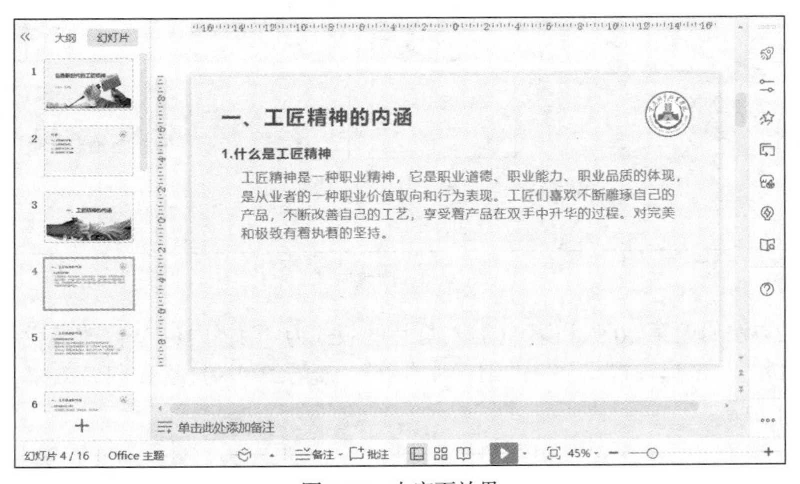

图 3-18　内容页效果

（2）修改“两栏内容”版式

选择“视图”—“幻灯片母版”，选中左侧窗格中的“两栏内容”版式，在幻灯片编辑窗格中，选中左侧内容占位符，选择“开始”—“插入项目符号”，以取消内容占位符的项目符号（默认情况下有项目符号），选中占位符中的“单击此处编辑母版文本样式”，设置字体格式为微软雅黑、24 磅、加粗、深红色，该样式会被应用于内容区的第一级文本内容上。

该版式的母版效果如图 3-19 所示。

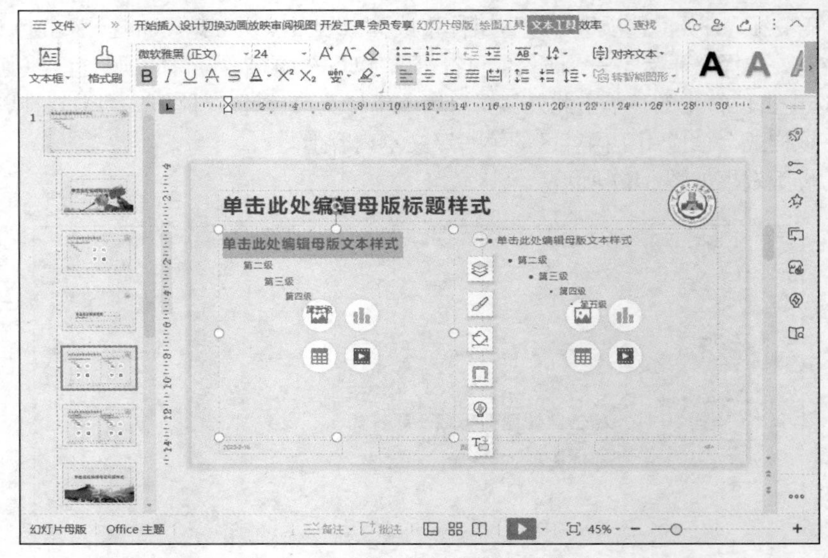

图 3-19 “两栏内容”版式的母版效果

选择“幻灯片母版”—“关闭”，退出幻灯片母版视图，选中第 9 张幻灯片，选择“开始”—“版式”—“两栏内容”，如图 3-20 所示。

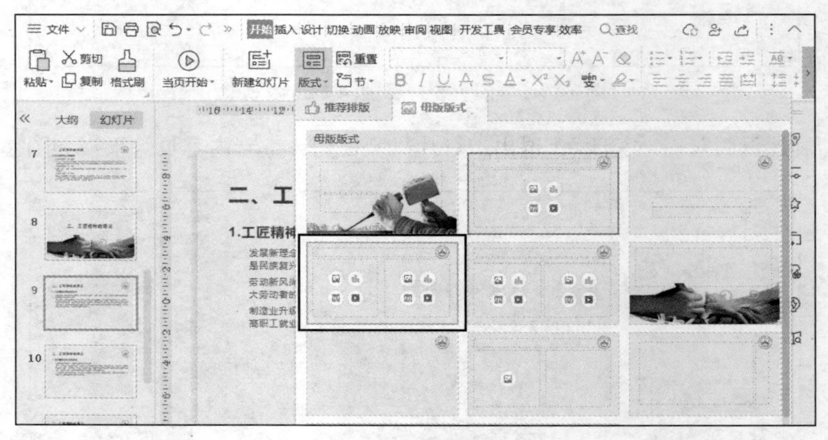

图 3-20 修改版式

按照相同的方法修改第 10 张和第 11 张幻灯片的版式为“两栏内容”，修改最后一张幻灯片的版式为“标题幻灯片”，选择“视图”—“幻灯片浏览”，查看第 9～11 张幻灯片效果，幻灯片浏览视图效果如图 3-21 所示。

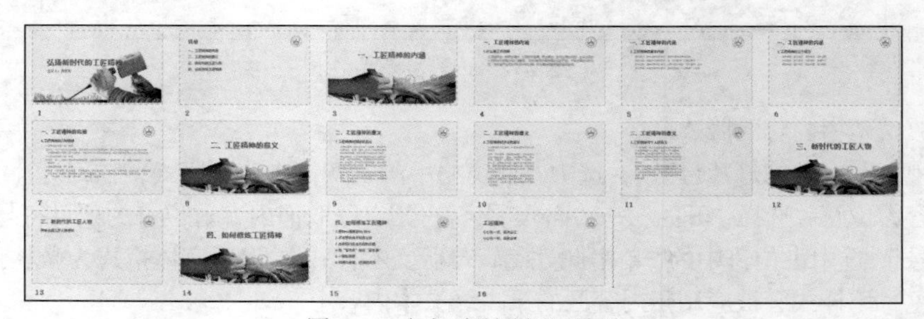

图 3-21 幻灯片浏览视图效果

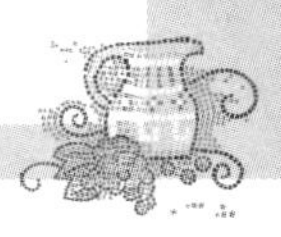

按“Ctrl+S”组合键，保存该云文档，同时选择“文件”—“另存为”，将其保存在本地文件夹中，设置文件名为“基础任务 3-1 设计整体风格（效果）.pptx”。

基础拓展 3-1：美化“公益活动宣传”演示文稿

任务效果

为了倡导文明用餐，制止餐饮浪费行为，形成文明、科学、理性、健康的饮食消费理念，某校宣传部决定开展一次全校师生的宣讲会，以加强宣传引导，现需要制作宣传会演示文稿，参考效果如图 3-22 所示。

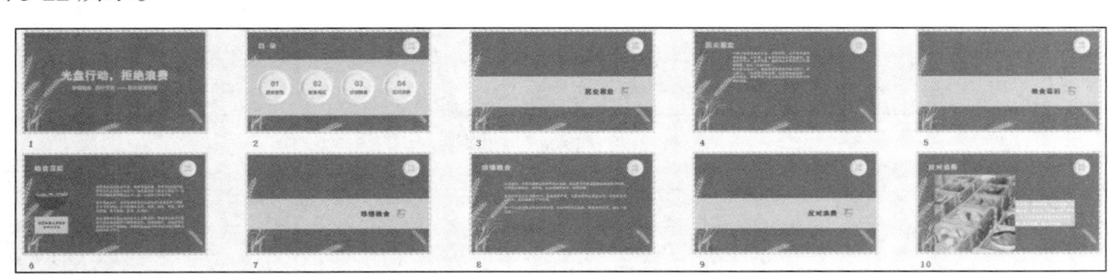

图 3-22　基础拓展 3-1 参考效果

学习目标

熟练掌握母版与幻灯片版式的设置方法。

操作要求

■　打开素材文件“基础拓展 3-1 美化‘公益活动宣传’演示文稿（素材）.pptx”。

■　通过编辑母版功能，对演示文稿进行如下整体设计。

将素材文件夹中的“背景.png”图片统一设置为所有幻灯片的背景。

将素材文件夹中的图片“光盘行动 log.png”批量添加到所有幻灯片页面的右上角，并单独调整“标题幻灯片”版式的背景格式使其“隐藏背景图形”。

将所有幻灯片中的标题字体统一修改为黑体。将所有应用了“仅标题”版式的幻灯片（第 2、4、6、8、10 张幻灯片）的标题字体颜色修改为自定义颜色，红色、绿色、蓝色的值分别为 248、192、165。

添加页脚：除标题幻灯片外，为其余幻灯片页脚添加日期、幻灯片编号、页脚（内容为“节约是美德”），统一设置字体格式为微软雅黑、14 磅、加粗、白色。

■　修改版式：将过渡页幻灯片（第 3、第 5、第 7、第 9 张幻灯片）的版式布局更改为“节标题”。

■　修改标题幻灯片（第 1 张幻灯片）：为主标题应用艺术字的预设样式“渐变填充-金色,轮廓-着色 4”，为副标题应用艺术字的预设样式“填充-白色,轮廓-着色 5,阴影”。

■　在幻灯片浏览视图中查看并保存文件。

重点操作提示

1. 设置母版背景

选择“视图”—“幻灯片母版”，选中左侧窗格中的主母版，单击鼠标右键，在打开的快捷菜单中选择“设置背景格式”命令，在右侧的“对象属性”窗格中选择填充方式为“图片或纹理填充”，在图片填充中选择“本地文件”，如图 3-23 所示，打开素材文件夹，选中“背景.png”即可。

2. 设置母版版式

在幻灯片母版视图中，选中“仅标题”版式的标题占位符，在“开始”—“字体”功能组中，设置字体颜色为“其他字体颜色”，自定义颜色的红色、绿色、蓝色的值分别为 248、192、165”，如图 3-24 所示。

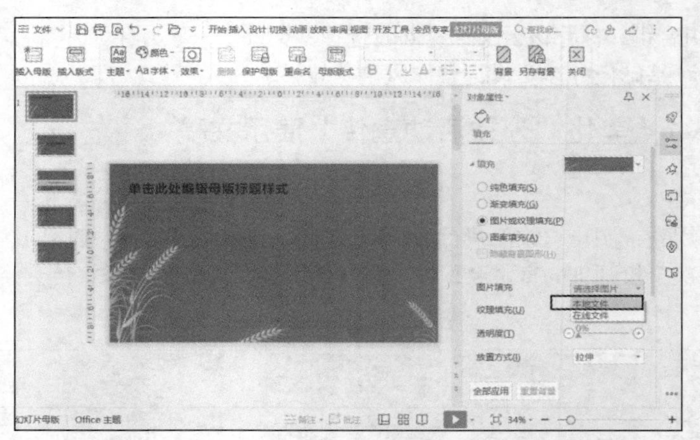

图 3-23　设置母版背景

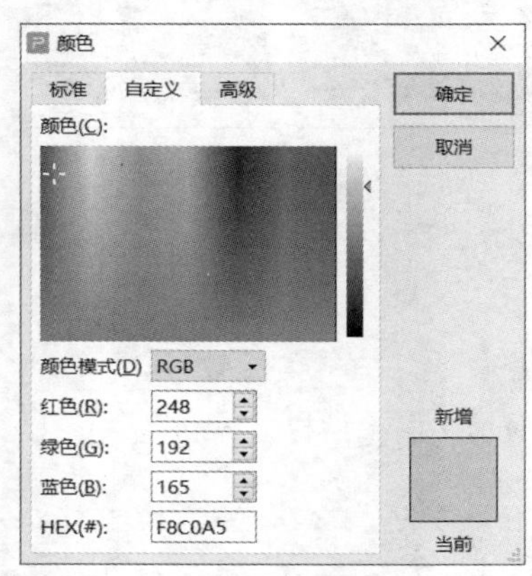

图 3-24　设置母版标题占位符字体颜色

3. 添加页脚

选择“插入”—“页眉页脚”，在打开的“页眉和页脚”对话框中选中“日期和时间”“幻灯片编号”“页脚”复选框（内容为“节约是美德”），选中“标题幻灯片不显示”复选框，单击“全部应用”按钮，如图 3-25 所示。

在主母版中，选中页脚中的 3 个占位符，在“开始”—“字体”功能组中设置字体格式为微软雅黑、14 磅、加粗、白色，如图 3-26 所示。

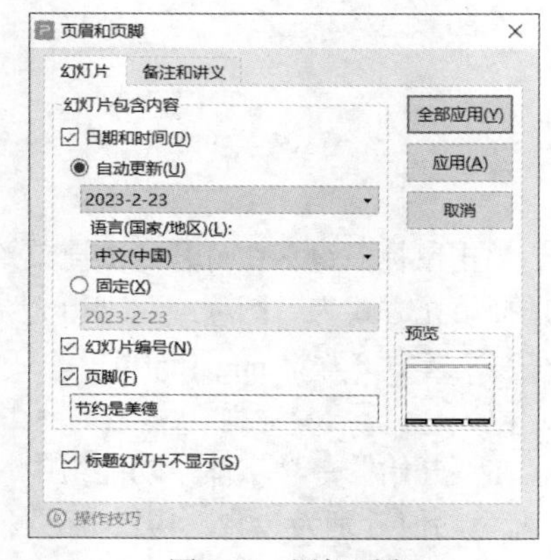

图 3-25　添加页脚

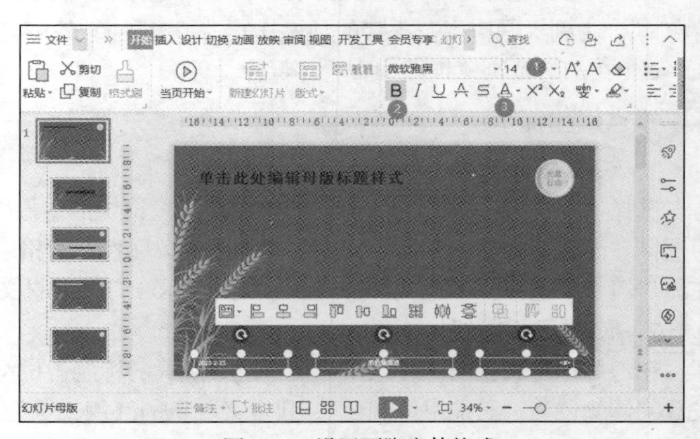

图 3-26　设置页脚字体格式

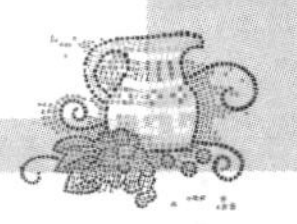

【基础任务 3-2　丰富文稿内容】

任务导读

本任务将指导学生完成项目文稿中各幻灯片中内容的添加与设置，如插入图片、智能图形、形状等，参考效果如图 3-27 所示。

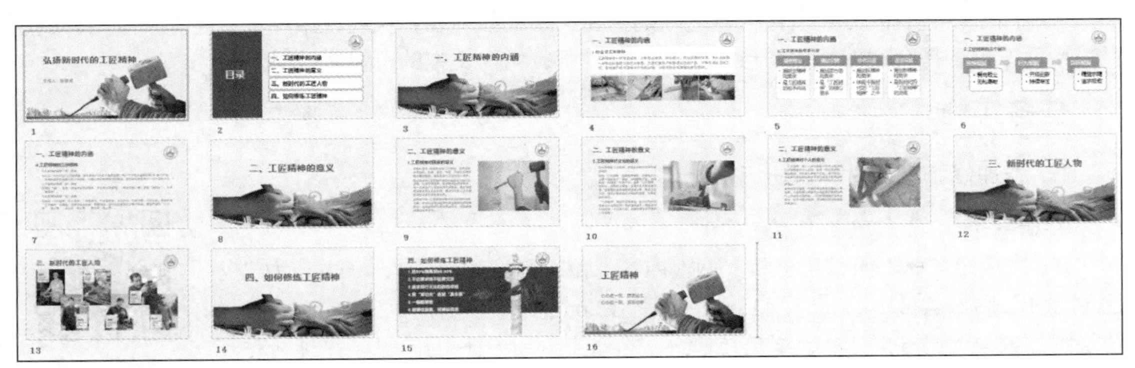

图 3-27　基础任务 3-2 参考效果

学习目标

- 熟练掌握图片的插入与设置方法。
- 熟练掌握智能图形的添加与设置方法。
- 熟练掌握形状的添加与设置方法。

任务准备

1. 排版原则

（1）对齐

幻灯片排版的第一原则是对齐，对齐包括两端对齐、居中对齐和页面内所有元素的对齐。将页面内的所有元素对齐以后，页面将显得更专业，阅读性更强，也更美观。

（2）对比

对比原则是指设计者有意地增强幻灯片中不同等级元素之间的差异性，使幻灯片重点突出，更有层次感。

（3）重复

重复原则是指分析幻灯片中的元素等级后，选择相同等级的元素并重复使用，以保证幻灯片的稳定性。例如，对较为复杂的幻灯片而言，转场页属于同一等级，因此转场页应具有某些重复的特征。

（4）留白

千万不要把演示文稿当作文本文档，如果幻灯片中的内容可以提炼，则一定要提炼；如果提炼不了，则应采用缩小字号的方式留出相应的空白，给予观众想象空间。使用留白原则后，页面的阅读性更强，观众体验更好。

2. 图片

图片在幻灯片中有着举足轻重的作用，它不仅能够提升观众体验，还能聚焦内容、引导视觉、渲染气氛、帮助理解。

挑选图片需要注意以下原则：挑选高分辨率的图片、图片内容与主题相匹配、图片整体风格要统一。

3．形状

形状包括线条、矩形、圆形、箭头、星形等，利用这些不同的形状或形状组合，可以制作出与众不同的幻灯片样式，吸引观众的注意力。

4．智能图形

智能图形以直观的方式表达信息之间的内在关系，如列表、流程、循环等。明确文本内容的逻辑关系后，可选择合适的智能图形对文本进行排版，增强文本的可视化效果。

任务实施

1．添加修饰型图片

操作要求

添加修饰型图片

■ 完成第 4 张幻灯片的修饰：调整内容占位符高度为 5.6 厘米，填充为“白色,背景 1”，插入素材中的“图片 11.png”“图片 12.png”“图片 13.png”“图片 14.png”，调整图片大小为高 5.5 厘米、宽 7.45 厘米，调整这 4 张图片的位置，并排列对齐（参照效果图）。

■ 完成第 9～11 张幻灯片的修饰：在第 9 张幻灯片右侧插入素材“图片 15.png”，设置高度为 11.20 厘米、宽度为 15.17 厘米，与左侧的文本顶端对齐，与右上角的 Logo 右对齐。按照相同方法完成第 10 张、第 11 张幻灯片的修饰。

操作步骤

（1）完成第 4 张幻灯片的修饰

打开云文档“基础项目　弘扬新时代的工匠精神.pptx”，选中第 4 张幻灯片，选中内容占位符，调整其高度为 5.6 厘米，选择“绘图工具”—“填充”—“白色,背景 1”，如图 3-28 所示。

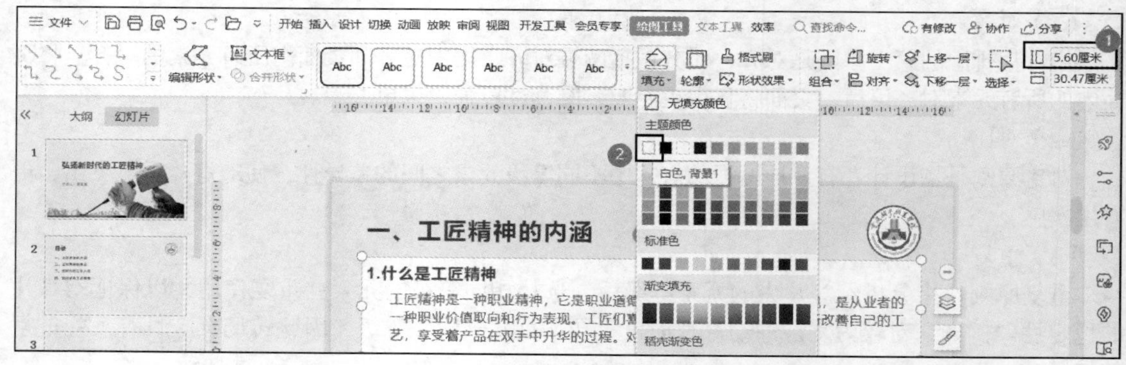

图 3-28　修改内容占位符

选择“插入”—“图片”—“本地图片”，打开素材文件夹，按住“Ctrl”键依次选中“图片 11.png”“图片 12.png”“图片 13.png”“图片 14.png”，在默认情况下，这 4 张图片处于选中状态，在“图片工具”选项卡中设置图片高度为 5.5 厘米、宽度为 7.45 厘米。

选中其中一张图片并拖动到幻灯片左侧，使其与上方的内容左对齐（会出现智能对齐虚线），选中另一张图片并将其拖动到右侧，使其与上方的内容右对齐。按住“Shift”键，选中这 4 张图片，在浮动的对齐工具栏中依次单击“垂直居中”“横向分布”按钮，如图 3-29 和图 3-30 所示。

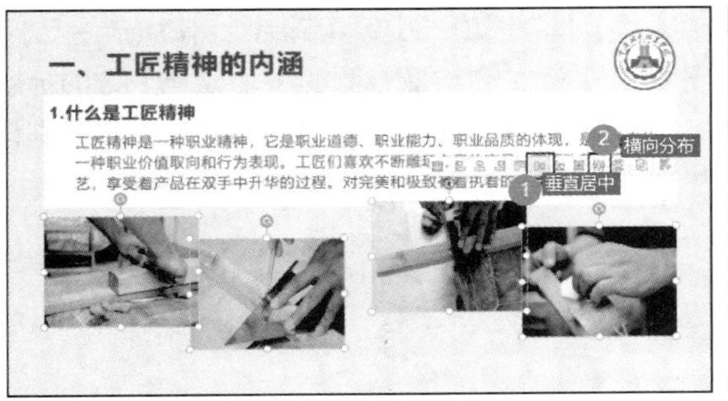

图 3-29　对齐图片

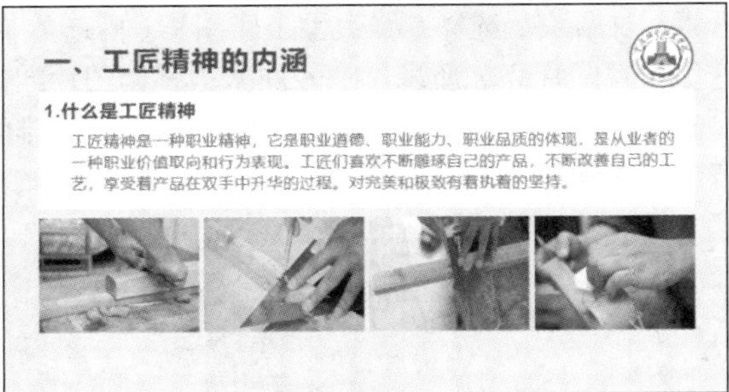

图 3-30　第 4 张幻灯片的效果

（2）完成第 9～11 张幻灯片的修饰

选择“视图”—“普通”，切换到普通视图，单击第 9 张幻灯片右侧占位符中的“插入图片”图标，如图 3-31 所示，打开“插入图片”对话框，选择素材中的“图片 15.png”，选中该图片，在“图片工具”选项卡中设置图片的高度为 11.20 厘米、宽度为 15.17 厘米，拖动该图片，使其与右上方的 Logo 右对齐（利用智能虚线）。按照相同的方法，在第 10 张幻灯片右侧占位符中插入“图片 16.png”，在第 11 张幻灯片右侧占位符中插入“图片 17.png”。切换到幻灯片浏览视图，第 9～11 张幻灯片的效果如图 3-32 所示。

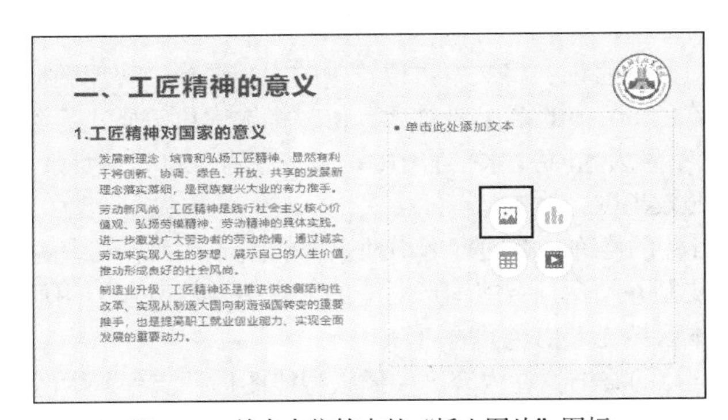

图 3-31　单击占位符中的“插入图片”图标

图 3-32　第 9～11 张幻灯片的效果

2. 添加内容型图片

操作要求

修改第 13 张幻灯片：在内容区中添加 6 张素材文件夹中的大国工匠图片，统一设置图片大小，并排列与对齐，可参考效果图。

添加内容型图片

操作步骤

在普通视图中，选中第 13 张幻灯片，删除文本占位符中的内容，选择“插入”—“图片”，打

开素材文件夹，选择 6 张大国工匠图片（自选），在“图片工具”选项卡中设置图片大小为统一大小，这里设置图片高 8 厘米、宽 6 厘米；移动图片的位置，其中最左侧与最右侧的图片要与上方的标题左侧、Logo 右侧分别左对齐与右对齐，将上一排的 3 张图片与下一排的 3 张图片的对齐方式分别设置为“垂直居中”，将这 6 张图片的对齐方式设置为“横向分布”，幻灯片效果如图 3-33 所示。

图 3-33　幻灯片效果

3. 添加智能图形

操作要求

添加智能图形

■　完成第 2 张幻灯片的修饰：将文本占位符中的内容转换为智能图形中的“列表”，调整颜色为“着色 6”中的第 1 种样式，修改标题占位符格式为深红色填充、文字颜色为白色、字号为 60 磅、水平居中，调整标题占位符至幻灯片左侧，拖动调整其大小，可参照效果图。

■　完成第 5 张幻灯片的修饰：在内容区中插入智能图形“列表”中的第 2 行第 1 列样式，将文本占位符的文字分别复制并粘贴到智能图形对应的元素中，修改智能图形的颜色为“着色 2”中的第 2 种样式，修改文本区填充“白色,背景 1”。

■　完成第 6 张幻灯片的修饰：在内容区中插入智能图形“流程”中的第 2 行第 2 列样式，复制原文本占位符中的内容到该智能图形的对应元素中，样式设置参照第 5 张幻灯片中的智能图形。

操作步骤

（1）完成第 2 张幻灯片的修饰

在普通视图的左侧窗格中选中第 2 张幻灯片，选中文本占位符中的内容，选择“插入”—“智能图形”，在打开的“智能图形”对话框中，选择“列表”中的智能图形，效果如图 3-34 所示。

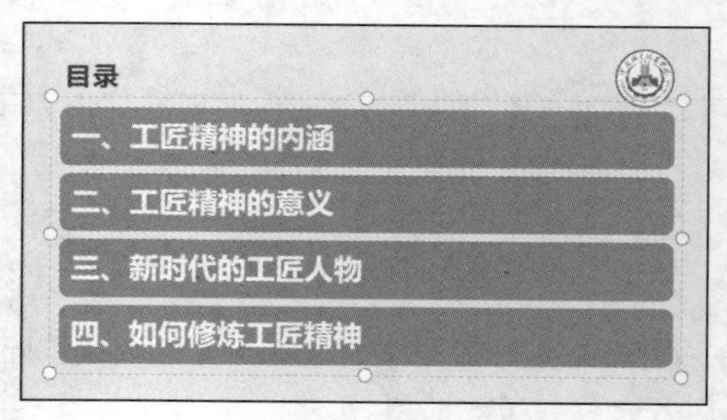

图 3-34　插入智能图形的效果

选中该智能图形，选择“设计”—“更改颜色”中的“着色 6”中的第 1 种样式，调整其大小并将其移动到页面右侧，如图 3-35 所示。

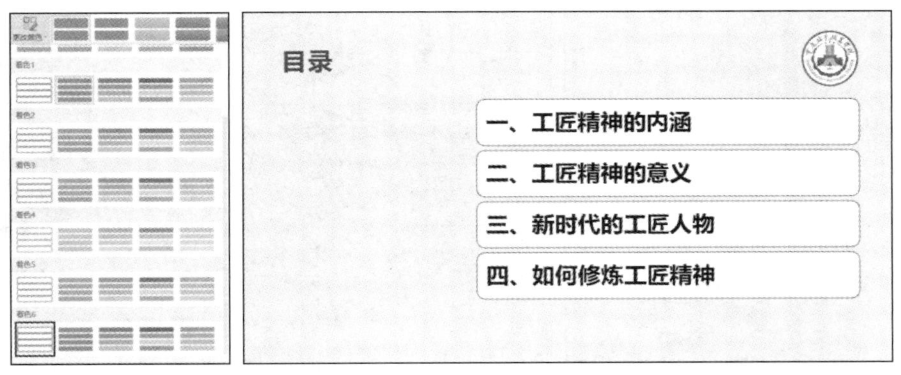

图 3-35　修改智能图形的颜色

选中标题占位符，选择“绘图工具”—“填充”标准颜色中的深红色，文字颜色为白色，字号为 60 磅，对齐方式为水平居中，效果如图 3-36 所示。

移动该占位符的位置，调整其大小并将其移至页面左侧，目录页效果如图 3-37 所示。

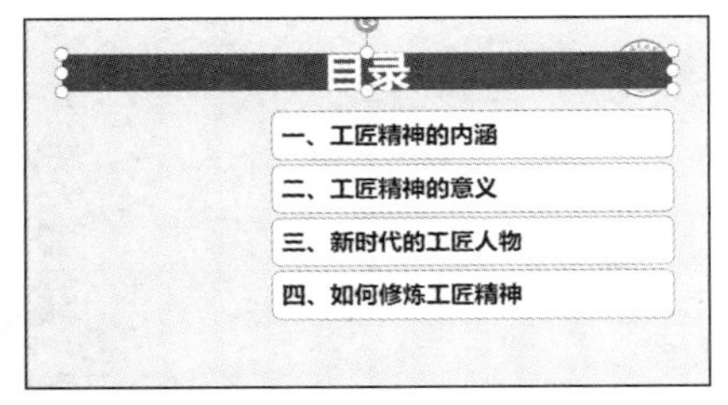

图 3-36　修改标题占位符格式后的效果

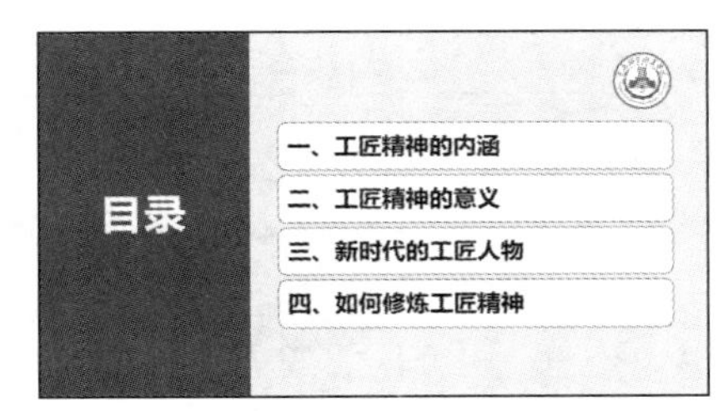

图 3-37　目录页效果

（2）完成第 5 张幻灯片的修饰

在普通视图中，选中第 5 张幻灯片，选择“插入”—“智能图形”，在打开的“智能图形”对话框中，选择“列表”选项卡中的智能图形，如图 3-38 所示。

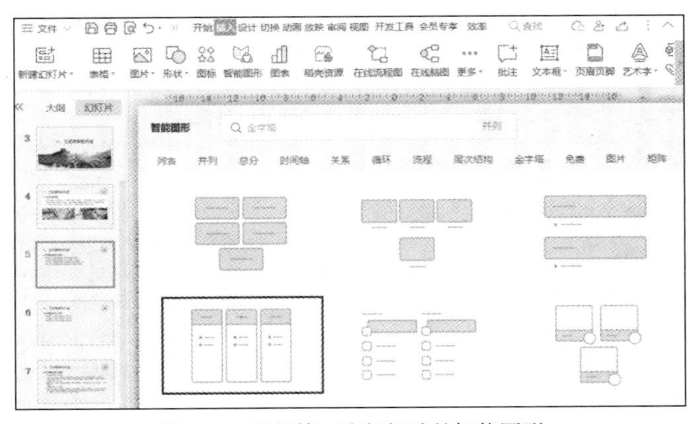

图 3-38　选择第 5 张幻灯片的智能图形

将该幻灯片的文本内容中的前 3 项分别复制并粘贴到智能图形的对应元素中，如图 3-39 所示。选中该智能图形的第 3 项“协作共进”，选择“设计”—“添加项目”—“在后面添加项目”，即可为此智能图形添加项目；将文本区域中的第 4 项内容粘贴到刚添加的项目中，删除原文本区域的内容，移动该智能图形，并调整其大小，以该幻灯片上方的标题和图片的位置进行两端对齐，效果如图 3-40 所示。

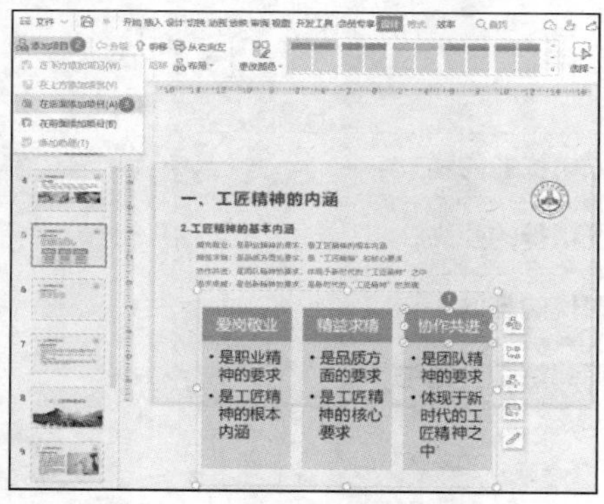

图 3-39　复制并粘贴文本内容

图 3-40　效果

选中该智能图形，选择“设计”—“更改颜色”中的“着色 2”中的第 2 种样式，如图 3-41 所示。

选中智能图形的文本区域，选择“格式”—“填充”为“白色,背景 1”，依次修改后面 3 项，第 5 张幻灯片的效果如图 3-42 所示。

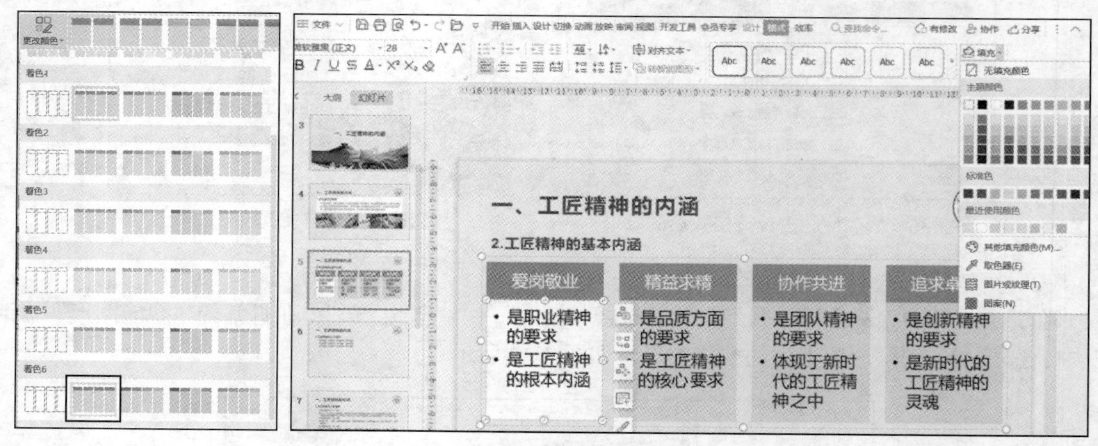

图 3-41　修改智能图形的样式

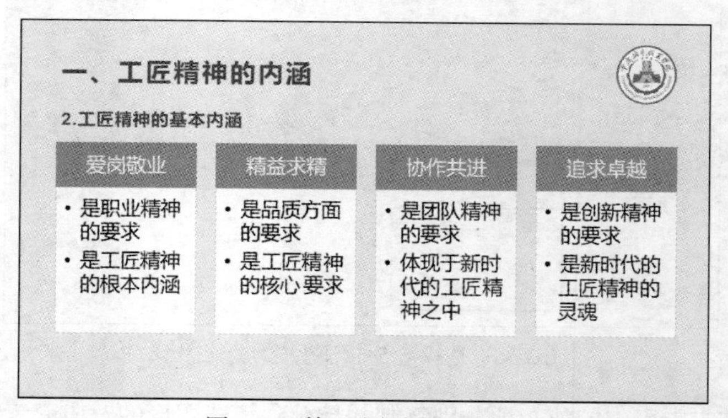

图 3-42　第 5 张幻灯片的效果

（3）完成第 6 张幻灯片的修饰

在普通视图中，选中第 6 张幻灯片，选择“插入”—“智能图形”，在打开的“智能图形”对话框中，选择“流程”选项卡中的智能图形，如图 3-43 所示。

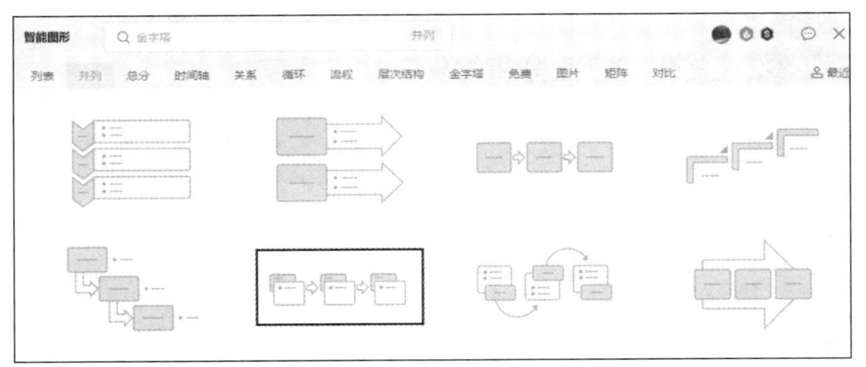

图 3-43　选择第 6 张幻灯片的智能图形

将文本区域的内容分别复制并粘贴到对应图形中，删除原文本区域的内容，移动该智能图形，并调整其大小，以该幻灯片上方的标题和图片的位置进行两端对齐，选择“更改颜色”为“着色 2”中的第 2 种样式，第 6 张幻灯片的效果如图 3-44 所示。

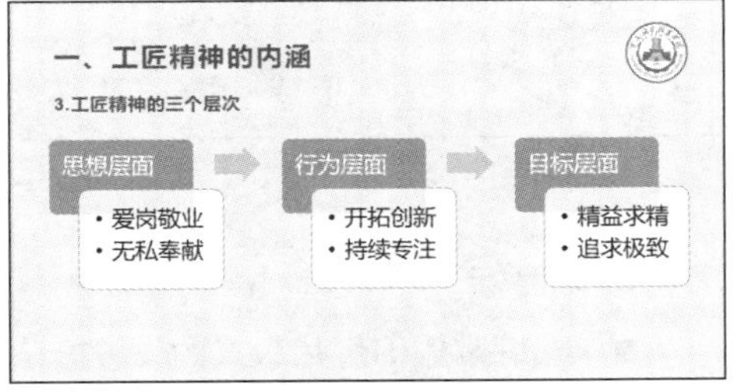

图 3-44　第 6 张幻灯片的效果

4. 添加形状

添加形状

操作要求

■ 完成第 15 张幻灯片的修饰：插入形状（宽为 34 厘米、高为 10 厘米），并将其置于文本下方，填充颜色为标准颜色中的深红色、无边框颜色，修改文本占位符中的文本背景为“白色,背景 1”，在幻灯片右侧插入素材“图片 13.png”，参照效果图调整图片大小。

■ 保存该云文档，将其另存到本地文件夹中，并设置文件名为“基础任务 3-2 丰富文稿内容（效果）.pptx”。

操作步骤

在普通视图中选中第 15 张幻灯片，选择“插入”—“形状”—“矩形”，设置矩形宽 34 厘米、高 10 厘米，单击鼠标右键，在打开的快捷菜单中选择“置于底层”命令，选择“绘图工具”—“填充”为标准颜色中的“深红色”，“轮廓”为“无边框颜色”。选中文本内容占位符，设置文本颜色为白色，效果如图 3-45 所示。

选择“插入”—“图片”—“本地图片”，添加“图片 13.png”，调整图片大小，并将其移至右侧，效果如图 3-46 所示。

按“Ctrl+S”组合键，保存该云文档，同时选择“文件”—“另存为”，将其另存在本地文件夹中，并将其命名为“基础任务 3-2　丰富文稿内容（效果）.pptx”。

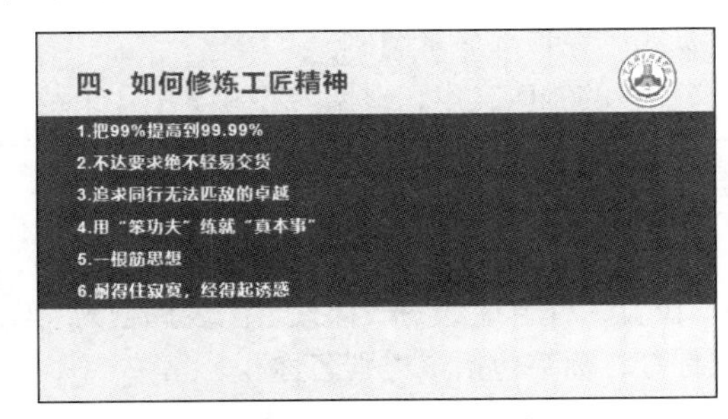

图 3-45　设置内容样式的效果

图 3-46　插入图片的效果

基础拓展 3-2：美化“行业分析报告”演示文稿

任务效果

现需要制作一个关于中国电子商务行业发展现状及趋势分析的演示文稿，涉及的大部分内容在“SC.docx”中，请进一步修饰与完善该演示文稿，参考效果如图 3-47 所示。

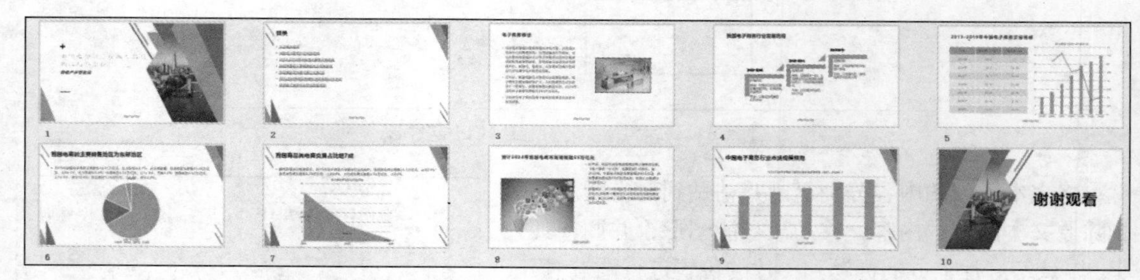

图 3-47　基础拓展 3-2 参考效果

学习目标

- ■ 熟练掌握幻灯片版式的设置方法。
- ■ 掌握模板的导入方法。
- ■ 熟练掌握幻灯片内容的添加与格式设置，如标题、图片、智能图形、表格、图表的应用。

操作要求

■ 打开素材文件“基础拓展 3-2 美化‘行业分析报告’演示文稿（素材）.pptx”。

■ 插入页脚：在每张幻灯片的页脚中插入文本“前瞻产业研究院”。

■ 导入模板：为整个演示文稿应用素材中的“plan.potx”模板。

■ 修改第 1 张幻灯片版式为“标题幻灯片”，主标题字体设置为隶书、32 磅、预设样式为“填充-黑色,文本 1,轮廓-背景 1,清晰阴影-着色 5”，副标题字体设置为黑体、20 磅，字体颜色为“海洋绿,着色 2,深绿色 25%”。

■ 修改第 3 张幻灯片版式为“两栏内容”，将素材文件“tupian2.jpg”插入幻灯片的右侧，将图片的大小设置为高度 6.5 厘米、宽度 12 厘米，图片在幻灯片上的水平位置为 19.5 厘米、相对于“左上角”，垂直位置为 5 厘米。

■ 修改第 4 张幻灯片版式为“仅标题”，在幻灯片中插入智能图形，效果如图 3-48 所示。

■ 修改第 5 张幻灯片版式为“两栏内容”，在左侧内容区中插入一个 8 行 3 列的表格，表格内容见本地文件夹中的“SC.docx”文档，根据左侧内容区表格中的内容，在右侧内容区中插入一个图表，图表以“年份”作为“横坐标”，“交易规模（万亿元）”作为“主纵坐标”，“增长率（%）”作为“次纵坐标”，设置一个合适的图表样式，图表无标题，在顶部显示图例。

■ 在第 6 张幻灯片内容区中插入“SC.docx”文档中的相应文本，根据内容文本中 4 个地区的交易额占比绘制一个饼图，设置一种合适的图表样式，图表无标题，在顶部显示图例，并显示数据标签，标签位置为“数据标签内”、数字类别为“百分比”、小数位数为“0”。

■ 在第 7 张幻灯片内容区中插入“SC.docx”文档中的相应文本，根据内容文本中商品类、服务类和合约类这 3 个品类的交易额绘制一个面积图，设置一种合适的图表样式，图表标题为“电子商务市场细分行业结构”，不显示图例，并显示数据标签，标签包括“类别名称”。

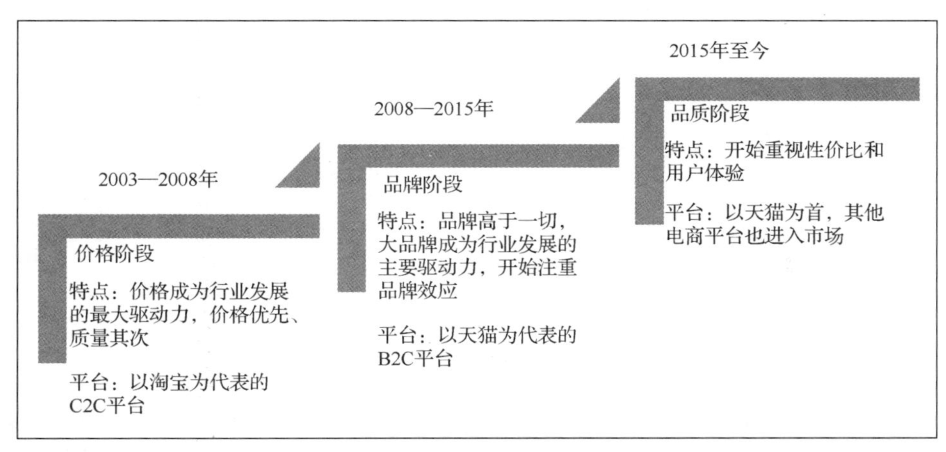

图 3-48　插入智能图形的效果

■　修改第 8 张幻灯片版式为“图片与标题”，将素材文件“tupian1.png”插入幻灯片的左侧，图片的大小设置为宽度 13.5 厘米、锁定纵横比，图片在幻灯片上的水平位置为 2 厘米、相对于“左上角”，垂直位置为 6 厘米、相对于“左上角”，将“SC.docx”文档中的相应文本插入右侧内容区中。

■　在第 9 张幻灯片内容区中插入一个簇状柱形图，图表数据和标题参考图 3-49。

■　修改第 10 张幻灯片版式为“标题幻灯片”。

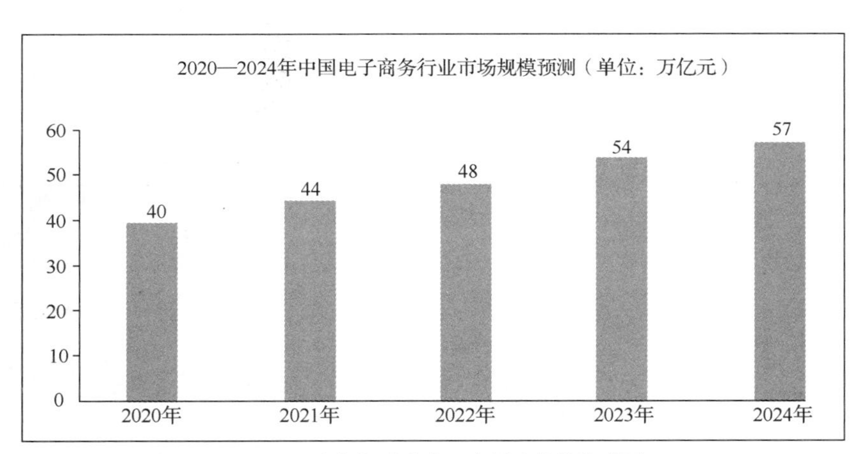

图 3-49　在幻灯片内容区中插入簇状柱形图

重点操作提示

1. 导入模板

选择“设计”—“导入模板”，如图 3-50 所示，可将已有模板导入当前演示文稿。

2. 添加表格

以第 5 张幻灯片为例，在左侧幻灯片缩略图窗格中选中该幻灯片，单击鼠标右键，在打开的快捷菜单中选择“版式”—“两栏内容”命令，单击左侧占位符中的“插入表格”图标，输入表格的行数和列数，如图 3-51 所示。

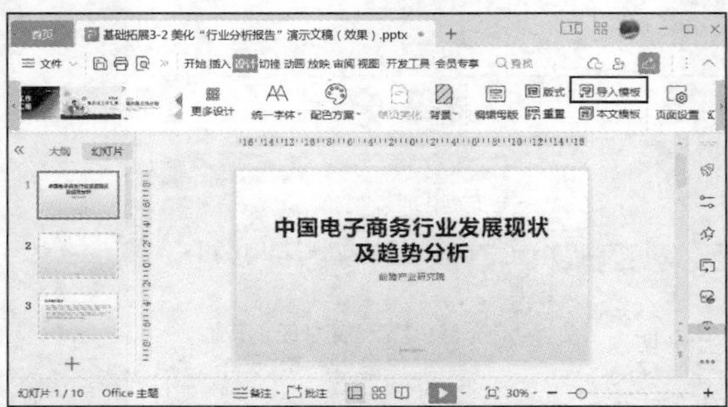

图 3-50　导入模板

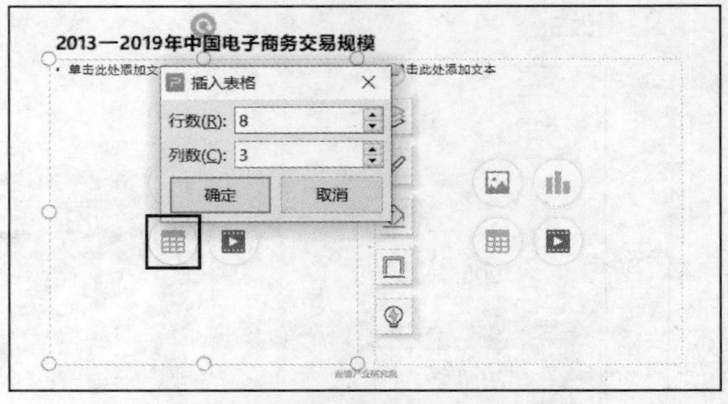

图 3-51　添加表格

在素材文件“SC.docx”中复制对应内容，并将其粘贴到该表格中。

3. 添加图表

在第 5 张幻灯片右侧占位符中单击“插入图表”图标，默认情况下会插入簇状柱形图，选中该图表，单击鼠标右键，在打开的快捷菜单中选择“编辑数据”命令，打开“WPS 演示中的图表”窗口，在数据源中粘贴之前复制的表格内容，并调整数据源的蓝色线框，以调整数据源范围，如图 3-52 所示。

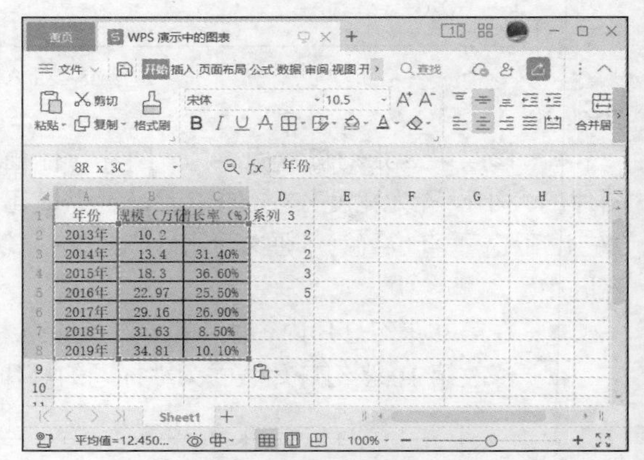

图 3-52　编辑图表数据

选中图表，单击鼠标右键，在打开的快捷菜单中选择“更改图表类型”命令，打开“更改图表类型”对话框，在“自定义组合”中设置“交易规模（万亿元）”图表类型为“簇状柱形图”，“增长率（%）”图表类型为“折线图”且选中“次坐标轴”复选框，如图 3-53 所示。

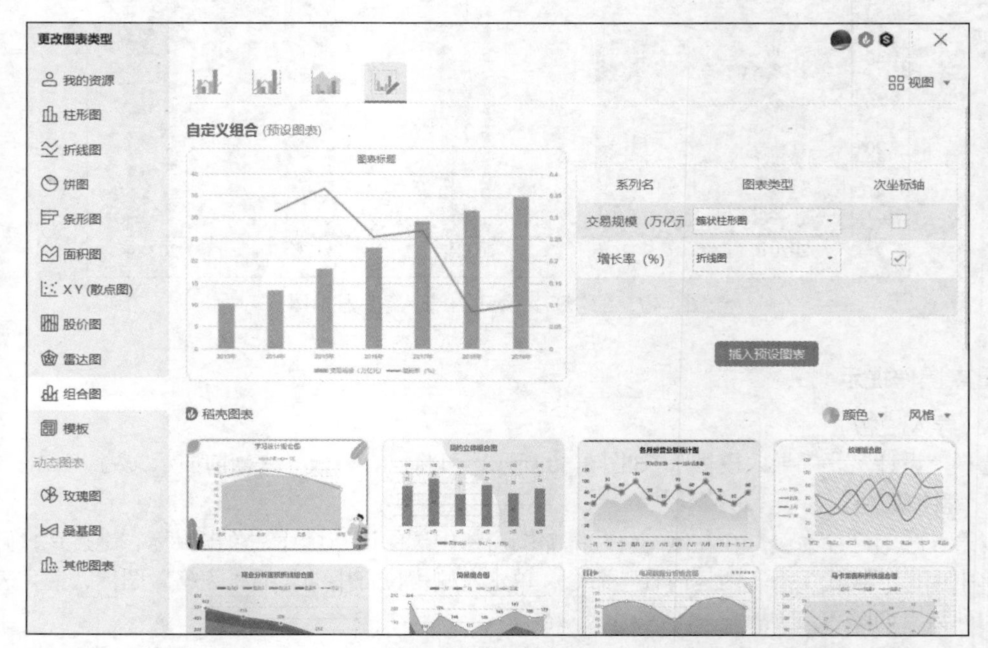

图 3-53　设置组合图表

选中图表，选择“图表工具”—“添加元素”—“图表标题”—“无”，“图例”为“顶部”，如图 3-54 所示。

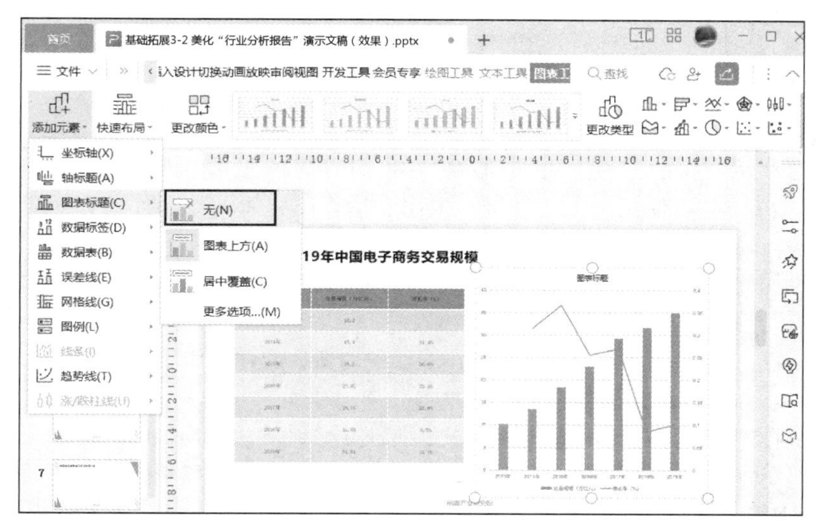

图 3-54　添加图表元素

【基础任务 3-3　添加动画效果】

任务导读

本任务将指导学生完成项目文稿的动画设置、切换效果设置、放映设置等，部分参考效果如图 3-55 所示。

图 3-55　基础任务 3-3 部分参考效果

学习目标

- 掌握动画的添加与基本设置方法。

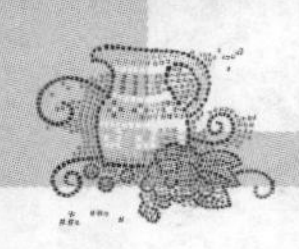

■ 掌握幻灯片切换效果的应用。

■ 掌握幻灯片放映方式的设置方法。

■ 掌握幻灯片的导出方法。

任务准备

1. 动画

动画在运行演示文稿的过程中可控制对象在何时以何种方式出现在幻灯片上，可应用于幻灯片中的任何对象，可以使用进入、强调、退出、动作路径等效果，还可以对单个对象应用多个动画。

“进入”动画：设置对象从外部进入或出现幻灯片播放画面的方式，如飞入、旋转、渐入、出现等。

“强调”动画：设置在播放画面中需要突出显示的对象，起强调作用，如放大/缩小、更改颜色、加粗闪烁等。

“退出”动画：设置离开播放画面时的方式，如飞出、消失、渐出等。

“动作路径”动画：设置播放画面中的对象路径移动的方式，如弧形、直线、循环等。

2. 幻灯片切换

幻灯片的切换效果是指从一张幻灯片到下一张幻灯片的过渡效果，用户可以根据需求在“切换”选项卡中为指定幻灯片设置切换方式，包括切换声音、切换速度等。

任务实施

1. 添加动画

操作要求

添加动画

■ 在幻灯片母版视图中，为标题占位符添加动画：进入为“擦除”、自左侧、中速、与上一动画同时。

■ 在普通视图中，为第 13 张幻灯片中的图片添加动画：进入为“缩放”、从屏幕中心放大、快速、在上一动画之后。

■ 为所有幻灯片添加切换效果：剥离、向右、速度为 1.25 秒、换片方式为单击。

■ 设置放映方式：演讲者放映、手动换片。

■ 保存云文档，将其另存到本地文件夹中，并将文件命名为“基础任务 3-3　添加动画效果（效果）.pptx”，并输出相应的 PDF 文件。

操作步骤

（1）在幻灯片母版视图中添加动画

打开“基础任务 3-3 添加动画效果（素材）.pptx”，选择“视图”—“幻灯片母版”，选中左侧第 1 张幻灯片中的标题占位符，选择“动画”—“动画窗格”，将在窗口右侧显示“动画窗格”，选择“添加效果”为“进入”动画中的“擦除”，设置动画开始为“与上一动画同时”，方向为“自左侧”，速度为“中速(2 秒)”，如图 3-56 所示。选择“幻灯片母版”—“关闭”。

（2）在普通视图中添加动画

选中第 13 张幻灯片，按住“Ctrl”键选中所有的图片，在右侧的“动画窗格”中选择“添加效果”为“进入”动画中的“缩放”，开始为“在上一动画之后”，缩放为“从屏幕中心放大”，速度为“快速(1 秒)”，如图 3-57 所示。

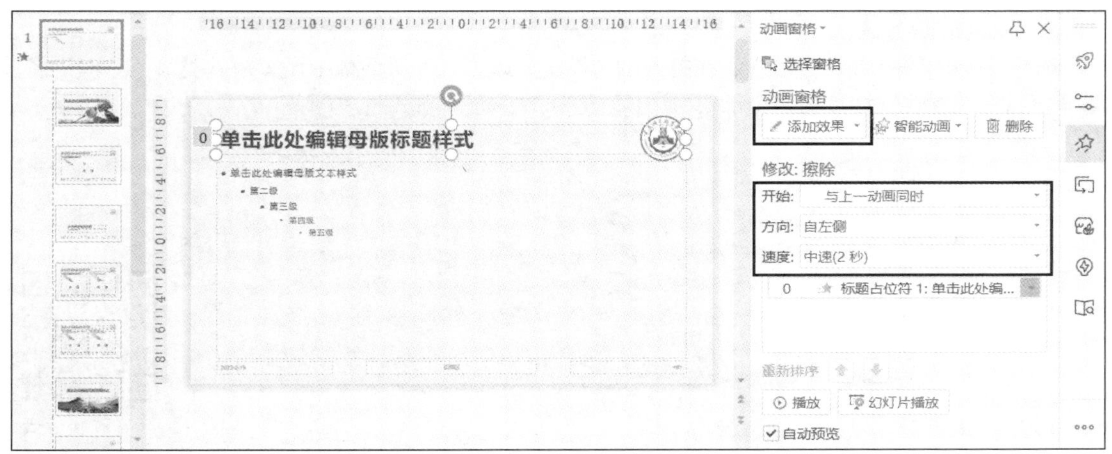

图 3-56　添加第 1 张幻灯片的动画

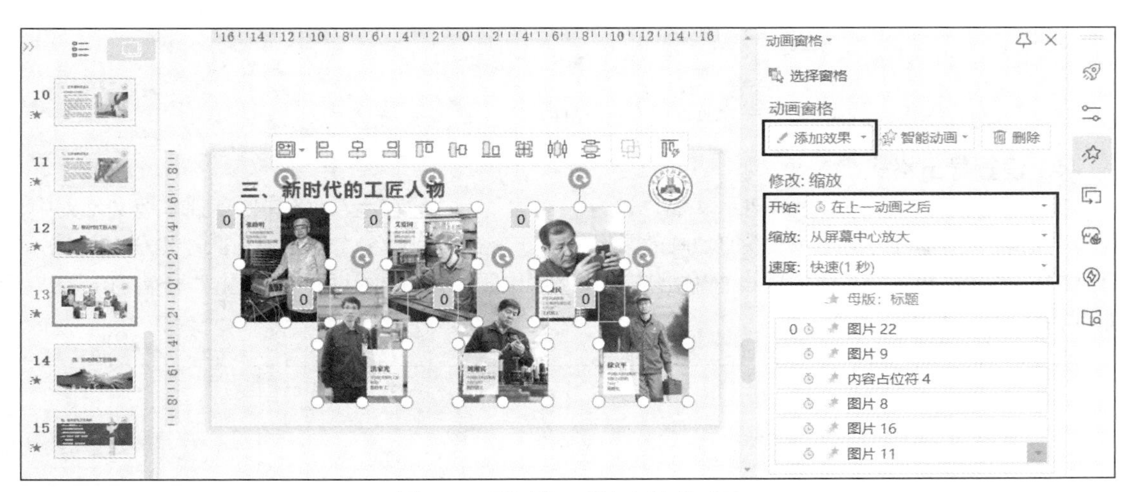

图 3-57　添加第 13 张幻灯片的动画

可为其他幻灯片中的内容添加合适的动画。

设置切换效果

2. 设置切换效果

选择“切换”—“剥离”，效果选项为“向右”，速度为“01.25”，换片方式为“单击鼠标时换片”，并选择“应用到全部”，如图 3-58 所示。

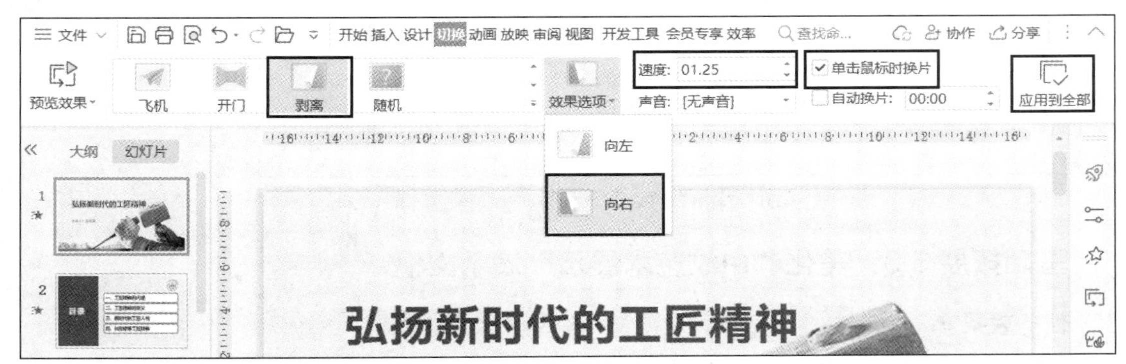

图 3-58　设置切换效果

3. 设置放映方式

选择“放映”—“放映设置”，在打开的“设置放映方式”对话框中设置放映类型为“演讲者放映(全屏幕)”，放映幻灯片为“全部”，换片方式为“手动”，如图 3-59 所示。

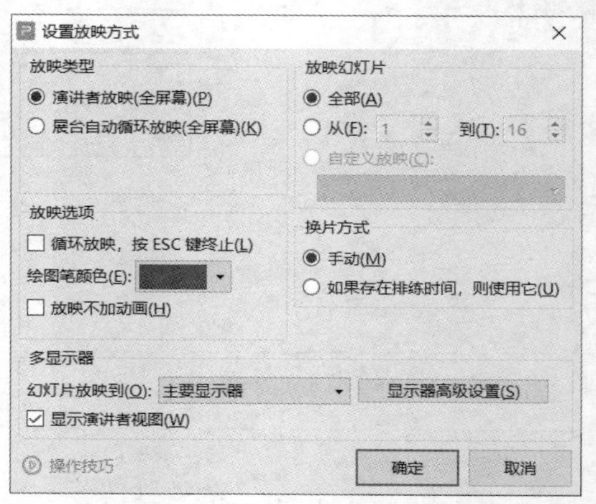

图 3-59 “设置放映方式”对话框

设置放映方式

4. 设置导出格式

按“Ctrl+S”组合键保存该演示文稿，选择“文件”—“另存为”，将其另存到本地文件夹中，并将其命名为“基础任务 3-3 添加动画效果（效果）.pptx”。选择“文件”—“输出为 PDF”，在打开的“输出为 PDF”对话框中设置输出选项和保存位置，如图 3-60 所示，单击“开始输出”按钮即可将其导出为 PDF 文件。

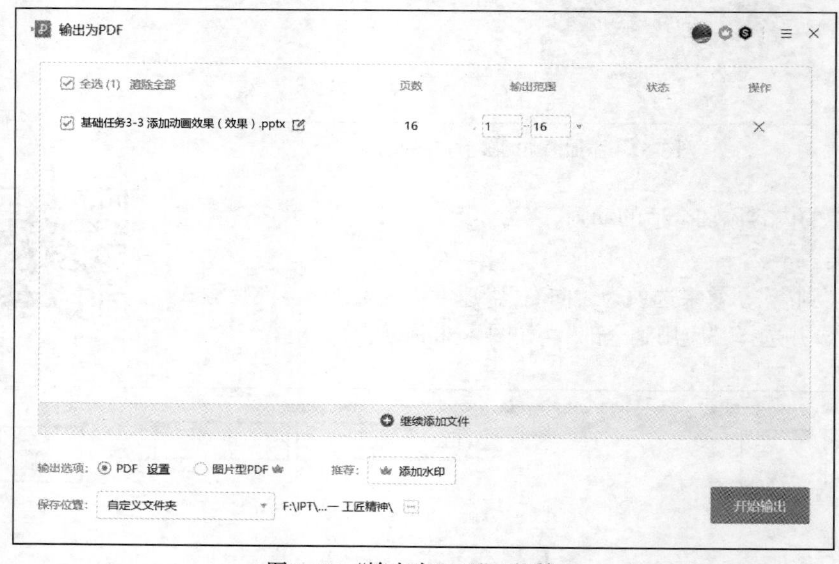

图 3-60 “输出为 PDF”对话框

设置导出格式

基础拓展 3-3：美化“中纹艺术展示”演示文稿

任务效果

现有一份展示传统文化“中纹艺术”的演示文稿需要美化，参考效果如图 3-61 所示。

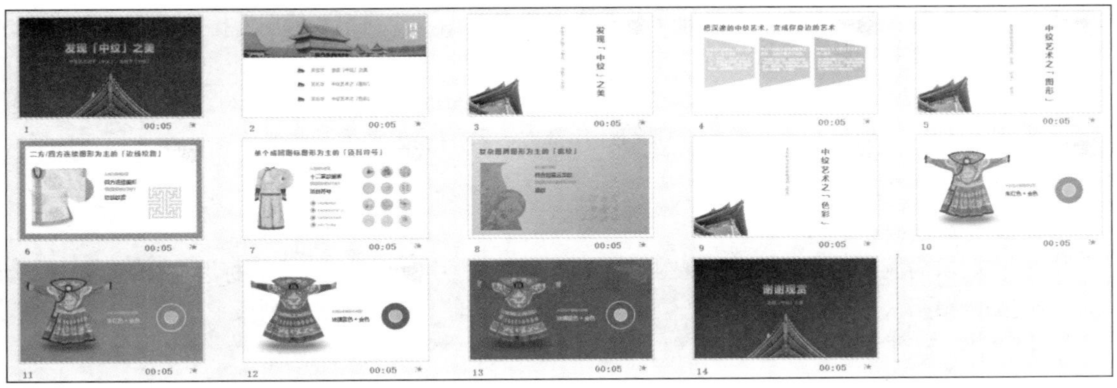

图 3-61 基础拓展 3-3 参考效果

学习目标

■ 熟练掌握母版与幻灯片版式的设置方法。

■ 掌握交互动作的设置方法。

■ 熟练应用自定义动画与幻灯片切换。

操作要求

■ 打开素材文件“基础拓展 3-3 美化‘中纹艺术展示’演示文稿（素材）.pptx”，另存文件为“基础拓展 3-3 美化‘中纹艺术展示’演示文稿（效果）.pptx”。

■ 幻灯片母版设置。在母版右上角插入素材“背景图.png”，编辑母版标题字符间距为加宽 5 磅。

编辑“标题幻灯片”版式：背景颜色设置为向下的从“黑色,文本 1”到“黑色,文本 1,浅色 15%”的线性渐变填充，并隐藏母版背景图形。主标题和副标题全部应用“渐变填充-番茄红”预设艺术字样式，并且添加相同的动画效果，要求在单击时主标题和副标题依次开始快速展开进入，设置动画文本“按字母 20%”延迟发送。

编辑“节标题”版式：标题和文本占位符中的文字方向全部改为竖排，占位符的尺寸均设为高度 15 厘米、宽度 3 厘米，并将占位符移动到幻灯片右侧区域以保证版面美观。为标题和文本添加相同的动画效果，要求在单击时标题和文本依次开始快速自顶部擦除进入。

■ 选择幻灯片版式。第 3、第 5、第 9 张幻灯片应用“节标题”版式，第 2、第 10、第 11、第 12、第 13 张幻灯片应用“空白”版式，第 4、第 6、第 7、第 8 张幻灯片应用“仅标题”版式。

■ 设计交互动作方案。在第 2 张幻灯片中设置导航动作，使得单击各条目录时可以导航到对应的节标题幻灯片；在“节标题”版式中统一设置返回动作，使得单击左下角的图片时可以返回目录。

■ 添加智能图形。在第 4 张幻灯片中插入样式为梯形列表的智能图形，以美化多段文字（请保持内容间的上下级关系），智能图形采用彩色中的第 4 种预设颜色方案，并且整体尺寸为高度 10 厘米、宽度 30 厘米。

■ 设计内容页动画效果方案。

第 6 张幻灯片：右下角的四方连续图形，在单击时开始，非常快地、忽明忽暗强调，并且重复 3 次；衬底的边线纹路图片，与上一动画同时、延迟 0.5 秒开始，快速渐变式缩放进入。

第 7 张幻灯片：右下角的十二章纹图案从上到下共 4 张图片，在单击时同时开始，快速飞入进入，飞入方向依次为自左上部、自右上部、自左下部、自右下部，并且全部平稳开始、平稳结束。

第 8 张幻灯片：衬底的渐变色背景形状，在单击时开始，快速自右侧向左擦除进入；右下角的四合如意云龙纹图片，与上一动画同时开始，快速放大 150%并在放大后自动还原大小（自动翻转）。

■ 设计幻灯片切换效果。第 1、14 张幻灯片应用溶解切换，第 11、13 张幻灯片应用平滑切换，其余幻灯片应用向上推出切换，并且全部幻灯片都以 5 秒间隔自动换片放映。

重点操作提示

1. 设置动画效果选项

以操作要求为例：在幻灯片母版视图中，选中标题幻灯片中的主标题和副标题占位符，选择“动画”—“动画窗格”，设置添加效果为“进入”中的“展开”，在动画窗格列表中选择“效果选项”，设置动画文本“按字母 20%”延迟发送，如图 3-62 所示。

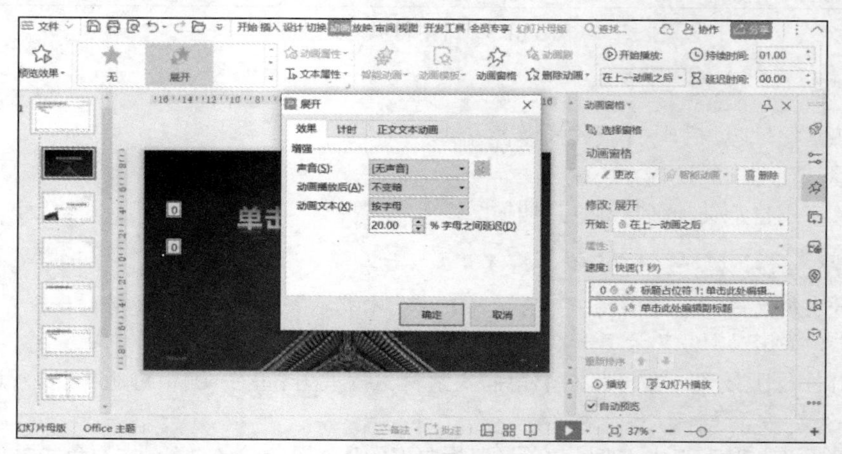

图 3-62 设置动画选项

2. 设计交互动作方案

以操作要求为例：选中第 2 张幻灯片，选中文本区域中的第一条内容，选择“插入”—“超链接”，在“编辑超链接”对话框中设置链接到“本文档中的位置”中的第 3 张幻灯片，如图 3-63 所示。

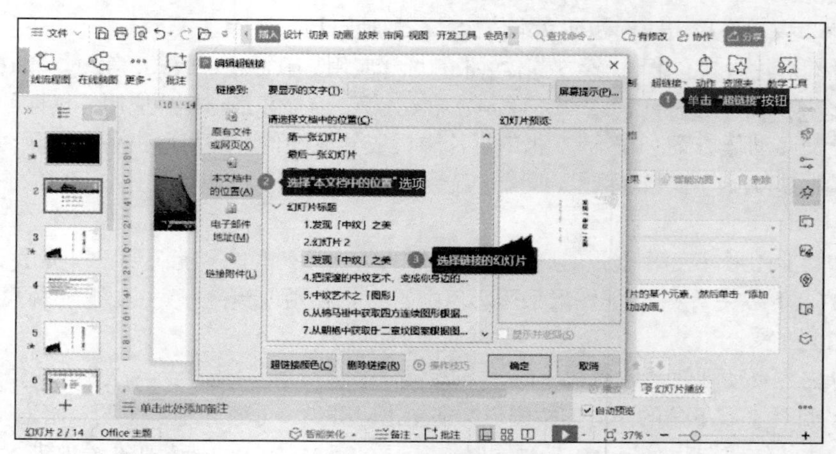

图 3-63 添加超链接

按照上述方法依次为第二、三条内容添加超链接，分别链接到第 5 和第 9 张幻灯片。

选择“视图”—“幻灯片母版”，选中“节标题”幻灯片版式，选中左下角的图片，单击鼠标右

键，在打开的快捷菜单中选择“动作设置”命令，在打开的“动作设置”对话框中设置单击鼠标时的动作为“超链接到幻灯片”，并选择“幻灯片 2”选项，如图 3-64 所示。

图 3-64　设置动作

【项目总结】

通过学习本项目，相信大家已经掌握了 WPS 演示的综合应用技能，请在表 3-1 中总结与分享学到的具体知识与技能吧！

表 3-1　“基础项目　制作‘工匠精神培训’演示文稿”相关知识与技能总结

基础任务 3-1　设计整体风格	基础任务 3-2　丰富文稿内容	基础任务 3-3　添加动画效果
基础拓展 3-1　美化“公益活动宣传”演示文稿	**基础拓展 3-2　美化“行业分析报告”演示文稿**	**基础拓展 3-3　美化“中纹艺术展示”演示文稿**

进阶项目　设计“科技产品发布”演示文稿

【项目描述】

项目简介

“设计‘科技产品发布’演示文稿”项目源于典型办公岗位，通过学习本项目，学生能够掌握 WPS 演示软件中的高级技能，如设计封面、应用蒙版、绘制形状、设计动效、应用平滑、添加音乐等。

教学建议

建议学时：6 学时。

教学方法：项目教学法、任务驱动法。

【项目分析】

该项目可分解为三大任务，包含设计科技感封面、设计科技感时间轴、设计科技感动效，每个任务包含的主要操作流程和技能如图 3-65 所示。

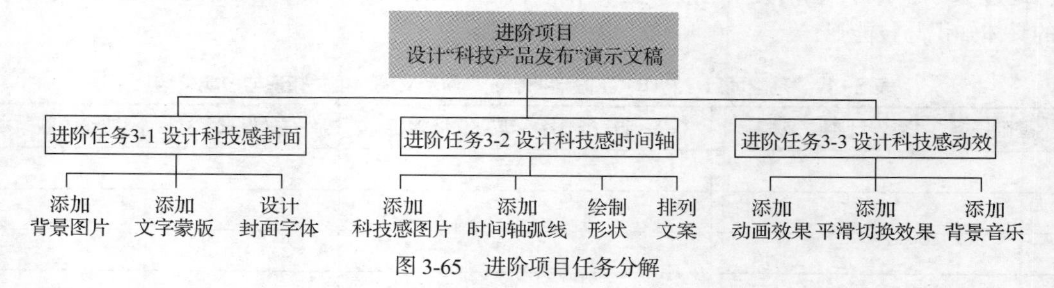

图 3-65　进阶项目任务分解

【项目实施】

【进阶任务 3-1　设计科技感封面】

任务导读

本任务将指导学生设计演示文稿的封面，体现“科技感”，参考效果如图 3-66 所示。

图 3-66　进阶任务 3-1 参考效果

学习目标

- 理解全图型封面的设计原则。
- 掌握科技感封面的设计方法。

任务准备

1. 设计封面原则

大气的封面一般由主题文字层、蒙版层、背景层组成，要注意背景的选择、文本字体都要与主题相关，为了突出主题文字，通常在文字与背景图片之间添加形状，设置渐变填充，起到蒙版的作用。

2. 形状的运算

形状与形状、形状与文字、形状与图片可以进行布尔运算，也称合并形状。布尔运算类型如图 3-67 所示。

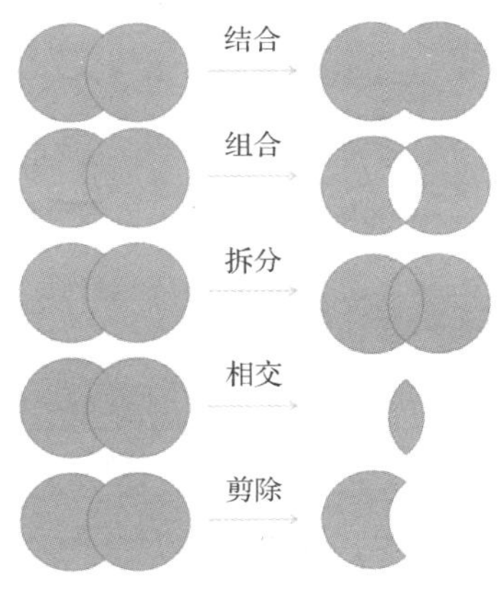

图 3-67　布尔运算类型

任务实施

1. 添加背景图片

操作要求

- 打开文件“进阶任务 3-1　设计科技感封面（素材）.pptx”，另存文件为“进阶项目　科技产品发布.pptx”。
- 在第 1 张幻灯片中添加背景图片“封面.png”，并将其置于底层。

添加背景图片

操作步骤

打开素材文件“进阶任务 3-1　设计科技感封面（素材）.pptx”，选择“文本”—“另存为”，在“另存文件”对话框中，选择将文件保存在“我的云文档”—“WPS 演示”文件夹中，并将文件命名为“进阶项目　科技产品发布.pptx”。

选中第 1 张幻灯片，选择“插入”—“图片”—“本地图片”中的素材文件“封面.png”，调整图片大小至覆盖整张幻灯片。

选中图片，单击鼠标右键，在打开的快捷菜单中选择“置于底层”命令，将背景图片置于文字下方，效果如图 3-68 所示。

图 3-68　添加背景图片的效果

2. 添加文字蒙版

操作要求

为了让主题文字更加清晰、突出，结合背景图片情况，为文字添加蒙版。

添加文字蒙版

操作步骤

选择“插入”—“形状”—“矩形”，调整其大小，以完全覆盖幻灯片为宜，单击鼠标右键，在打开的快捷菜单中选择“置于底层”命令，再选中之前插入的背景图片，单击快捷菜单，选择“置于底层”命令，即可在背景图片与主题文字之间添加一个形状，用作蒙版。

选中插入的形状，鼠标右键单击，在打开的快捷菜单中选择“设置对象格式”命令，打开“对象属性”窗格，设置“填充与线条”中的“线条”为“无线条”，“填充”为“渐变填充”，“渐变样式”为“射线渐变”中的“中心辐射”，在光圈设置条中调整光圈 1 的颜色为黑色、位置为 51%、透明度为 35%、亮度为 0%；光圈 2 的颜色为黑色、位置为 54%、透明度为 100%、亮度为 0%；光圈 3 的颜色为黑色、位置为 99%、透明度为 16%、亮度为 0%，具体如图 3-69 所示。添加蒙版后的效果如图 3-70 所示。

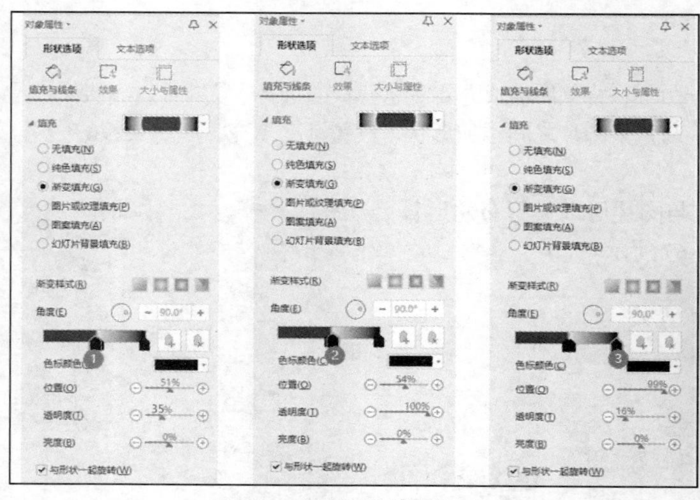

图 3-69　设置形状填充效果

图 3-70　添加蒙版后的效果

3. 设计封面字体

设计封面字体

操作要求

■ 调整“一生万物 万物归一”为主标题，设置字体为 HarmonyOS Sans SC Black，字号为 60 磅，字体颜色为白色。

■ 修改副标题内容为“2022 年华为鸿蒙新品发布会”，字体为 HarmonyOS Sans SC Light，字号为 28 磅，颜色为“白色,背景 1”，所占宽度与主标题的宽度相同，分散对齐。

■ 在主标题与副标题之间添加水平线，线条宽度为 3 磅，渐变填充。

■ 保存云文档，将其另存到本地文件夹中，并将文件命名为“进阶任务 3-1　设计科技感封面（效果）.pptx”。

操作步骤

选中“一生万物 万物归一”，在“开始”—“字体”功能组中设置字体为“HarmonyOS Sans SC Black”（若未安装该字体，则可在素材中找到对应字体进行安装，安装后重启 WPS Office 即可），字号为 60 磅，调整文本框宽度至所有文字均可在一行中显示（宽度为 18.4 厘米），按住“Ctrl”键选中该文本与图片，利用对齐工具栏设置文字水平居中。

选中副标题并将其修改为“2022 年华为鸿蒙新品发布会”，设置字体为 HarmonyOS Sans SC Light，字号为 28 磅，颜色为“白色,背景 1”，选中该文本，在“绘图工具”选项卡中修改宽度与主标题的宽度相同（18.4 厘米）。按住“Ctrl”键，同时选中背景图、主标题、副标题，在浮动的对齐工具栏中设置文字水平居中。

按住“Ctrl”键，选中主标题和副标题，选择“开始”—“分散对齐”。

选择“插入”—“形状”中的“线条”，大小与标题宽度相同，在右键快捷菜单中选择“设置对象格式”命令，打开“对象属性”窗格中，设置“填充与线条”中的“线条”为“渐变线”，“渐变样式”为“线性渐变”，角度为 0.0°，在光圈设置条中调整光圈 1 的颜色为白色、位置为 0%、

透明度为 100%、亮度为 0%，光圈 2 的颜色为白色、位置为 50%、透明度为 0%、亮度为 0%，光圈 3 的颜色为白色、位置为 100%、透明度为 100%、亮度为 0%，如图 3-71 所示，效果如图 3-72 所示。

此时，封面幻灯片的预览效果如图 3-73 所示。

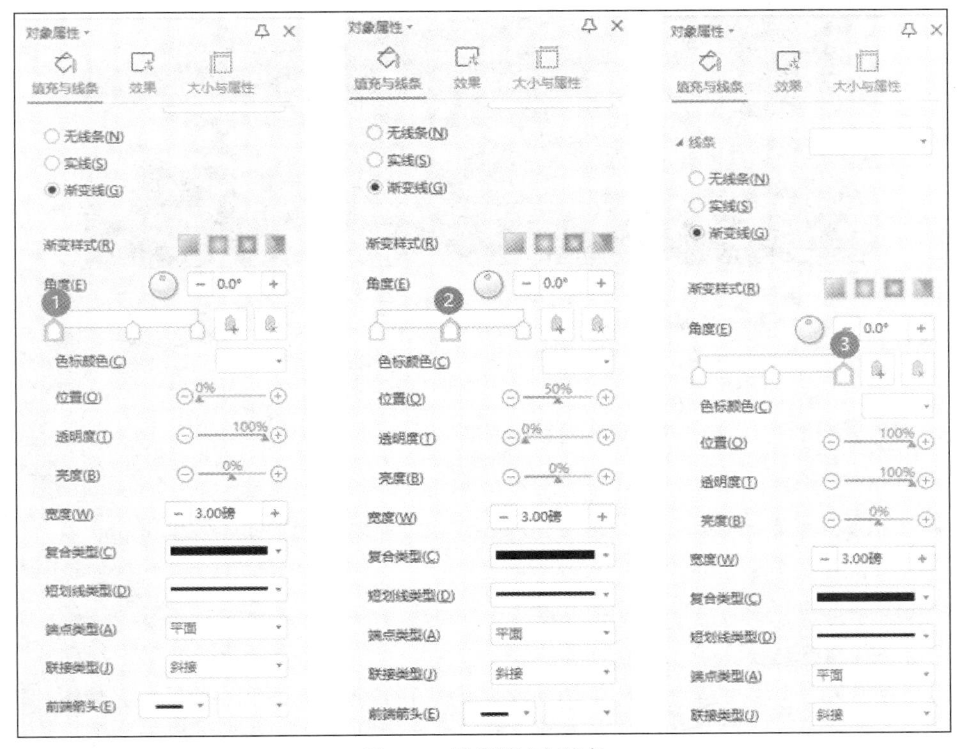

图 3-71　设置填充与线条

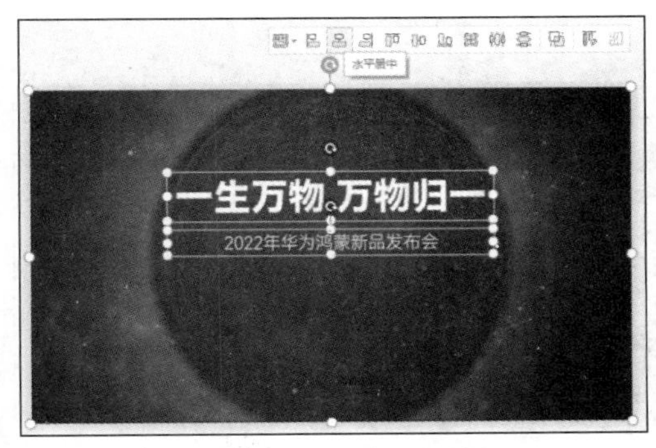

图 3-72　添加线条后的效果

图 3-73　封面幻灯片的预览效果

按“Ctrl+S”组合键，保存该云文档，选择“文件”—“另存为”，将其另存到本地文件夹中，并将其命名为“进阶任务 3-1　设计科技感封面（效果）.pptx”。

进阶拓展 3-1：设计旅游主题封面

任务效果

现需制作一张介绍重庆市的封面幻灯片，参考效果如图 3-74 所示。

图 3-74　进阶拓展 3-1 参考效果

学习目标

- 掌握科技感封面的设计思路。
- 掌握形状与图片、文字的运算方法。

操作要求

- 新建演示文稿，将其命名为“进阶拓展 3-1 设计旅游主题封面（效果）.pptx”。
- 利用提供的素材，参照效果图设计封面。

重点操作提示

1. 图片与形状运算

在幻灯片中插入图片并复制一份，利用对齐工具栏设置图片水平和垂直居中，使图片覆盖整张幻灯片，选择“开始”—“选择窗格”，查看当前幻灯片的对象，如图 3-75 所示。

图 3-75　查看当前幻灯片的对象

选择“插入”—“形状”中的“椭圆”，按住“Shift”键绘制一个正圆，复制两个相同的正圆，排列对齐，选择“绘图工具”—“合并形状”—“结合”，如图 3-76 所示，可将 3 个形状结合为一个形状。

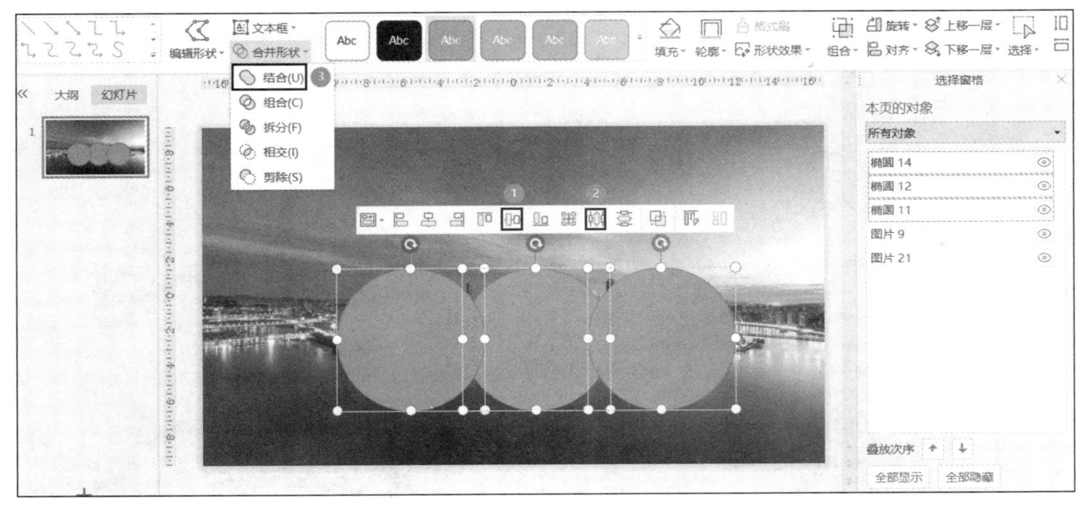

图 3-76　插入与合并形状

选中形状下的第一张图片，在“图片工具”选项卡中连续单击多次“降低亮度”按钮（见图 3-77），直到图片亮度下降较明显为止。按住“Ctrl”键，依次选择形状下的第一张图片和形状，选择“绘图工具”—“合并形状”—“相交”，如图 3-78 所示，可得到图 3-79 所示的效果。

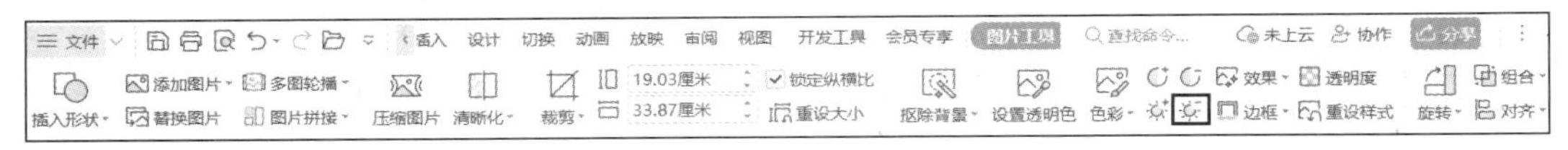

图 3-77　降低亮度

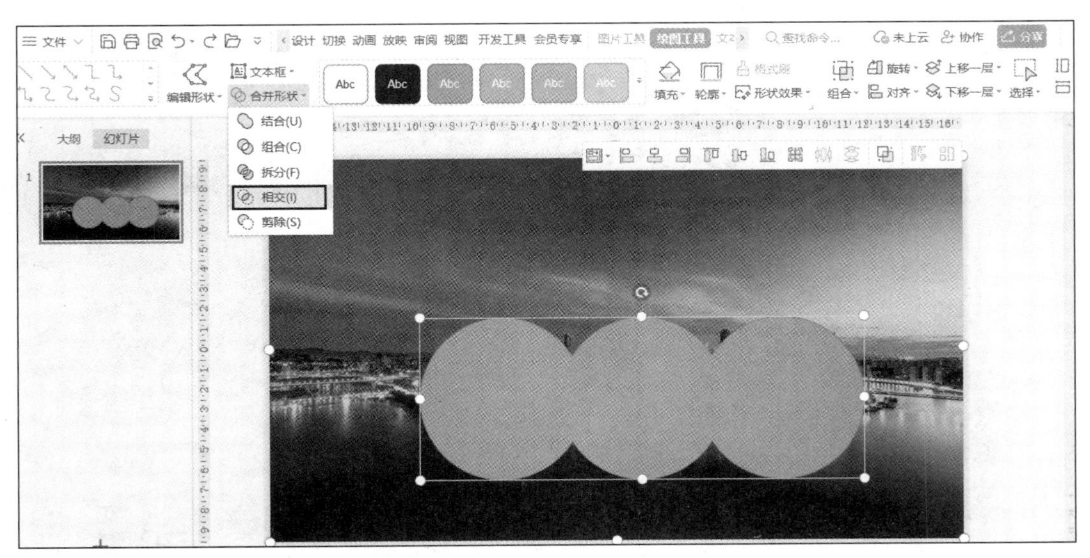

图 3-78　图片与形状合并

2. 文字与形状运算

参考效果图排版完文案后，开始处理“庆”字，插入任意形状，选中形状和文字，选择“绘图工具”—“合并形状”—“拆分”，如图 3-80 所示，即可拆解文字，删除形状；选中拆分出来的笔画，选择“绘图工具”—“轮廓”—“无边框颜色”，“填充”颜色为用取色器吸取的左侧印章的颜色，拆分出来的文字的其余部分的颜色为白色，效果如图 3-81 所示。

图 3-79　图片与形状合并后的效果

图 3-80　文字与形状拆分

图 3-81　文字与形状拆分的效果

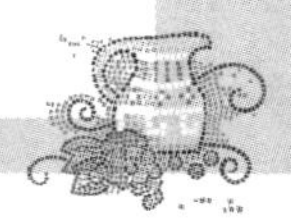

【进阶任务 3-2　设计科技感时间轴】

任务导读

本任务将指导学生应用形状绘制时间轴，参考效果如图 3-82 所示。

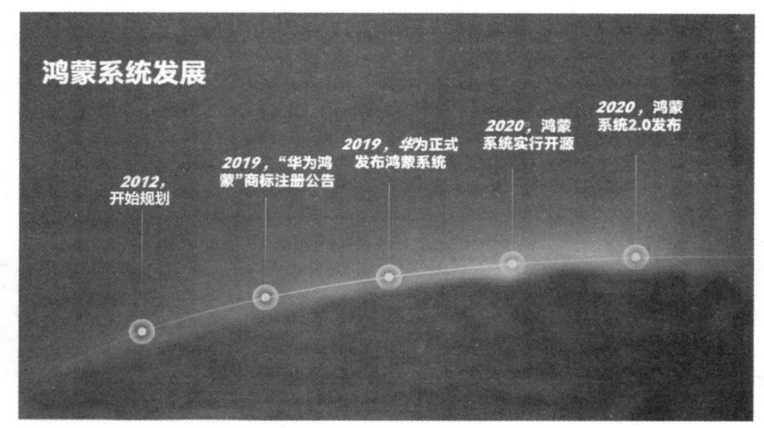

图 3-82　进阶任务 3-2 参考效果

学习目标

■　理解时间轴页面的设计思路。

■　掌握形状的高级应用。

任务准备

1. 科技感元素

突出科技感页面共有的特征，如深色背景、渐变填充、光晕效果等。

2. 设置形状渐变

可通过对形状设置填充渐变、线条渐变等效果，结合不同光圈的颜色、位置、透明度等参数的调整，实现对应的效果。

任务实施

1. 添加科技感图片

操作要求

添加科技感图片

■　修改第 4 张幻灯片的背景颜色为“黑色,文本 1”填充。

■　插入素材图片“地球.png”，进行图片大小和位置的调整。

■　为该幻灯片添加蒙版，设置渐变填充，线性 45°，光圈 1、2、3 的颜色为 RGB(0,0,31)，光圈 4 的颜色为 RGB(0,0,0)，4 个光圈的位置分别为 0%、48%、70%、89%，透明度分别为 100%、45%、100%、0%。

操作步骤

打开云文档“进阶项目 科技产品发布.pptx”。

（1）设置幻灯片背景颜色

打开源文件，选中第 4 张幻灯片，单击鼠标右键，在打开的快捷菜单中选择“设置背景格式”

命令，在“对象属性”窗格中设置“填充”为“纯色填充”，颜色为“黑色,文本 1”，如图 3-83 所示。

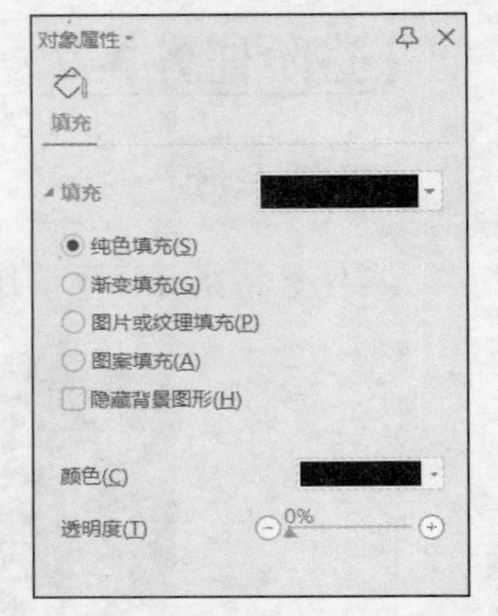

图 3-83　设置幻灯片背景颜色

（2）处理素材图片

选择“插入”—“图片”—“本地图片”，找到素材中的“地球.png”，将其等比例调整到高度约为 42 厘米（为了便于查看幻灯片与图片的相对位置，可选择“图片工具”—“透明度”，将其设置为 20%或其他参数），如图 3-84 所示。

选择“图片工具”—“裁剪”，对图片进行裁剪，参照幻灯片大小进行矩形裁剪，如图 3-85 所示。裁剪完成后，重新设置图片透明度为 0%，选中图片，单击鼠标右键，在打开的快捷菜单中选择“置于底层”命令。

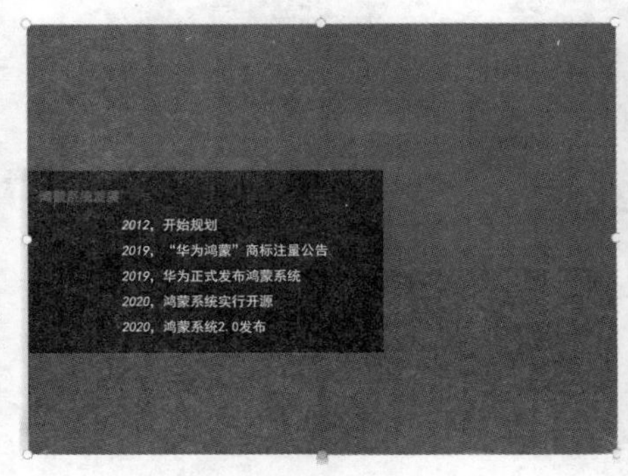

图 3-84　调整图片参数

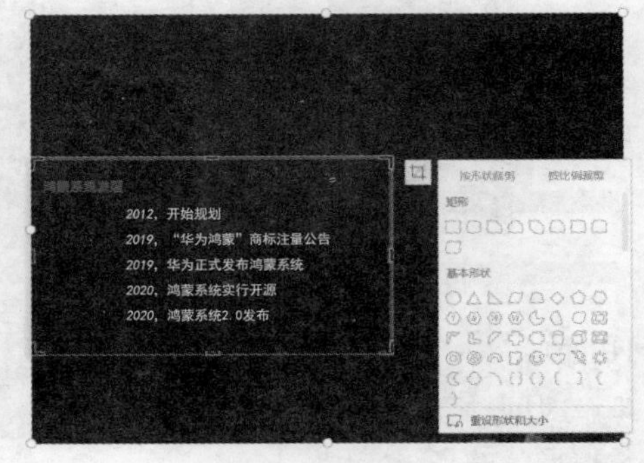

图 3-85　裁剪图片

（3）添加蒙版

选择“插入”—“形状”—“矩形”，绘制一个全屏矩形，使其与幻灯片完全重叠，在“绘图工具”选项卡中设置“轮廓”为“无边框颜色”，设置“填充”为“渐变填充”，打开“对象属性”窗格，在“填充与线条”中，设置“填充”为“渐变填充”，“渐变样式”为“线性渐变”，“角度”为“45.0°”，设置光圈 1 的颜色为自定义 RGB(0,0,31)、位置为 0%、透明度为 100%，设置光圈 2 的颜色为自定义 RGB(0,0,31)、位置为 48%、透明度为 45%，设置光圈 3 的颜色为自定义 RGB(0,0,31)、位置为 70%、透明度为 100%，设置光圈 4 的颜色为自定义 RGB(0,0,0)、位置为 89%、透明度为 0%，具体设置可参照图 3-86。

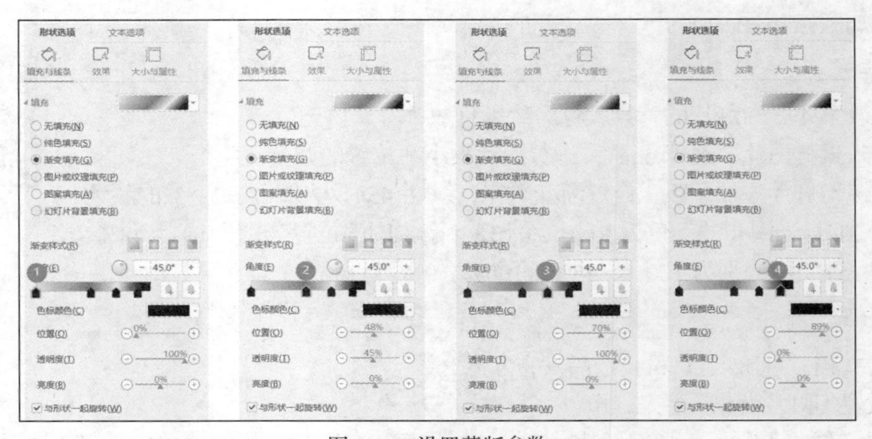

图 3-86　设置蒙版参数

2. 添加时间轴弧线

添加时间轴弧线

操作要求

在第 4 张幻灯片中插入“弧形”线段，进行水平翻转、调整大小操作（参照效果图），设置线条为渐变填充，线性 0°，设置光圈 1、2、3 的颜色为 RGB(0,176,240)，位置分别为 0%、40%、100%，透明度分别为 100%、0%、100%。

操作步骤

选择“插入”—“形状”—“弧形”，在幻灯片中绘制一段弧线，选择“绘图工具”—“旋转”—“水平翻转”，调整弧线的宽度和高度，将其调整到与图片中地球的弧度一致，如图 3-87 所示。

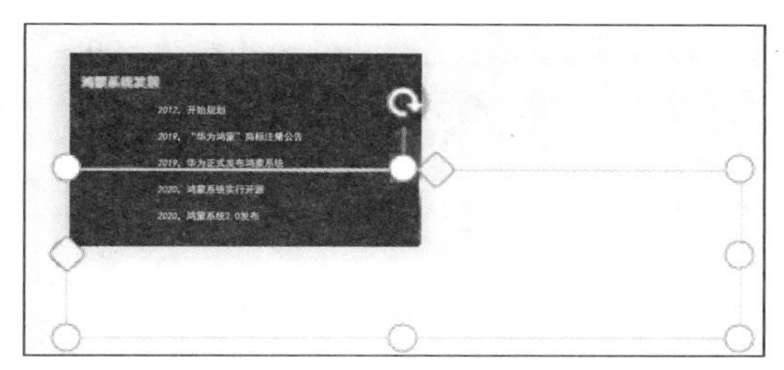

图 3-87　插入弧线

选中该弧线，单击鼠标右键，在打开的快捷菜单中选择“设置对象格式”命令，打开“对象属性”窗格，在“填充与线条”中，设置“线条”为“渐变线”，“渐变样式”为“线性渐变”，“角度”为“0.0°”，设置光圈 1 的颜色为自定义 RGB(0,176,240)、位置为 0%、透明度为 100%，设置光圈 2 的颜色为自定义 RGB(0,176,240)、位置为 40%、透明度为 0%，设置光圈 3 的颜色为自定义 RGB(0,176,240)、位置为 100%、透明度为 100%，具体设置可参照图 3-88。

图 3-88　设置弧线渐变颜色参数

3. 绘制形状

操作要求

绘制形状

■ 在第4张幻灯片中，插入第1个圆形，设置填充颜色为纯色RGB(76,188,253)，宽度和高度均为0.4厘米；插入第2个圆形，设置高度与宽度均为1.20厘米，渐变填充，射线中心辐射，设置光圈1、2的颜色为RGB(0,176,240)，位置分别为30%、73%，透明度分别为100%、0%，使两个圆形水平、垂直居中并进行组合。

■ 复制上面的组合对象，根据文本内容共添加5个组合对象，调整这几个对象的位置，进行对齐设置。

■ 绘制线条。插入一条垂直线，设置线性渐变，角度为90°，设置光圈1、2的颜色为RGB(0,176,240)，位置分别为0%、100%，透明度分别为0%、100%，调整其高度，复制后使其与前面的组合对象对齐。

操作步骤

（1）绘制圆形组合对象

选择“插入”—“形状”—“椭圆”，按住“Shift”键绘制一个正圆（宽度与高度均为0.4厘米），设置填充为“纯色填充”，颜色为自定义RGB(76,188,253)。

再绘制一个正圆（宽度与高度均为1.20厘米），设置填充为“渐变填充”，渐变样式为“射线渐变”中的“中心辐射”；设置光圈1的颜色为自定义RGB(0,176,240)、位置为30%、透明度为100%；设置光圈2的颜色为自定义RGB(0,176,240)、位置为73%、透明度为0%，如图3-89所示。

图3-89 设置圆形参数

同时选中刚才绘制的两个圆，利用对齐工具栏进行水平居中、垂直居中，并进行组合，将其复制4次，并依次调整到弧线上，利用对齐工具栏设置其横向分布，效果如图3-90所示。

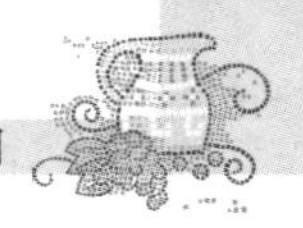

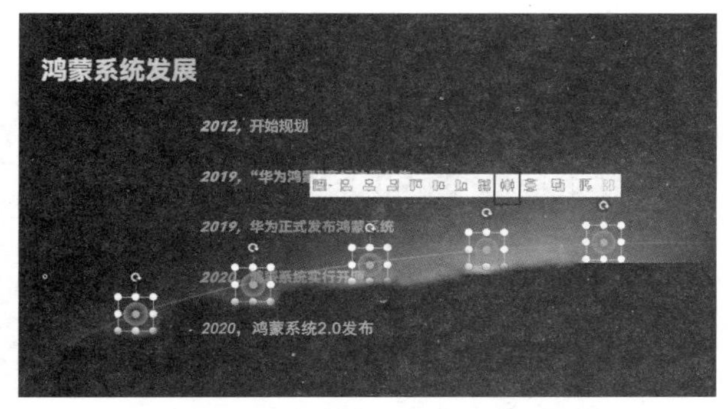

图 3-90　复制并对齐圆形的效果

（2）绘制线条对象

按照前面的方法，绘制一条垂直线，设置线条为“渐变线”，渐变样式为“线性渐变”，角度为“90.0°”，设置光圈 1 的颜色为自定义 RGB(0,176,240)、位置为 0%、透明度为 0%，设置光圈 2 的颜色为自定义 RGB(0,176,240)、位置为 100%、透明度为 100%，如图 3-91 所示。

复制出 4 条线段，并使其分别与前面的圆形水平居中，调整其位置，如图 3-92 所示。

图 3-91　设置线条参数

图 3-92　排列线条位置

4. 排列文案

操作要求

排列文案

■　利用选择窗格，将第 4 张幻灯片中的文本对象移到最上层。

■　调整文案到对应的位置，与圆形组合对象、线条对象对齐。

■　完成其他页面的美化设计。

■　保存云文档，将其另存到本地文件夹中，并设置文件名为“进阶任务 3-2 设计科技感时间轴（效果）.pptx”。

操作步骤

选择“开始”—“选择”—“选择窗格”，打开“选择窗格”窗格，选中文本内容，单击下方的“叠放次序”中的向上箭头，将其调整到其他对象的上层，如图 3-93 所示。

移动文本内容到对应的位置，排列效果如图 3-94 所示。

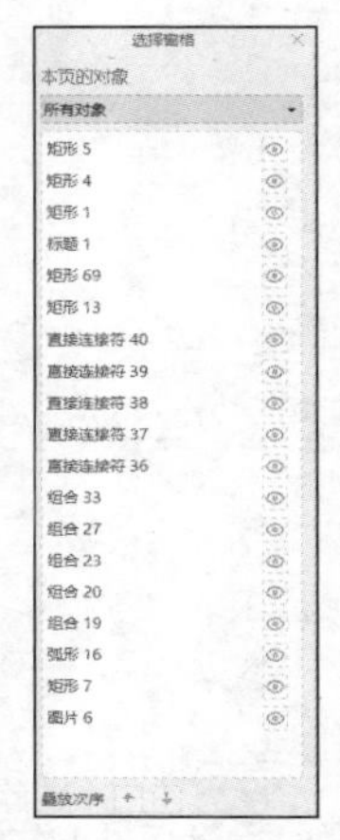

图 3-93　移动叠放次序

图 3-94　排列效果

按“Ctrl+S”组合键，保存该云文档，选择“文件”—“另存为”，将其另存到本地文件夹中，并将其命名为“进阶任务 3-2　设计科技感时间轴（效果）.pptx”。

进阶拓展 3-2：设计科技感目录页

任务效果

现需制作一张与营销有关的科技感目录页，参考效果如图 3-95 所示。

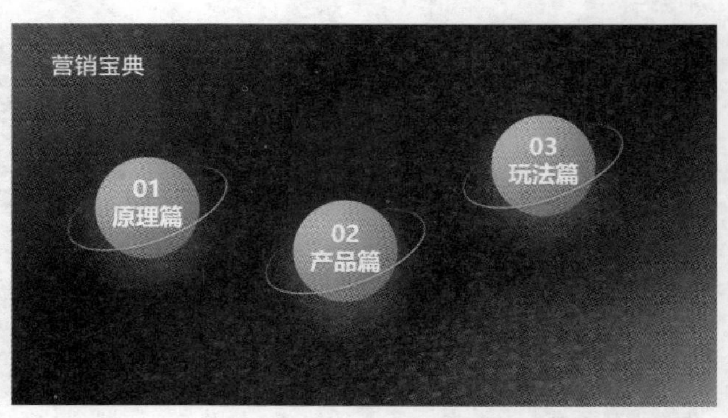

图 3-95　进阶拓展 3-2 参考效果

学习目标

- 掌握光感渐变球体的设计方法。
- 熟练运用渐变填充效果。

操作要求

■　打开“进阶拓展 3-2 设计科技感目录页（素材）.pptx”，另存文件为“进阶拓展 3-2 设计科技感目录页（效果）.pptx”。

■　设置背景渐变。设置幻灯片背景颜色为黑色。

插入矩形并将其调整为全屏大小，设置矩形渐变参数：线性渐变，角度为 45°，光圈 1～4 的颜色分别为 RGB(1,109,255)、RGB(0,0,0)、RGB(0,0,0)、RGB(0,255,255)，位置分别为 0%、38%、62%、100%，透明度分别为 20%、100%、100%、20%。

设置图片渐变。设置左上角的图片填充效果：角度为 45°，光圈 1、2 的颜色为 RGB(1,109,255)，位置分别为 0%、59%，透明度分别为 0%、100%。设置右下角的图片填充效果：角度为 270°，光圈 1、2 的颜色为 RGB(0,255,255)，位置分别为 0%、89%，透明度分别为 80%、100%。

■　设置形状渐变。绘制一个正圆，宽度和高度都为 5 厘米，设置其填充为射线从左上角，光圈 1 的颜色为 RGB(0,255,255)，光圈 2 的颜色为 RGB(1,109,255)，光圈 1、2 的位置分别为 28%、90%，透明度分别为 0%、0%；为该圆添加阴影效果，阴影颜色为 RGB(1,109,255)、透明度为 46%、大小为 100%、模糊为 83 磅、距离为 26 磅、角度为 90°。

插入一个椭圆，宽度为 8 厘米、高度为 3.38 厘米，旋转为 340°，填充为无，线条为线性渐变 90°，光圈 1、2、3 的颜色分别为 RGB(1,109,255)、RGB(1,109,255)、RGB(0,255,255)；设置椭圆阴影，颜色为黑色、透明度为 60%、大小为 100%、模糊为 7 磅、距离为 2 磅。

将正圆与椭圆水平、垂直居中并组合，复制两份，将文本内容分别与 3 个组合对象水平、垂直居中，并调整其位置。

重点操作提示

1. 设置背景渐变效果

（1）设置背景形状渐变

在幻灯片中添加一个全屏矩形，具体参数如图 3-96 所示。

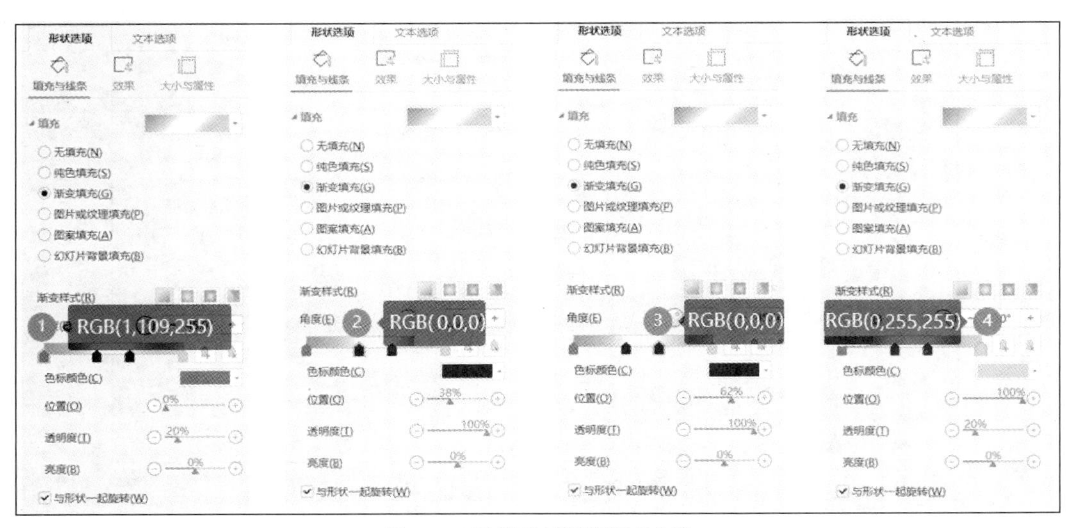

图 3-96　设置背景形状渐变参数

（2）设置背景图片渐变

选中左上角的图片，在“对象属性”窗格中，设置填充效果参数，如图 3-97 所示。

选中右下角的图片，在“对象属性”窗格中，设置填充效果参数，如图 3-98 所示。

2. 设置形状渐变效果

（1）设置圆形填充

选择“插入”—“形状”—“圆形”，按住“Shift”键绘制一个正圆，设置其填充参数，如图 3-99 所示。

（2）添加阴影效果

选中该圆形，在“对象属性”—“形状选项”—“效果”中依次设置阴影参数，如图 3-100 所示。

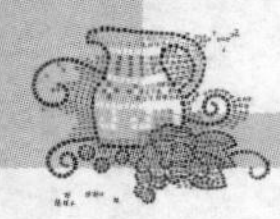

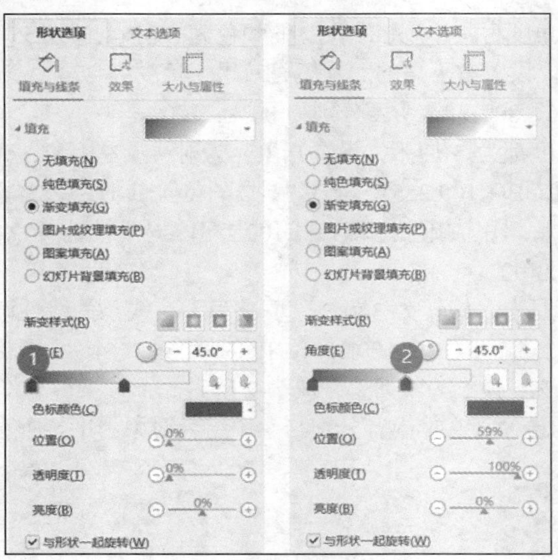

图 3-97　左上角图片的参数设置

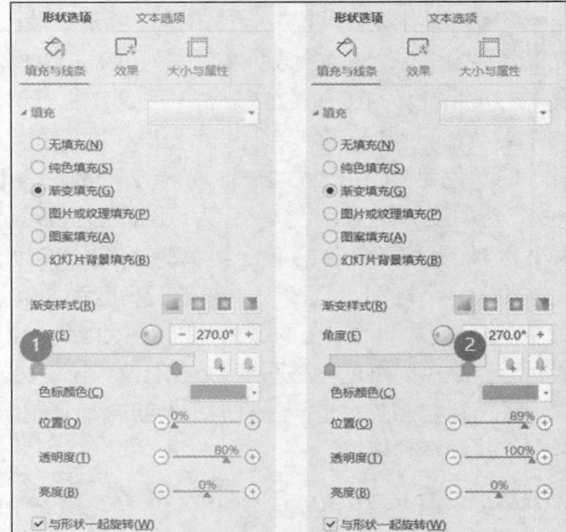

图 3-98　右下角图片的参数设置

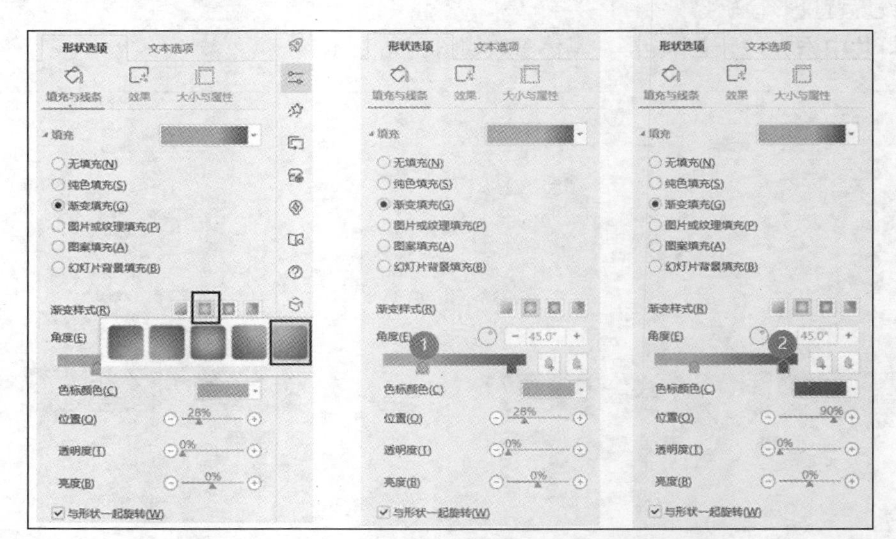

图 3-99　设置图形填充参数

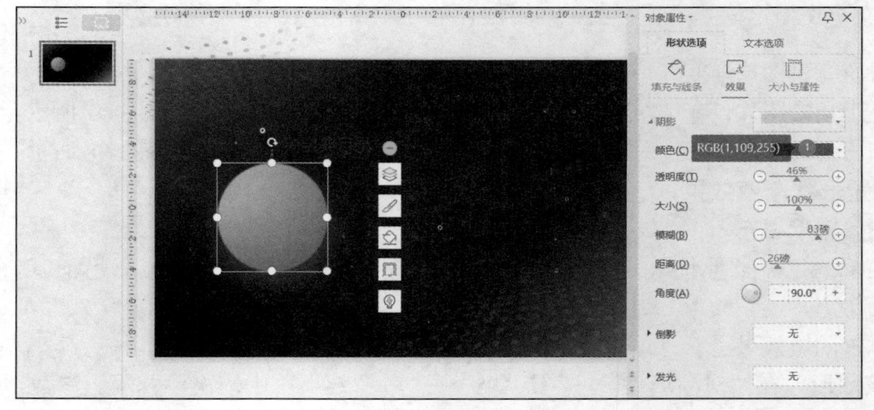

图 3-100　设置阴影参数

（3）绘制渐变椭圆

选择“插入”—“形状”—“椭圆”，单击鼠标右键，在打开的快捷菜单中选择“设置对象格式”，在“对象属性”—“形状选项”—“大小与属性”中设置“旋转”值为 340°。设置无填充，线条为线性渐变 90°，光圈 1、2、3 的颜色分别为 RGB(1,109,255)、RGB(1,109,255)、RGB(0,255,255)，其他参数设置如图 3-101 所示。

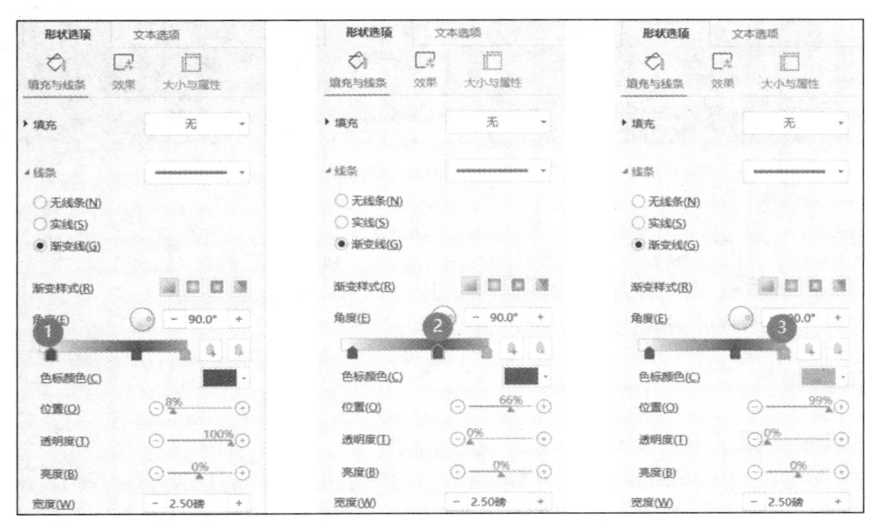

图 3-101　设置椭圆参数

添加椭圆阴影，具体参数设置如图 3-102 所示。

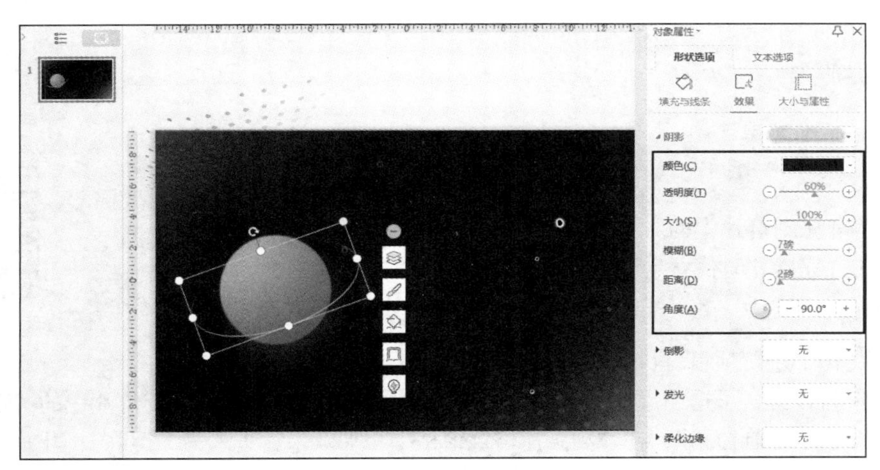

图 3-102　设置椭圆阴影参数

选中圆与椭圆，利用对齐工具栏设置水平居中、垂直居中，并进行组合。复制组合对象，设置文本效果和叠放层次即可。

【进阶任务 3-3　设计科技感动效】

任务导读

本任务将指导学生实现图片切换动效和时间轴动效，部分参考效果如图 3-103 所示。

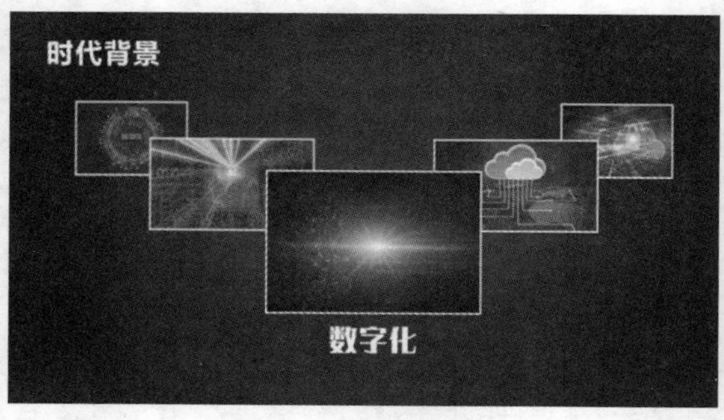

图 3-103　进阶任务 3-3 部分参考效果

学习目标

- 理解平滑切换效果的原理，并能熟练运用该效果。
- 掌握自定义动画的设置方法。

任务准备

1. 平滑切换效果

平滑切换是演示文稿中非常神奇的功能，使用平滑切换，不用有任何动画基础，就能做出让人惊叹的动画效果。平滑切换的基础是相邻的两张幻灯片中有共同的对象且在不同幻灯片中，同一对象的属性有变化，属性包括大小、颜色、位置、透明度等。

2. 添加视频元素

在幻灯片中插入适当的视频，可以使演示文稿更有吸引力。

任务实施

1. 添加动画效果

操作要求

- 为第 4 张幻灯片中的对象添加动画效果，体现节奏感与科技感。
- 美化并完善“时代背景”页面，实现平滑切换效果。

添加动画效果

操作步骤

打开云文档“进阶项目 科技产品发布.pptx”。

为了营造科技感，可适当添加一些动效，在“选择窗格”窗格中选中幻灯片中的“弧形 16”，选择“动画”—“动画窗格”，在“动画窗格”窗格中添加效果：进入为“擦除”，开始为“在上一动画之后”，方向为“自左侧”，速度为“非常快(0.5 秒)”，如图 3-104 所示。

选中所有的圆形组合对象，设置动画：进入为“缩放”，开始为“在上一动画之后”，缩放为“内”，速度为“非常快(0.5 秒)”，如图 3-105 所示。

选中所有的线条对象，设置动画：进入为“擦除”，开始为“在上一动画之后”，方向为“自底部”，速度为“非常快(0.5 秒)”，如图 3-106 所示。

选中除标题外的文本对象，设置动画：进入为“切入”，开始为“在上一动画之后”，方向为“自底部”，速度为“非常快(0.5 秒)”，如图 3-107 所示。

放映当前幻灯片，查看效果，并根据需求微调即可。

按照前面的思路和方法，完成其他页面的美化（可参照效果图）。

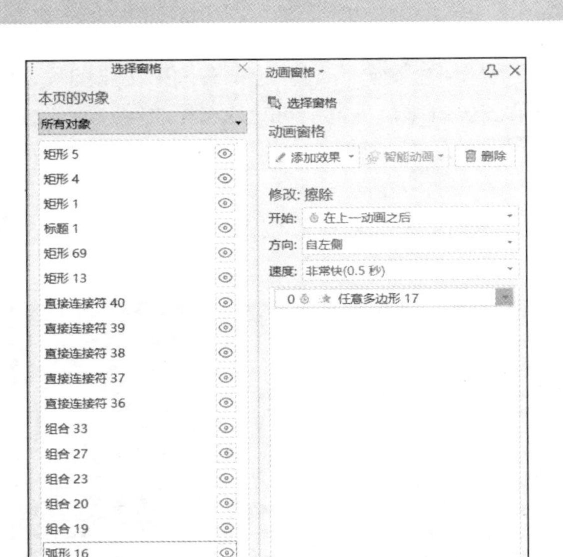

图 3-104　设置弧形动画

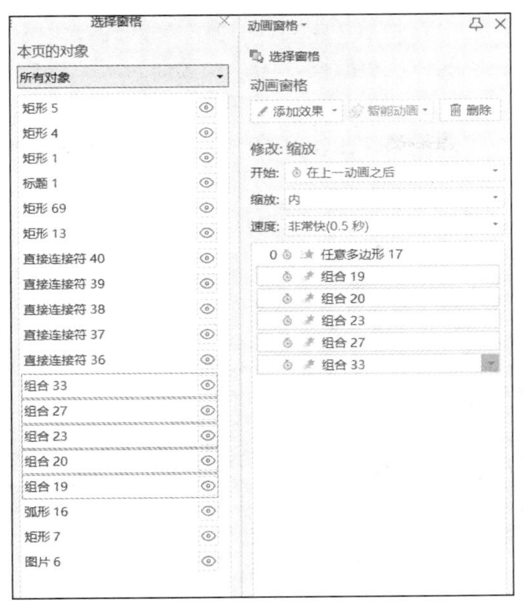

图 3-105　设置圆形动画

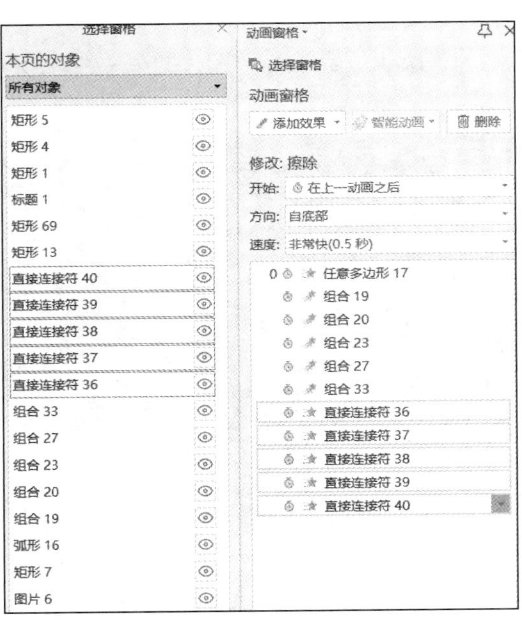

图 3-106　设置线条动画

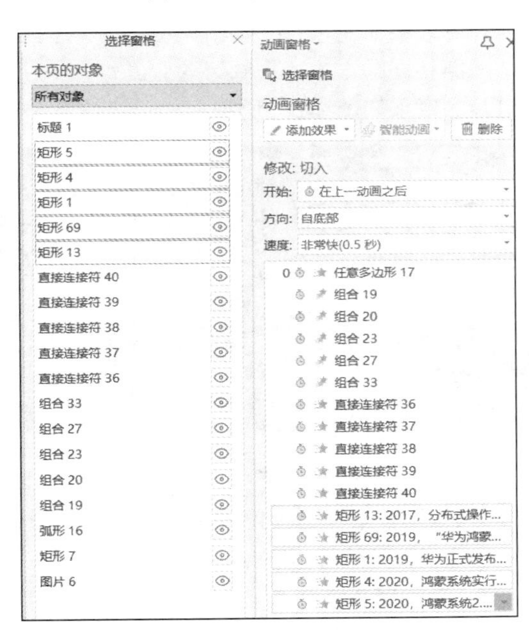

图 3-107　设置文本动画

2. 添加平滑切换效果

添加平滑切换效果

操作要求

设计第 3 张幻灯片，实现 5 张图片的平滑切换。

操作步骤

在左侧的幻灯片缩略图窗格中选中第 3 张幻灯片，单击鼠标右键，在打开的快捷菜单中选择“复制幻灯片”命令，获得第 4 张幻灯片，选中幻灯片中间的图片，单击鼠标右键，在打开的快捷菜单中选择“更改图片”—“本地图片”命令，选择图片“云计算.png”。

选中右侧第 2 张图片，使用相同的方法更改图片为“信息安全.png”。选中右侧第 1 张图片，使用相同的方法更改图片为“大数据.png”。选中左侧第 2 张图片，使用相同的方法更改图片为“数字化.png”。选中左侧第 1 张图片，使用相同的方法更改图片为“人工智能.png”。修改中间文字内容为“云计算”。第 4 张幻灯片的效果如图 3-108 所示。

按照相同的方法，复制第 4 张幻灯片，获得第 5 张幻灯片，依次修改图片的源文件，第 5 张幻灯片的效果如图 3-109 所示。

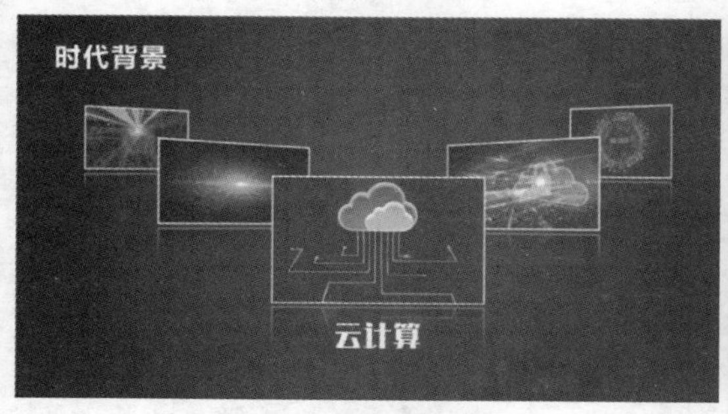

图 3-108　第 4 张幻灯片的效果

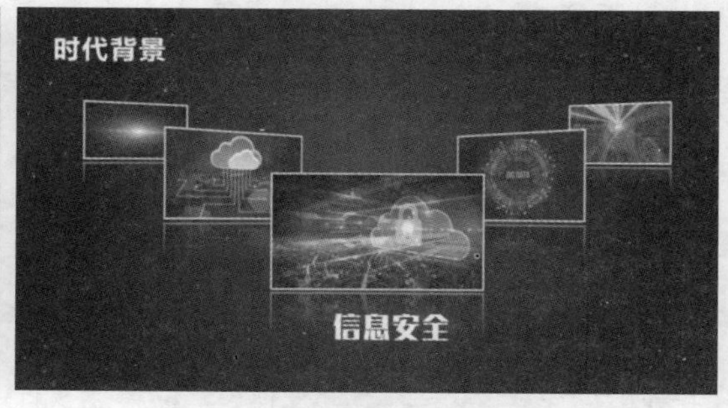

图 3-109　第 5 张幻灯片的效果

按照相同的方法，复制第 5 张幻灯片，获得第 6 张幻灯片，依次修改图片的源文件，第 6 张幻灯片的效果如图 3-110 所示。

按照相同的方法，复制第 6 张幻灯片，获得第 7 张幻灯片，依次修改图片的源文件，第 7 张幻灯片的效果如图 3-111 所示。

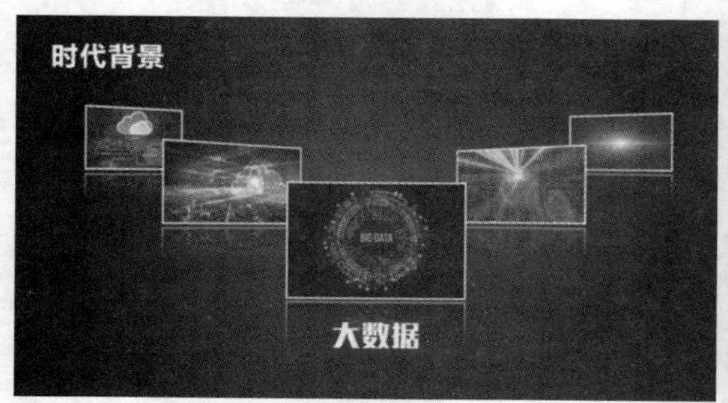

图 3-110　第 6 张幻灯片的效果

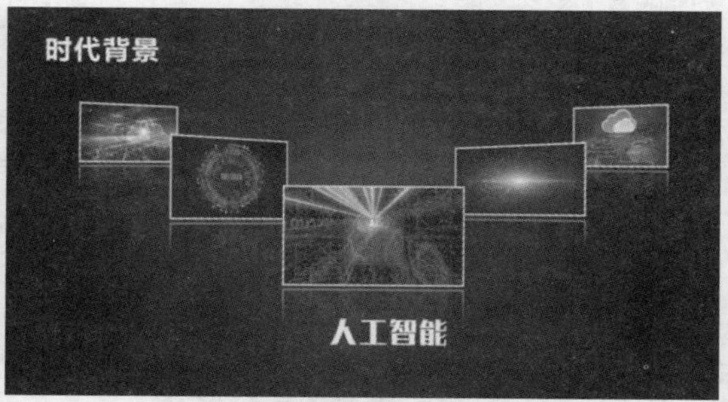

图 3-111　第 7 张幻灯片的效果

选中第 4、第 5、第 6、第 7 张幻灯片，选择“切换”—“平滑”，选中第 3 张幻灯片，选择“放映”—“当页开始”，观看放映效果。

3. 添加背景音乐

操作要求

添加背景音乐

■ 为整个演示文稿添加“背景音乐.mp3”，设置自动开始、跨幻灯片播放、循环播放、放映时隐藏图标。

■ 保存云文档，将其另存到本地文件夹中，并设置文件名为“进阶任务 3-3 设计科技感动效（效果）.pptx”。

操作步骤

选中第 1 张幻灯片，选择“插入”—“音频”—“嵌入音频”，选择素材中的“背景音乐.mp3”。

选中该音频对象，在“音频工具”选项卡中设置开始方式为“自动”，跨幻灯片播放至 12 页停止，选中“循环播放，直到停止”和“放映时隐藏”复选框，如图 3-112 所示。

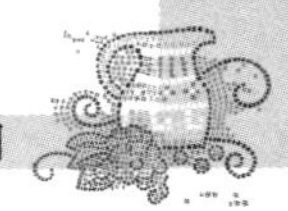

按“Ctrl+S”组合键，保存该云文档，选择“文件”—“另存为”，将其另存到本地文件夹中，并将其命名为“进阶任务 3-3　设计科技感动效（效果）.pptx”。

图 3-112　设置音频参数

进阶拓展 3-3：设计动态镂空文字

任务效果

现需美化一份颁奖晚会演示文稿的封面，实现动态镂空文字效果，参考效果如图 3-113 所示。

图 3-113　进阶拓展 3-3 参考效果

学习目标

掌握视频、形状、文字的综合应用。

操作要求

- 修改第 1 张幻灯片，插入全屏矩形，设置文字运算为镂空文字。
- 在镂字文字后添加视频素材“金色大气粒子运动.mp4”，设置视频自动播放。
- 为镂空文字设置背景图片为“图片 1.png”，调整透明度为 11%。

重点操作提示

1. 文字与形状运算

打开“进阶拓展 3-3 设计动态镂空文字（素材）.pptx”，另存文件为“进阶拓展 3-3 设计动态镂空文字（效果）.pptx”。选择“插入”—“形状”—“矩形”，插入一个全屏矩形，选中该矩形，单击鼠标右键，在打开的快捷菜单中选择“置于底层”命令，按住“Ctrl”键，依次选中标题文字与形状，选择“绘图工具”—“合并形状”—“剪除”，如图 3-114 所示，即可得到图 3-115 所示的镂空文字。

图 3-114　文字与形状运算

图 3-115　镂空文字

2. 视频与形状结合

选择“插入”—“视频”—“嵌入视频”，找到素材中的视频文件“金色大气粒子运动.mp4”，选中视频文件，单击鼠标右键，在打开的快捷菜单中选择“置于底层”命令，调整视频大小为全屏，在“视频工具”选项卡中选择开始方式为“自动”，选中“循环播放，直到停止”复选框，如图 3-116 所示。

图 3-116　设置视频参数

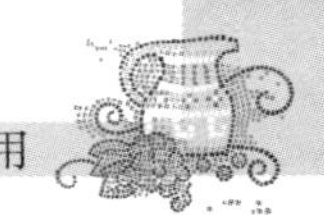

选中该镂空文字，单击鼠标右键，在打开的快捷菜单中选择“设置对象格式”命令，在右侧的“对象属性”窗格中选择填充为“图片或纹理填充”，图片填充选择本地图片“图片 1.png”，透明度为 11%，如图 3-117 所示。

图 3-117　设置镂空文字背景

【项目总结】

通过学习本项目，相信大家已经掌握了 WPS 演示的综合应用技能，请在表 3-2 中总结与分享学到的具体知识与技能吧！

表 3-2　“进阶项目　设计‘科技产品发布’演示文稿”相关知识与技能总结

进阶任务 3-1　设计科技感封面	进阶任务 3-2　设计科技感时间轴	进阶任务 3-3　设计科技感动效
进阶拓展 3-1　设计旅游主题封面	**进阶拓展 3-2　设计科技感目录页**	**进阶拓展 3-3　设计动态镂空文字**

信息是一种重要的资源，互联网中包含大量信息，能够从互联网中获取有效信息是“信息时代”每个人的必备技能。而信息检索就是将信息按一定的方式组织起来，并根据信息用户的需求找出有关信息的过程和技术。

本模块主要通过“基础项目　利用搜索引擎检索信息”和“进阶项目　利用专用平台检索信息”的学习，以任务驱动的方式引领学生循序渐进地掌握信息检索技术。

基础项目　利用搜索引擎检索信息

【项目描述】

项目简介

搜索引擎是信息检索技术的实际应用。通过搜索引擎，用户可以在海量信息中获取有用的信息。通过学习本项目，学生能够了解信息检索的相关知识，培养学生利用搜索引擎检索信息的相关技能，培养学生对信息的辨识能力。

教学建议

建议学时：2 学时。

教学方法：项目教学法、任务驱动法。

【项目分析】

该项目可分解为两大任务，包含初探信息检索、使用搜索引擎，每个任务包含的主要操作流程和技能如图 4-1 所示。

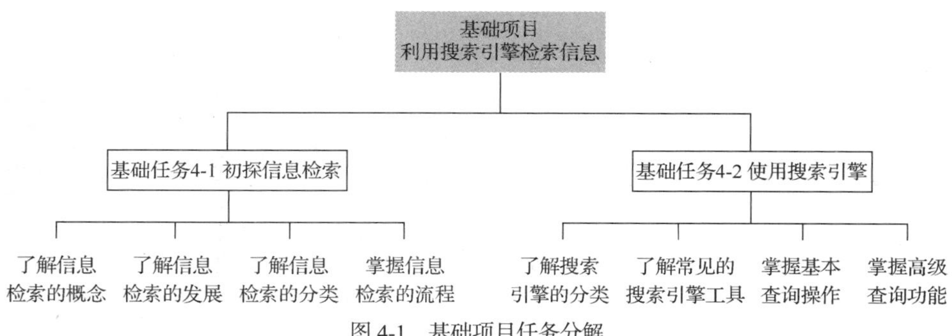

图 4-1 基础项目任务分解

【项目实施】

【基础任务 4-1 初探信息检索】

任务导读

信息在人们的工作、学习、生活等各项活动中起着重要作用，在学习信息检索之前，要先了解信息检索的基础知识，包括信息检索的概念、发展、分类、流程等。

初探信息检索

任务实施

1. 了解信息检索的概念

“信息检索”（Information Retrieval，IR，我国早期译为“情报检索”）一词最早出现于 1950 年，由美国学者卡尔文・穆尔斯提出，从 1961 年开始在学术界和实践领域中得到广泛的应用。信息检索就是将信息按照一定的方式组织和存储起来，并根据用户的需求找出相关信息的过程。信息检索有广义和狭义之分。

广义的信息检索是将信息按一定的方式加工、整理、组织并存储起来，再根据用户特定的需求将相关信息准确地查找出来的过程。因此，其也称为信息的存储与检索。

狭义的信息检索仅指信息查询，即用户根据需求，采用某种方法或借助检索工具，从信息集合中找出所需要的信息。

2. 了解信息检索的发展

信息检索通常指文本信息检索，包括信息的存储、组织、表现、查询等各个方面，其核心为文本信息的索引和检索。近年来，随着计算机网络的全面普及，多媒体信息检索发展得很快。信息检索经历了人工检索、脱机批量处理检索、联机检索和网络化联机检索这 4 个发展阶段。

（1）人工检索阶段（1876—1953 年）

信息检索源于参考咨询和文摘索引工作。较正式的参考咨询工作是由美国公共图书馆和美国大专院校图书馆于 19 世纪下半叶发展起来的。到 20 世纪 40 年代，咨询工作的内容又进一步扩展，包括事实性咨询，编目书目、文摘，进行专题文献检索，提供文献代译等。“检索”从此成为一项独立的用户服务工作，并逐渐从单纯的经验工作向科学化方向发展。

（2）脱机批量处理检索阶段（1954—1964 年）

1954 年，美国海军机械试验中心使用 IBM 701 型机初步建成了计算机情报检索系统，这也预示

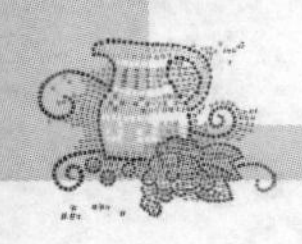

着以计算机检索系统为代表的“信息检索自动化时代”的到来。单纯的人工检索和机械检索都或多或少地显露了各自的缺点，因此极有必要发展一种新型信息检索方式。

（3）联机检索阶段（1965—1991年）

1965年，美国系统发展公司成功研制了ORBIT联机情报检索软件，开启了联机检索阶段。与此同时，美国洛克公司成功研制了著名的DIALOG检索系统。20世纪70年代，卫星通信技术、微型计算机及数据库的同步发展使用户得以冲破时间和空间的信息壁垒。远程实时检索多种数据库是联机检索的主要优点。联机检索是计算机、信息处理技术和现代通信技术三者的有机结合。

（4）网络化联机检索阶段（1992年至今）

20世纪90年代是联机检索发展进步的一个重要转折时期。随着互联网的迅速发展及超文本技术的出现，基于客户机/服务器的检索应运而生。软件的开发使原来的主机系统转移到服务器上，使客户机/服务器联机检索模式开始取代以往的终端/主机结构，联机检索进入了一个崭新的时期。

3. 了解信息检索的分类

信息检索通常按检索手段和检索结果进行划分。

（1）按检索手段进行划分

按照信息存储的载体和信息查找的技术手段进行划分，即按检索手段进行划分时，信息检索可以分为人工检索、机械检索和计算机检索。

人工检索：利用人工方式查找所需信息的检索方式。检索对象是书本型检索工具，检索过程由人脑和人工操作配合完成，匹配的是人脑的思考、比较和选择。

机械检索：利用某种机械装置来处理和查找文献的检索方式，如穿孔卡片检索和缩微品检索。

计算机检索：将信息及其检索标志转换成电子计算机可以阅读的二进制编码，存储在磁性载体上，由计算机根据程序查找和输出。检索对象是计算机检索系统，针对数据库，检索过程由人与计算机协同完成，匹配由计算机完成。检索的本质没变，变化的是信息的媒体形式、存储方式和匹配方法。

人工检索查准率较高，查全率较低；计算机检索查全率较高，查准率较低。

（2）按检索结果进行划分

按照存储与检索的对象进行划分，即按检索结果进行划分时，信息检索可以分为文献检索和数据检索。

文献检索：以包含用户所需特定信息的文献为检索对象，首先会将文献按一定的方式存储起来，然后根据需求从中查询出有关课题或主题文献。文献检索包括书目检索和全文检索。

数据检索：以事实和数据等浓缩信息作为检索对象，检索结果是用户直接可以利用的信息。也有人认为数据检索是一个广义的概念，它又可分为基于数据的检索和基于事实的检索两种形式，基于数据的检索结果是各种数值型和非数值型数据；而基于事实的检索结果是基于文献检索和数据检索对有关问题的结论及判断，是在文献检索和数据检索的基础上，经过比较、判断、分析、研究的结果。

4. 掌握信息检索的流程

信息检索一般分为5个步骤：分析研究课题，明确检索要求；选择信息检索系统，确定检索途径；选择检索词；制定检索策略，查阅检索工具；处理检索结果。

（1）分析研究课题，明确检索要求。具体包括课题的主题内容、研究要点、学科范围、语种范围、时间范围、文献类型等。

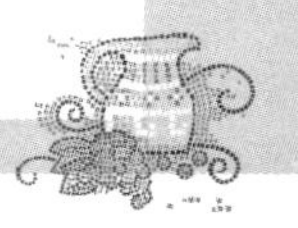

（2）选择信息检索系统，确定检索途径。

选择信息检索系统的方法：在信息检索系统齐全的情况下，使用信息检索工具指南来指导选择；在没有信息检索工具指南的情况下，可以采用浏览图书馆、信息所的信息检索工具室所陈列的信息检索工具的方式进行选择；从所熟悉的信息检索工具中选择；主动向工作人员请教；通过网络在线帮助进行选择。

选择信息检索系统的原则：收录的文献信息需涵盖检索课题的主题内容；就近原则，方便查阅；尽可能质量较高、收录文献信息量大、报道及时、索引齐全、使用方便；记录来源、文献类型、文种尽量满足检索课题的要求；数据库是否有对应的印刷型版本；根据经济条件选择信息检索系统；根据对检索信息熟悉的程度进行选择；选择查出的信息相关度高的网络搜索引擎。

（3）选择检索词。确定检索词的基本方法：选择规范化检索词；使用各学科在国际上通用的、国外文献中出现过的术语作为检索词；找出课题涉及的隐性主题概念作为检索词；选择课题核心概念作为检索词；注意检索词的缩写词、词形变化，以及英美的不同拼法；通过联机方式确定检索词。

（4）制定检索策略，查阅检索工具。制定检索策略的前提条件是要了解信息检索系统的基本性能，基础是要明确检索课题的内容要求和检索目的，关键是要正确选择检索词和合理使用逻辑组配。

产生误检的原因：一词多义的检索词的使用；检索词与西方人的姓名、地址名称、期刊名称相同；不严格的位置运算符的运用等。

产生漏检的原因或检索结果为零的原因：没有使用足够的同义词和近义词或隐含概念；位置运算符用得过严、过多；“逻辑与”用得太多；后缀代码限制得太严；检索工具选择不恰当；截词运算不恰当；单词拼写错误、文档号错误、组号错误、括号不匹配等。

提高查准率的方法：使用下位概念检索；将检索词的检索范围限制在篇名、叙词和文摘字段上；使用“逻辑与”或“逻辑非”；运用限制选择功能；采用进阶检索、高级检索。

提高查全率的方法：选择字段进行检索；减少对文献外表特征的限定；使用“逻辑或”；利用截词检索；使用检索词的上位概念进行检索；进入更合适的数据库进行查找等。

（5）处理检索结果。对所获得的检索结果进行系统整理，筛选出符合课题要求的相关文献信息，选择检索结果的著录格式，辨认文献类型、文种、著者、篇名、内容、出处等记录内容，输出检索结果。

基础拓展 4-1：调研检索工具

请按表 4-1 中所列检索对象，在互联网中进行检索，并将检索工具填入表中。

表 4-1　检索对象与工具

检索对象	检索工具
专业名称（如软件技术、工商管理等）	
社会主义核心价值观	
家乡美景	
时事新闻	
音乐	

【基础任务 4-2　使用搜索引擎】

任务导读

使用搜索引擎

搜索引擎是伴随着互联网的发展而产生和发展的，目前互联网已成为人们日常生活中不可或缺的，几乎所有人上网都会使用搜索引擎。本任务要求学生了解搜索引擎的概念和分类，并了解国内常用的几种搜索引擎。搜索引擎是信息检索技术的实际应用。通过搜索引擎，用户可以在海量信息中获取有用的信息。下面介绍通过搜索引擎进行信息检索的方法。

任务实施

1. 了解搜索引擎的概念和分类

搜索引擎是根据一定的策略、运用特定的计算机程序从互联网中采集信息，并对信息进行组织和处理后，为用户提供检索服务的系统。使用搜索引擎是目前常用的信息检索方式。随着搜索引擎技术的不断发展，搜索引擎的种类越来越多，主要包括全文搜索引擎、目录索引、元搜索引擎和其他非主流搜索引擎等。

（1）全文搜索引擎

全文搜索引擎是名副其实的搜索引擎，国外代表有谷歌（Google），国内则有百度。它们从互联网上提取各个网站的信息（以网页文字为主），建立起数据库，能够检索与用户查询条件相匹配的记录，并按一定的排列顺序返回结果。

根据搜索结果来源的不同，全文搜索引擎可分为两类：一类拥有自己的检索程序（Indexer），俗称“蜘蛛”（Spider）程序或“机器人”（Robot）程序，能自建网页数据库，搜索结果直接从自身的数据库中调用，前面提到的谷歌和百度就属于此类；另一类则是租用其他搜索引擎的数据库，并按自定义的格式排列搜索结果，如 Lycos。

（2）目录索引

目录索引虽然有搜索功能，但从严格意义上说，它更像是按目录分类的网站链接列表。用户完全可以按照分类目录找到所需要的信息，不依靠关键词（Keyword）进行查询。目录索引中极具代表性的莫过于新浪分类目录搜索。

（3）元搜索引擎

元搜索引擎（Meta Search Engine）接收用户的查询请求后，同时在多个搜索引擎上搜索，并将结果返回给用户。著名的元搜索引擎有 InfoSpace、Dogpile、Vivisimo 等。在搜索结果排列方面，有的元搜索引擎直接按来源排列搜索结果，如 Dogpile；有的元搜索引擎按自定义的规则将结果重新排列组合，如 Vivisimo。

（4）其他非主流搜索引擎

集合式搜索引擎：该搜索引擎类似于元搜索引擎，区别在于它并非同时调用多个搜索引擎进行搜索，而是由用户从提供的若干搜索引擎中选择，如 HotBot。

门户搜索引擎：虽然提供搜索服务，但自身既没有分类目录又没有网页数据库，其搜索结果完全来自其他搜索引擎。

免费链接列表：一般只简单地滚动链接条目，少部分有简单的分类目录，但规模较小。

2. 了解常见的搜索引擎工具

目前，国内的搜索引擎主要有百度、360 搜索、搜狗搜索等，国外的搜索引擎主要有 Google、Bing（必应）等。

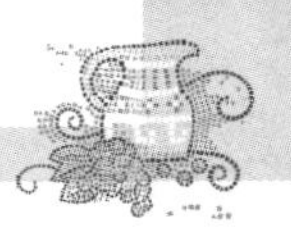

（1）百度

百度（Baidu）是国内最早的商业化全文搜索引擎，于 2000 年 1 月由李彦宏、徐勇两人创立于北京中关村，致力于向人们提供简单、可依赖的信息获取方式。“百度”两个字源于我国宋朝词人辛弃疾的《青玉案 • 元夕》中的“众里寻他千百度”。目前，百度已经成长为全球最大的中文搜索引擎之一。其搜索界面如图 4-2 所示。

图 4-2　百度搜索界面

除网页搜索外，百度还提供 MP3、图片、视频、地图等多样化搜索服务，为用户提供了更加完善的搜索体验，满足多样化搜索需求。

（2）360 搜索

360 搜索属于全文搜索引擎。它是 360 公司开发的基于机器学习技术的第三代搜索引擎，具备“自学习、自进化”的能力以发现用户需要的搜索结果。其搜索界面如图 4-3 所示。

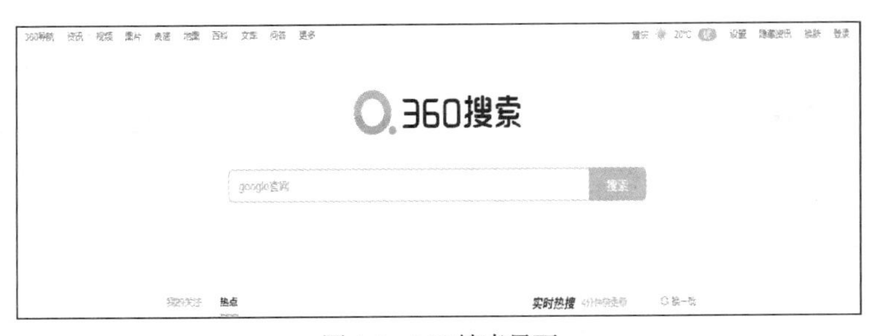

图 4-3　360 搜索界面

（3）搜狗搜索

搜狗搜索是搜狐公司于 2004 年 8 月 3 日推出的全球首个第三代互动式中文搜索引擎，它致力于中文互联网信息的深度挖掘，帮助我国网民加快信息获取速度，为用户创造价值。搜狗的其他搜索产品各有特色。例如，音乐搜索小于 2%的死链率（搜索质量评测的一项指标）、图片搜索独特的组图浏览功能、新闻搜索及时反映互联网热点事件的“看热闹”首页、地图搜索的全国无缝漫游功能，这些特性使得搜狗的搜索产品线极大地满足了用户的日常需求，也体现了搜狗的研发能力。其搜索界面如图 4-4 所示。

图 4-4　搜狗搜索界面

3. 掌握基本查询操作

操作要求

在百度中搜索一周之内发布的包含“信息技术”关键词的 Word 文档。

操作步骤

（1）打开浏览器，在地址栏中输入百度的网址，按“Enter”键，进入百度首页，在搜索框中输入要查询的关键词“信息技术”，单击 百度一下 按钮。

（2）打开搜索结果页面，单击搜索框下方的“搜索工具”按钮，如图 4-5 所示。

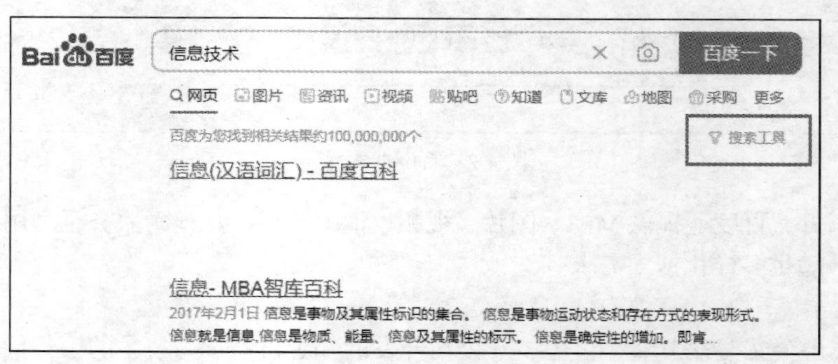

图 4-5　搜索工具

（3）显示搜索工具功能选项，如图 4-6 所示。

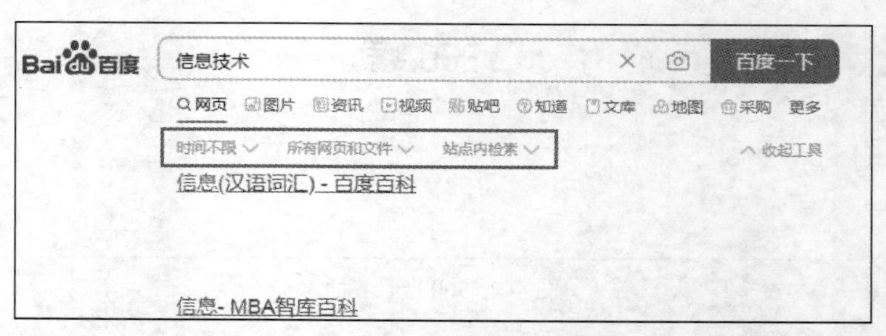

图 4-6　搜索工具功能选项

（4）按需求进行设置，在“时间不限”下拉列表中选择“一周内”选项，在“所有网页和文件”下拉列表中选择“微软 Word(.doc)”选项，单击“站点内检索”按钮，在文本框中输入百度网址并单击“确认”按钮，如图 4-7 所示。

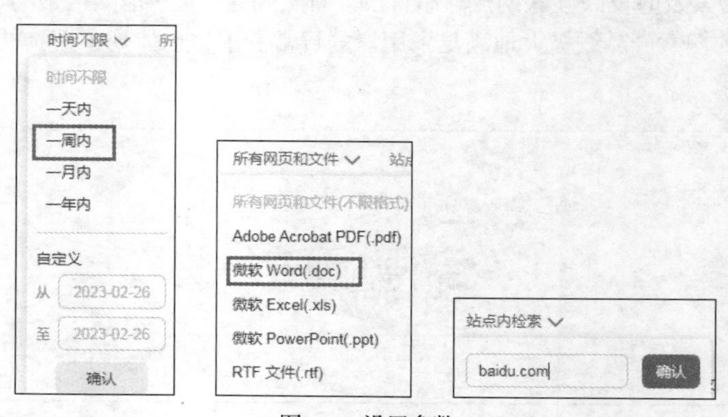

图 4-7　设置参数

设置完毕之后，得到最终搜索结果为百度网站中一周内发布的包含“信息技术”关键词的所有 Word 文档，如图 4-8 所示。

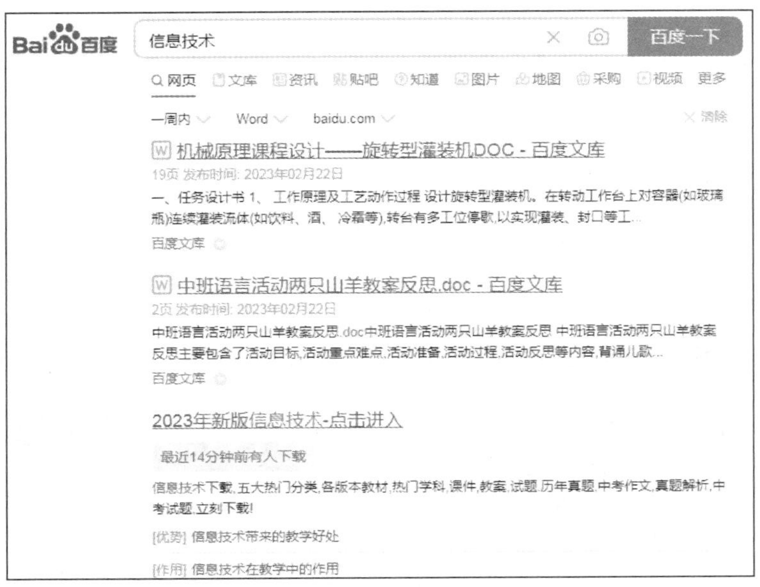

图 4-8　搜索结果

4．掌握高级查询功能

操作要求

利用搜索引擎的高级查询功能搜索包含完整关键词、包含任意关键词和不包含某些关键词的结果。

操作步骤

（1）打开百度首页，将鼠标指针移到右上角的“设置”处，在打开的下拉列表中选择“高级搜索”选项，如图 4-9 所示。

图 4-9　选择“高级搜索”选项

（2）打开“高级搜索”界面，在“包含全部关键词”文本框中输入“重庆 高职”，要求查询结果页面中同时包含“重庆”和“高职”两个关键词；在“包含完整关键词”文本框中输入“城市职业”，要求查询结果页面中包含“城市职业”关键词，即关键词不会被拆分；在“包含任意关键词”文本框中输入“学校 学院”，要求查询结果页面中包含“学校”或者“学院”关键词；在“不包括关键词”文本框中输入“本科”，要求查询结果页面中不包含“本科”，如图 4-10 所示。

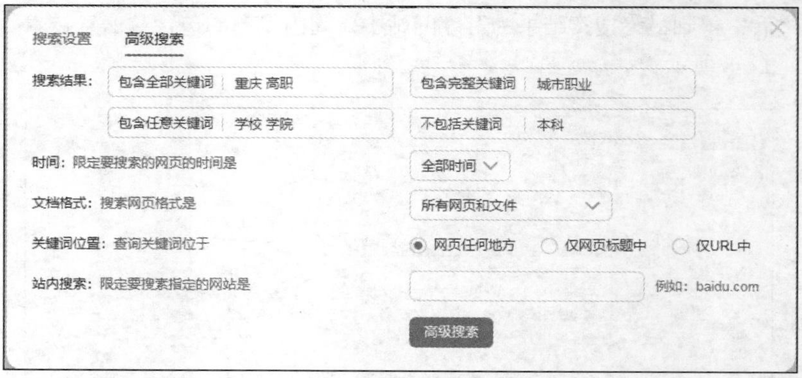

搜索设置　高级搜索
搜索结果：　包含全部关键词　重庆 高职　包含完整关键词　城市职业
包含任意关键词　学校 学院　不包括关键词　本科
时间：限定要搜索的网页的时间是　全部时间
文档格式：搜索网页格式是　所有网页和文件
关键词位置：查询关键词位于　网页任何地方　仅网页标题中　仅URL中
站内搜索：限定要搜索指定的网站是　例如：baidu.com
高级搜索

图 4-10　搜索参数设置

（3）单击“高级搜索”按钮完成搜索，搜索结果如图 4-11 所示。

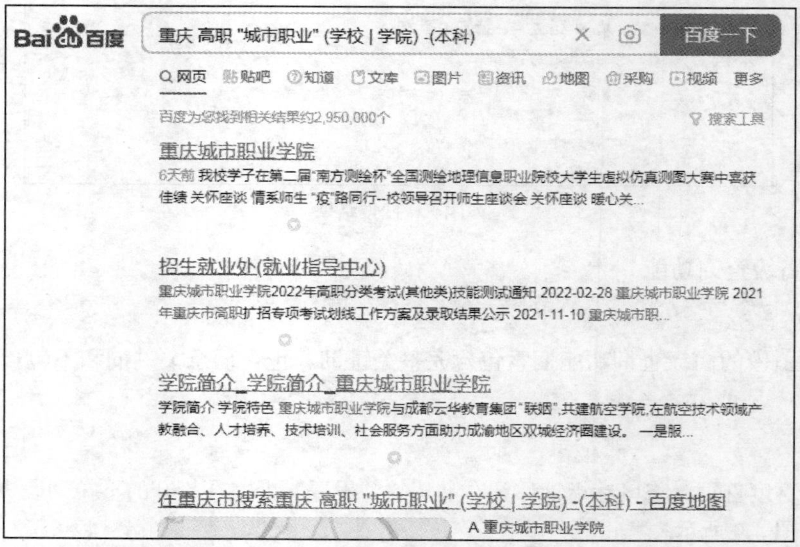

Baidu百度　重庆 高职 "城市职业" (学校 | 学院) -(本科)　百度一下
网页　贴吧　知道　文库　图片　资讯　地图　采购　视频　更多
百度为您找到相关结果约2,950,000个　搜索工具
重庆城市职业学院
6天前 我校学子在第二届"南方测绘杯"全国测绘地理信息职业院校大学生虚拟仿真测图大赛中喜获佳绩 关怀座谈 情系师生 "疫"路同行--校领导召开师生座谈会 关怀座谈 暖心关...
招生就业处(就业指导中心)
重庆城市职业学院2022年高职分类考试(其他类)技能测试通知 2022-02-28 重庆城市职业学院 2021年重庆市高职扩招专项考试划线工作方案及录取结果公示 2021-11-10 重庆城市职...
学院简介_学院简介_重庆城市职业学院
学院简介 学院特色 重庆城市职业学院与成都云华教育集团"联姻",共建航空学院,在航空技术领域产教融合、人才培养、技术培训、社会服务方面助力成渝地区双城经济圈建设。 一是服...
在重庆市搜索重庆 高职 "城市职业" (学校 | 学院) -(本科) - 百度地图
A 重庆城市职业学院

图 4-11　搜索结果

基础拓展 4-2：检索精确信息

操作要求

利用搜索引擎符号实现信息的精确检索。

操作步骤

（1）使用“+”

在使用搜索引擎时，用户可以在关键词的前面使用“+”，表示搜索引擎搜索结果中要包含所有关键词。例如，输入“+重庆+城市+职业”，表示搜索结果必须同时包含“重庆”“城市”“职业”这 3 个关键词，如图 4-12 所示。

（2）使用“-”

在使用搜索引擎时，如果用户在关键词的前面使用“-”，则意味着在搜索结果中不能出现该关键词。例如，在搜索引擎中输入“卫视直播-重庆卫视直播”，表示最后的查询结果中一定不包含“重庆卫视直播”。

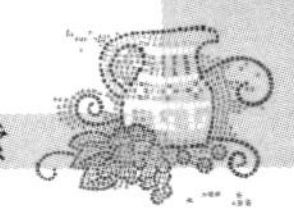

图 4-12　“+”的使用

（3）使用双引号

在使用搜索引擎时，用户可以给要查询的关键词添加双引号（半角状态下），以实现精确查询。这种方法要求查询结果完全匹配搜索内容，也就是说，搜索结果中应包含双引号中出现的所有词，顺序也必须完全匹配。目前，百度和 Google 都支持这个指令。例如，在百度的搜索框中输入“图片美化”，按“Enter”键后，将返回网页中包含“图片美化”这个关键词的网页，而不会返回包含“美化照片”“照片美化”等关键词的网页。

（4）使用“《》”

“《》”是百度特有的一个查询符号。在其他搜索引擎中，书名号可能会被忽略，但在百度中，书名号是可被查询的。例如，在百度中搜索关于电影《建党伟业》的相关信息，只需要为查询词加上“《》”，并按“Enter”键，在显示的搜索结果中，书名号中的内容就不会被拆分。注意，这里的书名号是中文状态下的书名号。

（5）使用“*”

“*”是常用的通配符，也能用在搜索引擎中。目前，百度暂不支持“*”搜索指令。例如，在 360 搜索的搜索框中输入“网店客服*话术*”，其中“*”表示任意文字，返回的搜索结果中不仅包含“网店客服”，还可能包含“网店客服话术整理”等内容。

【项目总结】

通过学习本项目，相信大家已经掌握了利用搜索引擎检索信息的基本技能，请在表 4-2 中填入学到的具体知识与技能吧！

表 4-2　“基础项目　利用搜索引擎检索信息”相关知识与技能总结

基础任务 4-1　初探信息检索	基础任务 4-2　使用搜索引擎

续表

基础拓展 4-1　调研检索工具	基础拓展 4-2　检索精确信息

进阶项目　利用专用平台检索信息

【项目描述】

项目简介

用户在互联网中除了可以利用搜索引擎检索网站中的信息，还可以通过各种专业的网站来检索专业信息。本项目将指导学生使用专业平台进行信息检索操作，其中主要涉及学术信息检索、专利信息检索、商标信息检索等内容。通过学习本项目，可以培养学生利用专业平台检索信息的能力，培养学生严谨的科学态度和实事求是的工作作风。

教学建议

建议学时：2 学时。

教学方法：项目教学法、任务驱动法。

【项目分析】

该项目可分解为三大任务，包含了解学术信息检索、了解专利信息检索、了解商标信息检索，每个任务包含的主要操作流程和技能如图 4-13 所示。

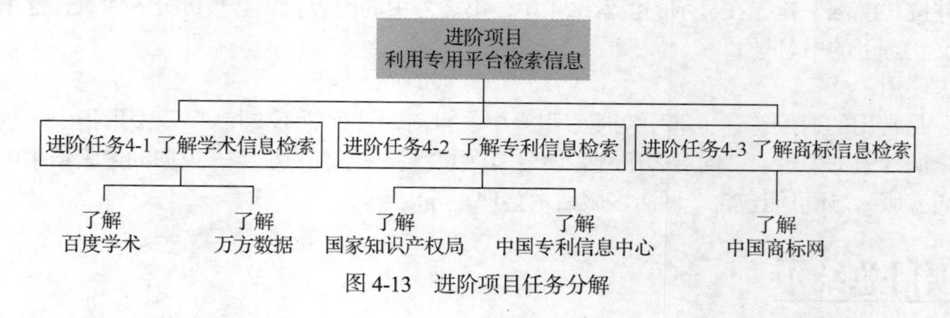

图 4-13　进阶项目任务分解

【项目实施】

【进阶任务 4-1　了解学术信息检索】

任务导读

学术信息检索

学术信息包括论文、期刊等，互联网上有很多用于检索学术信息的网站。在国内，这类网站主要有百度学术、中国知网、万方数据等，以及谷歌学术、Academic 等。

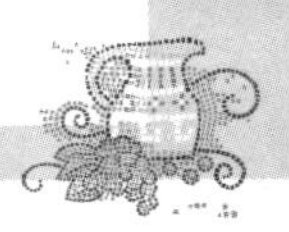

任务实施

1. 了解百度学术

百度学术搜索是百度旗下的提供海量中英文文献检索的学术资源搜索平台，涵盖各类学术期刊、会议论文，旨在为国内外学者提供良好的科研体验。百度学术搜索可检索到收费和免费的学术论文，并通过时间筛选、标题、关键字、摘要、作者、出版物、文献类型、被引用次数等细化指标提高检索的精准性。百度学术搜索页面会针对用户搜索的学术内容，呈现出百度学术搜索提供的合适结果。用户可以选择查看学术论文的详细信息，也可以选择跳转至百度学术搜索页面查看更多相关论文。在百度学术搜索中，用户还可以选择使搜索结果按照“相关性”“被引频次”“发表时间”3 个维度分别排序，以满足不同的需求。其搜索界面如图 4-14 所示。

图 4-14　百度学术搜索界面

2. 了解万方数据

万方数据库是由万方数据公司开发的，涵盖期刊、会议纪要、论文、学术成果、学术会议论文的大型网络数据库。其中，万方期刊集纳了理、工、农、医、人文五大类 70 多个类目约 7600 种科技类期刊全文；万方会议论文是国内唯一的学术会议文献全文数据库，主要收录 1998 年以来国家级学会、协会、研究会组织召开的全国性学术会议论文，覆盖自然科学、工程技术、农林、医学等领域，是了解国内学术动态必不可少的工具。其搜索界面如图 4-15 所示。

图 4-15　万方数据搜索界面

进阶拓展 4-1：检索学术信息

操作要求

利用万方数据平台，检索有关“信息检索”的学术信息。

操作步骤

（1）打开“万方数据”网站首页，在首页的检索框中输入要检索的关键词“信息检索”，单击检索框左侧的“全部”按钮可以选择检索的范围，如图 4-16 所示，这里默认选择“全部”选项。

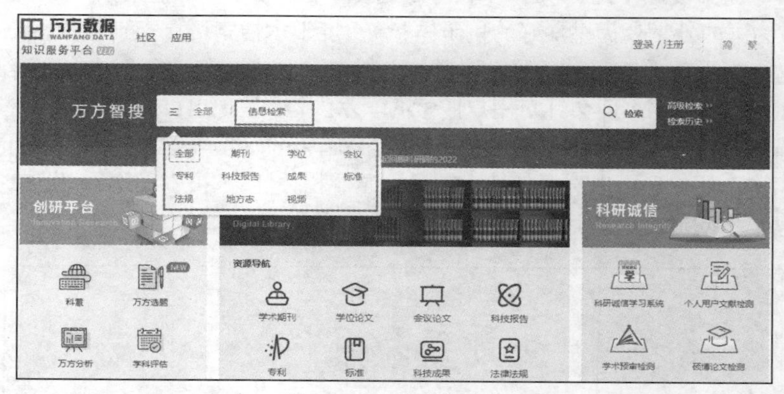

图 4-16　检索学术信息

（2）按“Enter”键，在打开的页面中可以看到检索结果，同时，在每条结果中还可以看到论文的标题、作者、来源、发表时间、下载量等信息，如图 4-17 所示。

图 4-17　检索结果

（3）单击要查看的某篇论文的标题，在打开的页面中可以查看论文详细信息，如图 4-18 所示。

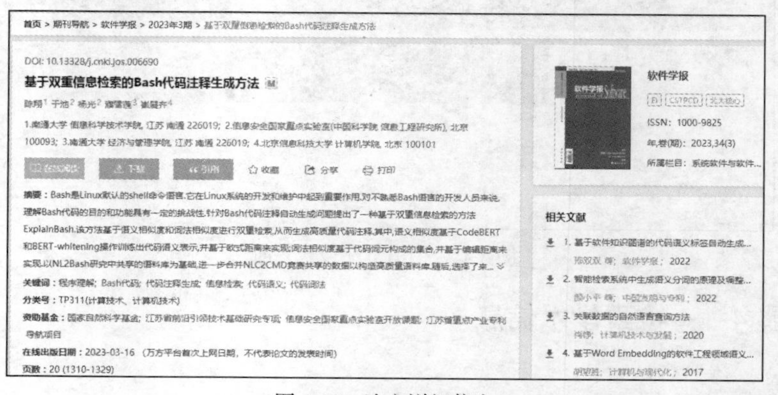

图 4-18　论文详细信息

（4）如果需要在自己的作品中引用该论文的内容，则可以单击页面中的引用按钮，如图 4-19 所示。在打开的“导出题目”对话框中将生成标准的引用格式，单击“复制”按钮即可复制内容，如图 4-20 所示。

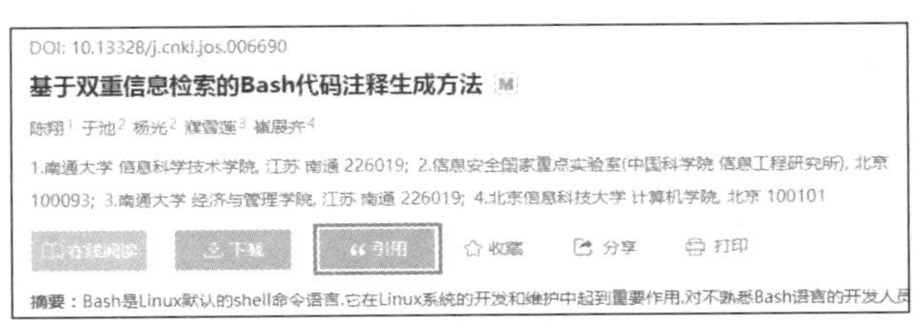

图 4-19　论文引用

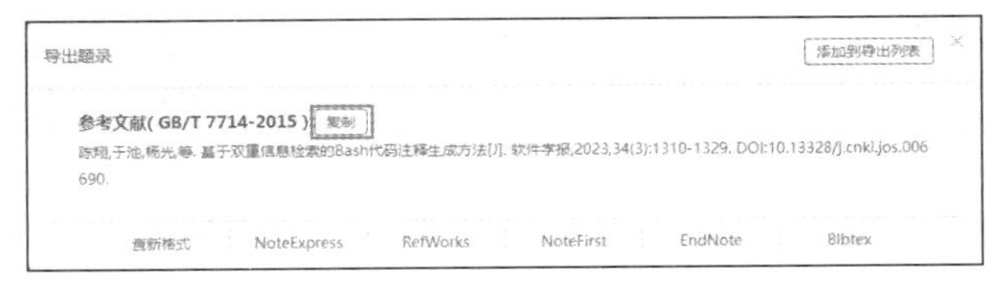

图 4-20　“导出题目”对话框

【进阶任务 4-2　了解专利信息检索】

专利信息检索

任务导读

为了避免侵权及对本身拥有的专利进行保护，企业需要经常对专利信息进行检索。用户可以在世界知识产权组织（World Intellectual Property Organization，WIPO）的官网、各个国家的知识产权机构的官网（如我国的国家知识产权局官网、中国专利信息中心网）及各种提供专利信息的商业网站（如万方数据等）上检索专利信息。

任务实施

1. 了解国家知识产权局

国家知识产权局是中华人民共和国国务院直属机构，由国家市场监督管理总局管理，主要负责保护知识产权工作，推动知识产权保护体系建设，负责商标、专利、原产地地理标志的注册登记和行政裁决，指导商标、专利执法工作等。

2. 了解中国专利信息中心

中国专利信息中心成立于 1993 年，是国家知识产权局直属事业单位、国家级大型专利信息服务机构，拥有国家知识产权局赋予的专利数据库管理权、使用权，主要开展专利信息自动化系统开发，以及专利信息加工、传播、咨询等相关业务和服务。其官网界面如图 4-21 所示。

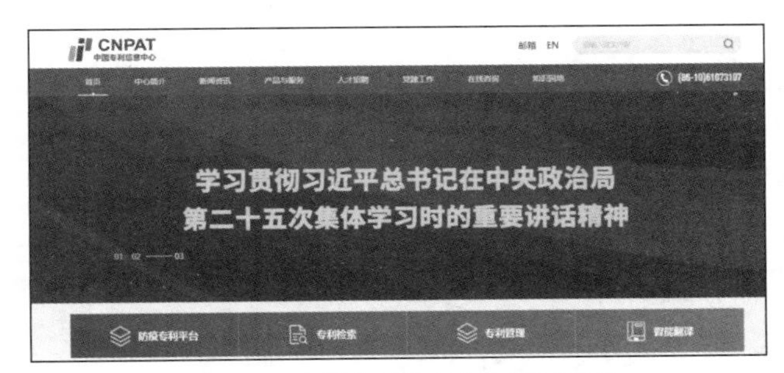

图 4-21　中国专利信息中心官网界面

进阶拓展 4-2：检索专利信息

操作要求

利用中国专利信息中心网检索有关“电脑”的专利信息。

操作步骤

（1）打开“中国专利信息中心”首页，单击网页中的“专利检索”按钮，如图 4-22 所示。

图 4-22　专利信息检索

（2）打开“专利之星检索系统”页面，在页面中间的检索框中输入关键词“电脑”，单击“检索”按钮，如图 4-23 所示。如果没有注册，则需要先进行注册，注册并登录之后才能打开下一个页面。

图 4-23　输入关键词

（3）在打开的页面中可以看到检索结果，包括每条专利的名称、专利人、摘要等信息，如图 4-24 所示。

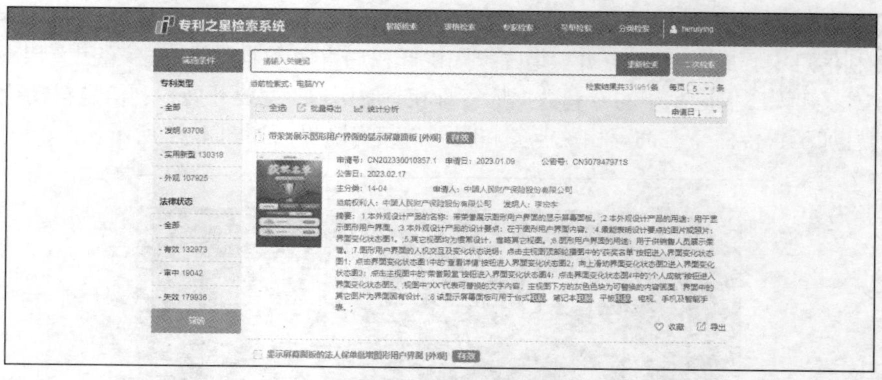

图 4-24　专利信息检索结果

（4）单击专利名称，在打开的页面中可以看到专利详细信息，如图 4-25 所示。

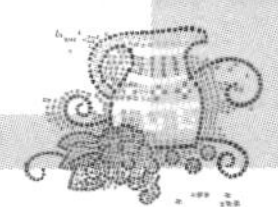

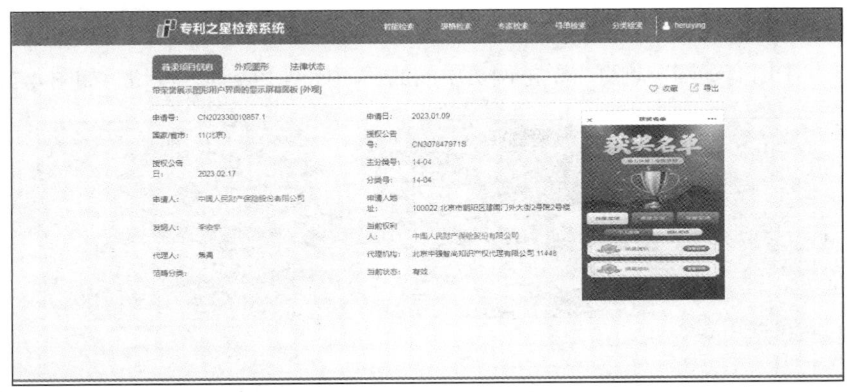

图 4-25　专利详细信息

【进阶任务 4–3　了解商标信息检索】

任务导读

商标信息检索

商标是用来区分一个企业和其他企业的品牌或服务的不同之处的。为了保护自己的商标，企业需要经常检索商标信息。与专利信息一样，用户可以在世界知识产权组织的官网、各个国家的商标管理机构的官网及各种提供商标信息的商业网站中进行商标信息检索。

任务实施

了解中国商标网

中国商标网是国家知识产权局商标局官方网站，能够为公众提供商标网上申请、商标网上查询、政策文件查询、商标数据查询，以及常见问题解答等商标申请查询服务。该网站免费向公众提供商标注册信息的网上查询，任何人均可登录该网站在线查询商标注册信息。其界面如图 4-26 所示。

图 4-26　中国商标网界面

进阶拓展 4-3：检索商标信息

操作要求

利用中国商标网查询与“孙悟空”近似的商标。

操作步骤

（1）打开“中国商标网”首页，单击网页中间的“商标网上查询”按钮，如图 4-27 所示。

图 4-27　商标信息查询

（2）打开“商标查询”页面，单击“我接受”按钮，如图 4-28 所示。打开“商标网上查询”页面，单击该页面左侧的“商标近似查询”按钮，如图 4-29 所示。

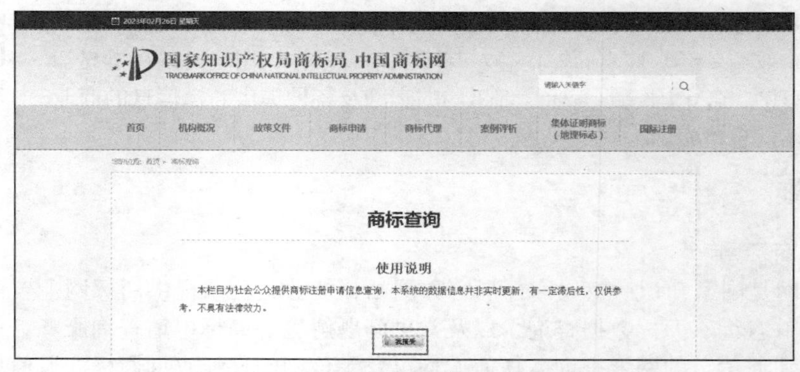

图 4-28　商标查询页面

图 4-29　商标网上查询页面

（3）打开“商标近似查询”页面，在“自动查询”中设置要查询商标的“国际分类”“查询方式”“商标名称”等信息，单击“查询”按钮，如图 4-30 所示。

图 4-30　自动查询信息设置

（4）在打开的页面中可以看到检索结果，包括每个商标的“申请 / 注册号”“申请日期”“商标名称”“申请人名称”等信息，如图 4-31 所示。

排序 相似度排序　打印　比对　筛选　已选中 0 件商标

检索到400件商标　　仅供参考，不具有法律效力

序号	申请/注册号	申请日期	商标名称	申请人名称
1	5744628	2006年11月24日	孙悟空	杰希优股份有限公司
2	63590887	2022年03月28日	孙悟空	河南德力新能源汽车有限公司
3	13626218	2013年11月28日	孙悟空	成都中源发科技有限公司
4	13194294	2013年09月05日	孙悟空	宁波市镇海欧威视眼镜有限公司
5	37964665	2019年05月05日	孙悟空	刘曼娜
6	11557824	2012年09月28日	孙悟空	青岛恒大特种防护用品制造厂
7	25262196	2017年07月11日	孙悟空	成都孙悟空文化传媒有限公司
8	918397	1995年03月29日	孙悟空	上海金数码电器有限公司
9	3369160	2002年11月14日	孙悟空	珠海市赛奔讯商贸发展有限公司
10	26156191	2017年08月31日	孙悟空	深圳市孙悟空信息技术有限公司
11	25477581	2017年07月24日	孙悟空	王登桃
12	13390918	2013年10月18日	孙悟空	温州子弟经商创业服务有限公司
13	1177516	1997年03月25日	孙悟空	株式会社理光
14	63967922	2022年04月14日	孙悟空	北京好益多广告有限责任公司
15	26693848	2017年09月28日	孙悟空	北京孙悟空企业管理有限公司
16	12404875	2013年04月10日	孙悟空	王峰艳
17	8537721	2010年08月03日	悟空 ONLINE	虬象电子股份有限公司

图 4-31　商标检索结果

（5）单击商标名称即可查看商标详细信息，如图 4-32 所示。

图 4-32　商标详细信息

【项目总结】

通过学习本项目，相信大家已经掌握了利用专用平台检索信息的技能，请在表 4-3 中填入学到的具体知识与技能吧！

表 4-3 “进阶项目　利用专用平台检索信息”学习到的具体知识与技能总结

进阶任务 4-1　了解学术信息检索	进阶任务 4-2　了解专利信息检索	进阶任务 4-3　了解商标信息检索
进阶拓展 4-1　检索学术信息	进阶拓展 4-2　检索专利信息	进阶拓展 4-3　检索商标信息

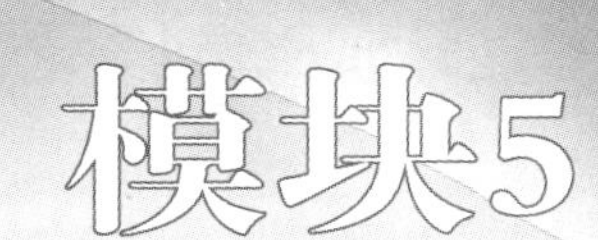

新一代信息技术概述

信息技术已经融入人们生活的方方面面，信息资源的共享和应用为人们的工作、生活、学习带来了便利。处于信息社会和信息时代，了解和熟悉信息技术已成为高效工作及快乐生活的必备技能。新一代信息技术是以人工智能、量子信息、移动通信、物联网、区块链等为代表的新兴技术，它既是信息技术的纵向升级，又是信息技术之间及信息技术与相关产业的横向渗透整合。

本模块主要通过“基础项目　了解新一代信息技术”和“进阶项目　了解新一代信息技术产业”的学习，以任务驱动的方式引领学生循序渐进地掌握新一代信息技术的基本概念、技术特点、典型应用、产业发展等相关知识，提升学生的新一代信息技术的综合素养。

基础项目　了解新一代信息技术

【项目描述】

项目简介

新一代信息技术正在全球引发新一轮的科技革命，并快速转化为现实生产力，引领科技、经济和社会的高速发展。本项目要求学生了解新一代信息技术的演绎过程、典型技术的概念和相关技术，以及相关技术的典型应用。

教学建议

建议学时：2 学时。

教学方法：项目教学法、任务驱动法。

【项目分析】

该项目可分解为三大任务，包含了解新一代信息技术基本概念、了解新一代信息技术典型代表、了解新一代信息技术典型应用，每个任务包含的主要操作流程和技能如图 5-1 所示。

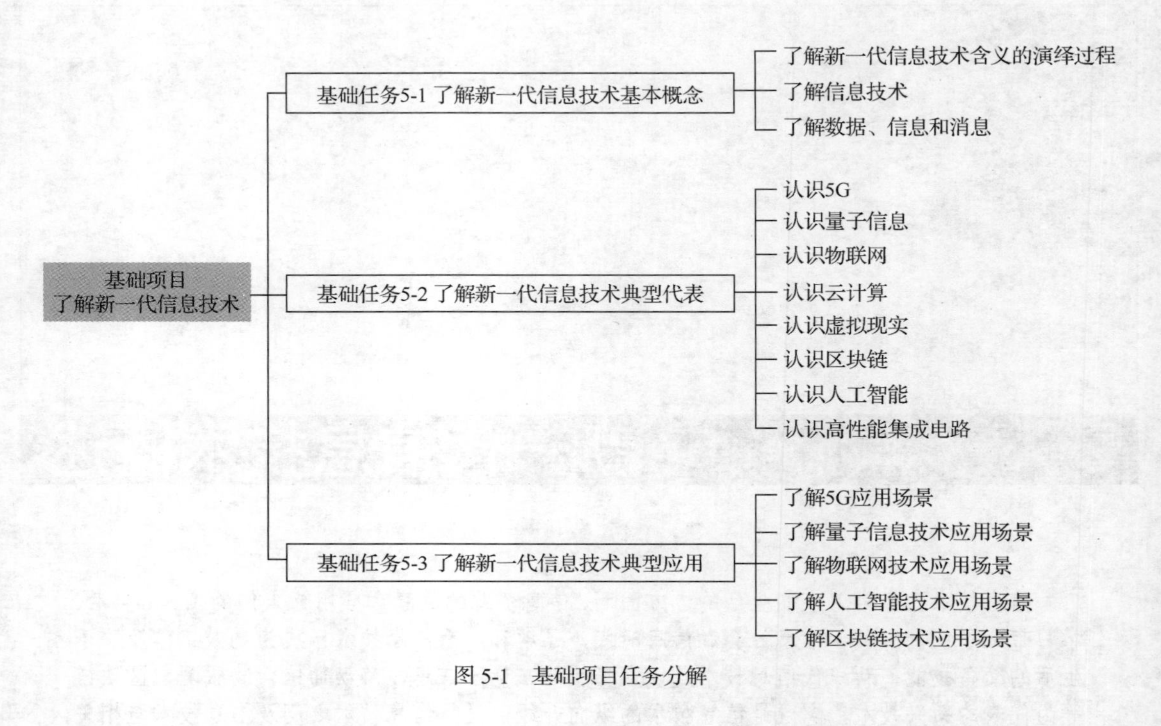

图 5-1　基础项目任务分解

【项目实施】

【基础任务 5-1　了解新一代信息技术基本概念】

了解新一代信息技术基本概念

任务导读

本任务通过介绍新一代信息技术的演绎过程，描述其发展历程，让学生掌握信息技术概念的同时，培养其动态思考、思维的能力。

任务实施

1. 了解新一代信息技术含义的演绎过程

"新一代信息技术"一词源于 2010 年我国发布的《国务院关于加快培育和发展战略性新兴产业的决定》。文中提到要部署七大战略性新兴产业，包括节能环保产业、新一代信息技术产业、生物产业、高端装备制造产业、新能源产业、新材料产业、新能源汽车产业。其中，关于新一代信息技术产业的表述如下："加快建设宽带、泛在、融合、安全的信息网络基础设施，推动新一代移动通信、下一代互联网核心设备和智能终端的研发及产业化，加快推进三网融合，促进物联网、云计算的研发和示范应用。着力发展集成电路、新型显示、高端软件、高端服务器等核心基础产业。提升软件服务、网络增值服务等信息服务能力，加快重要基础设施智能化改造。大力发展数字虚拟等技术，促进文化创意产业发展。"

2010 年 10 月 10 日，《国务院关于加快培育和发展战略性新兴产业的决定》文件被下发，其中提到要部署七大战略性新兴产业，其中就包括新一代信息技术。该文件中将"新一代信息技术"的含义概括如下：新一代移动通信、下一代互联网、三网融合、物联网、云计算、集成电路、新型显示、高端软件、高端服务器、软件服务、网络增值服务、基础设施智能化、数字虚

拟技术。

2022 年，中华人民共和国工业和信息化部举行了“新时代工业和信息化发展”系列主题新闻发布会，主题为“大力发展新一代信息技术产业”。此时的“新一代信息技术”有如下含义：集成电路、新型显示、第五代移动通信、超高清视频、虚拟现实、先进计算、工业软件、新兴平台软件、云计算、大数据、区块链、北斗（北斗技术虽然属于全球卫星导航技术，但有短报文通信功能，也可视为一种信息通信技术，目前已经被应用于华为手机等消费电子产品中）。

3 版“新一代信息技术”含义演绎对比如表 5-1 所示。

表 5-1　3 版“新一代信息技术”含义演绎对比

版次	新增含义	延展含义
2010 年版	新一代移动通信、下一代互联网、三网融合、物联网、云计算、集成电路、新型显示、高端软件、高端服务器、软件服务、网络增值服务、基础设施智能化、数字虚拟技术	
2020 年版	人工智能、第五代移动通信（5G）、工业互联网、区块链等	由数字虚拟技术变更为增强现实/虚拟现实；由新一代移动通信变更为第五代移动通信（5G）
2022 年版	集成电路、新型显示、超高清视频、先进计算、新兴平台软件、北斗等	由增强现实/虚拟现实变更为虚拟现实

2. 了解信息技术

（1）信息科学

中华人民共和国科学技术部 2006 年印发的《国家“十一五”基础研究发展规划》指出：“信息科学是研究信息的产生、获取、变换、传输、存储、处理、显示、识别和利用的科学，是一门结合了数学、物理、天文、生物和人文等基础学科的新兴与综合性学科。”根据信息科学研究的基本内容，可以将信息科学的基本学科体系分为 3 个层次，分别是哲学层、基础理论层及技术应用层。信息技术位于信息科学体系的技术应用层，属于信息科学的范畴。

（2）信息技术

信息技术（Information Technology，IT）一般是指在信息科学的基本原理和方法的指导下扩展人类信息功能的技术。

3. 了解数据、信息和消息

在现实生活中，人们常听到“数据”“信息”“消息”这些词，它们是很容易被混淆的概念。实际上，它们之间是有联系和区别的。

（1）数据

数据是信息的载体，是对客观事物的逻辑归纳，是用来表示客观事物的、未经加工的原始素材。数据直接来自现实，可以是离散的数字、文字、符号等，也可以是连续的声音、图像等。数据仅代表数据本身，表示发生了什么事情。例如，经测量，某人的身高为 180 厘米，“180”这个数据并没有意义，只是一个数字而已。

（2）信息

当数据经过加工和处理，与特定的对象即某人产生关联时，便被赋予了意义，这便是信息。因此，信息是加工、处理后的数据。经过分析、解释和运用后，信息会对人的行为产生影响。可以说，

数据是原材料，信息是产品，信息是数据的含义，是人类可以直接理解的内容。

（3）消息

在日常生活中，人们常常错误地把信息等同于消息，认为得到了消息就得到了信息，但两者其实并不是一回事。消息中包含信息，即信息是消息的阅读者提炼出来的。一则消息中可承载不同的信息，它可能包含非常丰富的信息，也可能只包含很少的信息。

基础拓展 5-1：绘制信息技术发展历程图

结合基础任务 5-1 任务实施的相关知识，通过网络搜索，利用图表的形式描述新一代信息技术的发展历程。

【基础任务 5-2　了解新一代信息技术典型代表】

任务导读

了解新一代信息技术典型代表

新一代信息技术是国务院支持和扶持的新兴产业之一，也是七大战略性产业之一，它让多个领域受益，如信息技术、新能源、新材料、生物、高端设备、环保等领域，因此新一代信息技术是现在非常重要的一个领域，凡是和电子信息系相关的行业都与之相关。

任务实施

1. 认识 5G

第五代移动通信（5th Generation Mobile Communication，5G）技术是具有高速率、低时延和大连接特点的新一代宽带移动通信技术，5G 设施是实现人、机、物互联的网络基础设施。

国际电信联盟（International Telecommunication Union，ITU）定义了 5G 的三大类应用场景，即增强型移动宽带业务、低时延高可靠通信业务和海量机器类通信业务。增强型移动宽带业务主要面向移动互联网流量爆炸式增长的应用需求，用于为移动互联网用户提供更加极致的应用体验；低时延高可靠通信业务主要面向工业控制、远程医疗、自动驾驶等对时延和可靠性具有极高要求的垂直行业应用需求；海量机器类通信业务主要面向智慧城市、智能家居、环境监测等以传感和数据采集为目标的应用需求。

2. 认识量子信息

量子信息（Quantum Information）是关于量子系统“状态”所带有的物理信息，通过量子系统的各种相干特性，如量子并行、量子纠缠和量子不可克隆等进行计算、编码和信息传输的全新信息技术。量子信息常见的单位为量子比特。

3. 认识物联网

物联网（Internet of Things，IoT）是通过射频识别、红外传感器、全球定位系统、激光扫描仪和其他信息传感设备，按照商定的协议，在任何物体通过互联网进行信息交换和通信时，实现对物体的智能识别、定位、跟踪、监控和管理的技术。

4. 认识云计算

云计算是指将计算任务分布在由大规模的数据中心或大量的计算机集群构成的资源池上，使各种应用系统能够根据需求获取计算能力、存储空间和各种软件服务，并通过互联网将计算资源免费或以按需租用方式提供给使用者的技术。云计算的“云”中的资源在使用者看来是可以无限扩展的，并且可以随时获取，按需使用，随时扩展，按使用付费，这种特性经常被称为类似水、电等资源的

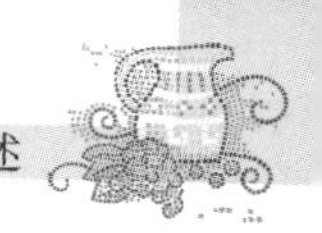

IT 基础设施。

5. 认识虚拟现实

虚拟现实（Virtual Reality，VR）技术又称虚拟实境或灵境技术，是 20 世纪发展起来的一项全新的实用技术。虚拟现实技术包括计算机、电子信息、仿真技术等，其基本实现方式是以计算机技术为主，利用并综合三维图形技术、多媒体技术、仿真技术、显示技术、伺服技术等多种高科技的最新发展成果，借助计算机等设备产生一个具有逼真的三维视觉、触觉、嗅觉等多种感官体验的虚拟世界，从而使处于虚拟世界中的人产生一种身临其境的感觉。随着社会生产力和科学技术的不断发展，各行各业对虚拟现实技术的需求日益旺盛，虚拟现实技术也取得了巨大进步，并逐步成为一个新的科学技术领域。

6. 认识区块链

狭义的区块链是按照时间顺序，将数据区块以顺序相连的方式组合成链式数据结构，并以密码学方式保证不可篡改和不可伪造的分布式账本。广义的区块链是利用链式数据结构验证与存储数据，利用分布式节点共识算法生成和更新数据，利用密码学保证数据传输和访问的安全，利用由自动化脚本代码组成的智能合约编程和操作数据的全新的分布式基础架构与计算范式。

7. 认识人工智能

人工智能是研究、开发用于模拟、延伸和扩展人的智能的理论、方法、技术及应用系统的一门新的技术科学，是计算机学科的一个重要分支。

人工智能主要研究使用计算机模拟人的某些思维过程和智能行为（如学习、推理、思考、规划等），包括研究计算机实现智能的原理，以及制造类似于人脑智能的计算机，从而使计算机实现更高层次的应用。

8. 认识高性能集成电路

集成电路（Integrated Circuit，IC）是指利用半导体制造技术在一个小的单晶硅片上制造许多晶体管、电阻器、电容器和其他元件，并按照多层布线或隧道布线的方法将这些元器件组合成一个完整的电子电路。与传统的集成电路相比，高性能集成电路有着更卓越的性能，以及更快的速度与更稳定的架构。

基础拓展 5-2：描述其他代表性技术

通过网络搜索，描述新一代信息技术中的新型显示、集成电路、超高清视频、先进计算等相关技术。

【基础任务 5–3　了解新一代信息技术典型应用】

任务导读

了解新一代信息技术典型应用

新一代信息技术已成为近年来科技界和产业界的热门话题。云计算、大数据、人工智能、物联网、移动通信、区块链等各种技术得到飞速发展，给人们的工作、生活带来了巨大的影响。本任务要求学生了解新一代信息技术的技术特点和典型应用，主要了解 5G、量子信息、物联网、人工智能、区块链等技术的特点和典型应用。

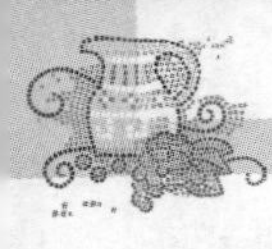

任务实施

1. 了解5G应用场景

移动通信技术经历几代的发展，目前已经迈入了5G时代。5G的特点是广覆盖、大连接、低时延、高可靠。5G的峰值速率是4G的约30倍，用户体验速率是4G的约10倍，频谱效率是4G的约3倍，连接密度是4G的10倍左右，能支持移动互联网和产业互联网的各方面应用。5G目前主要有以下三大应用场景。

（1）增强型移动宽带业务：扩容移动宽带，提供大带宽高速率的移动服务，面向3D／超高清视频、增强现实／虚拟现实、云服务等应用。

（2）无人驾驶、工业自动化等业务：低时延高可靠通信将大大助力工业互联网、车联网中的新应用，应用于工业应用和控制、交通安全和控制、远程制造、远程培训、远程手术等。

（3）大规模物联网业务：海量机器类通信业务，主要面向大规模物联网业务，以及智能家居、智慧城市等应用。

5G是里程碑，具有承前启后的作用，而要真正实现万物互联，实现天、地、人的网络全连接，实现全球无缝覆盖，必须再进行技术创新，即在体验5G社会的同时，期待6G卫星网络通信时代的到来，充分体验智能社会的全新生活。

2. 了解量子信息技术应用场景

近年来，量子信息已经成为全球科技领域关注的焦点之一。量子信息是量子物理与信息技术相结合发展起来的新学科，对微观物理系统量子态进行人工调控，以全新的方式获取、传输和处理信息，主要包括量子计算、量子通信和量子测量3个领域。

量子计算以量子比特为基本单元，利用量子叠加和干涉等原理实现并行计算，能在某些计算困难的问题上提供指数级加速，具有传统计算无法比拟的巨大信息携带量和超强并行计算处理能力，是未来计算能力跨越式发展的重要方向。

量子通信是利用量子纠缠效应进行信息传递的一种新型的通信方式，主要研究量子密码、量子隐形传态、远距离量子通信等技术。与经典通信相比，量子通信安全性比较高，因为量子态在不被破坏的情况下，在传输信息的过程中信息是不会被窃听也不会被复制的。

量子测量通过微观粒子系统调控和观测实现物理量测量，在精度、灵敏度和稳定性等方面相比传统测量技术有数量级的提升，可用于包括时间基准、惯性测量、重力测量、磁场测量和目标识别等场景，在航空航天、防务装备、地质勘测、基础科研和生物医疗等领域应用前景广泛。

量子信息技术的研究与应用会对传统信息技术体系产生冲击，甚至引发颠覆性技术创新，在未来国家科技竞争、产业创新升级、国防和经济建设等领域具有重要战略意义。

3. 了解物联网技术应用场景

物联网的基本特征可概括为全面感知、可靠传输和智能处理。物联网应用涉及国民经济和人们社会生活的方方面面，遍及智慧交通、环境保护、政府工作、公共安全、平安家居、智能消防、工业监测、环境监测、老人护理、个人健康、花卉栽培、水系监测、食品溯源、敌情侦查和情报搜集等众多领域。

“万物互联”成为全球网络未来发展趋势，物联网技术与应用空前活跃，应用场景不断丰富。未来，物联网的合规性检查更严格、防护措施更安全、智能消费设备更普及。

4. 了解人工智能技术应用场景

从学科的角度来看，人工智能是一门极具挑战性的交叉学科，其基础理论涉及数学、计算机、控制学、神经学、自动化、哲学、经济学和语言学等众多学科。人工智能技术不但知识量大，而且

难度高。人工智能的研究领域主要包括计算机视觉、机器学习、自然语言处理、机器人技术、语音识别技术、专家系统等，其研究的一个主要目标是使机器能够胜任一些通常需要人类智能才能完成的复杂工作。

人工智能已经逐渐走进人们的生活，并应用于各个领域。它不仅给许多行业带来了巨大的经济效益，还为人们的生活带来了许多改变和便利。人工智能的主要应用场景有识别系统、机器翻译、智能客服机器人、工业制造、社交生活、交通运输、智能家居等。下面介绍人工智能的一些典型应用。

（1）识别系统

识别系统包括人脸识别、声纹识别、指纹识别等生物特征识别。

人脸识别是基于人的脸部特征信息进行身份识别的一种生物识别技术，涉及的技术主要包括计算机视觉、图像处理等。

声纹识别包括说话人辨认和说话人确认。系统采集说话人的声纹信息并将其输入数据库，当说话人再次说话时，系统会采集这段声纹信息并自动将其与数据库中已有的声纹信息进行对比，从而识别出说话人的身份。声纹识别技术有声纹核身、声纹锁和黑名单声纹库等多项应用案例，可广泛应用于金融、安防、智能家居等领域。

（2）机器翻译

机器翻译是利用计算机将一种自然语言转换为另一种自然语言的过程。例如，人们在阅读英文文献时，可以方便地通过有道翻译等网站将英文转换为中文，免去了查字典的麻烦，以提高学习和工作效率。随着经济全球化进程的加快及互联网的迅速发展，机器翻译技术在促进政治、经济、文化交流等方面的价值凸显，也给人们的生活带来了许多便利。

（3）智能客服机器人

智能客服机器人是一种利用机器模拟人类行为的人工智能实体形态。它能够实现语音识别和自然语义理解，具有业务推理、话术应答等能力。智能客服机器人被广泛应用于商业服务与营销场景，用于为客户解决问题或提供决策依据。例如，电商可以使用智能客服机器人针对客户的各类简单、重复性高的问题进行全天候的咨询、解答，从而大大降低企业的人工客服成本。

5. 了解区块链技术应用场景

区块链是起源于数字货币的一个重要概念，是一串使用密码学方法关联产生的数据块，每一个数据块中包含的信息用于验证其信息的有效性和生成下一个区块。区块链是一整套技术组合的代表，其基本的技术有区块链账本、共识机制、密码算法、脚本系统和网络路由等。

区块链就像一台创造信任的机器或一个安全、可信的保险箱，可以让互不信任的人在没有权威机构的统筹下，放心地进行信息互换与价值互换。在多方参与、对等合作的场景下，通过区块链技术可以增强多方互信，提升业务运行效率并降低业务运营成本。随着技术的不断发展，区块链已从数字货币扩展到各行各业，包括政府、医疗、保险、慈善和身份识别等领域。

基础拓展 5-3：描述其他技术典型应用场景

通过网络搜索，描述云计算、虚拟现实、高性能集成电路的应用场景。

【项目总结】

通过学习本项目，相信大家已经掌握了新一代信息技术的基本概念、典型技术及典型应用场景，请在表 5-2 中填入学到的知识与技能吧！

表 5-2 “基础项目　了解新一代信息技术”相关知识与技能总结

基础任务 5-1　了解新一代信息技术基本概念	基础任务 5-2　了解新一代信息技术典型代表	基础任务 5-3　了解新一代信息技术典型应用
基础拓展 5-1　绘制信息技术发展历程图	**基础拓展 5-2　描述其他代表性技术**	**基础拓展 5-3　描述其他技术典型应用场景**

进阶项目　了解新一代信息技术产业

【项目描述】

项目简介

新一代信息技术产业是国民经济的战略性、基础性和先导性产业。新一代信息技术产业正以惊人的速度发展，在全球范围内，信息技术的快速发展正在改变这个世界，从产业模式和运营模式，到消费结构和思维方式，信息技术对城市地区甚至对国家的发展进程的影响程度将越来越深。而它自身的发展趋势也会根据“科研技术进展”和“市场热度”不断变化，如今，“数字经济”“人工智能”“跨界融合”等成为新一代信息技术产业发展的新趋势。

本项目将通过了解新一代信息技术产业特征、了解新一代信息技术产业发展现状和了解新一代信息技术产业发展趋势与展望 3 个任务，引导学生了解新一代信息技术在产业中的具体运用、发展现状及未来发展趋势。

教学建议

建议学时：2 学时。

教学方法：项目教学法、任务驱动法。

【项目分析】

该项目可分解为三大任务，包含了解新一代信息技术产业特征、了解新一代信息技术产业发展现状、了解新一代信息技术产业发展趋势与展望，每个任务包含的主要操作流程和技能如图 5-2 所示。

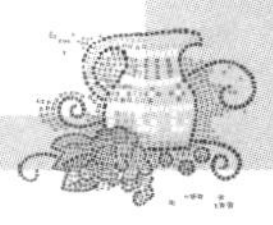

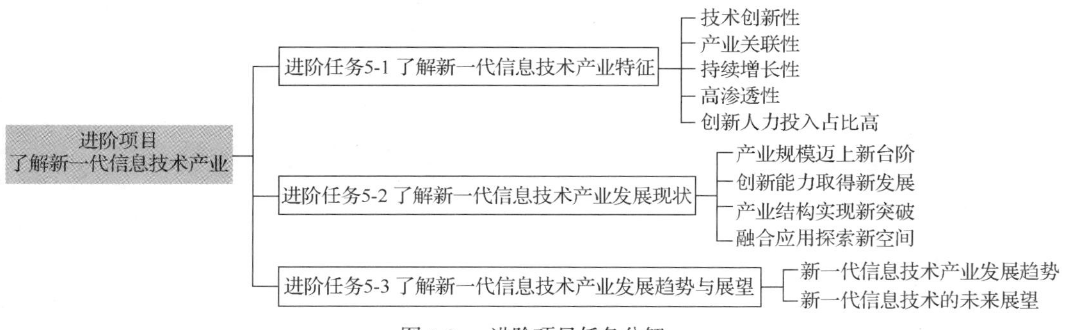

图 5-2　进阶项目任务分解

【项目实施】

【进阶任务 5-1　了解新一代信息技术产业特征】

了解新一代信息技术产业特征

任务导读

本任务主要介绍新一代信息技术产业的基本特征。

任务实施

1. 技术创新性

战略性新兴产业要求以重大技术突破为基础，具有知识、技术密集的特征，是科技创新的深度应用和产业化平台。除此之外，新一代信息技术产业还具备技术、资金密集，研发周期长、风险较大，市场需求针对性较强、产品周期较短的特征，对技术创新的要求更高。

2. 产业关联性

战略性新兴产业要求同时具备发展优势强和产业关联系数大的双重特征。而新一代信息技术产业的带动效应尤为显著，信息技术是产业结构优化升级的核心技术之一。当前，信息技术逐渐成为引领其他领域创新不可或缺的重要动力和支撑，正在深层次上改变工业、交通、医疗、能源和金融等诸多领域。

3. 持续增长性

战略性新兴产业要求在经济效益和社会效益两方面均具备长期可持续增长的能力。战略性新兴产业应当从其战略性、新兴性、循环经济发展规律等方面确立经营目标。由此可知，新一代信息技术产业应当通过提高产品附加值，以发展低碳经济、绿色经济为目标，实现高质量经济增长。

4. 高渗透性

新一代信息技术产业的创新发展、更新换代的过程，也是信息技术融入其他产业，促进经济社会其他领域转型升级、创造新价值的过程。另外，新一代信息技术产业中的很多细分行业本质是服务业，产业整体有制造业服务化的趋势，如互联网金融行业、电子商务行业的产生与快速发展，都是新一代信息技术产业服务于其他行业，并与其他行业融合发展的表现。

5. 创新人力投入占比高

新一代信息技术产业的发展离不开技术型人才的支持，能否完成对传统技术的创新和对关键技术的突破将直接影响产业整体的发展走向。企业的技术创新能力与企业的生产效率密切相关，决定着企业能否引领市场发展，创新人才的数量和质量都影响着企业的技术创新能力，是创新型企业不断提升竞争优势的基础。相较于其他产业，新一代信息技术产业的创新人力投入占比更高，对于创新人才的需求也更大。

进阶拓展 5-1：梳理新一代信息技术产业政策

结合相关知识，通过网络搜索，梳理新一代信息技术产业国家政策。

【进阶任务 5-2　了解新一代信息技术产业发展现状】

了解新一代信息技术产业发展现状

任务导读

本任务主要介绍新一代信息技术产业的发展现状。

任务实施

近年来，我国新一代信息技术产业规模效益稳步增长，创新能力持续增强，企业实力不断提升，行业应用持续深入，为经济社会发展提供了重要保障。2021 年，中华人民共和国工业和信息化部发布主题是“大力发展新一代信息技术产业”的报告，信息如下。

1. 产业规模迈上新台阶

2012—2021 年，电子信息制造业营业收入从 7 万亿元增加到 14.1 万亿元，年均增速达 11.6%，利润总额达 8283 亿元；软件和信息技术服务业收入从 2.5 万亿元增加到 9.5 万亿元，年均增速达 16%，利润总额达 1.2 万亿元，为经济社会发展提供了重要保障。

2. 创新能力取得新发展

我国新一代信息技术产业创新能力持续提升，集成电路、新型显示、5G 等领域技术创新密集涌现，超高清视频、虚拟现实、先进计算等领域发展步伐进一步加快，基础软件、工业软件、新兴平台软件等产品创新迭代不断加快。2021 年，全国软件著作权登记量由 2012 年的 14 万件增加到 228 万件，年均增长率达 36%。

3. 产业结构实现新突破

我国新一代信息技术产业结构不断优化，手机、彩电、计算机、可穿戴设备等智能终端产品供给能力稳步增长，8K 超高清、窄边框、全面屏、折叠屏、透明屏等多款创新产品全球首发。

4. 融合应用探索新空间

我国新一代信息技术产业赋能、赋值、赋智的作用深入显现，面向教育、金融、能源、医疗、交通等领域典型应用场景的软件产品和解决方案不断涌现。汽车电子、智能安防、智能可穿戴、智慧健康养老等新产品、新应用发展取得扎实成效。

进阶拓展 5-2：搜索新一代信息技术产业发展现状

通过网络搜索，梳理新一代信息技术产业当年或上一年度的发展现状。

【进阶任务 5-3　了解新一代信息技术产业发展趋势与展望】

了解新一代信息技术产业发展趋势与展望

任务导读

本任务主要介绍新一代信息技术产业的发展趋势与展望。

任务实施

1. 新一代信息技术产业发展趋势

（1）新一代信息技术产业的创新引擎是“数字经济”

在过去，移动互联网的成熟发展奠定了数字经济蓬勃发展的基础。在未来，新一代信息技术产

业的发展会使数字经济进入一个新的发展平台，即由“云+数据+人工智能”的广义数字经济正在浮现：公共云变成基础设施，数据变成生产资料，人工智能变成新的创新引擎，物联网成为互联网智能化技术与实体经济的黏合剂。

（2）新一代信息技术产业的新战场是人工智能

新一代的信息技术是以人工智能为代表的泛技术，人工智能已经变成全球高科技企业之间一个新的重要战场，竞争程度将会非常激烈。在新一轮的竞争中，中国的挑战是如何从以市场规模领先转变为以技术领先。全球市场中有非常多的机遇，尤其是中国的互联网科技和人工智能相关产品，很有可能在其他国家获得广泛认可。例如，支付宝在印度与 Paytm 合作两年发展了 2.3 亿用户，阿里巴巴正在帮助马来西亚构建电商、物流、移动支付、云平台四位一体的平台模式，中国的共享单车也在全球引发了一轮新的自行车共享浪潮。

（3）新一代信息技术产业经济载体向大工程和大平台升级迈进

2018 年，网络中有新“四大发明”的说法，分别是网购、高铁、移动支付和共享单车。新“四大发明”代表了中国的两种创新模式：一种是大工程模式，另一种是大平台模式，两者都和中国独有的体制和文化分不开。

大工程模式：从都江堰到大运河，再到高铁、航母、大飞机，这些重大的工程承载着国家的战略价值，是“国之重器”，体现了中国经济发展的制度优势。

大平台模式：中国在移动互联网时代创造了借助互联网的平台模式，如淘宝、支付宝和微信。这些模式充分发挥了人口红利、网络红利、数据红利和智能手机的渗透性，通过中国一体化的社会文化体系构建了一种平台模式，这种平台模式在人口稀少的新西兰、新加坡是难以实现的。

当代，在人工智能与物联网引领发展的趋势下，同时产生了智能化技术的集聚爆发和各行各业的场景革命两个趋势。在人工智能与相关芯片、物联网技术等方面，需要产、学、研“联动的一体化”大工程模式，而在智能化技术与各行各业融合方面，需要一种开放的平台模式做“场景化创新”。实体经济与互联网、大数据、人工智能融合，需要广义的公共云服务才能承载“大工程+大平台”模式，人工智能等新一代信息技术才能最终实现它的价值。

（4）新一代信息技术的发展关键是跨界融合智能化革命

在未来，全球的新兴科技会有巨大的跨界融合，智能产品与智能化服务的增量，与原创科技产品创新的领导者、新兴科技市场，以及自动化生产设备、智能机器人、芯片半导体等硬件方面的技术与产业力量的融合息息相关，会以实体经济的智能化为发展重点，同时会在车联网、全屋智能家居、智能智慧医疗、人工智能机械设备、智能机器人等方面有所体现。

2. 新一代信息技术的未来展望

（1）车联网方兴未艾

车联网是实现智能驾驶和信息互联的新一代汽车，具有平台化、智能化和网联化的特征。车联网搭载了先进的车载传感器、控制器、执行器等装置和车载系统模块，融合了现代传感技术、控制技术、通信与网络技术，具备信息互联共享、复杂环境感知、智能化决策与控制等功能。

展望未来，车联网产业的发展将促进汽车、电子、信息通信、道路交通运输等行业深度融合。汽车网联化、智能化水平不断提升，从驾驶辅助到有条件自动化再到完全自动化而不断演进。具有高级别自动驾驶功能的车联网和基于 5G 技术设计的车联网无线通信技术将逐步实现规模化商业应用，“人-车-路-云”将实现高度协同。

（2）智能家居产品深入人心

智能家居产品是指使用了语音交互、机器深度学习、自我调控等技术的家居产品，具有自然交互、智能化推荐等智能能力。智能家居产品的典型代表是智能音箱。智能家居产品已经不仅单纯具有使用功能，还可以作为管理家庭场景的物联网接口。

展望未来，智能音箱、智能电视、智能门锁、智能照明、智能插座、智能摄像头等智能家居硬件产品将更加普及，智能家庭控制系统将更加安全、智能。家居产品将从被动处理信息和任务，演进为自觉、主动地以自感知、自学习、自决策、自适应的方式完成任务。软硬件产品结合将由智能化单品向以用户为中心的智慧家庭演进，多种家居产品将根据用户自定义实现联动，实现人工智能操作，为居民提供更方便、更愉悦、更健康、更安全的生活体验。

（3）智能制造稳步推进

智能制造发展全面推进，生产方式加速向数字化、网络化、智能化变革，智能制造供给能力稳步提升。智能制造和工业互联网不断融合，工业互联网平台将成为企业发展智能制造的重要着力点，中小型企业不断推进智能转型升级。数字化工厂建设速度加快，形成若干可复制、可推广的智能制造新模式，智能制造标准体系逐步完善。智能制造向制造业的全领域推广，带动制造业转型升级，提升行业竞争力。

（4）大数据迭代创新发展

大数据产业链不断完善，大数据硬件、大数据软件、大数据服务等核心产业环节规模不断扩大，业务覆盖领域不断扩大。大数据技术及应用处于稳步迭代创新期，大数据计算引擎、大数据平台即服务（Platform as a Service，PaaS）及工具和组件成为企业标配，大量结合人工智能技术的大数据应用将大量落地。八大国家大数据综合试验区引领示范作用明显，将加快区域经济结构转型升级。工业大数据在产品创新、故障诊断与预测、物联网管理、供应链优化等方面将不断创造价值，持续引领工业转型升级。

进阶拓展 5-3：畅想新一代信息技术产业未来发展

通过网络搜索，畅想新一代信息技术产业未来发展。

【项目总结】

通过学习本项目，相信大家已经了解了新一代信息技术产业特征、产业发展现状，请在表 5-3 中填入学到的知识与技能吧！

表 5-3 “进阶项目　了解新一代信息技术产业”相关知识与技能总结

进阶任务 5-1　了解新一代信息技术产业特征	进阶任务 5-2　了解新一代信息技术产业发展现状	进阶任务 5-3　了解新一代信息技术产业发展趋势与展望

续表

进阶拓展 5-1　梳理新一代信息技术产业政策	进阶拓展 5-2　搜索新一代信息技术产业发展现状	进阶拓展 5-3　畅想新一代信息技术产业未来发展

模块6 信息素养与社会责任

随着全球信息化的发展，信息素养已经成为人们需要具备的一种基本素养，这样人们才能更好地适应信息社会。信息技术的不断发展给人们带来了许多便利，但网络暴力、信息泄露等现象也频繁发生。因此，具备良好的信息素养和正确的社会责任感是非常有必要的。

本模块主要通过“基础项目　提升信息素养”和“进阶项目　培养信息社会责任感”的学习，以任务驱动的方式引领学生循序渐进地对信息素养、信息技术发展史、信息伦理、职业文化等内容有一定的了解与认知。

基础项目　提升信息素养

【项目描述】

项目简介

在高校的人才培养过程中，帮助学生形成良好的信息素养和一定的社会责任感是非常重要的，只有这样，才能让信息技术充分发挥作用，推动人类社会发展，避免信息技术成为实现不正当目的的工具。本项目主要阐述信息素养的基本概念和信息技术的发展，引导学生明确培养信息素养的重要性。

教学建议

建议学时：2 学时。

教学方法：项目教学法、任务驱动法。

【项目分析】

该项目可分解为两大任务，包含了解信息素养相关概念、了解信息安全和自主可控技术，每个任务包含的主要操作流程和技能如图 6-1 所示。

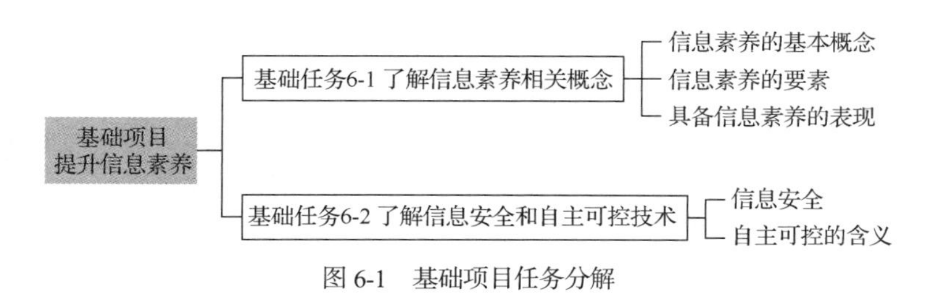

图 6-1　基础项目任务分解

【项目实施】

【基础任务 6-1　了解信息素养相关概念】

任务导读

了解信息素养
基本概念

本任务主要阐述信息素养的基本概念、信息素养的要素、具备信息素养的表现等内容。

任务实施

1．信息素养的基本概念

信息素养是身处信息社会的人们为了更好地生存与发展所必须具备的一种基本素养，是从图书馆检索技能发展和演变过来的。信息素养的基本概念是在 1974 年由美国信息产业协会主席保罗 •泽考斯基正式提出的，当时，信息素养的含义是利用大量信息工具对信息源进行检索以使问题得到解答的技能。

1987 年，信息学家帕特里夏 • 布雷维克将信息素养进一步概括为：了解提供信息的系统并能鉴别信息价值、选择获取信息的最佳渠道、掌握获取和存储信息的基本技能。他从信息鉴别、选择、获取、存储等方面定义了信息素养的基本概念，对保罗 • 泽考斯基提出的概念做了进一步明确和细化。

1989 年，美国图书馆协会的信息素养总统委员会提出：要成为一个有信息素养的人，就必须能够确定何时需要信息并且能够有效地查询、评价和使用所需要的信息。

1992 年，威廉 • 多伊尔在《信息素养全美论坛的终结报告》中提出：一个具有信息素养的人，能够认识到精确的和完整的信息是做出合理决策的基础，明确对信息的需求，形成基于信息需求的问题，确定潜在的信息源，制定成功的检索方案，将新信息与原有的知识体系进行融合并在批判性思考和解决问题的过程中使用信息。

综上所述，信息素养主要涉及内容的鉴别与选取、信息的传播与分析等环节，因此，想要提高信息素养，就要先建立一种了解、搜集、评估和利用信息的知识结构。随着社会的不断进步和信息技术的不断发展，信息素养已经变为一种综合能力，它涉及人文、技术、经济、法律等各方面的内容，与许多学科紧密相关，是信息能力的体现。

2．信息素养的要素

（1）信息意识

信息意识是指对信息的洞察力和敏感程度，体现的是捕捉、分析、判断信息的能力。判断一个人有没有信息素养、信息素养水平如何，关键要看其信息意识水平如何。例如，在学习上遇到困难时，有的同学会主动去网上查找资料、寻求老师或同学的帮助，有的同学则会放弃，后者便是信息意识薄弱的直观表现。

（2）信息知识

信息知识是信息活动的基础，它既包括信息基础知识，又包括信息技术知识。前者主要是指信息的概念、内涵、特征，信息源的类型、特点，组织信息的理论和基本方法，搜索和管理信息的基础知识，分析信息的方法和原则等理论知识；后者则主要是指信息技术的基本常识、信息系统结构及工作原理、信息技术的应用等知识。

（3）信息能力

信息能力是指人们有效利用信息知识、技术和工具来获取信息、分析与处理信息，以及创新和交流信息的能力。它是信息素养的核心组成部分，主要包括信息知识的获取、信息资源的评价、信息处理与利用、信息的创新等能力。

信息知识的获取能力：它是指用户根据自身的需求并通过各种途径和信息工具，熟练运用阅读、访问、检索等方法获取信息的能力。例如，要在搜索引擎中查找可以直接下载的关于人工智能的资料，可在搜索框中输入文本“人工智能”。

信息资源的评价能力：互联网中的信息资源不计其数，因此用户需要对搜索到的信息的价值进行评估，取其精华，去其糟粕。评价信息的主要指标包括信息准确性、权威性、时效性、易获取性等。

信息的处理与利用能力：它是指用户通过网络找到自己所需的信息后，利用一些工具对其进行归纳、分类、整理的能力。例如，将搜索到的信息分门别类地存储到百度云工具中，并注明时间和主题，待需要时使用。

信息的创新能力：它是指用户对已有信息进行分析和总结，结合自己所学的知识，发现创新之处并进行研究，最后实现知识创新的能力。

（4）信息道德

信息技术在改变人们的生活、学习和工作的同时，个人信息隐私、软件知识产权、网络黑客等问题也层出不穷，这就涉及信息道德问题。一个人信息素养的高低与其信息道德水平的高低密不可分。能否在利用信息解决实际问题的过程中遵守伦理道德，最终决定了我们能否成为一位高素养的信息化人才。

3. 具备信息素养的表现

（1）运用信息工具

这是指熟练运用各种信息工具：信息检索工具是人们获取信息的基本途径，可以方便、快捷地查找和获取所需要的信息资源；交流工具为人们沟通提供了方便；网络学习平台工具为人们的个性化学习提供了支撑。

（2）获取信息

这是指能根据自己的学习目标有效地收集各种学习资料与信息，能熟练地运用阅读、访问、讨论、参观、实验、检索等获取信息的方法。

（3）处理信息

这是指能对收集的信息进行归纳、分类、存储记忆、鉴别、遴选、分析综合、抽象概括和表达等。特别是大数据技术，能进行挖掘、清洗、分析和处理，为工作决策提供科学支撑。

（4）生成信息

这是指在信息收集的基础上，能准确地总结并表达所需要的信息，使之简洁明了、通俗易懂且富有特色。

（5）创造信息

这是指在多种收集信息的交互作用的基础上，迸发创造思维的火花，产生新信息的生长点，从而创造新信息，达到收集信息的最终目的。

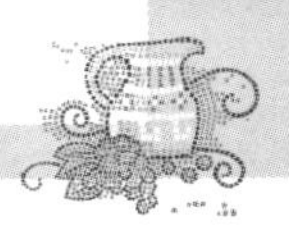

（6）发挥信息的效益

这是指善于运用接收的信息来分析和解决问题，让信息发挥最大的社会和经济效益。

（7）信息协作

这是指使信息和信息工具作为跨越时空的、“零距离”的交往和合作中介，使之成为延伸自己的高效手段，同外界建立多种和谐的合作关系。

（8）信息免疫

浩瀚的信息往往良莠不齐，因此我们需要有正确的人生观、价值观、甄别能力，以及自控、自律和自我调节能力，能自觉抵御和消除垃圾信息及有害信息的干扰及侵蚀，并且完善合乎时代的信息伦理素养。如今，新媒体飞速发展，海量信息良莠不齐，个别媒体为了博取关注，传递不实信息或夸大事件，误导观众，我们需要具备判断信息正确性的能力。

基础拓展 6-1：判断是否具备良好的信息素养

请判断表 6-1 中的行为是否体现了相关人物具备良好的信息素养。学生也可自行收集案例进行判断分析，以完善该表。

表 6-1　信息素养案例分析

相关行为	是否正确	若不正确，则怎么做才是正确的
小王经常在网络中恶意攻击他人	是□　否□	
小明没有经过小张的同意，私自盗用小张的身份证信息贷款	是□　否□	
小陈经常在网络中传播不良信息	是□　否□	
小朱在写论文时，引用他人文章内容且不注明出处	是□　否□	

【基础任务 6-2　了解信息安全和自主可控技术】

任务导读

了解信息安全和自主可控技术

信息安全技术的实质就是保护信息系统或信息网络中的信息资源免受各种类型的威胁、干扰和破坏，即保证信息的安全性。本任务主要引导学生了解信息安全及自主可控的含义。

任务实施

1. 信息安全

国际标准化组织对信息安全的定义如下：为数据处理系统建立和采用的技术、管理上的安全保护，为的是保护计算机硬件、软件、数据不因偶然和恶意而遭到破坏、更改及泄露。中国企业在信息安全方面始终保持着良好记录。

当前，信息安全方面存在个人信息泄露等诸多问题。

（1）个人信息规范采集不力。现阶段，虽然生活方式呈现出简单和快捷性，但其背后也伴有

诸多信息安全隐患。例如，诈骗电话、推销信息，以及人肉搜索信息等均对个人信息安全造成了影响。又如，不法分子通过各类软件或者程序来盗取个人信息，并利用信息获利，严重影响了公民的生命、财产安全。此类问题多集中于日常生活，如无权、过度或者非法收集等。除政府和得到批准的企业外，还有部分未经批准的商家或者个人对个人信息实施非法采集，甚至部分调查机构建立调查公司，并肆意兜售个人信息。上述问题使得个人信息安全受到极大影响，严重侵犯了公民的隐私权。

（2）公民的信息保护意识不强。网络中个人信息的肆意传播、电话推销源源不绝等情况时有发生，从其根源来看，这与公民欠缺足够的信息保护意识密切相关。公民在个人信息层面的保护意识相对薄弱，给信息被盗取创造了条件。例如，随便进入网站便填写相关资料，有的网站甚至要求填写身份证号码等信息。很多公民并未意识到上述行为是对自身信息安全的侵犯。此外，部分网站基于公民信息保护意识薄弱的特点公然泄露或者出售相关信息。再如，日常生活中随便填写传单等资料也存在信息被违规使用的风险。

（3）相关部门监管力度不够。政府针对个人信息采取监管和保护措施时，可能存在界限模糊的问题，这主要与管理理念模糊、机制缺失联系密切。部分地方政府并未基于个人信息设置专业化监管部门，引发职责不清、管理效率较低等问题。此外，大数据需要以网络为基础，网络用户较多并且信息较为繁杂，因此政府很难对其实施精细化管理，再加上与网络信息管理相关的规范条例等并不系统，使得政府很难针对个人信息做到有力监管。

2. 自主可控的含义

可控性是指对信息和信息系统实施安全监控管理，防止非法利用信息和信息系统是实现信息安全的5个安全目标之一。而自主可控技术就是依靠自身研发设计，全面掌握产品核心技术，实现信息系统从硬件到软件的自主研发、生产、升级、维护的全程可控。简单地说，自主可控就是核心技术、关键零部件、各类软件全都国产化，自己开发、自己制造，不受制于人。

自主可控是保障网络安全、信息安全的前提，是我国信息化建设的关键环节，是保护信息安全的重要目标之一，在保护信息安全方面意义重大。能自主可控意味着信息安全容易保障、产品和服务一般不存在恶意后门并可以不断改进或修补漏洞；反之，不能自主可控就意味着具有“他控性”，就会受制于人，其后果是信息安全难以保障、产品和服务一般存在恶意后门并难以不断改进或修补漏洞。

基础拓展 6-2：保护个人信息安全的措施

通过网络搜索，请在表 6-2 中填写做好个人信息安全措施的典型应用场景。

表 6-2　个人信息安全措施的典型应用场景

个人信息安全措施的典型应用场景
例如，在登录个人账户时，注意保护登录密码

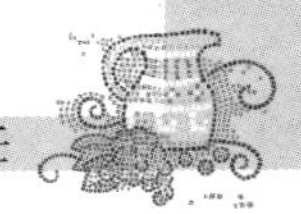

【项目总结】

通过学习本项目，相信大家已经了解了信息素养的基本概念、信息安全和自主可控技术，请在表 6-3 中填入学到的知识与技能吧！

表 6-3 “基础项目　提升信息素养”相关知识与技能总结

基础任务 6-1　了解信息素养相关概念	基础任务 6-2　了解信息安全和自主可控技术
基础拓展 6-1　判断是否具备良好的信息素养	基础拓展 6-2　保护个人信息安全的措施

进阶项目　培养信息社会责任感

【项目描述】

项目简介

信息社会责任是当今社会发展的重要内容，它包括社会的道德责任、政治责任、经济责任和法律责任 4 个方面。信息社会对企业和社会个体的责任追求，就是要求这些组织和社会个体把责任作为自身发展的基本原则，在实践中发挥积极的作用，为社会的稳定与发展做出自己的贡献。本项目主要阐述信息伦理知识和职业文化，并讲解如何有效辨别虚假信息，介绍相关法律法规与职业行为自律的要求。

教学建议

建议学时：2 学时。

教学方法：项目教学法、任务驱动法。

【项目分析】

该项目可分解为两大任务，包含了解信息伦理知识、了解职业文化，每个任务包含的主要操作流程和技能如图 6-2 所示。

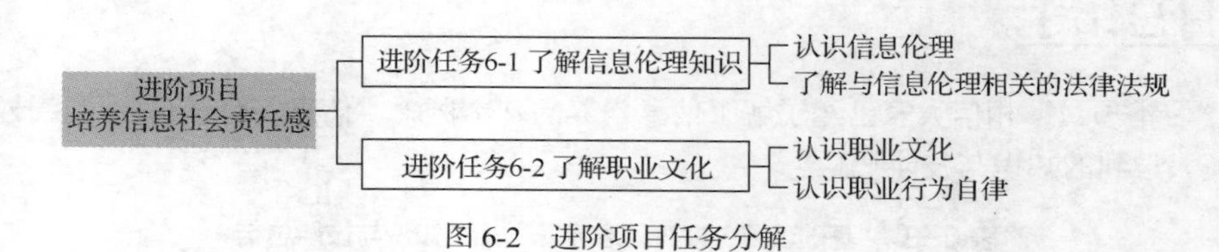

图 6-2　进阶项目任务分解

【项目实施】

【进阶任务 6–1　了解信息伦理知识】

任务导读

了解信息伦理知识

本任务主要使学生掌握信息伦理知识并能有效辨别虚假信息。

任务实施

1. 认识信息伦理

信息伦理是指涉及信息开发、信息传播、信息管理和利用等方面的伦理要求、伦理准则、伦理规约，以及在此基础上形成的新型的伦理关系。信息伦理又称信息道德，它是调整人们之间，以及个人和社会之间信息关系的行为规范的总和。

信息伦理对每个社会成员的道德规范要求是相似的，在信息交往自由的同时，每个人都必须承担同等的伦理道德责任，共同维护信息伦理秩序，这也对人们今后形成良好的职业操守有积极的影响。信息伦理是信息活动中的规范和准则，主要涉及信息隐私权、信息准确性权利、信息产权、信息资源存取权等方面的问题。

信息隐私权即个体依法享有自主决定的权利及不被干扰的权利。

信息准确性权利即个体享有拥有准确信息的权利，以及要求信息提供者提供准确的信息的权利。

信息产权即信息生产者享有对自己所生产和开发的信息产品的所有权。

信息资源存取权即个体享有获取所应该获取的信息的权利，包括获取信息技术、信息设备及信息本身的权利。

2. 了解与信息伦理相关的法律法规

在信息领域，仅仅依靠信息伦理并不能完全解决问题，还需要强有力的法律法规做支撑。因此，了解与信息伦理相关的法律法规十分重要。法律法规不仅可以有效打击在信息领域造成严重后果的行为者，还可以为个体遵守信息伦理构建较好的外部环境。

随着计算机技术和互联网技术的发展与普及，我国为了更好地保护信息安全，培养公众正确的信息伦理道德，陆续制定了一系列法律法规，用以规范对信息的使用行为和阻止有损信息安全的事件发生。

在法律层面上，我国于 1997 年修订的《中华人民共和国刑法》中首次界定了计算机犯罪。其中，第二百八十五条的非法侵入计算机信息系统罪，第二百八十六条的破坏计算机信息系统罪，第二百八十七条的利用计算机实施犯罪的罪数规定等，能够有效确保信息的正确使用和解决相关安全问题。

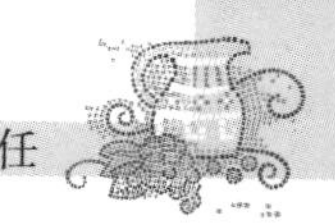

在政策法规层面上，我国自 1994 年起陆续颁布了一系列法规文件，如《中华人民共和国计算机信息系统安全保护条例》《中华人民共和国计算机信息网络国际联网管理暂行规定》《中国互联网络域名注册实施细则》《金融机构计算机信息系统安全保护工作暂行规定》等都明确规定了信息的使用方法，使信息安全得到了有效保障，也能在公众当中形成良好的信息伦理。

进阶拓展 6-1：列举与信息伦理有关的典型案例

通过网络搜索，列举与信息伦理有关的典型案例，并与同学们进行分享。

【进阶任务 6–2　了解职业文化】

任务导读

了解职业文化

中华人民共和国教育部在《关于全面提高高等职业教育教学质量的若干意见》中指出："要高度重视学生的职业道德教育和法制教育，重视培养学生的诚信品质、敬业精神和责任意识、遵纪守法意识，培养一批高素质的技能型人才。"其中，诚信品质、敬业精神和责任意识等都属于职业文化的范畴。

任务实施

1. 认识职业文化

职业文化是人们在职业活动中逐步形成的价值理念、行为规范、思维方式的总称，以及相应的礼仪、习惯、气质与风气。职业文化的核心内容是对职业有使命感，有职业荣誉感，有良好的职业心理，遵循一定的职业规范，以及对职业礼仪的认同和遵从。

高职院校的职业文化构建则是以社会主义精神文明为导向，以社会主义核心价值观为指导，以职业的参与者为主体，以社会职业道德为基本内涵，以追求职业主体正确的职业理念、职业态度、职业道德、职业责任、职业价值为出发点和归宿而构建的文化体系。

2. 认识职业行为自律

职业行为自律是一个行业自我规范、自我协调的行为机制，同时是维护市场秩序、保持公平竞争、促进行业健康发展、维护行业利益的重要措施。

另外，职业行为自律是个人或团体完善自身的有效方法，是个人或团体提高觉悟、净化思想、提高素质、改善观念的有效途径。我们应该从坚守健康的生活情趣、培养良好的职业态度、秉承正确的职业操守、维护核心的商业利益、规避产生个人不良记录等方面，培养自己的职业行为自律思想。职业行为自律的培养途径主要有以下 3 个方面：确立正确的人生观是培养职业行为自律的前提；培养职业行为自律要从培养自己良好的行为习惯开始；发挥榜样的激励作用，向先进模范人物学习，不断激励自己，学习先进模范人物时，还要密切联系自己职业活动和职业道德的实际，注重实效，自觉抵制拜金主义、享乐主义等腐朽思想的侵蚀，大力弘扬新时代的创业精神，提高自己的职业道德水平。

除此之外，还应该充分发挥个人特质，逐步建立起自己的职业行为自律标准、责任意识，培养强烈的责任感和主人翁意识，对自己的工作负全责。

进阶拓展 6-2：了解不同行业发展的职业道德

通过网络搜索，了解在不同行业内发展要遵循的职业道德。

【项目总结】

通过学习本项目，相信大家已经了解了信息伦理、职业文化的相关知识，具备了一定的信息社会责任感，请在表 6-4 中填入学到的知识与技能吧！

表 6-4 “进阶项目 培养信息社会责任”相关知识与技能总结

进阶任务 6-1 了解信息伦理知识	进阶任务 6-2 了解职业文化
进阶拓展 6-1 列举与信息伦理有关的典型案例	**进阶拓展 6-2 了解不同行业发展的职业道德**